地球環境保護への制度設計

清野一治
新保一成

[編]

東京大学出版会

Economic Design for Global Environmental Protection
Kazuharu KIYONO and Kazushige SHIMPO, Editors
University of Tokyo Press, 2007
ISBN 978-4-13-040194-7

目　次

序章　地球環境問題と京都プロトコル　奥野正寛・清野一治・黒田昌裕　1

1. はじめに …………………………………………………………………………1
    1.1　温暖化と地球環境問題　1
    1.2　温室効果ガス　3
    1.3　地球温暖化と国際的対応　7
2. 京都プロトコルとわが国の対応 ………………………………………………10
    2.1　京都議定書　10
    2.2　わが国の取り組み　15
3. 地球環境と経済政策 ……………………………………………………………19
    3.1　経済学からみた地球環境　19
    3.2　外部性と内部化　21
    3.3　規制的手法　24
    3.4　経済的手法　29
    3.5　環境規制とその副次的効果　36
4. ダイナミックな視点：不確実性と維持可能性 ………………………………41
    4.1　芽の恒等式　42
    4.2　不確実性　42
    4.3　維持可能性　43
    4.4　炭素リーケージ効果　44
    4.5　公平性　45
    4.6　No-Regret Policy　46
5. おわりに …………………………………………………………………………48

第Ⅰ部　経済と環境：国際協調の意義

第1章　経済発展と環境問題──環境クズネッツ・カーブ仮説の再検討──
矢口　優・園部哲史　55

1. はじめに ……………………………………………………………………55
2. 経済活動と環境汚染：国際比較データによる検証 …………………57
3. 硫黄酸化物と二酸化炭素の比較と日本の経験 ………………………62
4. 都道府県データによる環境クズネッツ・カーブの推定 ……………67
5. 排出量の決定因 ……………………………………………………………72
　　5.1　総合排出係数の導出　72
　　5.2　仮説の提示　75
6. 仮説の検証 …………………………………………………………………77
　　6.1　推定モデルとデータ　77
　　6.2　推計結果　79
7. おわりに ……………………………………………………………………82

第2章　環境規制の政策分析
清野一治　87

1. 環境汚染と市場の失敗 ……………………………………………………88
　　1.1　「過剰」な汚染　88
　　1.2　負の外部効果と不払い要素　88
　　1.3　代表的な環境対策　89
2. 環境汚染の非効率 …………………………………………………………91
　　2.1　投入面での非効率　91
　　2.2　生産面での非効率　93
3. 環境規制の経済効果 ………………………………………………………95
　　3.1　環境税の効果　95
　　3.2　代替的政策　96
　　3.3　コースの定理と自発的交渉　96
　　3.4　非線形排出税　100
4. 排出権取引 ………………………………………………………………108

4.1　排出権需給と限界削減費用　109
　　4.2　排出権取引市場　112
　　4.3　総余剰の最大化　113
　　4.4　総排出削減費用の最小化　114
　　4.5　排出権取引制度の問題点　114
　5. 次善の理論と不完全競争 …………………………………………116
　　5.1　環境補正策　116
　　5.2　独占禁止政策　117
　　5.3　不完全競争と次善の排出税　119
　　5.4　排出権取引市場創設の効果　119
　　5.5　不完全競争下の環境政策　122
　6. 環境改善技術と新技術導入のインセンティブ ………………123
　　6.1　環境改善の社会的価値　123
　　6.2　排出税の場合　125
　　6.3　排出総量規制　128
　　6.4　排出権取引市場　129
　7. 不確実性と環境規制 ……………………………………………129
　　7.1　排出損失の不確実性　130
　　7.2　排出便益の不確実性　131

第3章　国際相互依存下の環境政策　石川城太・奥野正寛・清野一治　137
　1. はじめに ……………………………………………………………137
　2. 国内環境汚染 ………………………………………………………138
　　2.1　局地的環境汚染　139
　　2.2　貿易と環境　144
　　2.3　環境規制と貿易・国際分業パターン　146
　3. 環境政策と貿易・産業構造 ……………………………………152
　　3.1　基本モデル　152
　　3.2　国内排出権取引市場の創設　154
　　3.3　排出税の効果　156
　　3.4　排出率基準規制　156
　　3.5　生産に対する環境汚染効果と非凸性　157

4. 国際寡占と戦略的環境政策 …………………………………………159
      4.1 国際寡占と輸出競争　159
      4.2 戦略的貿易政策　162
      4.3 戦略的環境政策と環境ダンピング　163
      4.4 工場立地と環境政策　163
   5. 地球規模汚染リーケージと戦略的環境規制 …………………………166
      5.1 戦略的相互依存下の環境政策決定　166
      5.2 汚染リーケージと国際相互依存　172
   6. 環境政策の国際協調 ……………………………………………………181
      6.1 環境政策についての国際的ナッシュ交渉　182
      6.2 戦略的国内環境政策と国際協調制度設計　189

第4章　地球温暖化抑制政策の規範的基礎　　鈴村興太郎・蓼沼宏一　197
   1. はじめに …………………………………………………………………197
   2. 予備的考察：最適排出量に関する「経済学的」説明の有効性 ……198
   3. 地球温暖化問題の構造 …………………………………………………204
      3.1 地球温暖化問題の特異性　204
      3.2 世代間の歴史的構造と人格の非同一性問題　205
   4. 標準的経済分析の有効性 ………………………………………………208
      4.1 パレート基準　208
      4.2 補償原理　210
      4.3 当事者間交渉による合意　211
      4.4 権利と義務　212
   5. 歴史的経路選択に対する責任と補償 …………………………………213
   6. 歴史的経路の評価基準と政策的含意 …………………………………216
      6.1 評価対象　217
      6.2 境遇評価の情報的基礎　217
      6.3 原初状態における選択：ロールズ格差原理の意味と意義　219
      6.4 功利主義の諸類型　221
      6.5 多様性の価値　223
      6.6 受益に基づく責任と温暖化の影響の差異に基づく補償　224

7. 結語的覚え書 ……………………………………………………………225

第Ⅱ部　京都メカニズム

第5章　環境保全のコストと政策の在り方
　　　――日本経済の多部門一般均衡モデルによる環境保全政策のシミュレーション――
　　　　　　　　　　　　　　　　　　　　　　　黒田昌裕・野村浩二　231

1. はじめに ……………………………………………………………231
2. 京都議定書の内容とわが国のエネルギー需給構造 ……………233
3. 多部門一般均衡モデルの構築 ……………………………………236
4. 多部門一般均衡モデルによるBaUシナリオ ……………………240
   4.1　エネルギー需給　240
   4.2　BaU外生シナリオ　242
   4.3　BaU内生シナリオ　244
5. モデル体系内における炭素税賦課 ………………………………247
   5.1　論理フロー　247
   5.2　限界削減費用曲線の導出　250
6. 政策シミュレーション ……………………………………………252
   6.1　1990年レベル安定化シミュレーション　252
   6.2　原子力発電未達シミュレーション　255
7. 地球温暖化対策の制度設計 ………………………………………261

第6章　不完全なモニタリングと国際的な排出量取引の効率性
　　　　　　　　　　　　　　　　　　　　　　　　　　　小西秀樹　267

1. はじめに ……………………………………………………………267
2. 基本モデル …………………………………………………………273
   2.1　規制の執行にコストがかからないケース　274
   2.2　自己申告による規制の執行　277
   2.3　国内排出税のもとでの規制遵守　278
   2.4　国際排出許可証のもとでの規制遵守　283

3. 規制違反と効率的な排出削減：検査確率が一定の場合 ……………285
  3.1 効率的な排出税　285
  3.2 国際的な排出許可証取引の効率性　290
4. 規制違反と効率的な排出削減：可変的な検査確率のケース ………295
  4.1 検査確率と検査費用　295
  4.2 効率的な排出税と検査確率　297
5. おわりに ……………………………………………………………301
補　論 ……………………………………………………………………305

第Ⅲ部　京都プロトコルと南北問題

第7章　国際環境援助の動学分析——クリーン開発メカニズムの有効性——

松枝法道・柴田章久・二神孝一　311

1. イントロダクション …………………………………………………311
2. 静学モデル ……………………………………………………………314
3. 動学モデル：環境援助が行われない場合 …………………………320
4. 動学モデル：環境援助が行われる場合（ＣＤＭのケース）………322
5. シミュレーション ……………………………………………………326
6. 最後に …………………………………………………………………338

第8章　途上国の森林問題　　　　　　　　　　　　大塚啓二郎　341

1. はじめに ………………………………………………………………341
2. 土地所有制度と森林資源：展望 ……………………………………343
3. 調査地の概要 …………………………………………………………347
4. 土地制度と森林破壊 …………………………………………………349
5. 部落所有制度の変容とアグロフォレストリーの発展 ……………353
6. 共有林の管理 …………………………………………………………359
7. 結論と政策的含意 ……………………………………………………363

第9章　東アジア経済の相互依存と環境保全のモデル分析
　　　　　　　　　　　　　　　　　　　　新保一成・平形尚久　367
　1. はじめに ……………………………………………………………367
　2. 東アジアの経済成長と CO_2 排出量 ………………………………369
　3. モデルの概要 ………………………………………………………374
　4. モデルシミュレーション …………………………………………379
　　4.1　日本の CO_2 抑制と東アジア経済——炭素脱漏の可能性　379
　　4.2　中国鉄鋼業における技術移転の効果の分析　384
　5. むすびにかえて ……………………………………………………387

終章　残された課題　　　　　　　　　　　　　　　　大塚啓二郎　389
　1. 研究成果と残された課題 …………………………………………390
　　1.1　第Ⅰ部「経済と環境」　390
　　1.2　第Ⅱ部「京都メカニズム」　393
　　1.3　第Ⅲ部「京都プロトコルと南北問題」　394
　2. 残された実践的課題 ………………………………………………396
　　2.1　シンクの評価と取り扱い　396
　　2.2　ＣＤＭの潜在的重要性　399
　　2.3　途上国の参加問題　401
　3. 日本の戦略：むすびにかえて ……………………………………402

あとがき　407
索　引　411
執筆者一覧

序章　地球環境問題と京都プロトコル

奥野正寛・清野一治・黒田昌裕

1.　はじめに

　産業革命以降，先進国を中心として世界は急激な経済成長を進めてきた．こうした成長は，人類にそれまでなら考えることができないほどのさまざまな財やサービスを享受可能とし生活水準を改善する一方，多量のエネルギー消費を必要とし，人類はそのほとんどを埋蔵化石エネルギーに依存してきた．その結果，地球の表面温度の急激な上昇といういわゆる地球温暖化や，オゾン層の破壊，酸性雨の発生，海洋や河川の汚染，生物多様性の減少，砂漠化の進行など，さまざまな面で地球環境保全上の問題を抱えることになった．これらの問題は世界がこれまで全く経験したことがないから，どんな影響がどの程度の深刻さで起こるかさえ予想できず，全地球レベルでの大規模な環境変化が生まれる可能性さえはらんでいる．なかでも化石エネルギーの大量消費が生み出す大量の温室ガスの放出は，地球表面のエネルギー循環のバランスを崩壊させ，地球温暖化を引き起こすと考えられる．それがもたらす気候変化は，他のさまざまな関連する環境問題を発生させ，また深刻化させる原因と考えられている．

1.1　温暖化と地球環境問題

　実際，温暖化の進行は，地球環境に広く影響を及ぼす．地球の表面温度が上昇すれば，氷河や陸氷の氷の一部が融けたり，海水温度の上昇が海水を膨張させ，その体積を増加させるために，海水面が上昇することが予想される．また，大西洋と太平洋を結ぶ深海の大海流とその塩分濃度にも大きな影響を与えることが懸念される．そうなれば，多くの国や地域で農地や都市が海面下に没した

り，それを防ぐための堤防工事が必要となる．また，海水の蒸発量も増え，大気中の雲の量が増加したり，沿岸の海流の温度に大きな変化が生じ，降水・降雪量や気温の水準や変動が変化し，気候変動の激化や異常気象が多発するだろう．これにより，熱帯性の病気の感染者数も増大したり，乾燥化が進むために砂漠化地域が増大することが予想される．

その結果，海面の上昇や異常気象の発生とも相まって食糧生産が大きく減少するとともに，生物多様性が減少することなども危惧されている．影響はこうした自然環境だけにとどまらない．これらの被害は発展途上国に多く発生し，先進国と途上国との貧富の格差が広がることが予想されるからである．

また，地上から約10～50 km上空の成層圏に存在するオゾン層は，太陽から出る有害な紫外線を吸収して，人類をはじめ多くの地球上の生命を守っている．しかし現在，人類の経済活動から排出されるフロンガスは，温室効果をもたらすだけでなく，南極のオゾンホールに見られるように，このオゾン層を破壊しつつある[1]．

温室効果ガス排出がもたらす地球温暖化は，現在の人類の生活スタイルと相まって，地球環境に大きな負荷を与えることが懸念される[2]．燃料用木材の過度の採取や不適切な商業伐採などを背景に，森林は世界規模で急速に減少しつつある．過放牧やダム建設，あるいは森林の伐採などを背景に，土壌劣化も急速に進みつつある．しかもこれらの森林破壊や土壌劣化は，特に開発途上国を中心に，人口問題や貧困問題と絡んだ悪循環を作り出している．貧困や人口増加に対処するために，過度の耕地開発や放牧活動，燃料採取が行われる．それが再生能力を超えた森林破壊や土壌劣化を生み出し，結果としての深刻な環境劣化がさらなる生活の困窮とそれが生み出す人口爆発を作り出すからである．

---

[1] フロンは，炭化水素の水素を塩素やフッ素で置換した化合物（CFC, HCFC, HFC）の総称で，このうち水素を含まないものがクロロフルオロカーボン（Chlorofluorocarbons; CFCs）と呼ばれている．これらの物質は，冷蔵庫などの冷媒，半導体などの精密な部品の洗浄剤，ウレタンフォームなどの発泡剤，スプレーの噴射剤などとして幅広く使用されてきた．

[2] 温室効果ガスは大気を構成する気体であって，赤外線を吸収し再放出する気体．後述のように，京都議定書では，二酸化炭素（CO_2），メタン（CH_4），一酸化二窒素（N_2O），ハイドロフルオロカーボン（HFC_s），パーフルオロカーボン（PFC_s），六弗化硫黄（SF_6）の6物質が温室効果ガスとして削減対象とされている．

1.2 温室効果ガス

こうした潜在的危険をはらむ地球温暖化は，本来は地球表面を覆い，人類をはじめとする生命体にとって快適な気温・気候を維持する働きを持っている，いわゆる温室効果ガスの大気中に占める濃度が上昇することで発生する．図序-1で示されているように，産業革命以降に排出された温室効果ガスの中でも二酸化炭素が6割と最も大きなシェアを占めている．たとえば二酸化炭素の場合，それは人間を含め生物の生存活動により排出される一方で，森林や植物による光合成により吸収される．他の温室効果ガスの場合についても同様で，それが大気中に占める濃度，つまりストックの水準が高まるのは，こうした自然界による吸収率を上回る排出が行われるためである．

人間が大量に化石燃料を消費し，森林を大規模に伐採し始める以前には，地球表面上の温室効果ガスのストックは，火山活動による二酸化炭素ガスの排出や森林内での腐食によるメタンガスなどの排出フローと，海水や森林による温室効果ガスの吸収・分解フローとがちょうどバランスし，大気中の温室効果ガスの量は平衡状態にあったと考えられる．

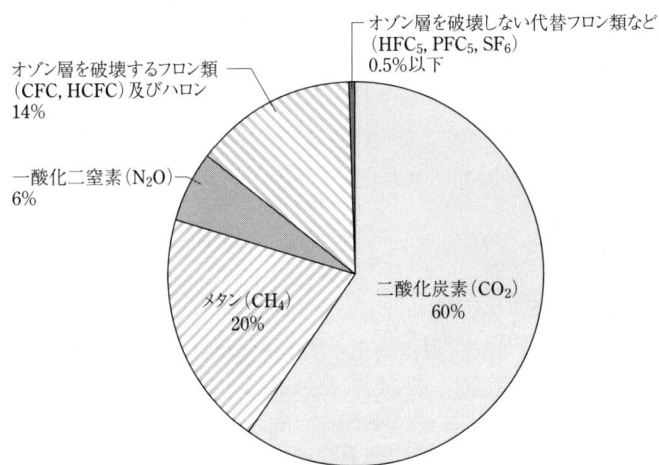

図序-1 産業革命以降人為的に排出された温室効果ガスによる地球温暖化への寄与度

出所：IPCC第3次評価報告第1作業部会資料より作成（2001）．

ところが，農耕文明の発展で森林が伐採され農地とされたことによって，二酸化炭素ガスの吸収源（シンク）が減少し，他方では産業革命以降，石炭・石油などの炭素含有資源の大量使用によって，大気中の二酸化炭素ガス濃度は，産業革命当時の 280 ppmv から 2000 年の 369 ppmv に急激に増加した．この水準は，過去 45 万年地球が経験したことのない高い濃度である．

　言うまでもなく地球はこの間，何度も氷河期と間氷期を繰り返しており，地上気温も寒暖を繰り返してきた．しかし科学的調査によれば，その 45 万年を通じて，大気中の二酸化炭素ガス濃度が 290 ppmv を超えたことはなかった．それにもかかわらず，その濃度は今や 370 ppmv を超える水準にまで達しようとしている[3]．

　気候変動に関する政府間パネル（IPCC）の報告によれば，こうした大気中二酸化炭素ガス濃度の上昇により，図序-2 が示すように全球平均地上気温は 1861 年以降上昇しており，20 世紀中に $0.6±0.2$℃ 上昇した[4]．

　さらに，もしこのまま何の対応もとらなければ，2100 年には総排出量で 1990 年の 3 倍，大気中濃度で約 2 倍になり，その結果，2100 年には地球表面の平均気温が 1990 年に比較して約 1.4～5.8 度上昇，海面水位は約 9～88 cm 上昇すると予想されている．しかも，これらの温室効果ガスはストックとして長期間にわたって大気中に蓄積・残留するため，排出量を現状のまま維持しても大気中濃度は，少なくとも今後 2 世紀間にわたって上昇し続ける．逆に，二酸化炭素濃度を現在のレベルで安定化させるためには，地球全体での排出レベルを直ちに 50～70 ％削減し，さらにそれを強化してゆくことが必要であるという．

温室効果ガス排出量の国際比較

　冒頭でも指摘したように，温室効果ガス排出規模は経済の発展度と密接な関

---

[3] ppmv（partspermillion）は百万分率のこと．ある物質の量が全体の百万分のうちいくつ存在するかを表す単位．とくに体積濃度（Volume）であることを強調する場合には ppmv と表記される．たとえば，$1 m^3$ の大気中に $1 cm^3$ の二酸化炭素が含まれている状態は，$1 m^3 = (100 cm)^3 = 1,000,000 cm^3 = 10^6 cm^3$ であることから，体積比率では百万分の 1 となり，二酸化炭素の濃度は 1 ppm と表示される．

[4] 以上は，IPCC，3 次評価書（2001）および平成 15 年度版環境白書による．

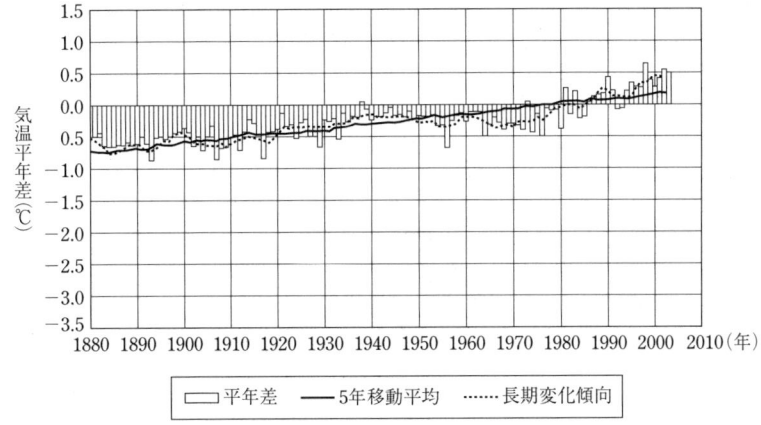

図序-2　世界の年平均地上気温の平年差の経年変化（1880～2003年）
出所：気象庁 http://www.data.kishou.go.jp/climate/cpdinfo/temp/an_wld.html

連を持っている．工業化の段階が高いほど化石燃料の使用量も高くなる傾向があるからである．加えて，エネルギー効率の低い，言い換えると省エネルギーが進んでいない国ほど排出規模が高くなる．実際，次の図序-3が表すように，温室効果ガス排出総量が最も多いのはアメリカ，中国，ロシア，そして日本をはじめとする工業国である．

しかし，排出「総量」の単純な比較では，各国の経済規模，とくに人口の大きさの違いが考慮されていない．そこで，1人当たり排出量を比較すると次の図序-4のようになる．排出総量では大きなシェアを占めていた中国は，1人当たりで見るとかなり少なくなる一方で，カナダ，オーストラリア，ドイツ，イギリスといった先進国が人口1人当たりではかなり多くの温室効果ガスを排出していることが読みとれる．

さらに，以上2つの図から分かるように，アメリカは総排出量だけでなく，1人当たり排出量の面でも最も地球温暖化を助長している．アメリカは単に経済規模が大きいから温室効果ガス排出量が多いのではなく，エネルギー効率が他国に比べてかなり劣悪であると言わざるを得ない．地球規模の温暖化対策を考える上で，アメリカの存在は無視できないのである．

このように主に現在先進国と言われる諸国が温室効果ガスの排出量が多い．

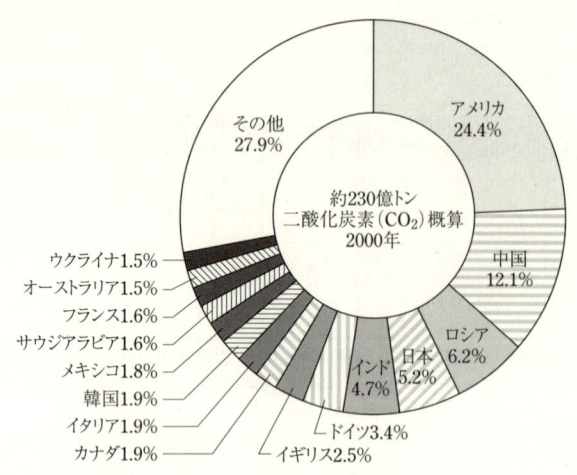

図序-3　温室効果ガスの国別排出総量（2000年）

出所：オークリッジ国立研究所．

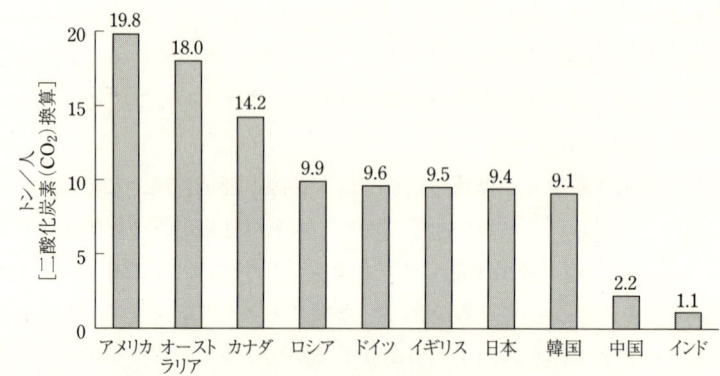

図序-4　各国の1人当たり温室効果ガス排出量（2000年）

出所：オークリッジ国立研究所．

　ただし，途上国側の動向も無視できない．先進国へのキャッチアップを目指す途上国が今後経済成長を進めれば，よほど高度な省エネルギー技術の併用を行わない限り，化石燃料の消費量，したがって温室効果ガス排出量も急増してしまうだろう．温室効果ガスの世界全体の排出量に占める途上国の割合は約3分

の1であるが，21世紀末には（現代の）先進国の2倍から3倍を排出することになるとも言われている[5]．

しかも，途上国が従来から抱える人口爆発問題は，仮にこれら諸国の経済成長のテンポが停滞し1人当たり国民生産が増加しないという望ましくないシナリオの下でさえ，人口増大が一国全体のエネルギー消費量を増加させ，温室効果ガス排出量の増加を招くことになる[6]．

1.3 地球温暖化と国際的対応

ところで，地球温暖化対策を検討する際に注意すべきなのは，地球温暖化がどのような経済的・社会的影響を与えるのかということを予測することが困難だという点である．地球温暖化問題とは，気象という最も複雑な分析対象を扱っていることもあって[7]，具体的に「どこでいつ何が起こるのか」を予測することはほとんど不可能に近い．地球温暖化問題の大きな特徴の1つは，地球規模の大きな被害を発生させるおそれが強い一方で，それがいつどこでどの程度の規模で起こるのかを予測することが困難だという強い「不確実性」をともなっていることにある．

事実，温室効果ガスの増加が本当に地球温暖化をもたらすかについて，1980年代まで賛否両論が存在した．しかし，表序-1に示されるように，80年代末には温暖化がもたらされるという国際的な認識の共有が事実上なされ，それに対する国際的な対策の必要性が認識されるに至った[8]．

---

5) "Global Warming", Business Week Online, August 16, 2004.
6) 森林資源を豊富に保有する途上国においては，経済成長の過程で多くの森林が伐採される傾向がある．これもまた地球温暖化を助長する原因となる．この点については大塚論文を参照されたい．
7) 多数の個体（たとえば大気中の分子）の相互連関作用によって全体（たとえば地球全体の気候）がどう影響を受けるかを考察する「複雑系科学（Complexity Theory）」は，その分析が余りにも複雑であり，数学的に解析することがきわめて困難だった．しかし最近になって，コンピュータ・シミュレーションなどを使って，漸くその一部が分析できるようになりつつある．この複雑系科学という誕生途上の学問自体が気象学から発生したことは，地球温暖化の影響を予測することが如何に困難かを暗示している．
8) たとえば，2001年にとりまとめられた政府間パネル（IPCC）の3次評価報告書は，「最近50年間に観測された温暖化の大半が，人間活動に起因しているという，新たなかつより強い証拠がある」としている．いずれにせよ，地球温暖化のような「起こってしま

表序-1 地球温暖化交渉の経緯

年	月	内容
1972	6	国連人間環境会議（スウェーデン） ストックホルムにおいて開催．国連の場において初めて環境問題が議論され，その後における地球温暖化を中心とする環境問題を分析する枠組みが整備される．1970年代以降，この目的のために経済協力開発機構（OECD）がその先頭に立ち，今日の環境政策の基本原則の1つにもなっている汚染者負担原則（PPP）を確立する．
1979	2	第1回世界気候会議
1985	10	「気候変動に関する科学的知見整理のための国際会議」（フィラハ会議）地球温暖化に関する初めての国際会議が，オーストラリア・フィラハで開催された．科学者が集まり科学的知見を整理・評価した．
1988	6	「変化する地球大気国際会議」（トロント会議） 2005年までに二酸化炭素排出量を20%削減することを提案．
	11	IPCC（気候変動に関する政府間パネル）発足
	12	国連総会決議「人類の現在および将来世代のための地球気候の保護」採択
1989	3	「地球大気に関する首脳会議」（オランダ・ハーグ会議）：ハーグ宣言【温暖化対策の実施のための機構設備のことで検討】
	11	「大気汚染・気候変動に関する関係閣僚会議」（ノールドヴェイク会議）温室効果ガスの安定化や1992年国連環境開発会議までに「気候変動に関する枠組み条約」を採択することで合意．
1990	8	IPCC，1次評価報告書 CO_2濃度を現在のレベルに安定化するには直ちに排出量を60%削減しなければならないことが報告される．
	10	第2回世界気候会議（ジュネーブ） 137ヵ国が参加．国連総会で「気候変動枠組条約」を作ることを決議．
1992	4	気候変動枠組み条約採択．
	6	国連環境開発会議（リオ・サミットまたは地球サミット）気候変動枠組条約の署名開始．締約国に対して温室効果ガスの排出と吸収の目標の作成，温暖化の国別の計画の策定と実施などが，義務として課される．とくに先進国に属する締約国に対しては，2000年までに二酸化炭素とその他の温室効果ガス（メタン，亜酸化窒素，HFC，PFC，SF6）の排出量を1990年レベルにまで戻すことを目標とすることが決められた．
1994	3	気候変動枠組条約発効
1995	3	COP1（ベルリン）：ベルリン・マンデート採択 1997年の第3回締約国会議（COP3）において国際的約束を取りまとめることが決定
1996	7	COP2（ジュネーブ） 京都での第3回締約国会議開催を決定．
1997	12	第3回締約国会議（COP3・京都会議）．京都議定書採択． 先進国の温室効果ガス排出の削減目標が具体的に決められた．上記6種類の温室効果ガスについて目標期間内（2008〜2012年）にEU8%，アメリカ7%，日本およびカナダ6%など，全体として5.2%の削減目標が課された．各国の目標実現を助けるいわゆる京都メカニズムとして，先進国同士で排出量を売買する「排出権取引」，複数先進国間で対策を実施する「共同実施（JI）」，先進国が途上国において削減事業を実施，削減分の一部を買い取れる「クリーン開発メカニズム（CDM）」の導入が決定される．ただし，途上国側の削減目標設定はなされなかった．
1998	11	COP4（アルゼンチン・ブエノスアイレス） 京都メカニズムの具体化進展せず．しかし，途上国の中にアルゼンチン，カザフスタン，メキシコ，ブラジル，チリなど排出削減に積極的姿勢を見せる国が現れる．
1999	10	COP5（ドイツ・ボン）

2000	3	ブッシュ政権京都議定書からの事実上の離脱を表明.
	11	COP6（オランダ・ハーグ）
		温室効果ガス削減実施の具体化合意できず，会議は決裂.
2001	3	ルーマニア，京都議定書を先進国として初の批准.
	7	COP6パート2（ドイツ・ボン）：ボン合意
		途上国問題，吸収源，京都メカニズム，遵守制度の主要な論点について包括的な合意が成立.
		英国，排出権取引制度導入決定（2002.4創設）.
	8	EU，2005年におけるCO_2排出権取引市場創設決定.
	10	COP7（モロッコ）：マラケシュ合意
	11	京都メカニズム，吸収源，遵守制度といった京都議定書実施に必要な運用ルール採択.
2002	5	欧州連合（EU），および日本，京都議定書批准（締結）完了.
	10	COP8（インド）
2003	12	COP9（イタリア）
2004	11	ロシア連邦が京都議定書を批准
2005	2	京都議定書発効
2008		京都議定書の第1約束期間開始（～2012年）.

　以上のような科学的知見の下で1990年にまとめられたIPCCの一次報告書に基づいて，1992年5月に（先進国が西暦2000年までにGHG排出量を1990年レベルに戻すことを約束する）「気候変動枠組み条約」が採択され，同年6月に開かれた地球サミットなどを通じて，1994年3月に発効した．その後，同条約には法的拘束力がないこと，2000年以降の具体的取り決めがないことなどが問題となり，1995年春に同条約の第1回締約国会議（COP1：Conference of Parties）で，2000年以降のGHG排出抑制・削減の数値目標を設定し，そのために先進国がとるべき政策・措置を，1997年に開催されるCOP3で決定すること（「ベルリン・マンデート」）が採択された．その結果，1997年12月にCOP3が，161ヵ国の参加を得て京都で開催された．

　節を改めて，COP3京都会議において各国が議論した主要論点，合意事項，そして残された課題について振り返ることにしよう．

ては取り返しのつかない現象」に対処するために，後で後悔しないように行動することが必要だという点で，地球温暖化の可能性に対して世界規模での対策を行うべきだという科学者の合意が存在する．

2. 京都プロトコルとわが国の対応

2.1 京都議定書

京都議定書で取り上げられた主な問題は次のとおりである[9]．

1．数値目標の具体的削減数値
2．対象とする 6 種類の温室効果ガス
3．吸収源（シンク）の取り扱い
4．EU バブルの承認
5．目標達成のための柔軟性（flexibility）措置（排出量取引，共同実施，クリーン開発メカニズム（CDM））
6．途上国問題
7．議定書の発効条件

それぞれの問題についての各国間の合意は次のとおりであった．

数値目標の具体的削減数値

付属書 I 締約国全体の目標として 2008 年から 2012 年の 5 年間までに全体で温室効果ガス排出量を二酸化炭素換算で，基準年と比べて少なくとも 5% 削減する．国別の排出削減目標は，図序-5 に示されているように，8% 削減から 10% 増加まで差異があり，日本は 6%，米国が 7%，EU が 8% の削減，アイスランドは 10% 以内，豪州は 8% の増加を目標とする[10]．

---

9) 以下で付属書 I 締約国とは，気候変動枠組条約（FCCC）で規定される附属書 II 締約国（OECD 加盟諸国，つまり主要先進国）と移行期経済国（ロシア，ウクライナなど旧ソ連ならびに東欧諸国）を指し，温室効果ガスの排出削減義務を負う．
10) 図の出所は，環境庁編[1998]『京都議定書と私たちの挑戦――「気候変動に関する国際連合枠組条約」に基づく第 2 回日本報告書』大蔵省印刷局．

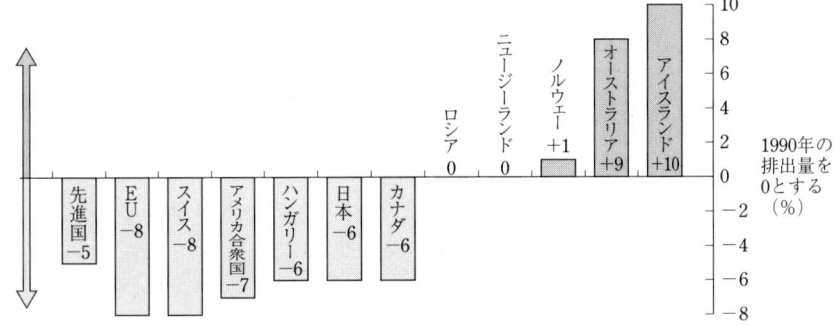

図序-5　京都議定書における各国の排出削減目標

対象とする温室効果ガス

　温暖化抑制のための対象ガスは，二酸化炭素（CO_2），メタン（CH_4），一酸化二窒素（N_2O），ハイドロフルオロカーボン（HFC），パーフルオロカーボン（PFC），六弗化硫黄（SF_6）の6種類とする．ただし，排出削減の基準年として，HFC，PFC，SF_6 については1995年を選択可能であるけれども，他のガスについては1990年を基準とする．

吸収源（シンク）の取り扱い

　森林による温室効果ガス吸収量は生態系の変化や植物の種類・年齢による違いが非常に大きく影響するために，その温室効果ガス吸収源としての有効性は不確実性が高く，削減量として算入すべきではないという反対意見が途上国や日本から出された．しかし，豊かな森林資源を持つオーストラリア，カナダ，ニュージーランドなどの強い主張の下に，1990年以降の新規の植林，再植林なども削減として認められるようになった[11]．

EU バブル

　EU加盟国に限らず，数値目標を共同で達成することに合意した国々は，各

---

11) その後のマラケシュ合意では，2008〜2012年の第一約束期間の削減目標達成のために，以下で説明するCDMのもとで実施する植林，再植林事業から得られる削減量も算入することが認められることとなった．

国の総排出量が参加国の数値目標の合計を超えなければ,約束を実施したと見なされる[12]．

目標達成のための柔軟性（flexibility）措置

附属書Ⅰ締約国間の削減目標の実現を容易にする措置（柔軟性措置と呼ばれる）として以下のような3つの制度を導入した．これらを総称して京都メカニズムと呼ばれる．

1．排出割当量の取引（emissions trading）
2．共同実施（Joint Implementation, JI）
3．クリーン開発メカニズム（Clean Development Mechanism, CDM）

第一の排出量取引は,附属書Ⅰ締約国間のうち,排出削減のための経済的負担が比較的高い国と負担が比較的低く目標削減量を上まわる温室効果ガス排出削減が可能な国との間で,後者の目標超過達成分について売買を認める制度である．これにより締約国に課された個別の削減目標にこだわることなく,締約国全体で効率的に全体としての削減目標実現を目指す．

第二の共同実施は,締約国間で共同の温室効果ガス排出削減事業を実施して,実現できた排出削減量を共同実施国間で分け合うことを認める制度である．これにより締約国全体としての総排出量は変わらないものの,優れた省エネルギー技術をもつ国の他国への技術供与インセンティブを高め,かつ全体としての排出削減効率の向上を目指す[13]．

第三のCDMは,締約国と非締約国（主に発展途上国）との間での温室効果ガス排出削減事業の結果実現する排出削減量の一定割合を,締約国自身による排出削減分として認める制度である．これにより国内での省エネルギーに限界

12）ここで,バブルとは,円蓋,つまり透明の球（シャボン玉）の半分のことを指す．この意味が転じて,大気汚染管理の際に,特定の場所,地域全体で排出量が一定ならば,ある施設で規制より多く,別の施設で規制より少なくても,認められる制度を指す．
13）共同実施およびCDMの理論的分析については,松枝・柴田・二上論文（本書第7章）を参照されたい．

が見られる国にも，排出削減義務を負わない途上国における温室効果ガス排出削減をうながすことを通じて，（途上国をも含めた世界）全体としての温室効果ガス排出削減をねらっている．

なおバンキング（banking）（目標期間中の割当量の次期目標期間への繰り越し）は認められたが，ボロウイング（borrowing）（目標期間中に割当量以上の排出を行った場合，次期目標期間中の当該国の割り当てをそれだけ削減する措置）は認められなかった．

途上国問題

これまでに概観したように，他国に比べていち早く工業化に成功した国ほど温室効果ガスの累積排出量は多い．その意味で，先進国が地球温暖化問題について大きな責任を負うことは言うまでもない．

しかし，先進国に比べて格段に人口の多い途上国も排出量は無視できず，かつ人口膨張を伴う急速な経済成長は地球温暖化を加速するという意味で潜在的にはその途上国の排出削減のもつ意味は大きい[14]．しかし，多くの場合経済成長が化石燃料の大幅消費と環境悪化を伴う傾向があるために，途上国に対して厳しく温室効果ガス排出削減を求めることは，経済発展の抑制を意味する．そのために，相対的に劣悪な経済段階に取り残されている途上国側は，温暖化問題の主たる責任は，先行して経済発展を行ってきた先進国側が無原則に化石燃料を消費したことにあるとの主張を行い，先進国側と利害が対立した．このため，途上国の数値目標の導入など，途上国を含めた国際的な環境対策については，京都議定書がカバーする「第一約束期間（2008～2012年）」が終わった後の課題として残された．

議定書の発効条件

55以上の条約締結国が議定書を批准し，かつ批准した附属書I締約国（先進国）の二酸化炭素排出量が，附属書I締約国全体の二酸化炭素排出量の

---

14) この点については矢口・園部論文（本書第1章）における環境クズネッツ・カーブの議論を参照されたい．

55%を超過した日から90日後に効力を生ずる．

議定書の国際政治的背景

　京都議定書は，地球環境に関わるはじめての国際合意であり，その意義はどんなに強調しても強調しすぎることはない．とはいえ，現実の国際交渉という側面から見れば，議定書の成立過程にそもそも問題がなかったとは言い切れない．最後にこの点を簡単に説明しておこう．

　京都議定書が定めるEU 8%，米国7%，日本6%などの削減目標は，京都会議が時間切れになる寸前に国際的妥協として成立した．開催国である日本，次期大統領選挙の候補であった当時のゴア米国副大統領が，合意を成立させるために大きな妥協をしたことは否めない．なぜなら，英独などは石炭中心からエネルギー利用を石油中心に転換しようとしていたし，ドイツはまた，ベルリンの壁崩壊を受けてエネルギー効率が極端に悪かった東ドイツの排出量を1990年の基準量に繰り込むことができた．さらにEU統一を見据えつつ，欧州全域をバブルに組み込むことで，これら排出削減に余裕のある国からない国への事実上の排出量移転が可能になった．

　こう考えてみれば，欧州にとって京都の国際合意を実現することはそれほど困難なことではない．それに対して米国は，エネルギー多消費型の社会構造に加えて1990年代を通じた経済成長が排出量を大きく増加させたことを考えれば，7%削減は十分な時間的余裕と政治的なリーダーシップがない限り，実現困難な目標だったと言わざるを得ない．ブッシュ共和党政権が京都議定書の批准を拒否したことは，決して望ましいことではないが，政治的リアリズムという視点から言えば起こるべくして起こったことと言えるだろう．

　他方日本は，1970年代の二度にわたる石油危機によって，世界でも最もエネルギー節約型の産業・社会構造が成立している国である．したがって，1990年代を通じた経済低迷が排出量の増大を抑えてきたという幸運があるにしても，6%削減約束を実現することは，欧州とは比較にならない困難を伴うことも事実である．

議定書の今後

　京都で開かれた COP3 以降，毎年開催されている COP で行われた議論を通じて，柔軟性措置の枠組みやシンクの取り扱いなどの具体的内容が詰まってきている．ただ，残念なことに附属書 I 締約国全体の二酸化炭素排出量の 36.1％（世界全体の 23.6％）を占めるアメリカのブッシュ政権が，京都議定書の批准を拒否することになった．このため，日本を含めてすでに 109ヵ国と欧州共同体が議定書を批准しているにもかかわらず，議定書発効の必要条件である排出量要件が未だに満たされるかどうかが懸念されていた．しかし，2004 年 11 月にロシアが議定書に批准したことにより，2005 年 2 月より京都議定書は発効するに至った．

　この結果，附属書 I 締約国は 2008〜2012 年という第一約束期間について，議定書が定める各国の削減目標を実現することを義務づけられることになった．各国はそのために，各国国内での政策措置として，エネルギー利用効率の向上，新エネルギー・再生可能エネルギー，先進的技術開発の促進等によって行うこととなっており，それを実現するための具体的手段については各国の裁量に任されることとなる．

2.2　わが国の取り組み

　現在のわが国の取り組み方針は，主に 1998 年 6 月と 2002 年 3 月に地球温暖化対策推進本部が決定した，2 次にわたる「地球温暖化対策推進大綱」に基づいている．2002 年の大綱は，2002 年から第 1 約束期間終了までの間を，2002 年から 2004 年までの「第一ステップ」，2005 年から 2007 年までの「第二ステップ」，第一約束期間（2008 年から 2012 年まで）の「第三ステップ」に分け，節目節目で対策の進捗状況について評価・見直しを行い，段階的に対策を講じてゆくという，「ステップ・バイ・ステップのアプローチ」をとることが予定されている．

現行の対策

　大綱は，議定書で約束する 1990 年比▲6％ の削減目標を，「エネルギー起源の二酸化炭素を±0.0％（内訳は，産業部門を▲7％，民生部門を▲2％，運輸

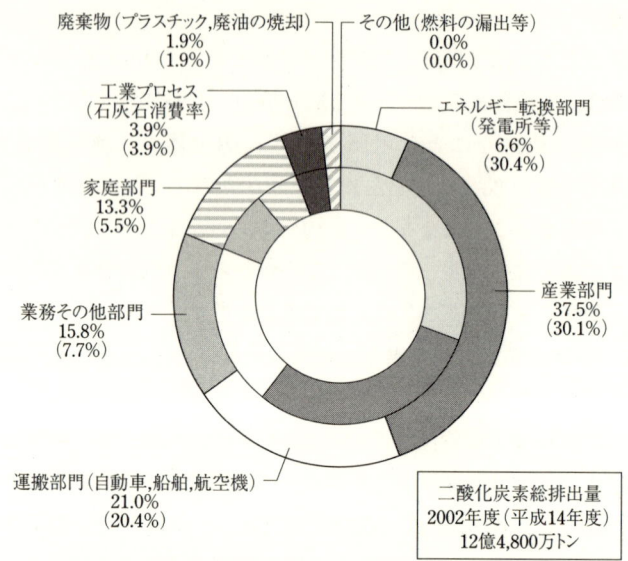

図序-6 日本における部門別排出主体別温室効果ガス排出割合

注：1 内側の円は各部門の直接の排出量の割合（下段カッコ内の数字）を，また，外側の円は，電気事業者の発電に伴う排出量および熱供給事業者の熱発生に伴う排出量を，電力消費量および熱消費量に応じて最終需要部門に配分した後の割合（上段の数字）を，それぞれ示している．
2 統計誤差，四捨五入等のため，排出割合の合計は必ずしも100%にならないことがある．
3 「その他」には燃料の漏出による排出，電気・熱配分時の誤差が含まれる．

部門を+17%），非エネルギー起源の二酸化炭素・メタン・一酸化窒素を▲0.5%，革新的技術開発や国民の地球温暖化防止活動で▲2.0%，代替フロン等で+2.0%，森林整備などのシンクで▲3.9%」で賄い，残された▲1.6%については，共同実施や排出権取引などの京都メカニズムの活用を検討することになっている[15]．

これらの最終目標を達成するために，大綱は需要面と供給面からの次のような大規模な対策を提案している．需要面では，産業部門，民生部門，運輸部門

[15) 地球温暖化対策推進大綱の上記の目標に対して，エネルギー起源の二酸化炭素の2000年度の排出実績は対1990年度比+10.5%である．その内訳は，産業部門が+0.9%，民生部門が+21.3%，運輸部門が+20.6%であり，特に民生部門や運輸部門での増加が著しい．このため，2010年時点で大綱の目標を満たすためには，今後10年間で，民生部門では▲23.3%，産業部門でさえ▲7.9% という，大規模な二酸化炭素の削減が必要となる．]

にまたがるさまざまな省エネルギー対策を計画している．（各部門の温室効果ガス排出割合については図序-6 を参照されたい．）

まず産業部門の対策としては，経団連の自主行動計画を実行することを中心としており，これによって実現すると期待される省エネルギー量は，大綱全体の対策の3分の1を占める．民生部門では，トップランナー方式などを通じて家庭用電気機器のエネルギー効率を改善することや，住宅・建築物の省エネ性能の向上を図ることなどで，大規模な排出削減が予定されている．運輸部門については，トップランナー方式や自動車税のグリーン化などを通じて低公害車や低燃費車の開発・普及を図り，物流の効率化や公共交通機関の利用を促進することなどが，対策の中心である．

他方，供給面では，太陽光，風力，廃棄物熱利用などの新エネルギーの導入や，太陽光，燃料電池などの新技術開発の導入推進，および原子力利用や燃料転換による排出削減を計画している．

また，京都議定書で認められたシンクを使って 3.9％，国内対策への補足メカニズムとして認められている柔軟性措置である CDM や JI を使って 1.6％ を予定している．

2004 年度中間取りまとめ

2004 年 8 月に，「地球温暖化対策推進大綱の評価・見直しに関する中間取りまとめ」（以下，「中間とりまとめ」と呼ぶ）が発表された．中間取りまとめによれば，2002 年度のわが国の温室効果ガス総排出量は，二酸化炭素換算で 13 億 3,100 万トンであり，1990 年の総排出量を 7.6％ 上回っている．他方，代替フロン等を除いて各分野での対策は，目標達成困難ないし評価困難とされ，大綱で予定している現行対策だけでは，2010 年時点の総排出量は 1990 年に比べて 6.2〜6.7％ 増になる見通しである[16]．しかし，京都議定書で約束した▲6％ の削減を実現するためには，2010 年の総排出量を 11 億 5,500 万トンに削減することが必要であり，現行対策に加えて，さらに▲12〜13％（約 1 億 6,500 万トン）の追加削減を達成することが必要である．他方，シンクによる

---

16) ただし代替フロン等の排出量については，最終的な推計は出ていない．

吸収量は 3.1% にとどまる見通しであり，必要な追加削減は▲ 9～10% と考えられる．

国内対策の将来

このように，地球温暖化対策推進大綱に基づくわが国の取り組みでは，最終目標を実現できる可能性が著しく低いと言わざるを得ない．たとえば供給面では，2000 年度に比較して，2010 年度の原子力発電電力量を約 3 割引き上げることが予定されており，それだけでも大綱の目標を実現できる可能性が小さいことが明らかである．また，風力発電や太陽光発電などの新エネルギーが，発電設備として大規模に導入される環境にあるとは考えにくい．

他方需要面の対策は，法的拘束力に欠け，経済インセンティブを伴わない，実効性に著しく欠けるものがほとんどである．具体的には，自主行動計画や業界の自主取組み努力など，国民レベルの自主努力に排出削減の主要部分を期待している．そのほかにも，建築主に努力義務を課すことで省エネ住宅が建設されることを計画したり，資金補助や税制上の優遇措置を背景に，さまざまな制度の普及促進や新規技術開発・技術導入が行われ，それが大量の排出削減に結びつくことが予定されている．

こう考えると，わが国が京都議定書の約束を実現するためには，排出削減対策としてより高い実効性を持つと考えられる経済的インセンティブを導入することや，共同実施や国際排出権取引などの京都メカニズムを活用することが必要になるだろう．経済的インセンティブとしては，中央環境審議会の専門委員会が，第 2 ステップからの導入を目標に，温暖化対策税と呼ばれる環境税の制度設計や税収の使途についての検討・整理を行った[17]．

しかしその具体的提案は，価格インセンティブを期待するには低率であり，排出量の伸びが大きく目標との乖離が大きい運輸部門，民生部門への効果が限られること，得られる税収を補助金として環境対策に当てることを中心としており，特定財源として既得権益化する危惧をぬぐえないこと，すでに環境対策を行った経済主体への減免措置が不透明なこと，国内排出権など補完的なほか

---

17) その詳細については，中央環境審議会（2003）を参照されたい．

の仕組みとの関係が明確でないことなど，複数の問題を抱えている．

国際排出権取引

国際排出権取引は，EU 諸国が EU バブルを通じて域内調整を行う一方，米国が京都議定書の枠組みから脱落したため，主要な潜在的排出権購入国は日本しか存在しないという状況になっている．一方で，旧ソ連崩壊に伴う経済停滞のためにロシアは大量の潜在的供給能力（ホットエア）を持っており，ロシアが京都プロトコルに参加する主要なメリットはその排出権売却収入であると考えられる．したがって，結果として日本がロシアから大量の排出権を購入することで，京都議定書の約束を守る結果になることが考えられる．とはいえ，あらかじめロシアからの排出権購入に対策の多くを依存してしまうと，排出権を売り惜しみして排出権価格をつり上げるなど，排出権購入交渉におけるロシア側の戦略的優位性を高めてしまうことになりかねない．その意味でも，環境税などの経済的インセンティブをはじめとする国内の排出削減対策を早急に整備することが重要である．なぜならそうすることで，できるだけ多くの排出量を削減できるだけでなく，排出権の購入ができない場合でも国際約束を実現できる代替的な仕組みを作ることで，排出権価格交渉を行う際の交渉力を高めることができ，国益のために重要だからである[18]．

3. 地球環境と経済政策

3.1 経済学からみた地球環境

経済学の知見を使って，地球環境問題に対処するためには，対象としている"地球環境"という一種の生産要素（factor）もしくは財（goods）を，経済学上の概念として規定することからはじめなければならない．経済学では通常，地球環境を次の 2 つの特性をもつ要素もしくは財として位置付ける．

---

18) もっとも京都議定書は，国際排出権取引などの柔軟性措置を国内対策の補完的措置と定めている．環境税の本来的な意味が国内対策にあることを忘れてはならない．

第一に，地球環境は多かれ少なかれ**排除不可能性**（excludability）[19]という性質をもっている．地球環境の所有（利用）権を法律的に確立することが困難で多額の費用を要するために，地球環境の利用権の市場を作り出すことができず，市場メカニズムに基づいた適切な資源管理ができないのである．その結果，他の経済主体が地球環境を悪化させたために起こるさまざまな影響を，世界中の企業や個人が甘んじて享受しなければならない．**外部性**（externality）である．

　言い換えれば，個々の市民や企業がもたらす環境汚染行為は，当該市民や当該企業に直接被害をもたらすだけでなく，社会全体の環境悪化という形で他の市民や企業に被害をもたらす．資源配分の決定を市場メカニズムに任せておくと，人々は経済行動の決定に当たって，自分以外の市民や企業に与える損害を無視するから，社会的に望ましくない過剰な水準の環境汚染が発生する．いわゆる**市場の失敗**（market failure）が起こるのである．外部性がもたらす市場の失敗を解決するためには，環境を汚染する経済主体に，汚染活動を社会的に望ましい水準まで制御するようなインセンティブを与える（外部性を**内部化**（internalize）する）必要があり，そのための政策的対応が必要となるのである．

　第二に，地球環境は，**非競合性**（non-rivalry）[20]という性質をもあわせ持っている．地球温暖化問題に代表されるように，地球環境は，数十億人からなる地球居住者すべてに，また，アフリカの遊牧民から巨大な多国籍企業に至る多数の生産者に同時に影響を与える．地球環境が少しでも破壊されれば，それから逃れられる地球の住民はいない．このため，世界が全体として受ける影響は計り知れないほど大きい．

　では，地球環境の保全努力を個々の個人や企業に任せたらどうなるだろうか？　一人ひとりの住民や企業にとっては，環境を保全することから得られる利益は，地球全体，あるいは世代を超えた人類全体が得る利益の数十億分の1

---

19) 所有権や利用権を持たない人の使用を物理的に排除することが不可能なこと（あるいはそのためのコストが取引費用を上回るほど大きいこと）．すなわち，所有権・利用権を購入するための市場が存在しえないために，その財の生産が過小になるという性質をいう．
20) ある人がその財を利用・消費しても，ほかの人の利用・消費を妨げないこと．言い換えれば，ある個人もしくは企業のその財の使用が，他の他人，企業の使用を物理的に不可能にすることがない（あるいはそのために発生する混雑コストが小さい）という性質をいう．

にさえならない．したがって，個々の住民や企業が自ら環境保全活動をしようとするインセンティブは，社会的に必要な水準に比べてきわめて小さい．このため，民間の私的活動に環境保全活動を委ねておくと，それは社会的に過小な水準に陥ってしまうだろう．だからこそ，何らかの公的な介入が必要となるのである．

このように地球環境とは，排除不可能性と非競合性をあわせ持つ，国際的な**公共財**（public goods）である．このとき，人々が一致団結し，国際的な協力の下で温室効果ガス対策を行い地球環境を保全することは，すべての国にとって，また，すべての地球上の居住者にとって，将来世代を含めて大きな利益を生むことが明らかである．

3.2 外部性と内部化

では，地球環境の持つこれらの性質は，具体的にどのような問題を作り出すのだろうか？ また，それを解決するにはどんな対策を講じる必要があるのだろうか？ 本節では，ミクロ経済学の初歩的な分析用具を使って，地球環境問題とそれに対する主要な経済政策に関わる経済分析を解説することにしよう[21]．

そこでまず，地球環境に対して「外部不経済」をもたらす温室効果ガスの排出が，どのように経済厚生を悪化させるのかを，簡単な部分均衡分析で説明することから始めよう．ダイナミックな動学的問題を考えることは次節に回し，以下では1期限りの「静学的分析」を採用しよう．

まず温室効果ガスの排出が，人々の経済活動や地球環境に与える影響を通じて，世界全体の経済厚生にどのような影響を与えるかを考えてみよう．図序-7の横軸には，世界全体の温室効果ガスの（二酸化炭素換算された）総排出量 e が取られている．図の MAC（**限界排出削減費用**：Marginal Abatement Cost）と書かれた曲線の高さは，地球全体の温室効果ガスの総排出量 e が与えられたとき，排出企業などの排出源が排出をもう1単位増やしたときに得られる総利潤の増分（追加的利益）を表している．このことを逆に言えば，限界排出削減費

---

21) より詳細な議論は奥野・小西（1993）および清野論文（本書第2章）を参照されたい．

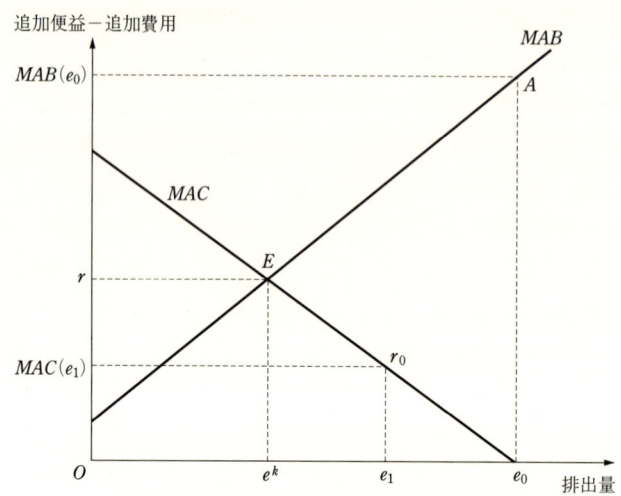

図序-7　限界排出削減費用と限界排出削減便益

用（MAC）とは，排出量を1単位減らすことで排出源が被る経済損失（＝利潤の減少）額に他ならない．温室効果ガスの総排出量が増えれば増えるほど，排出増がもたらす追加的利益は減少し，限界排出削減費用は下落するから，限界排出削減費用曲線は図に示したように右下がりの形状をとる．

同様に，図序-7の MAB（**限界排出削減便益**：Marginal Abatement Benefit）と書かれた曲線は，温室効果ガスの総排出量 e が与えられたとき，排出量をさらに1単位増加させることで生まれる地球環境の悪化で，地球住民が被る被害総額の増加分（追加的な被害額）を表している．この値はまた，排出量の1単位削減が地球環境の改善を通じて地球住民が享受する追加便益額を表していることにも注意しよう．

さて，温室効果ガスの排出に何の規制もなく，排出源は私的利潤を最大化するように自らの排出量を選択できる場合，どれだけの量の温室効果ガスが排出されるだろうか．いま世界全体の排出量総量が e_1 の水準にあったとしよう．このとき，温室効果ガスの排出源はさらに排出量を1単位増加させることで，$e_1 c_1$（＞0）の追加利潤を獲得できる．排出規制が存在しないなら，温室効果ガスの排出量は，排出を増やしても利潤がそれ以上増えない水準まで増加する

だろう．つまり，規制のない自由市場では，限界排出削減費用がゼロとなる排出量 e_0 が均衡総排出量となる．

この均衡総排出量 e_0 では限界排出削減便益は e_0A (>0) であり，排出量の削減は世界に大きな限界的便益をもたらす．つまり，e_0 から1単位の温室効果ガス排出を削減できれば地球環境が改善し，地球の居住者は e_0A だけの限界排出削減便益が得られるのである．これに対して，この場合の限界排出削減費用はゼロだから，1単位の排出削減をしても排出源は何の限界的損失も被らない．このため総排出量を1単位削減することで，世界は全体として差し引き e_0A だけのネットの便益増を獲得できる．

排出削減によるネットの便益増は，限界排出削減便益が限界排出削減費用を上回る限り発生するから，（総余剰の最大化の視点からの）最適な総排出量は e^* であり，この水準まで総排出量を削減すれば，世界はちょうど薄く陰影を付けた三角形 AEe_0 の面積に相当する正味の利益を得ることができる[22]．言い換えれば，温室効果ガス排出量の決定を自由な市場メカニズムに任せると，社会的に望ましい e^* ではなく，e_0 だけの過剰な排出が行われ，三角形 AEe_0 の面積分の厚生損失が生まれる．このように，温室効果ガスの排出を民間の自由な意思決定に委ねておくと，資源配分は非効率となり，**市場の失敗**（market failure）が生まれる．

こうした市場の失敗が生まれる1つの理由は，地球環境という財に排除可能性がないためである．排除可能性があれば，排出者たちが温室効果ガスを排出して地球環境を悪化させる行為に対して，被害者である地球住民はその対価（限界排出削減便益）を請求できるし，対価を支払わない限り，地球環境の利用を差し止めるという法的対応が可能になる．しかし現実の地球環境には排除

---

22) ただしここで，限界便益の増加を享受しているのは地球住民全体であり，限界排出費用を負担しているのはエネルギー集約産業をはじめとする排出者である．前者から後者を差し引いたネットの便益増（総余剰の最大化）を考えられるのは，暗黙のうちにわれわれが，便益増を享受する地球居住者が負担を被る排出者に対して，損害賠償を行う可能性を仮定しているからに他ならない．言い換えれば，われわれは「仮説的保証原理（compensation principle）」を仮定することで，「分配の公平性」の問題を捨象していることになる．読者は，本節の解説を通じて，この点が暗黙理に仮定されていることに十分留意していただきたい．

可能性がないために（あるいは，個々の被害者が得られる追加的便益に比べて，対価を請求したり利用を差し止めるために必要となる排除費用が高すぎるために）被害者からの差し止め請求は起こらず，排出者たちはコストを支払わずに温室効果ガスを排出できる．つまり，温室効果ガス排出による地球環境汚染行為は地球住民に環境悪化という損害を与えるが，この損害は「市場メカニズムの外で」外部性として起こり，市場メカニズムでは解決できない「市場の失敗」になるのである．

温室効果ガスの排出がもたらす市場の失敗を解決するためには，政府なり公的な機関が市場メカニズムに介入して，温室効果ガスの排出が外部性を通じて引き起こす地球住民への被害をあらかじめ勘定に入れて（外部性を**内部化して**），排出量が決定されるような仕組みを作ることが必要になる．では，地球環境問題がもたらす外部性を内部化する仕組みとしては，どんなものがあるのだろうか？

それらは大きく分けると，

1．規制的手法
2．経済的手法

の2種類に分けることができる．そこでまず，規制的手法から説明することにしよう[23]．

3.3　規制的手法

規制的手法とは，政府が，個々の温室効果ガス排出源ごとに社会的に最適な排出量を決定し，それ以上の排出を行わないことを，何らかの手段によって強

---

[23] なお3節の残りの部分では，特に断らない限り，不確実性は存在しないと仮定する．つまり，限界排出削減便益曲線と限界排出削減費用曲線の形状は事前に確定しており，事後的にこれら2つの曲線の位置や形状が変化することはないと仮定する．実際には，地球温暖化問題の多くは本質的な不確実性を持っているから，いくら費用をかけたとしても事前に推定したこれらの曲線の位置や形状と，事後的に実現した位置や形状との間には，必ず相違が生まれる．しかし，ものごとの本質を説明するためには，このような非現実的な仮定をおくことが便利であり，それがこの節の目的なのである．

直接規制

図序-7 から，社会的に最適なのは，汚染物質の排出を $e_0 - e^*$ だけ削減し，排出総量を e^* にすることである．この場合，最適な総排出量 e^* を実現するためにもっとも容易に考えつく方法は，総排出量が e^* になるよう，政府や国際機関が個々の排出源の排出量を規制することである．これを，**直接規制政策** (Quantity Regulation) と呼ぶ．

しかし実は，直接規制政策によって排出削減を行い，総排出量が e^* になったからといって，必ずしも社会的な最適状態が実現されるわけではない．$e_0 - e^*$ の排出削減を（社会的に）最小の費用で実現するためには[24]，各排出源ごとの限界排出削減費用が等しくなければならないからである．

このことを説明するために，温室効果ガスの排出源が 2 企業（企業 1 と企業 2）だけの場合を考えよう．この場合，政府が両企業の排出量を合計した総排出量を e^* に規制するとしても，その排出量の分配の仕方には，無限の可能性がある．これを図示したのが図序-8 である．図の左下の点 O_1 は，企業 1 の原点であり，企業 1 の排出量は点 O_1 から右方向に測られている．他方，企業 2 の原点は図の右下の点 O_2 であり，その排出量は点 O_2 から左方向に測られている．ここで，線分 $O_1 O_2$ の長さがちょうど e^* だとしよう．この場合，線分 $O_1 O_2$ 上のどの点を両企業に強制しても，総排出量は e^* となる．では図序-8 のどの点を選んでも，社会的な最適は実現するだろうか．残念ながら答えは「否」である．

たとえば，図の e を選んだとしよう．これは，政府が企業 1 に線分 $O_1 e$ の長さだけの排出量を，企業 2 には線分 $O_2 e$ の長さだけの排出量を認めていることを意味する．しかしこの場合，企業 i (=1,2) の限界排出削減費用関数を mac^i とすれば，企業 1 の限界排出削減費用は eA であるにもかかわらず，企業 2 の限界排出削減費用は eB であり，企業 1 の限界排出削減費用が企業 2 の費用を

---

24) 実は以下に述べることは，任意の量の排出削減を行って，所与の排出総量を実現する場合に拡張できる．このことは，**ボーモル・オーツ** (Baumol-Oates) **税の定理**として知られている．

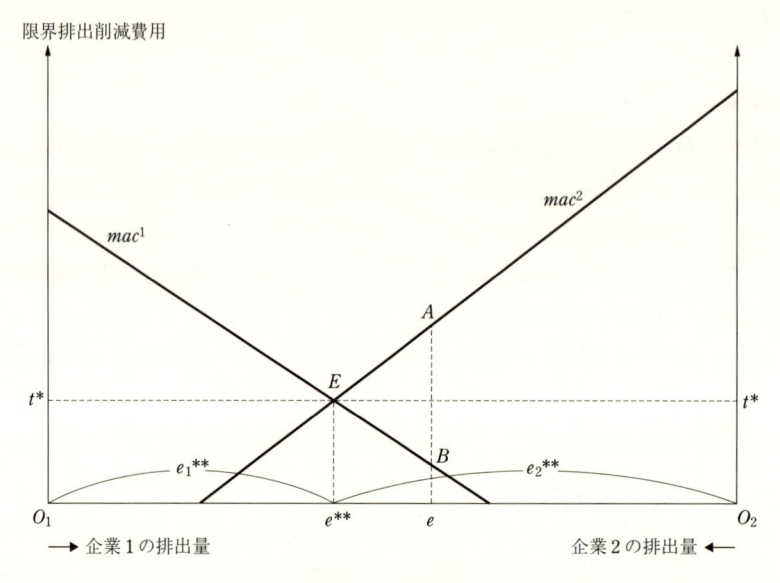

図序-8 直接規制

上回る．したがって，排出規制量を企業1から削減して企業2に与えること（図の左方向に移動すること）で社会全体の排出削減費用を減少させ，経済厚生を増加させることができることになる．このように企業1と企業2の限界排出削減費用に違いがあれば，排出規制量を調整することで，より少ない総排出削減費用で同量の排出総量を実現できる．

　総排出量を e^* に維持した上で排出削減費用を最小化するのは，明らかに図の e^{**} である．つまり，政府が直接規制によって社会的に最適な（社会的に最小の費用で）排出を実現するのは，企業1には $O_1 e^{**} \equiv e_1^{**}$ の排出を，企業2には $O_2 e^{**} \equiv e_2^{**}$ の排出量を割り当てる場合なのである．

　しかしこのことは，直接規制によって社会的に最小の費用で与えられた排出削減を実現するためには，政府は膨大な情報と権限を持っていなければならないことを示している．

　まず第一に政府（規制者）は，経済全体の最適な総排出量 e^* を事前に計算しなければならない．そのためには，社会（地球）全体の限界排出削減便益関数（MAB）と社会全体の限界排出削減費用関数（MAC）の形状を知っていな

ければならない．第二に政府は，個々の排出源に割り当てる排出規制量を事前に計算するために，各個別企業の限界排出削減費用関数（mac^i）も知っている必要がある．

第三に政府は，事後的に各企業が割り当てられた規制量以下の排出しかしていないかどうか正しく監視でき，しかも規制量を超える排出を行っている排出者には懲罰的な罰則を科す能力を持っていなければならない．言い換えれば，直接規制が有効に機能するためには，各排出源が排出する量を監視する**監視費用**（monitoring cost）と排出源が規制を守るインセンティブが生まれるよう，規制量を超えた排出に対して十分に大きな罰則・制裁を科すための**履行強制費用**（implementation cost）が必要なのである[25]．

しかし現実の政府が，すべての排出源に対して適切な直接規制を実施するために十分な情報と能力を持つことは，おそらく不可能に近い．日本全国に存在する事業所の数だけでも100万を超え，その多くは小規模である．鉄鋼工場や発電所などの大規模な排出源ならともかく，零細事業所や個々の家庭，一台一台の車など，小規模排出源の限界排出削減費用関数を推定し，最適な規制排出量を決定し，事後的にその排出量を監視し，規制を実現するよう強制することは，事実上実現不可能と考えざるを得ない．

自主規制

自主規制とは，仲間内で総排出量（あるいは排出削減の総量）と，各排出源への割当量を決めておき，お互いの相互監視と相互牽制によって，それを実現する仕組みである．

直接規制を実行するためには，政府（規制者）は非現実なほど膨大な量の情報と権限を持っていることが必要だった．問題は，単に必要な情報と権限の量が膨大だということにとどまらない．これらの情報の多くは，政府が知っているとは考えにくい情報である．たとえば，個々の排出源の限界排出削減費用や汚染物質排出量などの情報は，排出源である当事者にはわかっていても，操業

---

25) このような規制政策実施にともなう監視費用と履行強制費用の問題については小西論文（本書第6章）を参照されたい．

や経営を行うのに必要なノウハウも持たないし，実際に経営を行っているわけでもない政府にはわからない．つまりこれらの情報には，規制者と被規制者の間に**情報の非対称性**（information asymmetry）があり，それらは排出源自身の**私的情報**（private information）だからである[26]．

ところで，政府ではなく，同じ産業に属する同業者同士であれば，情報の非対称性はそれほどひどくないだろう．似たものを生産し，業界固有の情報や専門的な技術知識に詳しい同業者にとっては，個々の排出源の限界排出削減費用（mac^i）を知ることや，実際の汚染物質排出量を測定することは，それほど困難ではないかもしれないからである．

したがって，業界団体や産業内の同業者という仲間内同士なら，目標とする産業全体の排出削減総量を実現するために，個々の排出源がどれだけの排出削減をすることがもっとも望ましいか，またその結果（業界内で）決められた排出削減量を，個々の排出源が実行しているかどうかを判断する能力（監視能力）を，ある程度持っていると考えられる．さらに，決められた排出削減を守らない同業者がいれば，さまざまな形で制裁を与えることが可能である（制裁可能性）．たとえば，同業他社が類似品を安値で販売して，その業者の得意とする製品の値崩れを起こさせたり，業界団体から追放したり，取引先を奪い取ったりすれば，その業者は大きな損失を（将来時点で）被ることになるからである．特に，新規の参入や退出が少なく，同業者同士の接触が長期間に亘っているほど，また産業内の企業数が少なく，同業者同士の接触が緊密であればあるほど，監視能力も制裁可能性も高いと考えられる．

このような監視能力も高く制裁可能性も高い産業における同業者間の自主規制は，業者が現在の利益や損失と比べて，将来の利益や損失を十分高く評価する場合には，**自己拘束的**（self-enforcing）な約束になることが知られている．なぜなら，各業者が自主規制を破ることで排出削減コストを節約し，直近の利益が得られるとしても，自主規制を破ったことで仲間から制裁を受け，将来もっと大きな損失を被ることになる．すべての業者が，直近の利益よりも将来

---

26) このような情報の非対称性が規制政策の有効性におよぼす影響については，小西論文（本書第6章）を参照されたい．

被る大きな損失を避けた方が自分の利益だと考える場合，自主規制という（強権を伴わない）仲間内の約束にもそれを守ろうとするインセンティブが生まれることになり，自主規制が有効に機能するのである．

繰り返しになるが，この自主規制の仕組みは，発生源が多数存在しその規模も小さい場合に比べて，業界が少数の規模の大きい企業によって構成されている方が，監視能力も制裁可能性も高いから，自主規制を守るインセンティブも生まれやすい．このことは，わが国で自主規制がどの分野で使われているかを見れば一目瞭然である．わが国の温室効果ガスの排出源は大きく分けて，産業，運輸，民生の3部門に分類できる．このうち業界団体を通じた自主行動計画によって実施されているのは，産業部門の排出抑制である．それも，当該産業を構成する企業が比較的少数の産業に限られる．運輸や民生，あるいは多数の小規模企業によって構成されている産業では，排出源同士の間でも，監視コストが高く制裁可能性も低いから，自主規制は有効に機能しないと考えるべきである．

3.4 経済的手法

規制的手法では，政府あるいは業界団体が各排出者の排出量を定め，それを守ることを強制するのに対して，「経済的手法」とは，社会的に最適な排出量を，各排出者自らが計算し，それを自ら実現しようとするインセンティブを与える仕組みを作ることである．

まずその代表的手段である，排出税を説明しよう．

排出税

図序-7に戻ろう．いま，すべての排出源に対して排出1単位当たり t^* の排出税（emission tax）を課すことを考えよう．この場合排出源は，1単位の削減によって得られる t^* の支出節約が，限界排出削減費用 MAC を上回る限り，排出を削減しようとするインセンティブを持つ．その結果，図序-8や図序-7から明らかなように，各排出源は，自分の限界排出削減費用 mac^i が排出税率 t^* と等しくなるように，e_1^* あるいは e_2^* の排出量を選択しようとする．外部効果である限界排出削減便益 MAB が排出税という形で内部化され，社会的に適

切な排出量を選択するインセンティブが，各排出源に与えられたのである．この結果，実現される総排出量は e^* になり，社会的厚生の最大化を分権的に実現することができる．

税の代わりに，温室効果ガスの排出を（たとえば e_0 から）1 単位削減するごとに t^* の排出削減補助金を与える場合を考えてみよう．1 単位の削減によって得られる t^* の補助金が，限界排出削減費用 MAC を上回る限り，排出源は排出を削減しようとするインセンティブを持つ．したがって排出削減補助金は，排出源に対して排出税と全く同じインセンティブを与えることができる．これが有名なピグーの外部性の内部化に当たっての「税と補助金の同値性」命題である．ただし，これは企業の参入・退出がない短期の場合にのみ成立する命題であり，所得移転に関しては 2 つの政策手段の効果は異なる．税の場合には排出源に税負担を負わせるから，排出源の退出が起こる一方，補助金の場合には排出源に補助金が与えられるために新たな参入が発生する．

この結果，排出源の参入・退出を明示的に考慮した長期には，補助金はかえって温室効果ガスの排出を社会的に過剰な水準に増大させてしまうことが知られている．このような視点から，現在では外部不経済の内部化に当たっては汚染源（ここでは排出ガス発生源）に課税し，退出を促すことが望ましいと考えられている．いわゆる**汚染者負担原則**（Polluter Pay Principle, PPP）である．

図序-8 から明らかなように，温室効果ガスへの課税は，直接規制と異なって，個別排出源ごとの mac^i を知る必要がないという優位性を持っている．社会全体の限界排出削減費用関数 MAC と限界排出削減便益関数 MAB さえわかっていれば，図序-7 から明らかなように，社会的に最適な排出税率 t^* を計算することができる．この税率が外部性を内部化し，個別排出源に社会全体の総排出費用を最小化する排出量を自ら選ばせるからである．

とはいえ，情報が完全だと仮定したこの場合でも，政策実行上の 1 つの大きな問題が残っている．それは監視費用と履行強制費用である．直接規制の場合と同様，排出課税の場合にも，各排出源が支払うべき税額を決定するためには，その「課税ベース」である個別排出源の排出量を（少なくとも事後的に）知らなければならない．さらに，課税された額を支払わない排出源に対する制裁・罰則がない限り，税を払おうとするインセンティブが生まれない．

大規模な排出源の場合なら,個別の排出量を測定し,納税を強制することは容易だろう.しかし中小企業や家計など,小規模な排出源の排出量を測定し,正しい税額を支払うよう履行強制するためには,規制によって得られる社会的利益に引き合わないほど多額の費用がかかるのではなかろうか.したがって,小規模な排出源に対して,排出税を使った環境規制を課すことは現実的でない.

ボーモル・オーツ税と排出権取引

さてここまでは,規制的手法や排出税を使って,MAC と MAB の交点を実現するという,**最適**(first best)な環境規制を実現することを考えてきた.現実に環境規制を実行する際には,不確実性や情報の不完全性が存在することを無視できない.特に,排出削減を行ったときに発生する損失である限界排出削減費用(MAC)や,外部効果を通じて他の経済主体に与える影響を金銭評価した値である限界排出削減便益(MAB)は,推定することが困難であるだけでなく,推定の誤差も大きいと考えられる.この場合,MAC と MAB との交点を実現するという最適な環境規制は,「絵に描いた餅」でしかない.そこで,より現実的な仕組みとして考えられるのが,**ボーモル・オーツ税**(Baumol-Oates Tax)や排出権取引である[27].

ボーモル・オーツ税　ボーモル・オーツ税とは,環境水準の悪化を一定にとどめることを目標に,社会全体の温室効果ガスの総排出量を特定の水準以下に抑制するために,排出税を課そうという考え方である.定められた総排出量の上限は,MAC や MAB の情報から得られた最適な水準ではなく,技術的な可能性や政治的な妥協で決められた水準である.上限が決められると,その上限を総排出量として実現するような排出税率が,試行錯誤の結果として選ばれる.

具体的には,まず適当な排出税率が選ばれる.不確実性や情報の不完全性があれば,この排出税率が実現する総排出量は,あらかじめ与えられた上限を実現するとは限らない.もし実際の総排出量が上限を上回れば税率を引き上げ,逆の場合には引き下げる.その結果実現する総排出量を上限と比較し,さらに税率を調整する.このような試行錯誤を通じた逐次プロセスを経て,実現する

---

27) 以下の議論については,Baumol and Oates (1988) を参照されたい.

均衡排出税率がボーモル・オーツ税である．

すでに直接規制や排出税のところで述べたことから明らかなように，ボーモル・オーツ税は与えられた総排出量の上限を可能な限り小さな排出削減費用で実現するという，資源配分の視点から効率的な環境規制である．しかし税率を試行錯誤の結果決定するという仕組みは，現実的ではない．そこで考えられるのが，**排出権取引**（tradable permits）である．

排出権取引　　排出権取引とは，各排出源が一定量の温室効果ガスの排出を行うためには，同量の排出権を所有していることが義務づけられる仕組みである．しかも排出権が市場で売買可能であるため，所有している排出権を超える排出を行いたいと思う排出源は，不足する排出権を市場で購入すればよいし，逆に実際に排出する量以上に排出権を所有する排出源は，不要な排出権を市場で売却して，収入を得ることができる仕組みである．

再び図序-8に戻って，社会全体でO_1O_2の長さ，つまり（e^*）だけの総排出量を実現したいと考えよう．そのため，第1企業（ないし第1国）にO_1eの長さだけの排出権（それだけの量の温室効果ガスを排出する権利）を賦与し，第2企業（ないし第2国）にO_2eの長さだけの排出権を賦与したとしよう．

しかし現実には，各排出源の限界排出削減費用曲線が，図のmac^iのようになったとしてみよう．この場合，2つの排出源には，お互いに排出権を売買しようとするインセンティブが生まれる．なぜなら，賦与された排出権の量では，第2企業はO_2eの長さだけの量しか排出できない．したがって，もし第1企業がAeの長さより小さな価格で排出権を譲ってくれるなら，喜んでそれを買い取って自分の排出を増やしたいと考える．他方，第1企業は，賦与された排出権の下では，O_1eの長さだけの排出が可能であり，限界的な排出権の価値はBeでしかない．したがって第1企業は第2企業がBeを超える価格で排出権を買い取ってくれるなら，喜んでそれを譲渡するだろう．そのような取引のインセンティブは，第1企業がO_1e^{**}の長さだけの，第2企業がO_2e^{**}の長さだけの排出権を持つ状態に至るまで続く．そしてこれこそが，ボーモル・オーツ税と同様，与えられた総排出量を社会的に最小の費用で実現する状態に他ならない．

しかもボーモル・オーツ税と異なって，このような排出権取引均衡価格は市場の均衡として内生的に実現されるから，政府（規制主体）が税率を試行錯誤

によって調整する必要がない．むしろ，各発生源自体の限界排出削減費用が排出権価格という価格シグナルに変換されて，公表されていることになる．アダム・スミスの「見えざる手」に他ならない．このように排出権取引は価格メカニズムの利点を使いながら，温室効果ガスの総排出量（のダイナミックな経路）をコントロールできるという優れた仕組みである．

しかしそれがボーモル・オーツ税と等価であることから明らかなように，排出権取引が機能するためには，排出権市場を管理する主体が，各排出源の排出量を正しく計測でき，しかも排出量以下の排出権しか持っていない排出源に十分大きな懲罰を科す能力を持っていなければならない．そうでなければ，少量の排出権だけを所有して，実際に排出した温室効果ガスの量を偽って申告する排出源を排除できないからである．

入札方式とグランドファーザー方式　ところで，市場で取引する排出権は，事前に各排出源が所有していた排出権である．では，排出権の賦与はどのように行われるのだろうか．

排出権の賦与には，大きく分けて2つの方式がある．第一は**入札方式**（auction method）であり，実際の市場取引が行われる前に，あらかじめ決められた総排出量に対応する分量の排出権を，市場管理者が各排出源に競争入札によって分配する方式である．

図序-8の場合，もし各企業が持っている情報が完全で，自企業の mac^i を正しく予測しており，しかも適切な入札システムが使われれば，排出権入札は t^* という価格で最適な排出権配分を実現する．そのロジックは簡単である．いま，政府が1単位当たりの排出権価格を提示し，それに対して各企業が必要とする排出権を入札するという仕組みを考えよう．各企業は自分の mac^i を正しく予測しているから，排出権価格が1単位当たり t^* なら，第1企業は e_1^{**} だけの排出権を，第2企業は e_2^{**} だけの排出権を買おうとする．明らかに，この価格では，排出権分配量の需要は政府が予定している総分配量 e^* に等しくなる．しかし，価格が t^* を超えれば需要が予定量を超過し，下回れば需要が予定量を下回る．政府が予定した排出権総量を配分しようとするなら，実現する（均衡）排出権価格は t^* になる．

この結果，政府（あるいは市場管理者）は第1企業から四角形 $O_1 e^{**} E t^*$ 分の

収入を，第2企業からは四角形 $O_2e^{**}Et''$ 分の収入を獲得することになるだろう．言うまでもなく，これはちょうどボーモル・オーツ税が生み出す税収に等しい．

いまひとつの排出権の賦与の仕方は，グランドファーザー方式（grandfather method）と呼ばれる方法である．この方式は，過去の実績などを考慮して，排出権総量をあらかじめ各企業に無償で分配するという方法である．この場合，入札方式であれば政府や市場管理者などの手に入った排出権入札収入は，排出源の手元に残ることになる．したがってこの方法を使えば，地域間・産業間・国家間の所得再分配が可能である．たとえば再び図序-8に戻り，グランドファーザー方式に基づいて，第1企業（第1国）に O_1e の長さだけの排出権を，第2企業（第2国）に O_2e の長さだけの排出権を賦与したとしよう．先に述べたような仕組みによって第1企業は第2企業から線分 ee^{**} の長さだけの排出権を購入するのが市場均衡だから，排出権取引を通じて，最低限でも台形 $eBEe^{**}$ の面積，最大限なら台形 $eAEe^{**}$ の面積の金額が，第1企業から第2企業に移転されることになる．

炭素税

さて，これまで直接規制や自主規制などの規制的手法と，排出税や排出権取引という経済的手法を解説してきた．しかしこれらの手法は，個々の排出源について適切な排出量を定め，実際の排出量を測定し，規制に反している排出源に十分大きな罰則を科すことが必要だった．その意味で大口の排出源を除けば，排出量の直接規制や排出税課税・排出権取引は，非現実的（つまり，得られる社会的利益より必要な社会的費用が大きすぎる）と考えられる．そこで，より現実的な規制方法として考えられるのが，炭素税（carbon tax）である．

窒素ガスや硫化ガスと異なって，温室効果ガス（二酸化炭素）の場合，経済的に引き合うような安価な費用で，発生した温室効果ガスを排ガスから分離し固定化する技術は未だ存在しない．このため，化石燃料を使用すると，各燃料の含有炭素量に比例した温室効果ガスが空中に排出される．そこで，発生する温室効果ガス分をあらかじめ計算して，発生する温室効果ガスに均一な税率がかかるよう，各化石燃料の製造や販売に対して適切な税率で（流通段階の上流

で）課税することが考えられる．つまり，各燃料の炭素含有量を課税ベースとする「炭素税」である．

たとえば，1単位の化石燃料がx単位の温室効果ガスを排出するとしよう．この場合，1単位の化石燃料にt^*x円の炭素税を課税すれば，1単位の温室効果ガスの排出にはt^*のコストがかかることになる．炭素税は化石燃料価格に転嫁され，化石燃料が生み出す限界利益をそれだけ低くする（限界排出削減費用関数を下方にシフトさせる）から，温室効果ガスの排出に単位当たりt^*の排出税を課税したのと同じ効果が得られる．

炭素税の場合でも，各個別排出源が化石燃料を消費する段階で課税する（**下流課税**という）場合には，個々の排出源が使用する各燃料の使用量を監視し，当該排出源が負担すべき炭素税を計算するとともに，課税義務を遵守しているかどうかを監視しなければならない．しかし炭素税の課税方式にはいまひとつの方法がある．炭素税を化石資源の採掘あるいは輸入段階で課税（**上流課税**という）することにし，しかも化石資源を燃料やエネルギー製品に加工・販売する際に税負担が適切に転嫁されるならば，各個別排出源の（炭素換算）化石燃料使用量を的確に把握する必要はない．上流課税された炭素税は，流通過程で燃料価格に転嫁され，それを消費する排出源は税額を負担せざるを得ないからである．

上流課税の欠点は，すべての化石資源がエネルギーとして消費され，温室効果ガスの排出に結びつくとは限らない点にある．化石資源（特に石油資源）の一部は，合成繊維の原材料などとしても使われており，上流課税された炭素税は，このような製品にまで転嫁されてしまう[28]．他方，下流課税の場合にはこのような問題はないが，小規模な排出源や個々の家庭や自動車などの場合，大きな監視費用や履行強制費用がかかるというデメリットを持っている．

こう考えれば，炭素税は次のように評価することが可能であろう．上流課税の（特に，ガソリンや軽油などの燃料生産・販売段階で課税する）炭素税は，

---

28) 逆に化石燃料だけに課税するのであれば，たとえば家具や雑誌・書籍等焼却により温室効果ガスを排出するような財は課税を免れることになり，燃料とそれ以外の財・生産要素から排出される温室効果ガスに対する差別的な課税による歪みが発生する．こうした問題に関するより一般的な議論については，清野論文（本書第2章）を参照されたい．

排出税や排出権取引，あるいは下流課税の炭素税などと比べて，温室効果ガス排出量や化石燃料消費量を計測・監視する必要がないから，小規模事業者や家庭などの排出源に対する規制手段としてとりわけ優れた政策手段だと考えられる．

しかし，炭素税（および直接規制）は排出税に比べて，次のようなデメリットを持っていることに注意すべきである．税は価格インセンティブを使った規制手段である．このため排出税を課されると，排出源はできるだけ排出を抑えて税負担を逃れようとするインセンティブを持つ．したがって排出税が課されれば，同じ化石燃料投入量から発生する温室効果ガス排出量を減らしたり，発生する温室効果ガスを固定化して空中に放出する量を削減するような技術開発を進めようとするインセンティブが生まれる．これに対して炭素税の場合には，同量の化石燃料を使う限り，温室効果ガスの排出量とは無関係に税額が決定されるから，このような技術開発に対するインセンティブが生まれない．

3.5 環境規制とその副次的効果

環境規制を行うと，それに伴ってさまざまな副次的効果が発生する．以下では，

1．一部の経済的手法が生み出す政府収入
2．環境規制が生み出す産業構造の変化
3．一部の国だけが環境規制を行う場合の国際競争力の調整

について，簡単な解説を付しておこう．

二重の配当

排出税や炭素税などの経済的手法を採用したり，取引可能な排出権を入札によって排出源に賦与すると，政府（ないし市場管理者）はそれに伴う税収や入札収入を得ることができる．ここで注意するべきことは，市場の失敗を排除し資源配分の効率性を回復するために必要なのは，排出税や排出権取引によって地球温暖化がもたらす外部性を内部化することだという点である．つまり，経

済的手法がもたらす税収や入札収入などの財政収入は，それ自体が効率的資源配分を実現する手段なのではなく，単に，外部性を内部化する作業の「副産物」でしかない．

それにもかかわらず政府は，これらの収入を使って，さまざまな経済的に意味のある行為を行うことができる．たとえば，これらの財源を基にして，社会的に有用な公共財を建設できるかもしれない．あるいはこれらの財源を基に，所得税や法人税など，既存の歪みを持つ税を減税できるかもしれない．つまりこれらの経済的手法は，単に地球温暖化の持つ外部効果を内部化し効率的な資源配分を実現するだけでなく，公共財を建設したり歪みを持つ税を減税したりすることで，資源配分に追加的な便益を与えることが可能なように思われる．このため，規制的手法やグランドファーザー方式の排出権に比べて，排出税・炭素税・入札方式の排出権取引など，地球環境対策でありながら政府に追加的収入をももたらす経済的手法は，**二重の配当**（double dividend）をもたらすといわれてきた[29]．

特に，税収を一定に保ちながら（税収中立の下で），歪みのある税を環境税というクリーンな税で代替するといういわゆる**グリーン税制改革**（Green Tax Reform）が提唱される背後には，この二重の配当という暗黙の前提がある．グリーン税制改革が，仮に地球温暖化が起こらなくても（つまり，外部性の内部化という環境税の最初の配当が存在しなくても），歪みのある税をクリーンな税で代替することで経済厚生を改善できるから，「後で後悔しない政策（no-regret policy）」だといわれることが多いのはこのためである．

しかし厳密な理論的分析によれば，二重の配当が常に存在するとはいえない．たとえば排出税を課して得られた財源を使って（税収中立を守りつつ）労働所得税を減税すると，2つの効果が生まれる．1つは，所得税率の低下に伴って，企業が払う「支払い賃金」と労働者が受け取る「受け取り賃金」の差が縮小し，その結果，資源配分の歪みが低下する効果である．この**歳入還元効果**（revenue

---

29) 炭素税を早くから導入してきた北欧諸国においては，社会保障水準を維持するための所得税引上げを炭素税導入により回避するという動機も働いたと言われている．炭素税導入をはじめとしたいわゆるグリーン税制改革は欧州で積極的に行われている．これらの事情ならびに評価についてはOECD（2001）を参照されたい．

recycling effect) は通常，資源配分の効率性を高め，二重の配当を作り出すように思われる．

しかしグリーン税制改革の効果はこれですべてではない．なぜなら排出税の課税ベースである温室効果ガスの排出量は化石燃料の炭素含有量に比例するから，排出税課税は化石燃料価格に転嫁される．このため排出税の導入は，化石燃料価格をその社会的費用以上に高騰させる．この結果生ずる資源配分の歪みは，**租税連関効果**（tax-interaction effect）と呼ばれ，資源配分の効率性を低下させる．したがって，政府収入を生むような経済的手法が本当に「外部効果の内部化」以上のベネフィットを生み出し，二重の配当が生まれるか否かは，歳入還元効果と租税連関効果の相対的大きさに依存することになり，先験的には明らかではないのである[30]．

環境規制と産業構造

規制的手法であれ経済的手法であれ，環境規制を導入しある国の温室効果ガス排出量を削減しようとすると，温室効果ガスの排出コストが増大するから，そうでない産業に比べてエネルギー集約型産業の生産規模は相対的に縮小せざるを得ない．このため，環境規制が導入されればその国の産業構造は，よりエネルギー集約度の低い形態に転換せざるを得ない．このとき，エネルギー集約的な産業で雇用されていた労働力が，そうでない産業にスムーズに移動すれば，このような産業構造の転換は容易に進めることができる．しかし，工場労働者が持っている生産工程での熟練や技術者が持っている知識の多くは，その産業に特有（industry specific）なものであり，その産業でこそ高い生産性をあげられるものの，他の産業に移動してしまうと生産性が大きく低下する．この場合，排出総量規制のような環境対策がとられることによって，これらの産業の生産量が一挙に減少し，雇用や下請け企業がリストラされると，それらの資源は他の産業には容易に吸収されず，結果として，失業が増加し景気が悪化してしまうかもしれない[31]．

---

30) この点を比較的わかりやすく解説した教科書に，Kolstad (1999) がある．
31) 賃金が十分伸縮的であれば，低い生産性を反映した低賃金で他の産業で雇用されるだろう．しかし現実には，賃金の下方硬直性があり，生産性に見合った賃金は実現しないか

このような場合には，**産業調整政策**（Industrial Adjustment Policy）を行うことが望ましい．具体的には，これらの労働力が他の（成長）産業で吸収されることを容易にするために，成長産業に雇用補助金などを与えることである．これを，**積極的産業調整政策**（Positive Adjustment Policy）と呼ぶ．他方，どの産業が成長産業なのかが容易に識別できなかったり，エネルギー集約産業（衰退産業）における既存労働者の産業特殊的熟練の程度が強い場合には，衰退産業の雇用を援助して，解雇を減らすことが望ましい．これを，**消極的産業調整政策**（Negative Adjustment Policy）と呼ぶ．このような手段としてはたとえば，排出税や炭素税の一部を免除したり，グランドファーザー方式の排出権を採用することが一案である．これによって，汚染物質を排出する際の限界費用は，税や排出権価格を反映して高くなり，排出規制と産業構造転換に対する正しいインセンティブを与える一方，汚染物質の排出の一部は，税が免除されたり，無償で与えられた排出権で対処できるから，排出の平均費用はその分だけ限界費用を下回る．この実質的な援助が，産業調整政策として短期的な失業や景気の悪化に対する対策として機能するからである[32]．

ただし産業調整政策は，エネルギー集約産業に雇用されている既存労働力だけを対象として行う必要がある．そうせずにこの政策を永続的に続ければ，産業特殊的な技能を持つ労働者が新たに雇用され続けることになり，問題はいつまでたってもなくならないからである．言い換えれば，産業調整政策はたとえば10年というように時限を設け，その規模も時間とともに次第に縮減してゆくように設計することが重要である[33]．

環境規制と国境調整

環境規制が引き起こすいまひとつの重要な問題は，国によって規制の程度が

ら，失業が発生せざるを得ない．
32) 産業調整政策については，たとえば，伊藤・清野・奥野・鈴村（1988）などを参照せよ．
33) 以上の問題は，環境規制がすべての国で同時に導入される場合にも起こる問題である．しかし，京都議定書の第一約束期間のように，途上国や米国などでは環境規制は行われず，一部の国だけで環境規制を導入する場合，導入国の当該産業ではより深刻な問題が発生すると考えられる．次の「環境規制と国境調整」をも参照せよ．

異なるために，厳しい規制下にある国の製品が，規制のない，あるいは規制の弱い国で生産された同種の製品に比べて，国際競争力を失ってしまうという点にある．たとえば，京都議定書に基づく仕組みは，日本と欧州諸国，それに移行国という，世界の中の一部の国だけが一方的に排出削減義務を負うという仕組みであり，参加しない米国や途上国は，何ら排出量削減義務を負わない．このため，参加国と非参加国の間で国内環境規制の程度に大きな相違が生まれ，エネルギー集約産業などでは，生産物の国際競争力に格差が生まれることになる[34]．

参加国，たとえば日本の立場から，エネルギー集約産業を例にとってこのことを説明しよう．排出税や排出権取引などの環境規制は化石燃料の国内価格を上昇させるから，非参加国におけるエネルギー集約産業の生産費用に比較して，日本国内の生産費用は高騰し，そのエネルギー産業は大きな損害を被ることになる．具体的には，輸出品は排出税転嫁分だけ非参加国製品より高くなり，市場を失ってしまう．国内でも，税転嫁分だけ国内製品より安価な非参加国からの輸入品が，国産品を駆逐することになる．

どこの国で生まれた温室効果ガスであれ，それは世界全体に全く同様な地球環境問題を引き起こすのだから，京都議定書の仕組みに参加した国で生産された製品が，不参加の国で生産された製品によって市場から駆逐されてしまうことは不合理である．またその結果，労働者が失業し企業がリストラされることは，国民経済の視点から見て望ましいことではない．この問題についての対策として，課税の国境措置をとることが考えられる．つまり，非参加国からの輸入品には，それが日本国内で生産されていたならば課税されたであろう排出税額（つまり，その生産によって発生した温室効果ガス排出量に対応する排出税額や排出権価格）を輸入時に賦課し，他方，国内製品を輸出する際には，その生産によって発生した温室効果ガス排出量に見合う排出税や排出権価格を，生産者に還付することである．これらの国境措置によって，外国製品と国内製品との間の国際的競争力の差が埋め合わされることになり，国際的な不平等が是

---

[34] この点については，本章4.4項も参照せよ．また，国際相互依存下における環境政策の問題については石川・奥野・清野論文（本書第3章）を参照されたい．

正され，根拠のない国内経済への悪影響が軽減される．

4. ダイナミックな視点：不確実性と維持可能性

このように，資源配分の効率性という静学的な視点から行う地球温暖化問題の分析の本質は，地球環境問題が市場の失敗を生み出すことである．しかし通常の市場の失敗と異なって，地球温暖化がもたらす気候変動は，さまざまなダイナミックで国際的な問題をあわせ持っていることに注意することが必要である．具体的には，地球環境問題は，

1. 大きな不確実性を持つこと
2. 気候変動による被害とその対策コストが非可逆性を持つこと
3. 将来を見越した長期的対処が必要なこと
4. 温室効果ガスの排出とその影響にタイムラグがあること
5. 規則性を持たない地球規模の問題であること
6. 広範囲の地域的影響の差異があること
7. 複合的な温室効果ガスに対処しなければならないこと

など，種々の複雑な問題を孕んでいることを深く認識しなければならない．

したがって，気候変動に対処する環境保全の対策，とりわけ経済学的対策を選択する際の評価基準も，広義の**効率性**（Efficiency）だけでなく，それに加えて**有効性**（Effectiveness）と**公平性**（Equity）という3つの多角的な観点からの考慮が必要である．他方，地球環境問題解決への方策は大気中の温室効果ガスのストックをコントロールすることにあるから，その分析手法として，各期各期にどう温室効果ガスの排出フローをコントロールすべきかという「静学的分析」と，時代を通してどのようなダイナミックなコントロールを行うべきかという「動学的分析」の2つに分けることができる．

伝統的な経済学の分析を使った静学的な経済的対処法はすでに前節で立ち入った検討を行ったから，ここではまず動学的な問題について，上記の3つの視点から，簡単に触れておこう．

4.1 茅の恒等式

動学的な問題を考えるためには，次の恒等式を考えることが便利である．この恒等式は，提案者である茅陽一教授に因んで「茅の恒等式」と呼ばれている[35]．

$$CO_2 = \left(\frac{CO_2}{E}\right) \times \left(\frac{E}{Q}\right) \times \left(\frac{Q}{L}\right) \times L \tag{1}$$

ここで，CO_2 は炭素排出量，E はエネルギー投入量，Q，L はそれぞれ実質 GDP および総人口を表わすものとする．この恒等式は，炭素排出量が，エネルギーの中の炭素含有量（CO_2/E），エネルギー・産出比率（エネルギー生産性の逆数）（E/Q），1人当たり実質 GDP（Q/L）と総人口（L）に分解されることを示している．エネルギーの炭素含有率は，使用されるエネルギー（石油，石炭，天然ガス，太陽熱など）の種類によって異なる．エネルギー生産性は，技術進歩などによるエネルギー生産性の変動や省エネルギー技術の導入で変化しうる．1人当たり実質 GNP の変化は経済成長率に依存し，人口変化にも依存する．したがって，使用するエネルギーの原料構成を改善することや，省エネ技術や二酸化炭素ガス固定化技術などの技術開発を進めないと，経済成長や人口成長を犠牲にしない限り，一国全体あるいは世界全体の炭素排出量は減少しないのである．しばしば地球環境対策の経済的コストが問題になるのは，この点に本質的な理由がある．

4.2 不確実性

動学的視点から見た主要な問題の1つは，不確実性である．すでに述べたように，地球環境が気候変動に与えるさまざまな効果の方向や程度はきわめて不確実である．対策実行の途中で新しい情報が得られたりするなど状況変化が起これば，それに対応する必要がある．その意味で，地球温暖化対策は，不確実性に備えた保険，リスク・ヘッジなどを含め，複数の選択肢を実行できる「オプション」として考えておくことが有用である．有効性の視点からも，たとえ

[35) 環境省（2003），序章第3節を参照．

ば今後100年にわたる長期的な単一対策を選択しコミットするより，将来の変更の可能性を残しながら，当面（たとえば数年間），ベストと考えられる対策を選ぶことが重要である．

他方，地球温暖化対策は反永続的な効果を持ち，将来世代に大きな影響を与える．将来世代のリスクを軽減すると考えられる政策メニューとして，1）排出量の即時削減，2）新エネルギーや省エネルギー技術の研究開発，3）気候変動の大きさとその影響についての継続的研究，4）急激な気候変動に対処するための適応的対応などが含まれるから，これらの対策を適切に組み合わせることも，単一の対策だけを行うことよりはるかに効果的であると考えられる．

4.3 維持可能性

また，地球環境は原則として，破壊しても再生できるという**再生可能資源**（renewable resources）であるが，その再生のスピード以上で汚染が起これば再生は不可能となる．その場合には，地球環境もまた**再生不可能資源**（exhaustible natural resources）あるいは**枯渇性資源**（depletable resources）となるだろう．再生可能資源と再生不可能資源のどちらになるかは，人類の引き起こす汚染の程度に加えて，地球自身が自ら地球環境を再生する（汚染を除去する）能力をどの程度持っているかにかかっている．後者は地球環境の良好さ自体に依存し，地球環境が良好でさえあれば，人類が引き起こす多少の汚染があっても再生可能である．しかし，地球環境の良好さがある閾値を超えて悪化してしまえば，地球自体の環境再生能力は失われ，人類がどれだけ努力しても環境悪化は果てしなく続くことになる．このような閾値を超えないよう，各人類世代が，地球環境を良好な状態に保って次の世代に引き継ぎ続けることが必要である．その意味で，地球環境問題は，**維持可能性**（sustainability）という視点から検討することが重要である[36]．

また再生可能性に関しては，技術進歩の可能性を含む将来のコストをどう評価し，将来割引率をどう設定し，リスクなどとどうバランスさせるかが問われることになる．技術進歩の可能性が低く，また割引率が低ければ低いほど，将

---

36) 再生不可能資源の問題についてはたとえば Tietenberg (2000) を参照されたい．

来世代の損害を大きく評価し，対策を急ぐことが必要となる．

さらに割引率だけでなく，エネルギーの排出源の選択も重要である．エネルギーのソースを，石炭，石油・ガス，非炭素エネルギーに分けた場合，将来の**非炭素エネルギーの開発**（backstop technology）のタイミングとそのコストのシナリオに依存して，石炭および石油・ガスへの依存のシナリオが変わってくる．太陽光，風力，原子力などの非炭素エネルギーが大規模かつ安価に利用可能になれば，化石燃料への依存度は大幅に低下し，温室効果ガスの排出を心配する必要性は小さくなるからである．石油・ガスが有限資源であることを考えると，非炭素エネルギーが確実に利用可能となる時点までの戦略としては，炭素含有量の多い石炭エネルギーへの依存を可能な限り少なくするという意味で，石油・ガスの省エネルギーが必要となる．

4.4 炭素リーケージ効果

その場合でも，特定地域，特定時期の省エネルギー対策の施行が，他国，他時点に影響を及ぼすこと，つまり**炭素脱漏**（carbon leakage）または**炭素リーケージ**と呼ばれる問題を考慮することが重要である．以下では，先進諸国（North）で環境規制が導入され，途上国（South）では導入されないという場合に例をとって，問題を説明しよう．

まず，炭素リーケージとしては，次の2つのものが考えられる．第一に，"positive"な炭素リーケージ効果である．先進地域での省エネルギー対策が，国際市場での比較優位の変化をもたらし，途上国の貿易シェアーを拡大させたり途上国への直接投資活動を増大させる．その結果起こる途上国の生産活動の拡大が，途上国の化石燃料依存を高めることとなって，地球規模での炭素排出をかえって大きくしてしまうという効果である．第二に，"negative"な炭素リーケージ効果である．先進地域での石油・ガスへの依存率の低下が，石油・ガスのエネルギーの国際価格を低下させることによって，石炭依存の途上国が，エネルギーソースを炭素含有量の高い石炭などから，石油・ガスに転換する可能性も考えられる．この場合には，地球規模での炭素排出は相乗的に削減されることが期待される．

"positiveな"炭素リーケージ効果の存在はまた，京都議定書の仕組みがいか

に不完全なものであるかを雄弁に物語っている．途上国や中進国が全く参加せず，米国や豪州も参加しない排出削減協定は，それが有効に機能したとしても，炭素リーケージ効果のために，かえって世界全体の炭素排出を増大させてしまう可能性がある．このような脱漏が起こらないよう，京都議定書の仕組みがカバーしていない2013年以降の国際協定として，世界のすべての国・地域を包含した包括的な仕組みを作り出すことを一刻も早く検討すべき時期に来ていると思われる．

また，エネルギーをどの程度化石燃料に依存させるべきかは，将来の代替的エネルギーの開発可能性の多寡によるから，エネルギー需要対策実施のタイミングは代替的エネルギーの開発可能性によって異なり得る．他方，将来の化石燃料に基づかない非炭素エネルギーの利用がいつ可能になるかによって，化石燃料の価格も異なるし，省エネ努力も異なり得る．このことは，炭素リーケージの問題を静学的，地域的広がりの観点ばかりではなく，動学的観点からもまた配慮することが必要であることを意味している．

4.5 公平性

公平性については，(a)世代間（特に現在世代と将来世代）の間の公平性と，(b)各世代内での国際間（特に南北間）の公平性が問題である．(a)に関しても大別して2つの問題がある[37]．

第一に，現在世代と将来世代との間での負担と効果に関する公平性を追求するには，対策を決定する際の将来割引率をどう設定するかがきわめて重要であり，それに関する合意を形成することは容易なことではない．

第二に，現在世代の間での国際的な公平性も，実は世代間の視点を無視できない．現在の地球温暖化問題の根元には，先進国（North）が，シンクであった膨大な森林を切り払い，それを農地として経済発展を遂げてきたこと，産業革命以降，大量の石化燃料を使った工業生産によって急速な経済発展を遂げてきたという事実がある．先進国の経済成長の結果起こった地球温暖化を理由として，現在の途上国（South）や中進国が温室効果ガス排出を制限され，その

---

37) 環境問題に絡む公平性の問題については，鈴村・蓼沼論文(本書第4章)を参照されたい．

結果，先進国が享受できた経済発展の機会を奪われるとするならば，それは，単なる南北問題というだけでなく，過去の先進国に生まれた人と現在途上国に生まれた人との間の世代間の公平性の問題をも内包しているからである．いずれにせよ，この南北間をはじめとする国際間の公平性の視点からは，以下の諸点が問題だろう．

気候変動枠組条約を設定する際には，すべての国が同時に排出量の削減，吸収源の拡大，適応的対策などについての個別目標を定め，それが拘束力を持って実行されるような合意を行おうとした．しかしさまざまな政治的・外交的な問題のために，残念ながら，実現した京都議定書の枠組みは公平性に対して十分な配慮がなされているとは言いがたい．第一に，すべての国（特に途上国や中進国）が削減目標を決めているわけではない．その意味で一見，京都プロトコルでは目標を決めた先進国が不利な結果に陥ったように見える．しかし，先進国が過去に森林資源を伐採し，化石燃料を多用することによって現在の経済的位置を獲得したことを考慮すれば，今後，経済成長を目指そうとしている途上国に厳しい削減目標を課すことが公平だとは言い切れない．むしろ，北側諸国が南側諸国に資金や技術援助などの国際支援を行うこととセットで，南側諸国が一定の排出量目標にコミットできるような仕組みをつくることこそが必要だろう．残念ながら京都プロトコルは，これらの点に関して，CDM などきわめて限定的な枠組みしか提示できていない[38]．この点からも，2013 年以降をカバーする新たな包括的な国際協定の検討を開始することが重要である．

4.6 No-Regret Policy

すでに第 3 節で，地球温暖化対策の主要な政策手段について解説した．しかし不確実性や動学的な維持可能性，世代間・国際間の公平性などの視点からは，地球環境保全政策手段をもう少し広く検討しておくことが必要である．そこで，地球温暖化対策としての役割も持つが，副次的な効果を持つ政策手段の評価について述べておこう．

---

[38] CDM など環境改善技術の国際的移転がもつ経済効果については，松枝・柴田・二上論文（本書第 7 章）を参照されたい．

特に重要なのは，"No Regret Policy" と呼ばれる政策群である．地球温暖化の可能性とその具体的影響は，再三述べたようにきわめて不確実であり，極端な話，将来になって科学的知見が増えると，温室ガスをきわめて安価に回収処理することが可能になり，現在行おうとしている対策は意味がなかったことになるかもしれない．あるいは，地球環境保全を本来の目的としてとられた政策であっても，後になって地球環境対策としての有効性がないことが判明するかもしれない．そのような場合であっても，その政策手段が地球環境保全以外にも社会的な意味を持っていれば，後になってその政策を採用したことを後悔しないですむだろう．このように，その対策が地球環境対策として無意味もしくは無駄であったとしても，政策として採用したことを後で後悔しない政策手段を，No-Regret Policy と呼ぶ．

地球環境保全を本来的な目的としたさまざまな制度・政策の改革も，それが市場の効率性を高め，エネルギー生産性の向上にも役立つならば，それは地球の温暖化防止に意味を持たなくても，あるいは地球温暖化自体が杞憂であったとしても，望ましい改革だろう．エネルギーに関する補助金の削減，土地所有制度の改革，電力料金制度の改革や土地使用に関する規制の撤廃といった制度改革は，まさにその意味で "No-Regret Policy" と呼ばれるべきである．

No-Regret Policy の1つの具体例は，エネルギー補助金の削減である．補助金はエネルギーの利用者価格を下げることで，市場に歪みを作り出し，エネルギーの過剰消費を生み出す．Shah and Larsen (1992) の分析では，発展途上国を中心として，1990年レベルで2,300億ドルのエネルギー補助金が与えられており，それらを取り除くことで9.5%の炭素排出量の削減が可能であると推定されている．また OECD の Green model (Burniaux *et al.* (1992), Dean (1992)) は，エネルギー市場の市場阻害要因を取り除くことで，世界の実質所得を年率0.7%増加させ，2050年の CO_2 排出量を18%削減できると推定している．さらに，ポーランド，ハンガリー，チェコスロバキアのエネルギー価格を世界市場並みに高めることで，これら諸国の炭素排出を30%削減できるとの推定結果も報告されている．

No-Regret Policy の別の例は，所有権 (Property Right) 制度の改革・整備である．たとえば，開発途上国においては森林の所有権の不明確さが森林の乱伐

を招き，それがシンクとしての森林を減少させている．特に，多くの途上国では樹木は食事を作ったり，暖房を行うための必需品である．樹木が乱伐されると，より遠くの林まで樹木を取りに行かねばならず，家族の労働の多くの部分が樹木の採集に割かれることになる．このことは，家族の経済水準の低下を意味し，それはしばしば子供の数の増大，つまり人口増大につながりやすい．人口増大は，より多くの燃料を必要とさせ，その結果，さらに樹木はいっそう乱伐されることになる．このように，「森林の破壊が経済水準の貧困化を招き，それがさらに人口増につながり，結局森林破壊がいっそう進む」という悪循環が，ネパールやサブサハラのアフリカ諸国などで頻発している．この悪循環を解決するためには，きちんとした森林の所有権制度を作り，権利を守る仕組みを実行することが必要である．所有権制度の整備はまた，シンクの減少をくい止めるだけでなく，新しいシンクを作り出すかもしれないという意味で，地球温暖化防止に資する制度改革であるが，それは同時に当該経済の経済成長にも寄与すると考えられるのである[39]．

5. おわりに

本章を終えるにあたって，次の点を強調しておきたい．経済学の視点から見たとき，地球環境問題は，必ずしも既存の経済分析の単純な応用で解決できる政策分野ではない．むしろ，地球環境問題を考えるということは，さまざまな新しい分析課題を経済学にもたらすという側面を持っている．地球環境問題を考える上でその例として，いくつかの論点をあげておこう．

1. 排出権取引の「市場」をはじめ，経済学の分析ではその存在が前提される「市場」は，自動的に生まれるものではなく，制度として設計され（あるいは自発的に創成され），進化・改良されてゆくものである．排出権市場を例にとれば，この市場が適切に機能するためには，いくつもの規則が

[39) 森林の保護については，個人の所有権を認めるよりも，共同体の入会権を使った方が有効だし望ましいという議論もある．この点の詳細については，大塚論文（本書第8章）を参照されたい．

あらかじめ明確にされなければならない．たとえば，排出権の初期配分の仕方（入札制かグランドファーザー方式か）や排出権取引契約の監視・認証の仕組みなどがあらかじめ明確になっていなければ，排出権取引のメリット・デメリットが明らかではなく，この市場に長期的にコミットする参加者はいないからである．

2. 地球環境問題への対応策のような国際システムの設計に当たっては，他国の犠牲の下に自国の経済利益を獲得しようとする戦略的誘因が必ず存在する．システムの設計に当たっては，このような戦略的誘因を考慮したゲーム理論的枠組みを使って，誘因整合性（incentive compatibility）をあらかじめ検討しておくことが必要である．

3. 国家の内部での取引と異なって，国際的なシステムには，約束に違反した国（企業）を処罰する「国家権力」という強権力が存在しないため，約束を守った方が自分にとって有利である場合（「自己拘束力（self-enforcing power）」）がある場合にしか約束（条約や取引制度）を担保できない．つまり，国内の法律であれば，それに違反すると，警察・裁判所・刑務所などの強権力が発動され，大きな懲罰を受けざるを得ない．だからこそ法律を守ろうとするインセンティブが生まれる．しかし国際協定の場合には，自国の評判（reputation）を含めた自己拘束力だけが協定を守るインセンティブを生み出すから，あらかじめ自己拘束力を持ったシステムを設計する必要がある．

4. 地球環境問題とは，すぐれて世代間の利害に関わる問題である．その典型は，その南北問題に対する含意である．つまり，森林の乱伐や化石燃料の大量使用によって地球環境問題を作り出したのは先進国の過去の住民であり，現在世代の先進国民は，その結果生まれた経済発展から大きな恩恵を受けている．他方，環境規制を導入すれば，乱伐や化石燃料大量使用に制約が課されることになり，途上国の経済発展の可能性が阻害される．この意味で，地球環境対策の責任やコスト分担を決定するにあたっては，先進国と途上国との間に存在するこの歴史的経緯を十分に斟酌する必要がある．他方，環境対策の制度設計を行うに当たっては，それに対する発言権を持たない将来世代の（あるべき）発言権を十分に考慮する必要がある．

5. 地球環境の破滅は，同時に人類を含めた地球の全生態系の破滅であり，その意味で，地球環境のサステイナビリティの視点を常に考慮しなければならない．

このように，地球環境問題とは，外部性や公共財という伝統的な経済学の枠組みの中で分析すべき経済問題であると同時に，経済学の本質を問う問題でもあるということを読者に理解していただいた上で，本書をお読みいただければ，著者一同にとって大きな喜びである．

文 献

伊藤元重・清野一治・奥野正寛・鈴村興太郎 (1988)，『産業政策の経済分析』東京大学出版会．
奥野正寛・小西秀樹 (1993)，「温暖化対策の理論的分析」宇沢弘文・國則守生編『地球温暖化の経済分析』東京大学出版会，pp. 135-166.
環境省 (2003)，『平成15年度循環型社会白書』大蔵省印刷局
　　(http://www.env.go.jp/policy/hakusyo/)
全国地球温暖化防止活動推進センター，http://www.jccca.org/more/benri/jyoyaku.html
地球温暖化対策推進本部 (2002)，「地球温暖化対策推進大綱」環境省地球環境局地球温暖化対策課，http://www.env.go.jp/earth/
地球環境局 (2004)，「2002年度（平成14年度）の温室効果ガス排出量について」環境省地球環境局地球温暖化対策課，http://www.env.go.jp/earth/
中央環境審議会 (2003)，『温暖化対策税制の具体的な制度の案——国民による検討・議論のための提案——』中央環境審議会，総合政策・地球環境合同部会，地球温暖化対策税制専門委員会．

Baumol, W. J., and W. E. Oates (1988), *The Theory of Environmental Policy*, 2nd edition, Cambridge University Press.
Burniaux, J-M., J. P. Martin, G. Nicoletti and J. O. Martins (1992), The costs of reducing CO_2 emissions: evidence from green, OECD Economics Department working papers No. 115.
Dean, J. M. (1992), Trade and the environment: A survey of the literature, in Low, P. (ed.), *Internatinoal Trade and the Environment*, World Bank discussion paper.
Grubb, M., C. Vrolijik and D. Brack (1999), *The Kyoto Protocol: A Guide and Assessment*, Royal Institute of International Affairs. (松尾直樹監訳『京都議定書の評価と意味——歴史的国際合意への道』財団法人省エネルギーセンター，2000年.)

Intergovernmental Panel on Climate Change(IPCC)(2001), *Third Assessment Report － Climate Change 2001,* http://www.ipcc.ch/ (気象庁による要約が http://www.data.kishou.go.jp/climate/ で入手可能)

Kolstad, C. D. (1999), *Enviromental Economics,* Oxford University Press. (細江守紀・藤田敏之監訳『環境経済学入門』有斐閣, 2001年.)

Lee, H., J. O. Martins and D. van der Mensbrugghe (1994), The OECD green model: An updated overview, OECD Development Center working paper No. 97.

OECD (2001), *Environmentally Related Taxes in OECD Countries: Issues and Strategies.* (天野明弘監訳『環境関連税制──その評価と導入戦略』有斐閣, 2002年.)

Shah, A., and B. Larsen (1992), Carbon taxes, the greenhouse effect, and developing countries, World Bank discussion paper No. 957.

Tietenberg, T. (2000), *Environmental and Natural Resource Economics,* 5th edition, Addison-Wesley.

第Ⅰ部

経済と環境：国際協調の意義

第1章　経済発展と環境問題*
　　　——環境クズネッツ・カーブ仮説の再検討——

矢口　優・園部哲史

1. はじめに

　経済発展の初期段階において所得分配が不平等化した後，経済発展の進展とともに所得分配が平等化へ転ずるという経験的法則はKuznets (1955)によって提唱された．その関係は，縦軸に所得の不平等度の指標，横軸に経済発展の指標をとってグラフにすると逆U字型となる．そのため，この経験的法則はクズネッツ・カーブ (Environmental Kuznets Curve) 仮説，あるいはクズネッツの逆U字型仮説と名付けられ，そのメカニズムの理論的考察や実証分析は経済発展論や所得分配論のひとつの重要なテーマとなった[1]．

　環境分析の分野では，経済発展と環境汚染の間に逆U字型の関係があるという環境クズネッツ・カーブ仮説が，1990年代以降，理論的・実証的研究の焦点の1つとなっている[2]．この仮説によれば，経済発展の初期段階では，

---

*　本稿の作成にあたって，大塚啓二郎(国際開発高等教育機構/政策研究大学院大学)，速水佑次郎(国際開発高等教育機構/政策研究大学院大学)，清野一治（早稲田大学），黒田昌裕（慶應義塾大学），新保一成（慶應義塾大学），吉岡完治（慶應義塾大学）の各氏をはじめ，TCERコンファレンス(1999年，2000年)，青山学院大学大学院速水ゼミ(1999年度)と東京都立大学大学院大塚・園部ゼミ(1999-2000年度)の参加者から有益なコメントをいただいた．また資料収集・分析にあたり，環境庁大気保全局大気規制課(現環境省環境管理局大気環境課)，日本電子計算株式会社，東京都環境保全局と石田博之(日本エネルギー経済研究所)，橘田勝宗（東京大学大学院）両氏のご協力をいただいた．記して感謝の意を表したい．

1) クズネッツ・カーブ仮説については，経済発展論や所得分配論の教科書に詳しい解説がある．たとえば，速水 (2000, pp. 191-195).

2) たとえば，*Economic Development and Environment* の1997年第4号や *Ecological Econo-*

人々の関心は環境の保全よりも生産（そして消費）の増大にあり，工業化の進展に伴う環境汚染は放置されがちだが，経済発展が進むにつれて環境問題への関心が高まり，汚染対策が強化される傾向が生まれる[3]．さらに，産業構造の重心が汚染物質を比較的多く排出する工業から汚染排出の比較的少ないサービス産業へ移る．そのため，環境汚染は経済が発展するにつれて一旦悪化し，その後改善に転ずるであろうということが，もしそうであるならば，縦軸に環境汚染の指標をとり，横軸に経済発展の指標をとってグラフにすると，両者の関係は逆U字型になるであろう．

環境クズネッツ・カーブ仮説は，悪化した環境を改善に導くのは経済のいっそうの成長であることを含意している．この仮説が先進国から発展途上国への経済援助などの政策決定に重大な含意を持つことは明らかであろう．またこの仮説が当てはまるかどうかは，地球温暖化問題を考えるうえできわめて重要な関心事である．それだけにこの仮説の真偽は厳密に検証されなければならない．

既存の実証研究の多くは，汚染物質の排出量や濃度と所得水準の関係が逆U字型であると報告している．しかし，それらの分析結果を疑問視する研究も少なくない[4]．また，これまでの研究の大半は，逆U字型の関係の存在を確認

---

micsの1998年第2号はともに環境クズネッツ・カーブの特集号である．また世界銀行の『世界開発報告1992年版』の発展と環境の特集号では，所得水準と環境汚染についての関係が議論されているが，当時は環境クズネッツ・カーブという言葉がまだ使われておらず，その後の数年間にこの分野の研究が進展したことが窺い知れる．

3) 所得水準の低い段階では，人々の関心は環境の保全よりも生産（そして消費）の増大にあるが，所得が増大するにつれて次第に環境への関心が高まる．その結果，消費の豊かさと汚染との間のトレードオフに対する人々の限界代替率が，所得水準の上昇とともに汚染をより強く拒否する方向へ変わっていくと考えられよう．たとえば，所得水準の高い日本やその他の先進国においては温室効果ガスの排出抑制に積極的に取り組んでいるのに対し，発展途上国側は取組みに消極的であるという事実は，仮説と整合的であると言える．環境クズネッツ・カーブ仮説のこうした考え方は，Lopez (1994), Stokey (1998), Vogel (1999)によってモデル化され，その論理的な構造が分析されている．

4) Moomaw and Unruh (1997)は，16の高所得国における二酸化炭素排出量が1970年代中盤を境として増大から減少へ転じたという逆U字的な変化を示している．ところが彼らの結論は，逆U字的変化は環境クズネッツ・カーブ仮説が想定しているような法則的なものではなく，単に石油危機という外的な要因によるものだという点にある．つまり，石油価格の高騰への対処として進められた省エネルギー化と，石油危機後の景気後退による生産の減少（したがってエネルギー消費の減少）が見かけ上，逆U字型の関係を生み出した可能性は否定できない．

することに集中していたきらいがあり，そのような関係の背後にあるメカニズムの解明は遅れている．メカニズムが明らかにならなければ，逆U字型の関係が観察されても，環境クズネッツ・カーブ仮説が必ずしも検証されたとは言えないだろう．Arrow et al. (1995)やStern (1998)などは，メカニズムの解明を目指してこそ多くの知見が得られるのであり，そこに研究の焦点が当てられるべきだと訴えている．環境対策がどのようにして強化されるか，どのような場合に有効か，そして産業構造の変化はどの程度環境に影響を及ぼすのか，といった問題に関する実証的な研究は決定的に不足している．

これまでの実証分析がさまざまな欠点を抱えているのも，メカニズムの解明が遅れているのも，主な原因はデータが十分に揃わないことにある．本章ではまず，データの整備が比較的進んでいて，しかも大気汚染問題の解消に一定の成功を収めてきた日本を事例として，環境クズネッツ・カーブの実証分析を行う．さらに本章では，複数時点の都道府県別データに基づいて，こうした汚染対策の成功の条件を分析し，その成功の条件が温室効果ガスの排出削減に関しても満たされるかどうかを検討する．

本章の構成は次のとおりである．第2節では既存の環境クズネッツ・カーブの実証研究を振り返り，その成果と問題点を整理する．日本における大気汚染問題と政策，とりわけ硫黄酸化物についての状況を第3節で概観し，第4節では都道府県データを用いて環境クズネッツ・カーブを推定する．第5節では，環境汚染の決定因を分析するための新たな変数と仮説を提示し，第6節で検証する．最後に第7節では，分析結果と今後の研究課題をまとめ，結びに代える．

2. 経済活動と環境汚染：国際比較データによる検証

環境クズネッツ・カーブ仮説に関する実証分析は，Grossman and Krueger (1991, 1995)，Selden and Song (1994)，Shafik and Bandyopadhyay (1992)などを先駆けとする．世界銀行もこの問題に強い関心を示し，その『世界開発報告 1992年版』では特集を組んでいる(World Bank, 1992)．文献の本格的な批判的展望はStern et al. (1996)，Stern (1998)およびBarbier (1997)に譲り，本節では一連の研究の基本的な内容と問題点を整理しておきたい．

環境クズネッツ・カーブの推定の最も標準的な手法は，1つの国を1つの観察点とする国際クロスセクション・データを用い，経済発展の指標として所得水準を用いて，環境汚染の指標との関係を推定するというものである．これまでにさまざまなバリエーションの回帰式が推計されてきたが，大気汚染についていえば，基本型は環境汚染物質の大気中濃度あるいは排出量を被説明変数とし，経済発展の度合いを表す1人当たり所得とその2乗を説明変数とする[5]．汚染と所得の関係が予想通り逆U字型であれば，1次の項の係数が正で2次項の係数が負という推定結果が得られるであろう．逆に，こうした符号の組み合せで，しかも推定値が統計的に有意にならなければ，逆U字型仮説は棄却されることになる．

表1-1は1995年のデータを用いて3つの代表的な大気環境物質について環境クズネッツ・カーブを推定した結果を掲げている．第1列では，二酸化炭素（CO_2）の排出量（自然対数値）を被説明変数とし，138ヵ国をサンプルとしている．二酸化炭素は，大気中に広く拡散し，地球全体の温暖化の原因となるものであるから，国別の大気中濃度は汚染の指標として大して意味がない．そのため，国別の排出量を被説明変数とした．推定結果を見ると，クズネッツ・カーブ仮説のとおり，1人当たりGDP（国内総生産）の係数は正，その2乗項の係数は負となっていて，いずれの推定値も統計的に有意である．

次に第2列と第3列では，硫黄酸化物（SO_x）の大気中濃度について分析している．この物質については，大気中濃度と排出量の両方とも分析の対象となりうるが，排出量に関する分析は第5節と第6節に譲り，ここでは大気中濃度に関する分析結果を掲げている．この2つの推定で用いたのは，世界の72都市において計測された大気中 SO_x 濃度データを被説明変数としている．説明変数はそれぞれの都市の属する国における1人当たりGDPとその2乗であり，第3列では都市の集中度を表す都市人口を説明変数に加えた．都市人口は濃度

---

5) 汚染の指標として濃度あるいは排出量が用いられるが，この2つは性格が大きく異なるので留意する必要がある．排出量は計測期間内に排出された量だからフロー変数であり，大気中濃度は計測時点より前に起こった排出の結果だからストック変数といえ，両者は本来は峻別されるべきものである．ただし，実際の実証分析においてどちらの指標を被説明変数とするかは理論モデルの要請によってではなく，データ入手の制約によって決まってしまうこともある．

表 1-1 国際クロスセクション・データによる環境クズネッツ・カーブの計測

説明変数	ln CO_2		ln SO_x		ln SPM
ln GDP per capita	6.21**	4.96*	8.23**	3.60**	3.48*
	(0.96)	(2.45)	(2.11)	(1.75)	(1.64)
[ln GDP per capita]²	−0.38**	−0.32**	−0.50**	−0.25*	−0.24*
	(0.06)	(0.14)	(0.12)	(0.10)	(0.10)
ln POP	−	−	0.43**	−	0.21**
			(0.08)		(0.07)
定数項	−25.03**	−15.54	−33.91**	−7.55	−9.11
	(3.85)	(10.60)	(9.38)	(7.43)	(7.00)
$\bar{R}^2$	0.23	0.32	0.53	0.56	0.62

注：カッコ内は標準誤差．**1％水準で有意，*5％水準で有意．
　　ln CO_2：138ヵ国の二酸化炭素排出量（自然対数値）
　　ln SO_x：72都市における硫黄酸化物の大気中濃度（自然対数値）
　　ln SPM：62都市における浮遊粒子状物質の大気中濃度（自然対数値）
　　ln GDP per capita：1人当たり国内総生産（購買力平価換算，自然対数値）
　　ln POP：観測都市の人口（自然対数値）
　　$\bar{R}^2$：自由度調整済決定係数
データ出所：World Bank (1998)．

に対して有意に正の効果を持つが，その効果をコントロールしても GDP と濃度の間には依然として逆 U 字型の関係が見られる（図 1-1 の散布図を参照）．最後に第 4 列と第 5 列では，都市部の粒子状浮遊物質（SPM: suspended particulate matter）の大気中濃度を被説明変数にしている．推定結果はやはり逆 U 字型の関係を示している．

こうした環境クズネッツ・カーブ仮説と整合的な分析結果に対して，次のような問題点が指摘されてきた．まず，国際クロスセクション・データの使用には，国ごとに変数の定義や計測法が異なったり，データの信頼性に大きな差があるといった問題がつきまとう．また，既存の推定には，分散不均一や誤差項と説明変数の相関による推定バイアスといった分析上のテクニカルな問題に無頓着な粗雑なものが少なくないという批判もある（例えば Stern, 1998）．

経済発展の指標や国際比較に用いる為替レートの選択，あるいはサンプル国の選択などによって，推定結果が質的に異なるという問題も指摘されている．例えば，二酸化炭素の排出量に関する研究では，表 1-1 の第 1 列のように逆 U 字型の関係を示す分析結果よりも，むしろ所得の増大とともに排出量が増大しつづけるという結果のほうが多数を占めている．この点は，後に詳しく述べることにしたい．

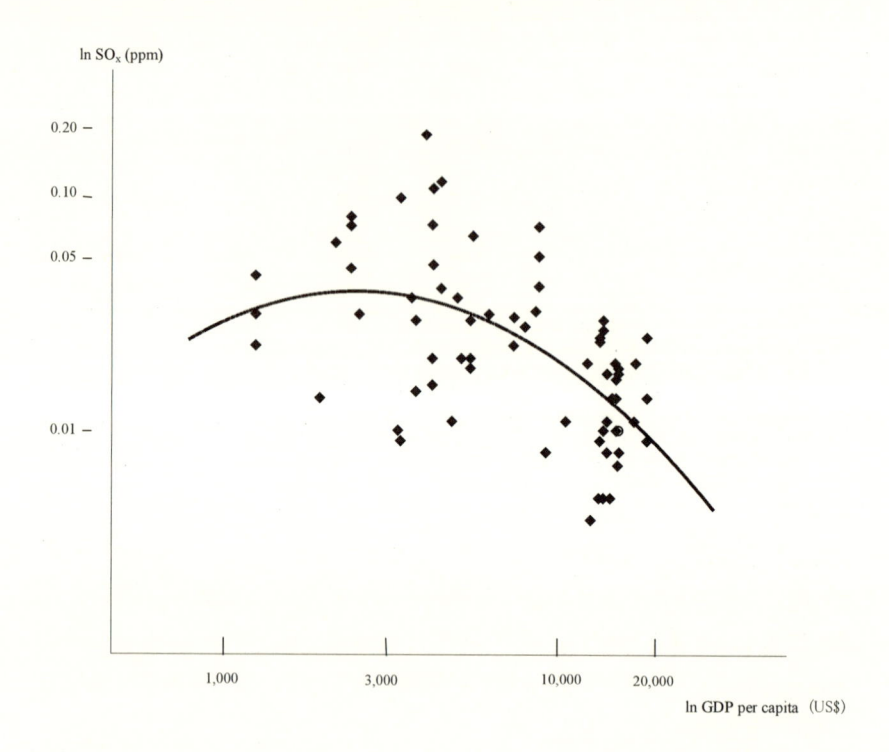

図 1-1 国際クロスセクション・データによる大気中 SO_x 濃度と所得水準の相関（1995 年）

データ出所：表1-1と同じ．

　また，時系列データに基づく分析は，ごく少数しか試みられておらず，しかも分析結果はまちまちである．1988 年から 94 年までの米国の州別パネルデータを用いた Carson et al. (1997) によると，そもそも平均所得の高い米国で所得が増大すると環境汚染は低減するという．これは，環境クズネッツ・カーブ仮説と整合的である．しかし，マレーシアの 1987 年から 1991 年までデータを用いた Vincent (1997) は，環境クズネッツ・カーブは存在しないという．杉山 (1997) は，日本，台湾，韓国，中国における硫黄酸化物排出量の推移をプロットした結果，日台韓では排出量と所得の間に逆 U 字型の関係があるが，中国では存在しないとしている．いずれの研究もサンプル期間が短いので，環境ク

ズネッツ・カーブが存在しないのか，それともそれぞれがカーブの異なる断片を観察しているのかは判然としない．

さらに，統計的な関係の背後に存在するメカニズムに関する分析が，これまでの研究には欠如しているというArrow et al. (1995)やStern (1998)による批判は重要である．とくに，環境クズネッツ・カーブ仮説のうちの，環境汚染が悪化から改善に転じるという部分について，経済的メカニズムの解明は急務であろう．本章の冒頭で述べたように，カーブの右下がりの部分をもたらすのは，経済のサービス化という産業構造の変化と，環境問題への関心の高まりを反映した汚染対策の強化であるといわれている．このような仮説を検証するには，産業構造や汚染対策を表す変数が実証分析に取りこまれる必要があるが，そうした分析はこれまで行われてこなかった．

汚染対策は，所得の増大とともに強化される傾向が実際にあるとしても，それがどの程度のものであるかを数量的に把握することは，実証分析の重要な課題であろう．汚染問題を解決する主体は，結局は汚染物質を排出する当の企業や個人であり，汚染対策の成否は，企業や個人がどれだけ排出削減のインセンティブを持つかに大きくかかっている．もし汚染物質を排出する企業や個人が汚染による害を100％自らが被るのであれば，その企業や個人が十分な汚染対策を自発的に講じる可能性が高い．現実の環境問題の解決が難しいのは，被害が汚染源以外の個人，企業，地域，世代に及ぶからである．そして被害の及ぶ地理的および時間的範囲は，汚染物質によって大きく異なる．硫黄酸化物による大気汚染は，汚染源近隣地域の住民に気管支障害を引き起こし，日本では高度経済成長期から1970年代にかけて大きな問題になった．これに対して，二酸化炭素はそれ自体有害な物質ではなく，短期的には人体や環境に悪影響を及ぼさない．しかし，排出された二酸化炭素の蓄積は，世代を超えて全地球的な規模で温暖化問題を引き起こす．外部不経済に関する経済理論の常識からすれば，硫黄酸化物の排出削減への地域的なインセンティブは強力であるのに対し，二酸化炭素の排出を削減するインセンティブは極めて弱いと予想される．この予想は，地球温暖化問題を考える上で極めて重要であるが，それを検証しようという実証分析はこれまで行われてこなかった．

ここで再び表1-1を見ると，二酸化炭素の排出量についても，硫黄酸化物の

大気中濃度と同様に,所得水準との関係が逆U字型になっている点に注意が必要である.この点に関しては,Moomaw and Unruh (1997)による研究が示唆に富んでいる.彼らは,高所得国16ヵ国における二酸化炭素排出量と所得水準の関係を分析し,表1-1の第1列と同様に,逆U字的な変化を見出している.しかし,そのような変化の原因は排出削減努力の強化によるものではないであろうと結論付けている.高所得国の多くで二酸化炭素排出が減少に転じたのは,石油危機の起きた1970年代である.排出量の減少はあくまでも,石油価格の高騰への対処として行われた省エネルギー化と,石油危機後の景気後退によるものだろうというのが彼らの推測である.二酸化炭素の排出量がエネルギー価格の変化に反応するという点は,速水(2000,第7章)が別な角度から検証している.彼の回帰分析によれば,燃料価格の安い産油国や,燃料価格を抑制した旧社会主義国では,所得水準が同程度の国々と比べてエネルギー消費が多く,そのため二酸化炭素排出量も多いという傾向がはっきりと見られる.

3. 硫黄酸化物と二酸化炭素の比較と日本の経験

前節では,環境クズネッツ・カーブ仮説に関する分析の問題点が明らかになった.対象は,豊富で良質な環境データと産業構造データが利用可能であるにもかかわらず,これまで分析が行われてこなかった日本である.本節では実証分析の準備として,これらの汚染物質の排出削減をめぐる日本の経験を概観する.

今日でこそ二酸化炭素などを原因とする地球温暖化に関心が高まっているが,高度成長期から1970年代にかけては,人体に直接的な被害をもたらした硫黄酸化物や窒素酸化物による大気汚染が社会の注目を集めた.以下では,従来型の大気汚染物質の代表として硫黄酸化物を,地球温暖化の原因物質として二酸化炭素に焦点を当てることにしたい.

硫黄酸化物は石油,石炭などの化石燃料中の硫黄分が燃焼によって酸化されて発生する.これは,呼吸器の気道を刺激するため,汚染の著しい地域では慢性気管支炎やぜんそく性気管支炎の原因物質となる.「四日市ぜんそく」と呼ばれた公害問題は,工場などが排出した硫黄酸化物が原因となって近隣の住民

の間に気管支障害をもたらしたものといわれている．近年では，硫黄酸化物が広域的で長期的な害をもたらすことも明らかにされている．大気中に放出された硫黄酸化物は，複雑な化学反応の末に硫酸となり，風で運ばれ，酸性雨として地上に降りてくる．酸性雨が世界各地の森林，河川・湖沼，人体の健康に甚大な被害を及ぼしていることは，現在では広く認識されている[6]．こうした広域的な外部不経済が重大な問題であることはもちろんであるが，ここでは，硫黄酸化物が排出源の周辺で人体への直接的な悪影響を及ぼすことを強調しておきたい．この点で硫黄酸化物と二酸化炭素は対照的だからである．すでに述べたように，二酸化炭素自体は人体への直接的な悪影響を及ぼさず，二酸化炭素を中心とした温室効果ガスの大気中の蓄積によって引き起こされる地球温暖化問題は，長期的で広域的な外部不経済である．

ところで，硫黄酸化物の排出を抑える方法は大きく分けて2つある．1つは省エネルギー化であり，もう1つはエネルギー消費量当たりの硫黄酸化物の排出量を低下させることである．後者は主に，石油の精製段階で石油に含有される硫黄分を減らす低硫黄化と，排出ガス中の硫黄分を大気中に放出せずに除去する排煙脱硫装置の開発・設置によって達成され得る．

日本では，1960年代に石炭から硫黄分の少ない石油への燃料の転換が進み，1967年からは重油をはじめとする各種燃料の低硫黄化が図られた[7]．排煙脱硫装置の開発は1960年代半ばから進められ，1970年以降には大規模な工場や発電所，石油化学プラントを中心に設置されるようになった．これらの企業側の努力によって，日本における硫黄酸化物の排出は大幅に削減された．現在では火力発電所の単位発電量当たりの汚染物質排出量は，カナダ，フランス，ドイツ，イタリア，英国，米国の欧米先進6ヵ国の平均と比べて，硫黄酸化物の場合には約20分の1，窒素酸化物の場合には約7分の1というきわめて低い水準にある（東京電力，1999）．

---

6) 硫黄酸化物が成層圏に上昇すると，地球温暖化の進行を妨げる冷却ガス「硫酸エアロゾル」を生成するが，本稿ではこの点には立ち入らない．
7) こうした低硫黄燃料への転換は，もともとは石油危機を契機に石油への依存度を減らそうというエネルギー政策として行われた側面もある．LPGやLNGは硫黄分が少ないため，石油からの燃料転換が結果的に硫黄排出を少なくすることに貢献したとも言えよう．

このようなめざましい成果は日本の企業が大気汚染の防止にもともと熱心だったからではない．燃焼効率の向上などによる省エネルギー化には，費用最小化の観点から，企業もある程度は積極的であろう．しかし，排出が社会全体に及ぼす被害を，企業が十分に考慮して排出削減に努める可能性は，自由放任の下では低いであろう．ましてや，排煙脱硫装置の設置など公害防止装置への投資インセンティブは，企業が自由放任の下にあったとしたら極めて弱かったであろう．東京都環境科学研究所が都内の企業に対して行った調査では，約6割の企業が公害防止投資の動機として「規制の強化」を挙げている(三橋, 1998; p. 59)．その他の重要な動機としては，「官公庁の指導・助言」と「住民の苦情」が挙がっている．

　このように，十分な排出削減を実現するためには，国や地方自治体による規制か，排出削減を促す課税や補助金政策，あるいは公害企業への社会的な制裁などが必要であろう．日本における硫黄酸化物排出に対する国レベルの規制は，1962年の「ばい煙規制法」の制定に始まる．きわめて緩やかな基準ながら，この規制法に基づいて亜硫酸ガスと無水硫酸に対する大気中の濃度基準が初めて設けられた．そして1968年にはこの「ばい煙規制法」に代わって「大気汚染防止法(旧法)」が制定された．この結果，それまでの濃度規制方式から，排出口の高さに応じて排出量を規制する方式（K値規制）に変更され，工業地域など汚染の著しい地域を抱える都道府県では，国の排出基準より厳しい排出基準を条例として設定することが認められたうえ，新設や増設されたばい煙排出施設に対しても一層厳しい排出基準を定めるなどの措置も取られた．

　しかし，K値規制方式はあくまでも個々の排出口からの排出量の抑制であったため，排出口の数の増加による排出量の増大を抑制するには不十分であった．そこで1974年に「大気汚染防止法」が改正され，大気汚染がより深刻であった東京などの大都市と四日市などの工業地区には通常の規制に加えて総量規制方式が導入された．総量規制方式の「総量」とは，指定地域内における大気汚染物質の総排出量の許容量であり，濃度の基準値から逆算して求められる．総量規制方式の下では，排出量を抑制するために，個々の排出源に対してもさまざまな指導や規制が行われる．

　このような規制を国レベルで統括するのは1971年に発足した環境庁(現環境

第1章　経済発展と環境問題

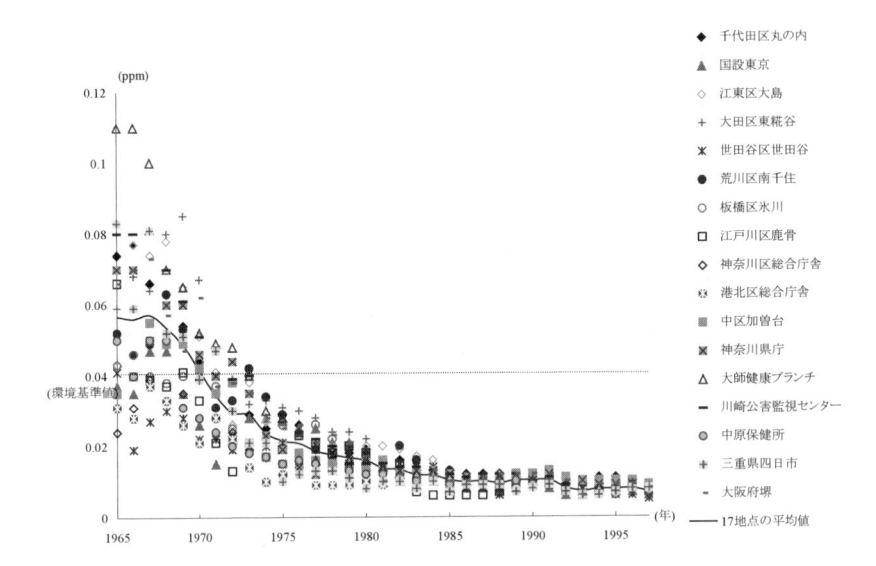

図1-2　長期継続測定局(17局)における硫黄酸化物(SO_2)大気中濃度の経年変化 (1965-97年)
データ出所：環境庁『日本の大気汚染状況 平成10年度版』1998年．

省)であり，実際に個々の排出源に対して規制を行うのは各地方自治体である．都道府県知事は，ばい煙発生施設の監督のために立ち入り調査をしたり，基準違反がある場合には改善命令や行政処分を行うことができる．また，都市部や工業地域にある自治体は条例によって国の基準よりも厳しい基準を設定するのが通例である．

　大気汚染防止法の制定や国レベルでの監督官庁である環境庁の発足とともに，観測体制の強化が行われたことはいうまでもない．大気中濃度の観測点は，1965年と70年には全国で17ヵ所しかなかったが，環境庁が本格的に調査を開始した1973年からは1,000ヵ所以上に増えている．図1-2は環境庁発足以前からあった17の長期継続測定局における年々の硫黄酸化物の大気中濃度をプロットしたものである．1960年代末から濃度は急速に低下し，1980年代の半ば以降ほぼすべての観測点で，0.04ppmという当時としては国際的にも厳しい環境基準を下回るようになった．

　このような成果の達成に貢献した要因は，もちろん規制だけではない．三橋

(1998) は，規制を実効あるものとした要因として，公害防止投資への政府系金融機関による低利融資と，環境汚染が企業イメージを著しく損ねるという社会的制裁が機能するようになったことを挙げている．もう1つ重要なのは，住民や地方自治体の厳しい態度であろう．硫黄酸化物による大気汚染にはローカルな外部不経済という側面があるために，環境基準を企業が遵守するように厳しく監視するインセンティブを，住民や地方自治体が持っていたと考えられる．

実際に企業を監督するのは都道府県知事であり，知事を選ぶのは住民であるから，国がいかに環境基準を設定しても地域のニーズと合致しなかったとしたら，実効は上がらなかったであろう．環境クズネッツ・カーブ仮説によれば，規制へのニーズや汚染防止対策へのインセンティブは，所得水準が上昇するにつれて自ずと高まるという．この点は重要なので，データを用いて詳しく検証する必要がある．

一方，二酸化炭素の排出抑制の手段はごく限られている．硫黄酸化物の場合，燃料の低硫黄化や排煙からの脱硫が大きな役割を果たしたが，二酸化炭素の場合にはそれらに相当する実用的な技術が現時点では存在しない．海洋や森林に二酸化炭素を吸収させる「シンク」という手段があるが，そうした手段のみに多くを期待することはできない．太陽光，風力，地熱などの新エネルギーによって発電を行うことについてもコスト面や安定供給という面での問題が現状では解決できていない．また，原子力発電は二酸化炭素やその他の温室効果ガスを発電過程において排出しないが，火力発電並みの安全性が確保できない現状では原子力発電への依存率を大幅に高めることは困難であろう．したがって，二酸化炭素の排出を抑制するための実践的な手段は，現状では化石燃料の省エネルギー化に限定されている．

1997年12月に採択された京都議定書のなかで，温室効果ガスの排出量を2008年から2012年までに1990年の水準と比べて6％削減することが，日本の目標とされた．それを受けて，1998年に制定された改正省エネルギー法と地球温暖化対策推進法では，機器の省エネルギー性能の改善や企業のエネルギー使用の効率化などによって温室効果ガスの排出抑制を図ることがうたわれている．しかし，政府がいかに省エネルギー化や排出抑制を訴えても，実際にそれを実行するかどうかは企業や個人の選択に任されている．環境クズネッ

ツ・カーブ仮説を敷衍すると，所得が高い人々や地域ほど省エネルギー化のインセンティブが強く，自発的に省エネルギー化を進める可能性が高いと予想される．その真偽はデータに基づいて厳密に検証される必要があろう．

4. 都道府県データによる環境クズネッツ・カーブの推定

　本節では，従来の研究で用いられてきた定式化に従い，日本の都道府県データを用いて環境クズネッツ・カーブを推定する．複数時点の都道府県データが利用可能なので，クロスセクションと時系列の両方の情報を使った分析を行う．本節で分析の対象とするのは硫黄酸化物の大気中濃度である．排出量のデータは硫黄酸化物についても二酸化炭素についても1975年以降しか入手できないのに対し，硫黄酸化物の大気中濃度のデータは1965年から利用できる．推定に使用したのは，1965年から5年間隔で1995年までの7時点のデータであるが，このうち1965年と1970年に関しては75年以降よりも観測点が大幅に少ないことに留意されたい．なお，1975年以降は各都道府県に複数の観測点があるが，都道府県ごとに単純平均をとって使用した．

　回帰式は次のように定式化した．

$$\ln SO_{2it} = a_0 + a_1 (GDP\ per\ capita)_{it} + a_2 [\ln (GDP\ per\ capita)_{it}]^2 \\ + a_3 \ln POP_{it} + \theta_t + \eta_i + \varepsilon_{it} \tag{1}$$

ここで，左辺は大気中の二酸化硫黄の濃度（自然対数値）であり，右辺の第1項は定数項，第2項と第3項は第i県の第t時点における1人当たり実質県内総生産（対数値）とその2乗，第4項の$\ln POP_{it}$は人口密度（対数値）を表す[8]．1人当たり総生産は所得の指標として用いている．第5項のθ_tは，どの県にも共通だが時点ごとに変化する効果を表し，第6項のη_iは，第i県に固有の効果のうち，直接的に観察できない要因で，しかも時間を通じて一定の効果

---

[8] 二酸化硫黄の大気中濃度データについては環境庁の『日本の大気汚染状況』から，1人当たり県内総生産のデータは，経済企画庁の『県民経済計算年報』とその前身である『県民所得統計』から取り，総務庁統計局『消費者物価指数年報』から1990年を100とする県内総支出デフレーターを用いて実質化した．人口密度POPは，各県の総人口を可住地面積で割ったものであり，ともに総務庁統計局の『社会生活統計指標』からとった．

を持つ個体効果を指す．第7項の ε_{it} は時点と県に特有で直接観察できない効果を表す誤差項である．一般にこの種のパネルデータ法による回帰式の推定方法には，個体効果 η を確率変数とみなすもの(変動効果モデル，random-effects model)と，定数とみなすもの(固定効果モデル，fixed-effects model)とがある．ここでは母集団からランダムに県をサンプリングしているのではないので，η を確率変数とみなすことは難しいうえに，Hausman テストによっても，そのように診断された[9]．そこで，η を定数とする固定効果モデルによって(1)式を推定した．

表1-2は，時点ダミーの有無と人口密度の有無による4通りの推定結果を示している．第1列は所得だけを説明変数とした場合の推定結果である．1次の項と2次の項の係数がともに1％水準で統計的に有意であるが，それらの符号は環境クズネッツ・カーブ仮説が予測する組み合わせとは反対である．つまり，回帰曲線は右下がりから右上がりに転じる U 字型になっている．ただし，その最低点における所得水準を計算すると，974万円であり，実際の都道府県の平均所得(1995年において 266 万円)よりもはるかに大きい．これは，どの都道府県も，最低点の手前の右下がり部分にいることを意味している．つまり，所得の妥当な範囲内では，汚染と所得の関係は右下がりという推定結果を得たわけである．このことは人口密度を説明変数に含めた第2列でも変わらない．また，米国の州別クロスセクション・データを用いた Carson et al. (1997) の推定結果とも整合的である．

ところが，時点ダミーを導入して，全国的に共通の時系列的な変化を除去すると，第3列と第4列が示すように推定結果は一変する．まず，所得の1次と2次の項の係数が絶対値でみて小さくなっており，とくに1次の項がそうである．そのため，回帰曲線の最低点における所得は，280万円にすぎず，平均的な所得水準とほぼ同じ水準になった．ということは，東京など所得の高いところは U 字型曲線の右上がりの部分にいて，逆に所得の低い県は右下がりの部分にいることになる．これは環境クズネッツ・カーブ仮説と対立する結果であ

---

9) 推定方法の選択については Hsiao (1986) および Judge et al. (1988, p. 489) を，Hausman テストについての詳細は Hausman (1978) を参照されたい．

第1章 経済発展と環境問題

表1-2 都道府県データによる環境クズネッツ・カーブの計測（硫黄酸化物）

	ln SO_2			
	(1)	(2)	(3)	(4)
ln *GDP per capita*	−2.82**	−2.53**	−0.76*	−0.77*
	(0.23)	(0.26)	(0.31)	(0.31)
[ln *GDP per capita*]²	0.62**	0.53**	0.37**	0.38**
	(0.15)	(0.16)	(0.12)	(0.12)
ln *POP*	—	−0.85*	—	0.18
		(0.33)		(0.24)
*t*65	—	—	1.99**	2.04**
			(0.27)	(0.28)
*t*70	—	—	1.87**	1.91**
			(0.16)	(0.17)
*t*75	—	—	0.91**	0.93**
			(0.12)	(0.12)
*t*80	—	—	0.49**	0.50**
			(0.09)	(0.09)
*t*85	—	—	0.17**	0.18**
			(0.06)	(0.07)
*t*90	—	—	0.09**	0.09*
			(0.04)	(0.04)
定数項	−3.21**	2.46	−4.93**	−6.20**
	(0.09)	(2.23)	(0.24)	(1.68)
$\bar{R}^2$	0.79	0.79	0.91	0.91
2次曲線の最低点における1人当たりGDP（万円）	974	1,071	280	274

注：カッコ内は標準誤差．**1％水準で有意，*5％水準で有意．
　ln CO_2：二酸化硫黄の大気中濃度（自然対数値）
　ln *GDP per capita*：1人当たり県内総生産（自然対数値）
　ln *POP*：人口密度（各県人口を可住地面積で除した，自然対数値）
　*t*65, *t*70, *t*75, *t*80, *t*85, *t*90：時点ダミー変数
　$\bar{R}^2$：自由度調整済決定係数
データ出所：環境庁(1974-98a), 経済企画庁経済研究所国民所得部(1974), 経済企画庁経済研究所(1975-1998), 総務庁統計局(1976-1997b).

る．

　以上の相反する推定結果は，次のように解釈できるであろう．図1-2で見たように，全国的に二酸化硫黄の大気中濃度は低下してきたが，この全国的な動きをコントロールしないで推定すると，あたかも経済の成長とともに濃度が低下するかのような推定結果になる．それが表1-2の第1列と第2列である．全国的な動きをコントロールしたうえで，都道府県をクロスセクション的に比較すると，所得が高いところほど大気中濃度が低いとは限らず，所得が特に高いところでは大気中濃度がむしろ高い．

　しかし，表1-2で行った推定には問題がないわけではない．(1)式では，誤差

項 ε_{it} が時点によらず同じ大きさの分散を持つという回帰分析の前提を暗黙のうちに仮定している．しかし，大気中濃度の平均は大幅に低下し分散も小さくなったのだから，おそらく誤差項の分散も最近の時点の方が小さいであろう．このように分散が不均一な場合，推定値の標準誤差は過小に評価され，統計的に有意ではない推定値があたかも有意であるかのように見える傾向がある．例えば，所得の2乗項の係数が有意に正で汚染と所得の関係がU字型という結果は，実は見かけ上のものに過ぎないかもしれない．このような分散不均一の問題に対処するための最も単純明快な方法は，各時点について個別に推定してみることだろう．

1965年と70年は観測データ数が少ないので省略し，1975年からの5時点について推定を行った．結果は表1-3のとおりである．左側の2列は所得の2次の項を説明変数とし，右側の2列は2次の項を含まない．2次の項を含まない定式化では，所得が有意に正の効果を持つ時点があるが，2次の項を含む定式化では所得が有意な効果を持たない．また，人口密度は常に有意な正の効果を持ち，人口密度を含む定式化では，所得の係数はいずれの時点も有意にならない．以上の結果は，都道府県の間の比較においては，所得は硫黄酸化物の大気中濃度の決定因ではないと要約できよう．

前節で述べたように，硫黄酸化物の排出を大きく削減するに至った過程で，都道府県レベルの取組みは重要であったと考えられる．ところが表1-2や表1-3に示した推定結果は，都道府県ごとの所得の高低とそうした取組みの強弱とは無関係であることを示唆している．これは所得が高いほど汚染対策のインセンティブが強いという環境クズネッツ・カーブ仮説を否定するものと解釈することができよう．しかし，可能な解釈はそれだけではないことを次の第5節で論じ，そこで浮上する新しい仮説を第6節で検証する．

表1-3 単年データによる環境クズネッツ・カーブの計測 (硫黄酸化物)

	ln SO₂	2乗項あり		2乗項なし	
1975年	ln *GDP per capita*	0.22 (0.93)	0.68 (0.88)	0.37 (0.27)	−0.12 (0.31)
	[ln *GDP per capita*]²	0.13 (0.79)	−0.78 (0.79)	—	—
	ln *POP*		−0.23** (0.08)	—	0.14** (0.07)
	定数項	−4.41** (0.26)	−5.96** (0.59)	−4.45** (0.13)	−5.56** (0.43)
	$\bar{R}^2$	−0.00	0.14	0.04	0.13
1980年	ln *GDP per capita*	0.92 (0.96)	−0.24 (0.96)	0.58* (0.22)	0.18 (0.25)
	[ln *GDP per capita*]²	1.06 (0.67)	0.32 (0.70)	—	—
	POP		0.15* (0.06)	—	0.16** (0.05)
	定数項	−4.62** (0.34)	−5.78** (0.33)	−5.11** (0.14)	−5.99** (0.33)
	$\bar{R}^2$	0.14	0.22	0.13	0.24
1985年	ln *GDP per capita*	0.69 (0.96)	1.10 (0.91)	0.32 (0.20)	0.03 (0.22)
	[ln *GDP per capita*]²	0.21 (0.55)	−0.65 (0.54)	—	—
	POP	—	0.15** (0.06)	—	0.13** (0.05)
	定数項	−5.48** (0.41)	−6.58** (0.56)	−5.34** (0.15)	−6.03** (0.32)
	$\bar{R}^2$	0.02	0.14	0.05	0.13
1990年	ln *GDP per capita*	0.35 (1.03)	0.74 (0.97)	0.59** (0.19)	−0.12 (0.31)
	[ln *GDP per capita*]²	0.12 (0.48)	−0.23 (0.46)	—	—
	POP	—	0.17** (0.06)	—	0.14** (0.07)
	定数項	−5.63** (0.54)	−6.86** (0.68)	−5.76** (0.18)	−5.56** (0.43)
	$\bar{R}^2$	0.14	0.25	0.18	0.26
1995年	ln *GDP per capita*	0.73 (1.07)	1.70 (1.04)	0.47* (0.19)	0.24 (0.20)
	[ln *GDP per capita*]²	−0.12 (0.49)	−0.70 (0.49)	—	—
	POP	—	0.16** (0.05)	—	0.13* (0.05)
	定数項	−5.90** (0.57)	−7.38** (0.72)	−5.77** (0.19)	−6.44** (0.31)
	$\bar{R}^2$	0.08	0.22	0.12	0.20

注: カッコ内は標準誤差. **1%水準で有意, *5%水準で有意.
　　ln *CO₂*: 二酸化硫黄の大気中濃度(自然対数値)
　　ln *GDP per capita*: 1人当たり県内総生産(自然対数値)
　　ln *POP*: 人口密度(各県人口を可住地面積で除した, 自然対数値)
　　$\bar{R}^2$: 自由度調整済決定係数
データ出所: 環境庁(1974-98a), 経済企画庁経済研究所国民所得部(1974), 経済企画庁経済研究所 (1975-1998), 総務庁統計局 (1976-1997b).

5. 排出量の決定因

5.1 総合排出係数の導出

第3節で述べたように,汚染物質の排出量を削減するための手段は大きく2つに分けられる.燃料の消費自体を減らす省エネルギー化とエネルギー消費量当たりの排出量を低下させることである.省エネルギー化によって燃料消費自体が減れば,汚染物質を含む排出ガスの量が減ることは自明であろう.また,硫黄酸化物の場合には,主として燃料の低硫黄化や排煙脱硫装置の設置によって,エネルギー消費量当たりの排出物が低下する.その程度は次のように計測できる.さまざまな燃料に異なった割合で硫黄分が含まれているので,各種燃料の使用量(重量あるいは体積表示)をエネルギー消費量(熱量表示)に換算し,その合計を E とする.燃焼の結果として排出される硫黄酸化物の量を EM と表すと,エネルギー消費量当たりの排出量 ϕ は,

$$\phi = EM/E \qquad (2)$$

として求められる.これを総合排出係数と呼ぶこととする[10].いうまでもなく,低硫黄化や脱硫化が進むほど ϕ は小さな値を取る.そして所得が高い地域ほど環境対策に熱心であるという環境クズネッツ・カーブ仮説が正しければ,平均所得の高い県では ϕ が小さいであろう.それと同時に,高い平均所得は比較的活発な経済活動の結果であるとすると,そうした県では E は大きいと考えられる.このように,ϕ と E が所得水準に対して逆向きの相関を持つならば,それらの積と表せる EM は,平均所得の高い県と低い県とであまり違わなかったり,所得の高い(つまり E の値も大きい)県では ϕ が小さくとも EM が大きくなるということもあり,一見,環境クズネッツ・カーブ仮説と矛盾するように見える現象も観察されよう.このようにエネルギー消費量と排出係数

---

[10] ここで説明する燃料使用量と排出量との関係は工学的な厳密性を排したものではあるが経済学的には議論の大筋には影響しない.工学的に厳密な議論は東野・外岡・柳沢・池田(1995)や,Complainville and Martin (1994)に詳しい.また,ここで排出係数と呼んでいるものは電力会社が「排出原単位」と呼んでいる発電量当たりの汚染物質排出量に近い指標でもある.

とが大気環境物質排出量に異なった形で相関する場合もあるため，2つの要因に分解することは重要である．

この総合排出係数 ϕ を各都道府県の異時点について算出するにはエネルギー使用量(あるいは，それを計算するための燃料消費量と熱量換算係数)と，大気汚染物質排出量の都道府県別データが時点ごとに必要となる．残念ながら，この2つの指標が利用できるのはボイラーや発電所などの産業用固定発生源からのものに限定される．もちろん，自動車などの移動体からの排出も重要であるのは確かである．しかし，移動体は都道府県の境界を越えて移動し得るものであるために，クロスセクションの分析になじみ難いうえ，県別データが入手できないという制約からそれについては分析の対象外とせざるを得なかった．また，たとえば家庭で練炭を燃やしても二酸化硫黄は排出されるが，そうした家庭用のものについても県別の十分なデータがないことから分析対象から外した．このように対象が限定されるが，固定発生源からの硫黄酸化物排出量は1975年で全体の91％，1987年で全体の78％を占めるので(科学技術庁科学技術政策研究所編，1992)，全体の傾向を探るために対象が限られることは問題ないといえよう．固定発生源からの排出量データは『大気汚染物質排出量総合調査』として環境庁から不定期に公表されている．残念ながら，この統計は1975年以降の75年，79年，85年，91年，95年の5時点についてしか入手できなかったので，分析はこの5時点に限定される．係数の算出にあたっては，産業用固定発生源で使われる17種類の原燃料を対象とした[11]．また，地球温暖化問題が懸念されてきたのはこの15年あまりのことであるせいか，環境データが比較的豊富な日本においても，都道府県別の二酸化炭素排出量そのもののデータはない．しかし，燃料の種類別に炭素排出係数がわかっているので，それをエネルギー消費量に乗じることによって排出量を推計できる．そこで二酸化炭素については，産業用固定発生源で使われるエネルギー消費をもとに，独自に推計した値を用いて以下の分析をした[12]．

---

11) 対象となる17種の原燃料は，重油，軽油，灯油，原油，ナフサ，その他の液体燃料，一般炭，コークス，その他固体燃料，都市ガス，コークス高炉ガス，高炉ガス，LPG，LNG，転炉ガス，製油所オフガス，その他気体燃料である．
12) 炭素排出係数については池田・篠崎・菅・早見・藤原・吉岡(1998)第2章，および科

表1-4 固定発生源における二酸化硫黄と二酸化炭素排出状況とエネルギー消費
(1975年,1985年,1995年)

		二酸化硫黄						エネルギー消費			二酸化炭素		
		排出量 (トン)			総合排出係数			(10^{10}kcal)			排出量 (10^4トン)		
		1975年	1985年	1995年	1975年	1985年	1995年	1975年	1985年	1995年	1975年	1985年	1995年
全国	平均値	18,449	5,924	5,273	7.6	3.6	2.0	3,946	3,881	4,898	472	473	569
	最大値	58,194	39,772	27,969	15.3	13.4	7.1	18,341	21,359	27,048	2,520	2,413	3,015
	最小値	1,313	632	522	1.8	0.2	0.2	100	121	152	9	8	4
都市/工業地域[1]	平均値	31,315	7,765	6,632	5.3	2.0	1.1	7,729	7,901	9,524	827	852	996
	最大値	58,194	15,340	14,524	9.9	8.5	3.8	18,341	21,359	27,048	2,520	2,413	3,015
	最小値	4,962	1,956	1,991	1.8	0.2	0.2	558	437	676	54	36	22

注:1) 福島,茨城,栃木,群馬,埼玉,千葉,東京,神奈川,愛知,三重,大阪,兵庫,岡山,広島,山口,福岡のいわゆる太平洋ベルト地帯と火力発電所の多い都府県.
データ出所:環境庁(1976b),環境庁(1986b),環境庁(1998b).

表1-4は1975年から10年おきに二酸化硫黄の排出量と総合排出係数,エネルギー消費量,および二酸化炭素の排出量を示している.表中の全国の平均値とは都道府県の値の単純平均である.二酸化硫黄排出量の全国平均は対象期間の20年間で約3分の1に低下している.とりわけ1975年から1985年の10年間に全期間の減少分のほとんどが達成されたことは,硫黄酸化物による汚染の対策が1980年代中盤までに成果をあげていたことを再び裏付けていよう.(2)式に従って分解してみると,エネルギー消費量(E)は1975年と比べて約25%増大しているのに対して,同期間に総合排出係数(ϕ)は74%も下落している.もちろん排出量の減少には,硫黄の排出が少ないエネルギー源への代替が寄与した面もあるだろうが,低硫黄化と脱硫化が最大の貢献をしたことは,総合排出係数の大幅な低下をみれば明らかである.

表1-4の下段は,工業の盛んな太平洋ベルト地帯と火力発電所が比較的多い13の都府県を都市/工業地域として同じ分析を繰り返した結果である.これらの地域では,1995年には対1975年比で排出量と総合排出係数はともに約80%も減少しており,全国平均を上回る減少率である.またこれらの地域の総合排出係数は,1975年においてすでに全国平均の70%程度になっていた.以上から,汚染の著しい地域において対策への取り組みが早く,またより強力な

学技術庁科学技術政策研究所(1992)の係数を用いた.

汚染防止策が成されたと推測される.

　ここで，エネルギー消費量が，全国平均で見ても，都市/工業地域平均で見ても，1975年から1995年にかけて25％も上昇している点は重要である．総合排出係数を低下させ硫黄酸化物の排出量を削減しても，エネルギー消費の増大を許すならば，硫黄酸化物によるローカルな汚染は軽減できても，二酸化炭素によるグローバルな問題は悪化することを意味するからである．前にも述べたように現状では二酸化炭素の排出量を減らす手段は基本的には化石燃料の使用を抑制することしかない．そのため，エネルギー消費の増加がほとんど比例的に二酸化炭素の排出増となる．つまり二酸化炭素については総合排出係数を低下させるような技術が存在しないためである．実際，表1-4の右端の列に示すように，二酸化炭素の排出量は全国平均で見ても，都市/工業地域でも対象期間に20％強増加しておりエネルギー消費量の増加分とほとんど比例的である．このことは，エネルギー消費の抑制や二酸化炭素の排出抑制のために，硫黄酸化物の排出対策に見られるような，都市/工業地域に焦点を当てた重点的な対策をとっていなかったことを示すものであろう．

5.2　仮説の提示

　エネルギー消費量や二酸化炭素の排出量の決定因と，二酸化硫黄の総合排出係数の決定因には構造的な違いがあるようである．それがどのような違いであるかを解明するために，3つの仮説を提示したい．

　硫黄酸化物による大気汚染の影響の一部は地域的に限定された直接的な被害をもたらすから，その対策として重要な総合排出係数の削減は，汚染の著しい地域ほど速やかに行われる傾向があるだろう．総合排出係数の削減は，エネルギー消費量の抑制と比べて，日常生活や地域内の産業の発展を大きく阻害しない．また，汚染の被害は人口密集地域においてより明確に認識され，汚染対策へ向けてより強い社会的圧力が加わるだろう．Stokey (1998)の理論モデルでは，消費の豊かさと汚染水準のトレードオフの関係が，所得水準の上昇とともに汚染をより強く拒否する方向に変化し，積極的な環境政策が講じられるようになることが示唆されている．また，発電所，石油化学プラントといったエネルギー多消費型で汚染物質を多く出すのは大企業中心の産業であり，大企業は

一般に中小零細企業よりも設備投資余力があり,自らの企業イメージをより重視する傾向がある.そのため,これらの産業では,排煙脱硫装置の設置に努める傾向があると予想される.以上の議論は,次のような仮説としてまとめられよう.

〈仮説A〉 二酸化硫黄の総合排出係数は,所得水準が高く,汚染物質排出量が多い地域ほど,またエネルギー多消費型産業の割合が高い地域ほど相対的に低い.

エネルギー消費量は,経済活動の規模と,それに占めるエネルギー多消費型産業の構成比,それに省エネルギー化の進展具合に大きく依存するだろう.エネルギー消費の削減は産業振興にブレーキをかけるうえに,その結果としての二酸化炭素の減少はその地域に直接的な便益をもたらさないから,地方自治体レベルでは環境汚染対策としてのエネルギー消費削減は十分に行われないと考えられる.以上の考察を仮説Bとして次のようにまとめる.

〈仮説B〉 エネルギー消費量は,(1)経済活動の規模が大きいほど,またエネルギー多消費型の産業の構成比が大きい地域ほど大きく,(2)地域の所得水準や汚染排出状況には依存しない.

この仮説の後半部分(2)は仮説Aと対照的であることに注意されたい.
ところで,二酸化炭素は地球全域に及ぶ外部不経済の原因物質であるから,排出削減の対策は地域的にはたてられておらず,硫黄酸化物の排出係数のように地域の所得や汚染排出状況には依存しないであろう.もし,硫黄酸化物排出を削減する手段の一環として省エネルギー化が進められるのであれば,その結果としてエネルギー消費量と密接な関係のある二酸化炭素の排出量も減るかもしれない.しかし,地域的な省エネルギー化の努力はごく限られているという仮説Bが正しければ,その可能性もほとんどないだろう.また,先にも述べたように,二酸化炭素の排出自体を実用的に削減する技術は現状では存在しない.いいかえれば,二酸化炭素については排出係数の変化が固定的であって硫黄酸

化物のように地域的, 経年的に変化するものではないとも考えられる. このような違いを考えいれて, 二酸化炭素排出量の決定要因については次の仮説 C を提示する.

〈仮説 C〉 二酸化炭素排出量は, (1)経済活動の規模が大きいほど, またエネルギー多消費型の産業の構成比が大きい地域ほど大きく, (2)地域の所得水準や過去の二酸化炭素の排出水準には依存しない.

以上の仮説によって, 環境クズネッツ・カーブと整合的でなかった前節の分析結果を再解釈するなら, 大気環境物質の排出量はエネルギー消費量と排出係数の 2 つの要因に分けられ, 本節の 3 つの仮説が想定するようなかたちで, それぞれの要因が異なった形で所得水準と関連していると考えられる. そのために, 時系列では環境クズネッツ・カーブと整合的な関係が見られたのに, クロスセクションでは想定するような関係が見られなかったと言えよう.

6. 仮説の検証

6.1 推定モデルとデータ

前節で述べた決定因は, いずれもタイムラグをもって効果を及ぼすと想定される. なぜなら, 仮に自治体の規制がその必要性に応じて即座に実施に移されるとしても, 規制の効果が直ちに現れるとは考え難いからである. そこで, 決定因の過去の値を独立変数に用い, 総合排出係数について次の回帰式を推定する.

$$\ln\phi_t = b_0 + b_1\ln(EM/area)_{t-1} + b_2\ln(GDP\ per\ capita)_{t-1} + b_3(\%\ Ene.Int)_{t-1} + \varepsilon_t \qquad (3)$$

(3)式の右辺 $EM/area$ は県別の可住地面積当たりの汚染物質排出量であり, 汚染度の指標である. $GDP\ per\ capita$ は 1 人当たり県内総生産であり, 所得水準を表す. $\%\ Ene.Int$ は全工業部門に占めるエネルギー消費の多い 7 産業の付加価値比率である[13]. 被説明変数と誤差項に下添え字 t がつくのに対して, 説

明変数に $t-1$ がついているのは，説明変数が 1 期前の値をとり先決変数であることを意味する[14]．仮説 A によれば，いずれの説明変数も負の係数を持つことが予想される．なお，データの出所については原則的に第 3 節の分析と同様である[15]．前にも述べたように利用可能なデータの制約から，推定は 1975年，1979 年，1985 年，1991 年，1995 年の 5 時点について最小 2 乗法を用いて行った．なお，1975 年以前の排出量データは存在しないので，1975 年値の推計には 1 期前の排出量を入れていない．

仮説 B を検証するために，エネルギー消費量について次の回帰式を推定する．

$$\ln(Energ/area)_t = c_0 + c_1\ln(EM/area)_{t-1} + c_2\ln(GDP/area)_{t-1} \\ + c_3\ln(\% \ Ene.\ Int)_{t-1} + \varepsilon_t \qquad (4)$$

被説明変数は，県当たりのエネルギー消費量を可住地面積で除した値（$Energy/area$）であり，それに対応して，県内総生産を可住地面積で除して（$GDP/area$）説明変数としている．その他の説明変数は，仮説 A の検証で用いたものと同じ変数である．係数の符号は，二酸化炭素の排出量については正，残りの 2 つの変数についてはゼロになることが予想される．1975 年以前の固定排出源に限ったエネルギー消費量データは存在しないので，1975 年値の推計には 1 期前のエネルギー消費量を入れない．

二酸化炭素排出量に関する仮説 C は，以下の(5)式を用いて検証する．

$$\ln(CO_2/area)_t = d_0 + d_1\ln(CO_2/area)_{t-1} + d_2\ln(GDP/area)_{t-1} \\ + d_3\ln(\% \ Ene.\ Int)_{t-1} + \varepsilon_t \qquad (5)$$

可住地面積当たりの二酸化炭素排出量（$CO_2/area$）を被説明変数とし，説明変数

---

13) パルプ，化学製品，石油化学製品，セメント，鉄鋼，非鉄金属，電気・ガス・水道の 7 つである．電気・ガス・水道について，本来は電力産業の付加価値の使用が望ましいが『県民経済計算年報』では電力産業だけのデータは利用できない．

14) 人口密度を説明変数に入れる定式化も試みたが，所得の高い地域ほど人口密度が高いことから，多重共線性の問題が生じて推計結果が不安定になったため，その結果はここでは示さない．

15) 1 人当たり県内総生産とエネルギー多消費型産業の付加価値比率は，経済企画庁の『県民経済計算年報』からとり，それを 1990 年を 100 とする県内総支出デフレーターを用いて実質化した．また，可住地面積については総務庁統計局の『社会生活統計指標』から，排出量と燃料消費量は前掲の『大気汚染物質排出量総合調査』からとった．

表 1-5 総合排出係数の決定要因（硫黄酸化物）

	$\ln\phi_t$				
	1975年 (1)	1979年 (2)	1985年 (3)	1991年 (4)	1995年 (5)
$\ln(EM/area)_{t-1}$ [1)]	—	−0.31* (0.13)	−0.35** (0.14)	−0.12 (0.14)	−0.20 (0.15)
$\ln(GDP/area)_{t-1}$	−0.30** (0.08)	−0.47** (0.11)	−0.56** (0.14)	−0.50** (0.12)	−0.45** (0.15)
% $EneInt_{t-1}$	−6.13** (1.82)	−4.06** (2.05)	−3.89** (1.32)	−5.06** (1.46)	−2.80 (1.49)
定数項	4.52 (0.54)	5.38 (0.75)	5.91 (1.02)	5.10 (0.97)	4.40 (1.17)
$\bar{R}^2$	0.49	0.65	0.58	0.55	0.44

注：カッコ内は標準誤差．**1％水準で有意，*5％水準で有意．
　$\ln\phi$：総合排出係数（自然対数値）
　$\ln(EM/area)$：可住地面積当たり二酸化硫黄排出量（自然対数値）
　$\ln(GDP/area)$：可住地面積当たり県内総生産（自然対数値）
　% $EneInt$：エネルギー使用量・汚染物質排出の多い7産業（パルプ，化学製品，石油化学製品，セメント，鉄鋼，非鉄金属，電気・ガス・水道）の全工業部門に対する付加価値比率
　$\bar{R}^2$：自由度調整済決定係数
　t：今期データ
　$t-1$：前期データ（1975年については1970年，1979年は1975年，1985年は1979年，1991年は1985年，1995年は1991年のデータ）
　1) 1975年の推計については1970年の排出量データが存在しないため前期の排出量なしで推計した．
データ出所：環境庁(1974-98a)，環境庁(1976b-98b)，経済企画庁経済研究所国民所得部(1974)，経済企画庁経済研究所(1975-1998)，総務庁統計局(1976-1997a)，総務庁統計局(1976-1997b)，通産産業大臣官房調査統計部(1972-97)．

には1期前の二酸化炭素の排出量を入れる．係数の符号は，二酸化炭素の排出量については正，残りの2つの変数についてはゼロになることが予想される．前にも述べたようにエネルギー消費量と二酸化炭素の排出量が比例的であることから，この変数はエネルギー消費量の代理変数と考えることもできる．そして二酸化炭素の排出量削減は地域単位では行われないと考えられるので，地域当たりの所得水準は無関係であろう．データの制約から，1975年値の推計には1期前の二酸化炭素排出量を入れていない．

6.2 推計結果

表1-5は硫黄酸化物について総合排出係数の決定要因を推定した結果である．過去の排出量，所得水準およびエネルギー多消費型産業比率の係数はすべて仮説のとおり負である．統計的有意性についても，全体としては仮説を支持する結果と言えよう．(4)列と(5)列の排出量の効果が統計的に有意ではないのは，

表1-6　エネルギー消費量の決定要因（硫黄酸化物）

	$\ln(Energy\ consumption/area)_t$				
	1975年 （1）	1979年 （2）	1985年 （3）	1991年 （4）	1995年 （5）
$\ln(EM/area)_{t-1}$ [1)]	—	1.12** (0.12)	1.21** (0.11)	1.01** (0.17)	1.05** (0.19)
$\ln(GDP/area)_{t-1}$	0.77** (0.15)	0.23* (0.11)	0.62** (0.11)	0.56** (0.14)	0.39* (0.15)
$\%\ EneInt_{t-1}$	18.63* (2.89)	2.95 (1.97)	4.64** (1.12)	6.46** (1.96)	4.01* (1.95)
定数項	−7.11 (1.09)	−3.98 (0.74)	−6.60 (0.82)	−5.89 (1.08)	−3.98 (1.23)
$\bar{R}^2$	0.66	0.88	0.84	0.77	0.74

注：カッコ内は標準誤差．＊＊1％水準で有意，＊5％水準で有意．
　$\ln(Energy\ consumption/area)$：可住地面積当たりエネルギー消費量（自然対数値）
　$\ln(EM/area)$：二酸化硫黄排出量（自然対数値）
　$\ln(GDP/area)$：可住地面積当たり県内総生産（自然対数値）
　％ $EneInt$：エネルギー使用量・汚染物質排出の多い7産業（パルプ，化学製品，石油化学製品，セメント，鉄鋼，非鉄金属，電気・ガス・水道）の全工業部門に対する付加価値比率
　$\bar{R}^2$：自由度調整済決定係数
　t：今期データ
　$t-1$：前期データ（1975年については1970年，1979年は1975年，1985年は1979年，1991年は1985年，1995年は1991年のデータ）
　1) 1975年の推計については70年の排出量データが存在しないため前期の排出量なしで推計した．
データ出所：環境庁(1974-98a)，環境庁(1976b-98b)，経済企画庁経済研究所国民所得部(1974)，経済企画庁経済研究所(1975-1998)，総務庁統計局(1976-1997a)，総務庁統計局(1976-1997b)，通産産業大臣官房調査統計部(1972-97)．

　1990年以降は二酸化硫黄についての環境対策が全国的に行き届いた結果，クロスセクションでみた変動が小さくなったからと考えられる．第3節で見たように，排出の多い地域から重点的に行われた排出削減措置が，1990年代にはもはやほとんど必要がないほどにまで，硫黄排出量が減少していたこと（図1-2参照）を反映しているのである．エネルギー多消費型産業の付加価値シェアの係数が1995年についてだけ有意でないのも，第3節で電力会社の排出防止技術を述べたように，先進国の中でも最高の汚染防止対策がこの時点までにほぼ完了していたからであろう．このように表1-5に示した推計結果は，都道府県レベルがイニシアティブをとって対策を講じた結果，汚染が著しく，所得水準が高いところほど排出係数削減が速やかに進み，近年ではそうした対策がほぼ完了したことを明確に表している．
　つぎに表1-6は，エネルギー消費の決定要因について仮説Bを検証した結果を示した．過去の排出量と県内総生産はすべての期間において正に有意な結

表 1-7 二酸化炭素排出量の決定要因

	$\ln(CO_2/area)_t$				
	1975年 (1)	1979年 (2)	1985年 (3)	1991年 (4)	1995年 (5)
$\ln(CO_2/area)_{t-1}$ [1)]	—	0.96** (0.07)	0.94** (0.05)	0.94** (0.05)	0.90** (0.05)
$\ln(GDP/area)_{t-1}$	0.59** (0.18)	0.01 (0.05)	0.08 (0.07)	0.01 (0.05)	−0.05 (0.05)
% $EneInt_{t-1}$	17.67** (3.42)	−1.22 (1.19)	0.76 (0.81)	1.30 (1.26)	−0.18 (0.82)
定数項	0.42 (1.29)	0.095 (0.36)	−0.65 (0.51)	−0.10 (0.50)	0.79 (0.44)
$\bar{R}^2$	0.51	0.95	0.95	0.96	0.93

注:カッコ内は標準誤差.**1%水準で有意,*5%水準で有意.
　$\ln(CO_2/area)$:可住地面積当たり二酸化炭素排出量(自然対数値)
　$\ln(GDP/area)$:可住地面積当たり県内総生産(自然対数値)
　% EneInt:エネルギー使用量・汚染物質排出の多い7産業(パルプ,化学製品,石油化学製品,セメント,鉄鋼,非鉄金属,電気・ガス・水道)の全工業部門に対する付加価値比率
　$\bar{R}^2$:自由度調整済決定係数
　t:今期データ
　$t-1$:前期データ(1975年については1970年,1979年は1975年,1985年は1979年,1991年は1985年,1995年は1991年のデータ)
　1) 1975年の推計については1970年の排出量データが存在しないため前期の排出量なしで推計した.
データ出所:環境庁(1974-98a),環境庁(1976b-98b),経済企画庁経済研究所国民所得部(1974),経済企画庁経済研究所(1975-1998),総務庁統計局(1976-1997a),総務庁統計局(1976-1997b),通産産業大臣官房調査統計部(1972-97).

果となった.ただし1979年だけは県内総生産とエネルギー多消費型産業の付加価値シェアの係数が他の年度より小さく,有意水準も低い.この点については,第1次石油危機後に同産業の活動が停滞し,先決係数である1975年の数値が小さかったことが原因であると考えられる.また,1975年のエネルギー多消費型産業の係数が後に続く4時点よりもはるかに大きいが,これは本来排出量の係数が示すべき効果を同産業の係数が吸収したためだと考えられよう.以上の結果から仮説B前半部の妥当性が支持されたといえよう.仮説Bの後半は,エネルギー消費の削減に地域の汚染状況や所得水準は寄与しないというものだが,表1-6は,それと整合的に,これらの要因がエネルギー消費量に対して正の関係を持つことを示している.

　最後に表1-7は,二酸化炭素排出の決定因に関する推定結果を示している.これまで同様,1975年の推計には前期の二酸化炭素排出量を含まないが,県内総生産とエネルギー多消費型産業の付加価値比率はどちらも正に有意である.また,1975年のエネルギー多消費型産業の係数が後の4時点よりもはるかに

大きいが，これは表1-6の結果と同様に，本来排出量の係数が示すべき効果を同産業の係数が吸収したためだと考えられよう．そして，1979年以降，二酸化炭素の前期排出量を入れると，二酸化炭素排出量の係数は有意であり，また係数が1から有意に異なっていないという結果が得られた．これは，今期の二酸化炭素排出量が過去の排出量に見合って比例的に増大していることを意味する．ここでも前期の二酸化炭素の排出量が著しいからといって，二酸化炭素の排出の抑制すなわち省エネルギー化が進められなかったことが強く示唆されている．なお，1979年以降については，これ以外の説明変数の係数は統計的に有意ではないが，これは，3つの説明変数の間に多重共線性が生じているためであり，仮説Cの妥当性を否定する証拠とはならない．

7. おわりに

本章では，国際比較データと日本の都道府県データを用いて，環境クズネッツ・カーブ仮説で示されるような所得水準と環境の関係を分析し，さらに都道府県データによって大気環境物質排出量とエネルギー消費量の決定因を分析した．国際クロスセクションによる比較では，代表的な環境物質の大気中濃度あるいは排出量と所得水準の間に逆U字の関係が認められる．日本のデータをみると，硫黄酸化物がもたらした大気汚染については1960年代にピークを超えており，その後も経済成長が続く一方で，大気中濃度も排出量も低下の一途を辿ってきた．だが，都道府県のクロスセクション分析では，所得水準と硫黄酸化物汚染の間に明確な関係はみとめられなかった．それは排出量の2つの決定因，すなわち総合排出係数で計ったエネルギー単位当たりの排出量とエネルギー消費量とが，それぞれまったく違った形で所得水準と関係しているからである．

硫黄酸化物による大気汚染に対しては，汚染源を抱える地域や所得水準の高い地域において防止対策が比較的速やかに講じられてきたことが確認された．この点は環境クズネッツ・カーブ仮説と整合的である．しかし，エネルギー消費量やそれと密接に関連する二酸化炭素排出量は，地域の排出状況や所得水準と無関係であることが明らかになり，この点で環境クズネッツ・カーブ仮説は

妥当しない．こうした違いは，大気環境物質の被害が排出源周辺地域に短期に集中するか，それとも長期にわたり広範囲に拡散するかによって，排出防止対策の地域的なインセンティブが大きく左右されることを明確に示している．

　もちろん，以上の分析は環境クズネッツ・カーブ仮説の背後にあるすべての経済関係を網羅しているわけではない．われわれが見落としている重要な決定因が存在する可能性もあるだろう．しかし，本章の分析結果は，地球温暖化という極めて広域的な外部不経済の問題が，地方自治体や国レベルで解決されると期待することができず，多国間の協力によるシステマティックな温暖化抑制努力が不可欠であることを強く示唆していると言えよう．

文　献

日本語文献

池田明由・篠崎美貴・菅幹雄・早見均・藤原浩一・吉岡完治(1998)，『環境分析用産業連関表』改訂版，慶応義塾大学産業研究所．

科学技術庁科学技術政策研究所編(1992)，『アジアのエネルギー利用と地球環境――エネルギー消費構造と地球汚染物質の放出の動態』大蔵省印刷局．

環境庁(1974-98a)，『一般環境大気測定局測定結果報告』各年版，環境庁．

環境庁(1976b)，『大気汚染物質排出量総合調査』昭和50年度版，日本電子計算株式会社．

環境庁(1980b)，『大気汚染物質排出量総合調査』昭和54年度版，日本電子計算株式会社．

環境庁(1986b)，『大気汚染物質排出量総合調査』昭和60年度版，日本電子計算株式会社．

環境庁(1992b)，『大気汚染物質排出量総合調査』平成3年度版，日本電子計算株式会社．

環境庁(1995)，『ばい煙処理装置の設備実態』平成6年版，環境庁．

環境庁(1998b)，『大気汚染物質排出量総合調査』平成7年度版，日本電子計算株式会社．

環境庁(1999)，『日本の大気汚染状況』平成10年版，ぎょうせい．

経済企画庁経済研究所国民所得部監修(1974)，『県民所得統計（第3回）昭和30-46年度』至誠堂．

経済企画庁経済研究所編(1975-1998)，『県民経済計算年報』各年版，経済企画庁．

資源エネルギー庁長官官房企画調査課編(2000)，『総合エネルギー統計』平成11年度版，通商産業研究社．

杉山大志(1997)，「東アジア諸国のSOx排出動態に関する考察――経年比較分析及びその中国長期見通しへの含意」『電力中央研究所研究報告』Y97005，電力中央研究所．

総務庁統計局(1976-1997a),『消費者物価指数年報』各年版, 総務庁.
総務庁統計局(1976-1997b),『社会生活統計指標』各年版, 総務庁.
通産産業大臣官房調査統計部編(1972-97),『工業統計表 産業編』各年版, 大蔵省印刷局.
寺尾忠能(1994),「日本の産業政策と産業公害」(小島麗逸・藤崎成昭編(1994),『開発と環境――アジア「新成長圏」の課題』アジア経済研究所, 所収).
寺西俊一(1993),「日本の公害問題・公害政策に関する若干の省察」(小島麗逸・藤崎成昭編(1993),『開発と環境――東アジアの経験』アジア経済研究所, 所収).
東京電力(1999),『環境行動レポート――エネルギーと環境問題への取り組み』東京電力.
東京都環境保全局大気保全部(1975-1996),『大気汚染常時測定局測定結果報告』各年版, 東京都.
日本エネルギー経済研究所エネルギー計量分析センター編(1999),『EDMC エネルギー・経済統計要覧』1999年版, 省エネルギーセンター.
速水佑次郎(2000),『開発経済学』新版, 創文社.
東野晴行・外岡豊・柳沢幸雄・池田有光(1995),「東アジア地域を対象とした大気汚染物質の排出量推計」『大気環境学会誌』第30巻6号, pp.374-390.
松井賢一(1994),『新・エネルギーデータの読み方 使い方』電力新報社.
三橋規宏(1998),『環境経済入門』(日経文庫763) 日本経済新聞社.

英語文献

Arrow, K., B. Bolon, R. Costanza, P. Dasgupta, C. Folke, C. S. Holling, B-O. Jansen, S. Levin, K-G. Maler, C. Perrings and D. Pimentel (1995), "Economic Growth, Carrying Capacity, and the Environment", *Science*, Vol.268, pp. 520-521.
Barbier, Edward B.(1997), "An Introduction to the Environment Kuznets Curve Special Issue", *Environment and Economic Development*, Vol.2, No.4, pp. 369-382.
Belsley, D., E. Kuh and R. Welsch (1980), *Regression Diagnostics*, New York: John Wiley & Sons, Inc.
Carson, Richard T., Yongil Jeon and Donald R. McCubbin (1997), "The Relationship Between Air Pollution Emissions and Income: US Data", *Environment and Economic Development*, Vol.2, No.4, pp. 433-450.
Cole, M. A., A. J. Rayner and J. M. Bates (1997), "The Environmental Kuznets Curve: An Empirical Analysis", *Environment and Economic Development*, Vol.2, No.4, pp. 401-416.
Complainville, Chiristphe and Joaquim O. Martin (1994), "NO_X/SO_X Emissions and Carbon Abatement", OECD Economic Department Working Paper No.151, Paris: OECD.
De Bruyn, Sander M. (1997), "Explaining the Environmental Kuznets Curve: Structural Change and International Agreements in Reducing Sulphur Emissions", *Environment and Economic Development*, Vol.2, No.4, pp. 485-503.
Greene, W. H. (1993), *Econometric Analysis*, 2nd ed., New York: Macmillan.

Grossman, Gene M. and Alan B. Krueger (1991), "Environmental Impacts of a North American Free Trade Agreement", National Bureau of Economic Research Working Paper 3914, Cambridge: NBER.

Grossman, Gene M. and Alan B. Krueger (1995), "Economic Growth and the Environment", *Quarterly Journal of Economics*, Vol.110, No.2 , pp. 353-378.

Hausman, J. A. (1978), "Specification Tests in Econometrics," *Econometrica*, Vol.46, No.6, pp. 1251-1271.

Hausman, J. and W. Taylor (1981), "Panel Data and Unobservable Individual Effects," *Econometrica*, Vol.49, No.6, pp. 1377-1398.

Hsiao, C. (1986), *Analysis of Panel Data*, New York: Cambridge University Press.

Judge, G. G., R. C. Hill, W. E. Griffith, H. Lutkepohl and T. C. Lee (1988), *Introduction to the Theory and Practice of Econometrics*, 2nd ed., New York: John Wiley & Sons, Inc.

Kaufmann, Robert K., Brynhildur Davidsdottir, Sophie Garnham and Peter Pauly (1998), "The Determinants of Atmospheric SO_2 Concentrations: Reconsidering the Environmental Kuznets Curve", *Ecological Economics*, Vol.25, No.2, pp. 209-220.

Komen, Marinus H. C., Shelby Gerking and Henk Folmer (1997), "Income and Environmental R & D: Empirical Evidence from OECD", *Environment and Economic Development*, Vol.2, No.4, pp. 505-515.

Kuznets, Simon (1955), "Economic Growth and Income Inequality", *American Economic Review*, Vol.45, No.1, pp. 1-28.

Lopez, Ramon (1994), "The Environment as A Factor of Production: The Effects of Economic Growth and Trade Liberalization", *Journal of Environmental Economics and Management*, Vol.27, No.2, September, pp. 163-184.

McConnell, Kenneth E. (1997), "Income and the Demand for Environmental Quality", *Environment and Economic Development*, Vol.2, No.4, pp. 383-399.

Moomaw, William R. and Gregory C. Unruh (1997), "Are Environmental Kuznets Curves Misleading Us?: The Case of CO_2 Emissions", *Environment and Economic Development*, Vol.2, No.4, pp. 451-463.

Panayotou, Theodore (1997), "Demystifying the Environmental Kuznets Curve: Turning a Black Box Into a Policy Tool", *Environment and Economic Development*, Vol.2, No.4, pp. 465-484.

Selden, T. and D. Song (1994), "Environmental Quality and Development: Is There a Kuznets Curve for Air Pollution Emissions?", *Journal of Environmental Economics and Management*, Vol.27, pp. 147-162.

Shafik, Nemat and Sushenjit Bandyopadhyay (1992), "Economic Growth and Environmental Quality: Time Series and Cross-country Evidence", Research Working Paper No. 904, Washington D.C.: The World Bank.

Stern, David I. (1998), "Progress on the Environmental Kuznets Curve?", *Environment and Development Economics*, Vol.3, No.2, pp. 173-196.

Stern, D.I., M.S. Common and E.B. Barbier (1996), "Economic Growth and Environmental Degradation: The Environmental Kuznets Curve and Sustainable Development", *World Development*, No.24, No.7, pp. 1151-1160.

Stokey, Nancy L. (1998), "Are There Limits to Growth?", *International Economic Review*, Vol.39, No.1, pp. 1-31.

Summers, Robert and Alan Heston (1991), "The Penn World Table (Mark 5): An Expanded set of International Comparisons, 1950-1988", *Quarterly Journal of Economics*, Vol.106, pp. 327-369.

Temple, Jonathan (1999), "The New Growth Evidence", *Journal of Economic Literature*, Vol. 37, pp. 112-156.

Vincent, Jeffrey R. (1997), "Testing for Environment Kuznets Curves within a Developing Country", *Environment and Economic Development*, Vol.2, No.4, pp. 417-431.

Vogel, Michael P. (1999), *Environmental Kuznets Curves: A Study on the Economic Theory and Political Economy of Environmental Quality Improvements in the Course of Economic Growth*, Berlin; New York: Springer-Verlag.

World Bank (1992), *World Development Report 1992: Development and the Environment*, Washington D.C.: The World Bank.

World Bank (1998), *World Development Indicators 1998 CD-ROM*, Washington D.C.: The World Bank.

第2章　環境規制の政策分析*

清野一治

　戦後，経済復興と成長を推し進めてきた先進国は，多かれ少なかれ自国の環境が悪化していくことによる経済的社会的損失を経験してきた．持続的な高成長率を実現した日本の場合，環境面で被った代償はとくに大きく，1970年代を迎える頃には公害対策が主要な政策課題となった．

　しかし，日本の場合，第1次石油危機に見舞われ，これまでの高度成長の維持が困難になると，環境対策は景気対策や省エネルギー対策に政策上の優先順位を奪われた．その後，第2次石油危機を乗り切り，いわゆる長い平成景気の間に，再度，環境問題が注目されるようになった．

　初期の環境問題では，大気や河川の汚染やゴミ対策が主要なテーマとなり，いわゆる公害病が話題になったのに対して，平成景気以降では環境問題についての関心には，ゴミ処理に伴うダイオキシンやリサイクルの問題といった新しい視点が加わるだけでなく，地球温暖化といった一国内の環境にとどまらない地球環境全体への意識が高まっている．

　だが，このように環境問題に対する人々の関心が深まる一方で，経済学者による取り組みが本格化したのは最近10年の間のことである．これまでの経済学者による環境政策提言は，(i)ピグー的補正策としての環境税の導入，(ii)コースの定理に基づく環境権の規定と民間交渉または取引可能環境権の市場整備にとどまり，しかもそれらは入門的教科書上の議論の域を超えていなかった．

　本章では，こうした事情を踏まえて，地球環境問題も含めた環境規制の制度

---

*　本章の執筆に際して，大塚啓二郎氏，奥野正寛氏，黒田昌裕氏，松枝法道氏より有益なコメントを，また文部科学省による資金援助を戴いた．記して感謝したい．

設計について経済学理論の側面から検討を加えていく[1]．

1. 環境汚染と市場の失敗

大気汚染，水質汚染，ゴミ廃棄など，環境汚染が社会的に問題になるのは，汚染物質を排出する主体が汚染による社会的損失を負担しないために「過剰」な汚染が行われるためである．ただし，ここで「過剰」というのは経済的意味の過剰であり，自然の浄化能力を超えるものすべてが過剰というわけではない．

1.1 「過剰」な汚染

経済活動に限らず，他の社会的活動や生命維持のためだけでも，さまざまな汚染物質が排出される．少なくとも経済学的見地からすれば，汚染抑制の社会的な費用・便益比較をして便益が費用を上回る場合に現在の汚染状況は社会的に「過剰」と評価されることに注意しなければならない．

費用・便益にどのような対象を考慮しかつどう定量化するかという問題はあるものの，人々が環境汚染を問題にする場合には，上記のような意味での「過剰」汚染を念頭に置いているといえる．その限りで，汚染物質排出に関わる経済活動に何らかの非効率があり，市場機構が効率的資源配分を実現できないといういわゆる「市場の失敗」が起こっていることになる．

1.2 負の外部効果と不払い要素

とくに環境汚染が市場の失敗となるのは，それがいわゆる「負の外部効果」を生むからである．すなわち，汚染物質を排出する主体にとって他の主体をはじめ社会全体に及ぼす損失を負担しなくてすめば，汚染物質を排出する活動に関わる費用が割安となり，排出活動が助長されてしまう．汚染物質排出抑制のために排出主体が被る費用または損失に比べて，それによって回避される社会的損失の方が多くなるとき，排出主体の活動水準は社会的に過剰となる．つま

---

[1] 環境経済学全般については，たとえば Baumol and Oates (1988), Hanley et al. (1977), Hahn (1989) を参照．

り配分上の非効率が生まれる．

　汚染が進めば清浄な環境が失われていく．言い換えると，清浄環境という資源を費消した分だけ，環境汚染が進行する．このように考えると，問題は環境資源の利用について適切な対価費用が利用者によって負担されないこと，つまり環境資源が**不払い要素**（unpaid factor）であることが[2]，環境汚染が市場の失敗となる主な理由といえる．したがって，結論から先にいえば，環境汚染問題を解決するためには，環境資源利用＝環境汚染に際して，それが生む社会的損失に等しい対価を負担させる制度・政策を構築・実施すればよい．

1.3 代表的な環境対策

代表的な補正策には，次のようなものが挙げられる．

1．汚染物質排出に対する課税
  (a) 汚染物質の排出に対する直接課税＝排出税
  (b) 汚染物質排出の主要原因となる生産要素投入に対する課税＝投入税
  (c) 汚染物質を排出する生産活動に対する課税＝物品税
2．汚染物質の排出量に対する直接規制
3．取引可能な排出権市場の整備

課税政策

　課税政策の目的は，汚染物質排出による社会的損失を排出主体に何らかの形で直接負担させることにある．こうした課税政策は一般に**環境税**（environmental taxes）として総称されることが多いが，その代表的な課税方法としては次の3つが挙げられる．

　もっとも基本的な第1の課税方法は，汚染物質の排出量に対する課税つまり**排出税**（emission tax）である．第2の課税策は，たとえば地球温暖化の場合には，二酸化炭素ガス発生の主たる原因である化石燃料の使用に対する課税つまり**炭素税**（carbon tax）である．現在の技術では化石燃料の燃焼により発生

---

2) この用語は Meade (1952) による．

する二酸化炭素ガスの量を減らすことは非常に困難だといわれている．したがって，化石燃料に含まれる二酸化炭素量に応じてその使用に対して課税しようというわけである[3]．これはいわゆる**投入税**（input tax）に相当する．最後の生産活動に対する課税は，汚染物質排出量を勘案しながらも，生産量に応じた課税を行うという意味で，物品税に他ならない．

　課税政策については，1つ注意しなければならない点がある．課税政策は直接の費用負担を必ずしも必要とはしないということである．すなわち，環境汚染の非効率を除去するためには，汚染の社会的費用を排出主体が経済的費用として負担すればよいのであり，ある一定の排出量を基準として削減された排出量に対して補助金を供与するといった政策も，課税と同等の効果を生む．なぜならば基準排出量水準以下では，汚染物質排出量を増やせばそれに見合った補助金喪失を被るので，それが排出主体にとっては排出増加の機会費用となるからである．ただし，こうした政策は結局のところ排出主体に対する補助金に他ならないので，汚染者負担の原則からすれば受け入れることは難しいといえる．

直接規制

　直接規制の方法としては，汚染物質の排出総量に対して一定の上限または枠を設ける**排出総量規制**（emissions quota）と生産活動規模に対する排出総量の比率に対して一定の上限を課す**排出基準規制**（emissions standards）（または**排出率規制**）がある．課税政策との大きな違いは，こうした排出量を抑制するために直接必要な設備投資費用等を負担して排出規制を順守する限り，汚染物質の排出に対しては何ら追加的な費用を負担する必要がないということである．

取引可能排出許可証

　以上の方法とは別に，政府が汚染物質の1単位排出に際して市場で取引可能な排出許可証の購入を義務づけ，かつ排出許可証の初期交付量を完全に規制する方法がある．したがって，排出許可証の価格に応じて排出主体は汚染物質排出の費用を負担することになる．

　3）　したがって炭素税は実体としては燃料税である．

何れの政策が望ましく実効性があるかは，それぞれの政策がもつ経済的効果についての適切な理解なくしては判断できない．そして，そのためには，まず環境汚染がもたらす非効率について的確な理解をしておく必要がある．

2. 環境汚染の非効率

ほとんどの場合，汚染物質は何らかの経済活動を通じて排出される．別の言い方をすれば，経済活動は環境資源の投入を必要とする．環境資源が，労働（または余暇）や資本，燃料原材料などと結合されて，さまざまな財やサービスが生産・消費されているといえる．このように考えるとき，環境汚染による非効率，つまり環境資源の過剰投入は次のような2つの面で発生していることに注意しなければならない．以下，生産活動を例にとって説明しよう[4]．

2.1 投入面での非効率

生産量が一定でも，環境資源利用がただであれば，各生産要素の結合割合が社会的に見て非効率となる．生産要素は，(i)投入量増加が汚染物質排出量を増やすという意味で環境資源と補完的な生産要素（環境資源補完要素）と，(ii)投入増加により汚染物質排出量を減らせるという意味で代替的な生産要素（環境資源代替要素）に大別できる[5]．対価を払うことなく環境資源を費消できれば，代替要素に比べて環境資源投入量が過剰になり，それがさらに補完要素の過剰投入をもたらす．その結果，社会的限界費用に比べて，生産の私的限界費用は，汚染物質排出増加による社会的損失増加分だけ下回ってしまう．

実際，環境資源と代替要素を用いる規模に関して収穫一定の生産技術を考えてみよう．環境資源の投入量＝汚染物質排出量，代替要素を便宜上労働として，図2-1には対応する単位等量線 FF' が描かれている．労働が代替要素であることから，汚染物質排出量を増やすことで労働投入量を減らせる．ただし，技術

---

[4] 消費活動も，さまざまな財やサービスを投入して効用を生み出す生産活動と考えれば，以下の議論は消費活動が生む汚染物質排出についても適用できる．

[5] 言い方を換えると，環境資源代替要素は，汚染物質排出量を削減する活動に投じられる生産要素つまり排出削減要素を指す．

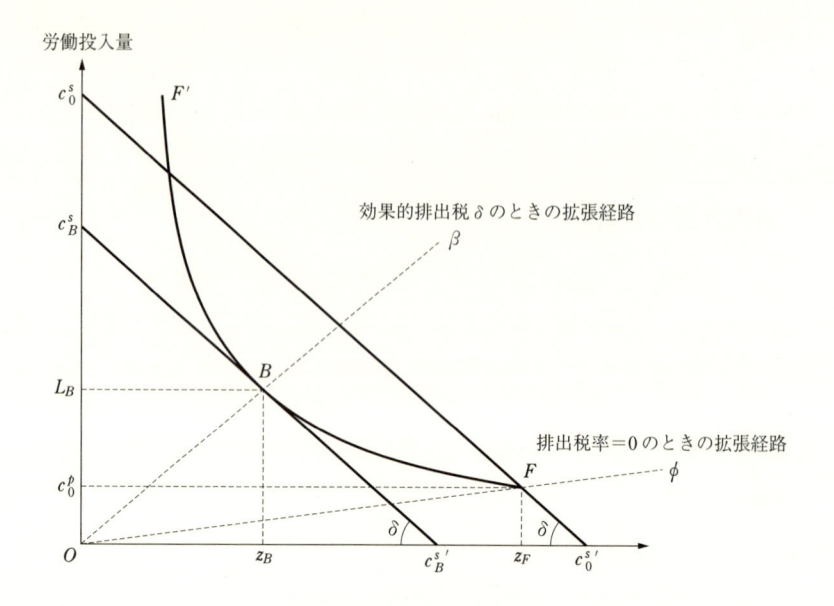

図 2-1 投入面での非効率

的制約により点 F を超えて，労働を汚染物質で代替できないものとされている．説明を簡単にするために，労働の単位は適当に取り直して賃金率を1とすれば，環境資源の利用がただで自由に汚染物質を排出できる場合には，企業は点 F に対応する要素結合を選ぶ．したがって，この自由排出下の私的限界費用は c_0^p となる．

説明を簡単にするために，ここで汚染物質排出がもたらす社会的限界損失が δ で一定としよう．図には対応する相対価格線が直線 $c_B^s c_B^{s\prime}$，$c_0^s c_0^{s\prime}$ により表されている．後者の直線からも読みとれるように，自由排出下では生産物1単位当たり z_F 単位の汚染物質が排出され，その社会的限界損失は線分 $c_0^p c_0^s$ で計られる．すなわち，自由排出下で選ばれる要素結合のもとでは，対応する社会的限界費用は c_0^s に等しい．

他方，社会的限界損失 δ を企業が負担する場合には，点 B で費用最小化が行われる．自由排出下に比べて，労働投入量が増え，汚染物質排出量が減る．このとき社会的限界費用と私的限界費用は一致し，c_B^s となる．

2.2　生産面での非効率

対価を払うことなく汚染物質を自由に排出できれば，社会的限界費用に比べて私的限界費用が少なくなるために，汚染物質排出を伴う生産活動は促進される．その結果，生産量も社会的に見て過剰となる．

実際，図2-2には先に求めた各限界費用と併せて，当該生産物に対する需要曲線（＝社会的限界便益曲線）が描かれている[6]．

当該産業が完全競争にあれば，自由排出下では供給曲線は直線 c_0^p で均衡は点 F，生産量は x_F となる．他方，企業が汚染の社会的限界損失を全額負担し，したがって効率的資源配分が実現する場合には供給曲線は直線 c_B^s となり均衡は点 B，生産量は x_B となる．以下では社会的限界損失に等しい排出税率を効率的排出税と呼ぶことにする．図から確認できるように，自由排出下の生産量は社会的に見て過剰となる．

汚染による社会的損失

効率的排出税が課される場合と比較すると，自由排出均衡では図2-2の斜線をつけた領域の面積だけ総余剰は少ない．自由排出によるこうした社会的損失は，次の2つの部分に分けることができる．

1. 過小な排出削減活動（すなわち過小な労働投入）投入面での非効率による損失＝□ $c_0^s c_B^s GA$ の面積
2. 汚染物質排出主体が汚染の社会的限界損失を負担しないために生じる過剰生産による損失

第1の投入面での非効率による損失は，社会が自由排出下の生産量を維持する場合であっても被る過剰費用額を表す．先の図2-1で表されるように，自由排出下の労働・汚染物質排出量の組合せ F で発生する汚染物質排出の社会的限界損失は線分 $c_0^p c_0^s$ の長さで表される．これに元々の私的限界費用 c_0^p を加え

---

6) ここでは説明の単純化のために，消費活動は汚染物質を排出しないものとする．

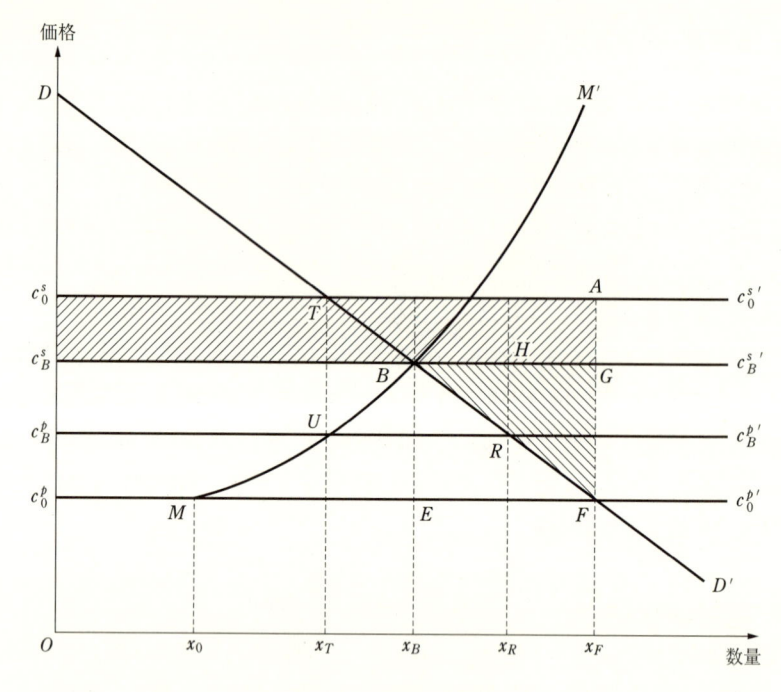

図2-2 生産面での非効率

c_0^p：自由排出下の私的限界費用曲線
c_0^s：自由排出下の社会的限界費用曲線
c_B^p：効率的排出税下の税引後私的限界費用曲線
c_B^s：効率的排出税下の社会的限界費用曲線

た c_0^s が自由排出下の要素投入結合を所与としたときの社会的限界費用である．これは効率的排出税が課されたときの私的限界費用＝社会的限界費用 c_B^s よりも，線分 $c_0^s c_B^s$ だけ高くなる．その結果，自由排出下の生産量 x_F を社会が生産し続ける場合であっても，汚染の社会的損失を含めた社会的生産費用は□ $c_0^s c_B^s GA$ の面積だけ多くなる．これが投入面での非効率による損失に他ならない．

第2の過剰生産による損失は，効率的排出税下で選ばれる効率的要素結合が選ばれる（つまり適切な排出削減活動が行われる）場合の社会的限界費用 c_B^s に照らして私的限界費用 c_0^p が低いために発生する．これは通常の負の外部効果による余剰損失を求める場合と同様に計算される．すなわち，効率的排出税

第2章 環境規制の政策分析

を課すことで，問題となる財の市場価格は c_0^p から c_B^s へと上昇し，消費者余剰が台形 $c_B^s c_0^p FB$ だけ減少する一方，税収は □$c_B^s c_0^p EB$ だけ発生し，汚染物質排出による損失は □$BEFG$ だけ減少する．したがって，差し引き △BFG の面積に相当する余剰増加が得られる．自由排出下ではちょうどこの余剰増加分に等しい損失が発生しているといえる．

さて，こうした二重の非効率が生まれることに注意しながら，余剰分析を用いて代表的な環境規制の経済効果について検討していこう[7]．

3. 環境規制の経済効果

3.1 環境税の効果

まず，もっとも代表的な環境税から始めよう．すでに指摘したように環境税は，(i)排出税，(ii)環境資源補完要素に対する投入税，(iii)物品税，の3つに大別される．それぞれの効果を比較検討しよう．

排出税

汚染の社会的限界損失に等しい額だけ，排出される汚染物質に対して排出税を課す場合から始めよう．この場合には，汚染の社会的限界損失は企業により全額負担されることになるので，効率的な資源配分が実現する．対応する税を効率的排出税と呼んだのは，こうした理由による．効率的排出税下の供給曲線は図2-2の直線 $c_B^s c_B^{s\prime}$ となることに注意されたい．

物品税

生産や販売に対する物品税で対応する場合はどうか．物品税は，生産要素間の相対価格を変えないために，税引き後私的限界費用は自由排出下と変わらない．したがって，望ましい物品税率は自由排出下の社会的限界費用 c_0^s と私的

---

7) 以下で検討されるような各規制の比較検討については，たとえば Helfand (1991) を参照されたい．

限界費用 c_0^p の差額に等しい．こうした物品税が課されたときの均衡は，点 T となる．この場合には，(i)□ $c_0^s c_B^s UT$ だけの投入面での非効率が生む損失と，(ii) ΔTUB だけの生産面での非効率が生む損失が発生する．したがって，効率的排出税に比べて物品税は望ましくない．

補完要素投入税

環境資源とその代替要素だけではなく，補完的要素がある場合には，その投入に対する課税も考えられる．汚染物質排出量と環境資源補完要素投入量の比率を技術的に変えることができず，すべての排出主体について一定というように，両要素が完全補完の場合には，補完要素投入税と排出税は同等となる．しかし，補完性が不完全であれば[8]，要素結合に歪みをもたらすことになる．

3.2 代替的政策

このように汚染の社会的費用を考慮した効率的な資源配分は，汚染排出の社会的限界損失に等しい排出税率すなわち効率的排出税を課すことで実現できる．効率的排出税は，汚染物質排出量1単位当たりについて一定の税を課す政策だが，資源配分上これと同等の効果を持つ比較的簡単な環境政策がほかにもある．

3.3 コースの定理と自発的交渉

第1の代替策は，**コースの定理**（Coase's theorem）に従って，汚染物質排出に関わる環境権の配分を法的に定め，汚染に関わる経済主体間での自発的交渉に任せるという方法である[9]．たとえばある地域において工場を稼働して生産活動を行う経済主体が，汚染物質を排出して近隣住民（だけ）に損害をもたらす場合を考えてみよう．この場合に，汚染物質排出量増加に伴う工場経営者の利潤増分，つまり限界排出便益が図 2-3 の曲線 BB'，近隣住民の損失増分，つ

---

8) たとえば生ゴミ廃棄の場合，同じ食材を使って，同じ食事をしても家庭によって排出される生ゴミの量は異なる．これは家族の食材に対する好みや調理方法の違いに大きく依存するからである．したがって，食材に対する課税を行ったときには，食材の節約量も異なり廃棄される生ゴミの量も異なってくる．

9) コースのオリジナルの論文は，Coase (1960) である．コースの定理とその問題点については，Layward and Walters (1978)，柳川 (2000) にわかりやすい説明がある．

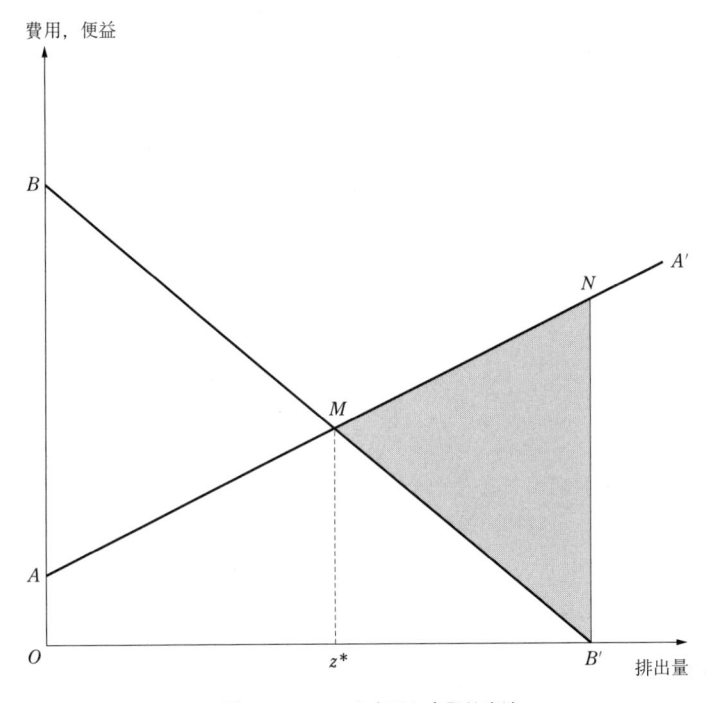

図2-3 コースの定理と自発的交渉

まり限界排出損失が曲線 AA' により示されている.環境規制が全く行われていなければ,工場経営者は自らの利潤を最大にする排出量 $0B'$ を選択する.だが,工場経営者の利潤から近隣住民が被る損失を差し引いた正味の社会的総余剰を最大にするのは,工場経営者の限界排出便益と近隣住民の限界排出損失が等しくなる排出量 z^* である.そのために,規制がなければ図の陰影をつけた領域 MNB' に相当する損失が社会に発生する.

こうした損失を回避するためには,工場経営者に対して近隣住民が被る限界排出損失 z^*M に等しい排出税を課せばよい.その結果,排出税負担を通じて近隣住民が被る限界損失を内部化させるために,工場経営者は効率的排出量を選ぶようになる.

だがこうした排出税ではなく,汚染物質排出の自由に関する権利の配分を規定したらどうか.はじめに汚染物質排出権が工場経営者に与えられる場合を考

えてみよう．この場合，近隣住民は汚染物質排出量を現行の B' よりも引き下げるよう交渉を持ちかけるインセンティブをもつ．なぜならば排出量を1単位削減しても工場経営者には何ら利潤の減少はないが，近隣住民にとっては $B'N$ だけの損失を回避できるからである．その結果，工場経営者にいくばくかの補償を支払うことで，近隣住民の経済状態は以前よりも改善する．こうした交渉は排出量の追加削減により工場経営者が被る利潤減少分に比べて，近隣住民が享受できる損失回避額が大きい限り続く．その結果，効率的排出量が実現されることになる．

汚染物質排出の自由に関する権利が近隣住民に与えられる場合にも同様の結果が成り立つ．実際，近隣住民が汚染物質排出の権利を持つ場合には，排出量ゼロが選択される．このような状況で工場経営者が生産活動を行うためには，交渉により汚染物質排出を近隣住民に認めてもらわなくてはならない．そのためには，排出により近隣住民が被る損失を補償しなければならない．排出量ゼロから出発して1単位の汚染物質排出により，近隣住民が被る損失増分 $0A$ に比べて工場経営者が得る利潤増分 $0B$ の方が多いために，工場経営者は近隣住民の損失を補償しても十分に採算がとれる．こうした補償によって工場経営者が利潤をもはや増やせなくなるのは，排出量が z^* になったときである．すなわち，両者の間での交渉で落ち着く汚染物質排出量は z^* となる．

一般に外部効果が市場の失敗を引き起こす場合には，外部効果の生み出す便益・損害について所有権を明確に規定してやれば，所有権を誰に与えるかによらず，民間の自発的交渉により効率的資源配分が実現するというのが，コースの定理の教えである．上述の結果は，この定理が成り立つことを確認している．

だが，コースの定理の応用については，問題がいくつかある．第1に，所有権の配分変更に伴う所得分配の変化が汚染物質排出による限界排出便益・費用に影響を与えてしまうと，所有権の配分方法次第で，効率的ではあっても，資源配分は異なってしまう．先の例では，近隣住民に排出権が認められて，交渉により彼らが補償を受けてより多くの所得を得るようになった場合，限界排出費用が増えてしまうかもしれない．これは所得増加に伴い近隣住民がより質の高い環境を求める場合に当てはまる．その結果，限界排出便益曲線と限界排出費用曲線の交点も変わってしまい，交渉の結果実現する排出量は z^* と一致し

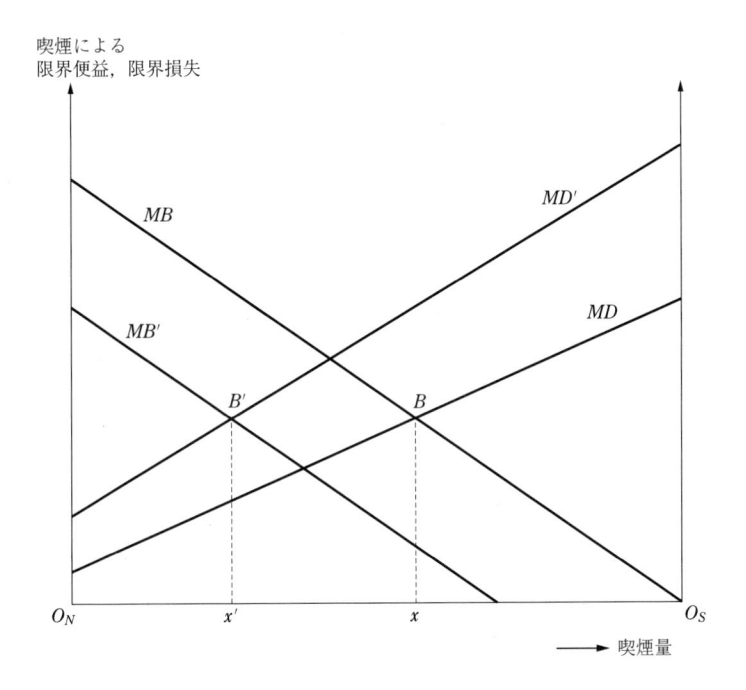

図2-4 喫煙権と嫌煙権

なくなる.

たとえば喫煙が生む負の外部効果の場合を考えてみよう. 図2-4 の曲線 MB と曲線 MD は喫煙権が認められている場合の喫煙による愛煙家の限界便益, 嫌煙家の限界損失を, そして曲線 MB' と曲線 MD' はそれぞれ嫌煙権が認められた場合を表している. 喫煙権が認められた場合には社会的に効率的な喫煙量は, 限界便益と限界損失が等しくなる点 B に対応した x である. だが, 嫌煙権が認められたらどうだろうか. 自発的交渉の過程からわかるように, 嫌煙家は交渉の過程で愛煙家から損失補償を獲得できる. 清浄な空気が正常財であれば, 損失補償による所得増加は嫌煙家の限界損失をたとえば曲線 MD' まで高める可能性が考えられる[10]. 他方, 愛煙家の側からすれば嫌煙家に対する所得補

---

10) 低所得者層ほど愛煙家の割合が多いとすれば, 嫌煙権を認めると喫煙による限界便益

償支払いにより実質所得が低下するために,喫煙が正常財であれば喫煙の限界便益もたとえば曲線 MB' まで低下する可能性が考えられる.この場合には,嫌煙権が認められたもとでの効率的喫煙量は図2-4の $0_x'$ となり,先に求めた喫煙権が認められたときの効率的水準 x とは異なってしまう.

第2に,所有権そのものの規定が困難な場合が挙げられる.近隣住民や工場経営者が1人であれば問題はないが,多数存在する場合にはそれぞれの主体がどのくらいの排出権を持つかを予め規定するだけでなく,その規定が有効でなくてはならない.すなわちどの主体が誰からどれくらいの排出権を交渉により獲得したかを管理・監督できなければならない.このための費用はいわば交渉を行う上での取引費用となる.取引費用が十分高ければ,自発的交渉に任せただけでは効率的資源配分は実現されない.

第3に,交渉に関わる主体の限界便益・費用についての情報が不完全な場合には効率的交渉は見込めず,とくに交渉主体が多数であればいわゆるフリー・ライダー (free riders) の問題が発生し,交渉そのものが成り立たない可能性がある.たとえば近隣住民に排出権が認められる場合には,各住民は自己の損害を過大に申告することで工場経営者から多額の補償を引き出そうとするインセンティブが働くからである.

3.4 非線形排出税

効率的排出税は,汚染物質の排出量に対して一律な課税である.こうした排出税は,汚染物質排出総量と排出税総支払額が比例するために,**線形課税** (linear tax) と呼ばれる.しかしながら,効率的資源配分下の汚染物質排出量を規準とし,それを超えた排出量に対してのみ効率的排出税を課すといったいわゆる非線形課税でも同じ効果が得られる.この点を図2-5を用いて確認しよう[11]

図の半直線 0Φ は自由排出下の生産拡張経路,0β は効率的排出税下の生産拡

をかえって高めてしまう.この限界便益上昇の効果が十分大きければ,嫌煙権を認めることで喫煙権を認める場合に比べて社会全体の喫煙量が増えてしまう可能性さえある.

[11] 非線形課税の理論はいわゆる非線形料金制と密接に関わっている.非線形料金理論については Brown and Sibley (1986) を参照されたい.

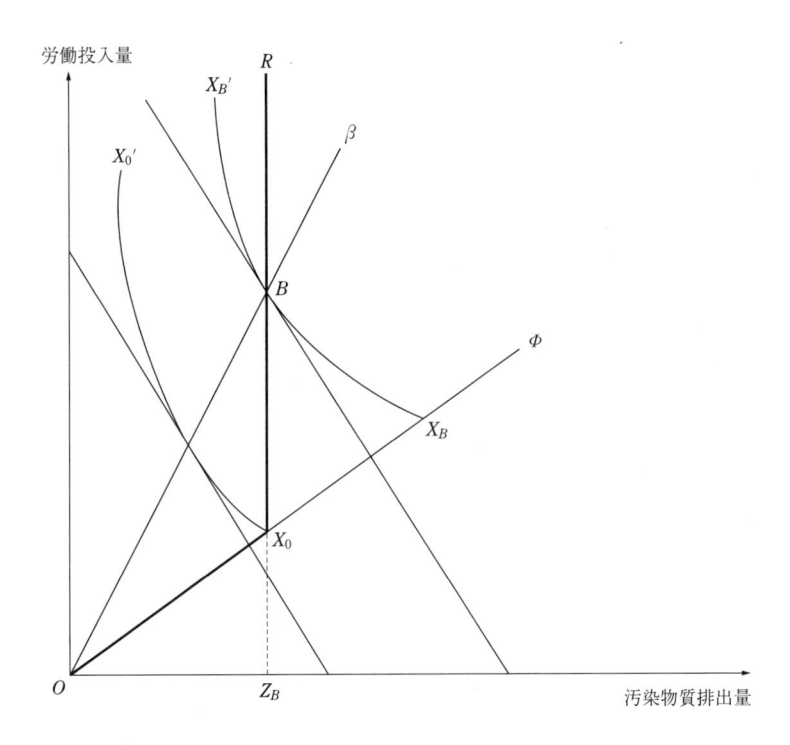

図 2-5 非線形排出税

張経路を表し，Z_B は効率的資源配分下の汚染物質総排出量したがって効率的排出税の課税開始の基準値を表している．また，曲線 $X_B X_B'$ は図 2-2 で求めた効率的生産量に対応する等量曲線，曲線 $X_0 X_0'$ は自由排出下で汚染物質排出総量がちょうど規準値 Z_B となる生産量（図 2-2 での生産量 x_0）に対応する等量曲線を表している．

すでに図 2-5 において指摘したように，汚染物質の排出に対して何ら規制がかけられていない場合には，企業は半直線0Φで表された生産拡張経路に沿って操業する．ゼロの生産量から出発して増産していくと，生産量 X_0 で自由排出下の汚染物質排出量がちょうど課税基準の排出量 Z_B になる．これ以上増産する場合には企業は排出量 1 単位当たり効率的排出税を支払わなくてはならない．企業は，排出税の支払いと自らの排出削減努力による費用といずれが少な

くて済むかを比較考量しなくてはならない．図2-5は，生産量 X_B 未満では後者の選択の方が費用が安く，したがって生産量が X_0 以上 X_B 未満では線分 X_0B に沿った操業拡大が行われることを示している．実際，この線分 X_0B に対応する労働と汚染物質排出量の投入比率は効率的要素結合に比べて小さく，したがって汚染物質の労働に対する技術的限界代替率（つまり，汚染物質排出量を1単位減らすために必要な労働投入増加による費用）は排出税額よりも小さい．生産量がいったん X_B を上回ると，逆に自らの排出削減努力よりも排出税支払いの方が費用が割安になるので，企業は排出税下の効率的要素結合を表す拡張経路 0β に沿って生産を拡大する．こうした生産活動に対応する限界費用曲線を図2-2に描くと，曲線 $c_0{}^PMBc_B{}^s$ のようになる．図からもわかるように，生産量 X_B での限界費用は線形課税下と同じになるので，均衡点 B が実現する．

排出削減補助金

Z_B を規準値とした汚染物質排出削減に対して効率的排出税と同額の補助金を供与しても効率的資源配分を実現することができる．これは，規準値以下の排出量の範囲で考えると，排出削減補助金は排出増加の機会費用となるからである．ただし，排出削減補助金は政府の税収を減らし，排出主体の利益を増す働きを持っている．これは汚染者負担の原則からいえば，公平とはいえない[12]．また，産業での参入・退出が自由であれば，企業数を社会的に過剰にしてしまう働きを持つことにも注意されたい．これは長期では次の2つの効果が働くからである．第一に，補助金の供与は企業の利潤を増やすことから新規参入を招くために，企業数の変化を引き起こす．第二に，補助金の場合には規準となる生産量が一方で，長期における個別企業の生産量に影響を与えるからである．実際，排出税の場合には個々の企業の平均生産費用は排出税額だけ増加するのに対して，排出削減補助金の場合には，規準排出量に対する補助金相当額だけ総固定費用が低下するために，補助金がない場合に比べて個々の企業は生産量増加により平均費用を減らすことができる．この結果，参入・退出のやむ長期均衡において個別企業の生産量は排出税の場合に比べて多くなる傾向

---

12) 非線形排出税も同じような問題を抱えている．

がある[13].

直接規制

　汚染物質排出量に対する直接規制ではどうか．この政策は，(i)個々の企業が排出する汚染物質総量を直接制限する排出総量規制と，(ii)生産活動を通じた汚染物質の排出率，たとえば生産量1単位当たりの環境資源投入係数（言い換えると，汚染物質排出係数）を制限する排出規準規制に大別できる[14]．

　そのうち効率的資源配分下の総排出量を規準とした総排出量規制であれば，効率的資源配分を実現できる．実際，図2-5を用いると，企業の生産拡張経路は $0X_0BR$ となり，対応する限界費用曲線は図2-2の曲線 $c_0^p MBM'$ となることが，容易に確認できるからである．

　他方，排出規準規制では効率的資源配分は実現できないことに注意しなければならない．実際，図2-1での効率的要素結合点 B に対応する z_B に排出係数を規制すれば，企業が負担する限界費用は c_B^p となり，社会的限界費用 c_B^s よりも少なくなる．これは，排出規準さえ満たせば，企業は，排出税したがって汚染の社会的損失負担を回避できるからである．その結果，図2-2では均衡は点 R となり，△BRH だけの生産面での非効率が発生してしまうことに注意さ

13）　これは次のように確認される．政府による税・補助金がない場合の代表的企業の総費用関数 $TC(x,z)$ を総可変費用関数 $TVC(x,z)$ と総固定費用 TFC の和で表せば，一定の従量排出税 t と同率の排出削減補助金のもとでは，企業の総費用はそれぞれ次のように表される．
　・排出税の場合： $TC^T(x,z) = TVC(x,z) + tz + TFC$
　・生産補助金の場合： $TC^S(x,z) = TVC(x,z) - t(\bar{z} - z) + TFC$
　ただし，$\bar{z}$ は補助金供与の規準となる排出量を表す．上式からわかるように，補助金下の総費用関数は次のように書き直せる．
$$TC^S(x,z) = TVC(x,z) + tz + TFC - t\bar{z}$$
　すなわち，排出税の場合に比べて補助金の場合には総固定費用が規準排出量に対する補助金供与額分だけ低くなる．この結果，平均費用に着目すると，排出税に比べて補助金供与の場合の方が，(i)最小平均総費用が低くなるばかりでなく，(ii)生産量増加による平均総費用削減効果が小さくなるために平均総費用を最小化する生産量は多くなる．これらの点も含めて参入・退出を含めた完全競争産業における税・補助金政策の効果については，たとえばSpulber (1985)を参照されたい．

14）　温室効果ガス排出問題の場合には，化石燃料の投入量単位当たりの温室効果ガス排出量の割合，言い換えるとエネルギー効率が実際には問題になろう．

れたい．

炭素税と川上・川下税

　実際の政策論議の中では，排出税ではなく主に**炭素税**（carbon tax）（または**炭素含有税**（carbon content tax））の導入も検討対象にのぼることがある．これはすべての生産物についてそれに含まれる炭素の含有率に応じて課税するという政策である．生産物を焼却廃棄すれば，それに含まれる炭素が温暖化ガスとなることを考慮した税である．ただし，炭素含有税の特徴は，実際に焼却廃棄されるよりも前，つまり生産・消費の時点で課税することにある．

　やや逆説的だが，こうした税制は排出税と比べると温暖化ガス排出抑制にはあまり有効ではない．課税のタイミングを実際に温暖化ガス排出時点にすれば，税の繰り延べ効果が働き，生産物の焼却廃棄時点が先送りされる．言い換えると，生産物の寿命が延びることになり，それは新規の生産物に対する需要を抑制することを通じて温暖化ガス排出総量を減らすことになる．この意味で，炭素含有税は，課税タイミングのもつ排出税先払い効果により温暖化ガス排出削減効果が減殺されているといえる．

　炭素税については，次のような点についても注意しなければならない．第一に，温暖化ガスと化石燃料が完全補完で，かつ他の生産要素の投入量と温暖化ガス排出量が完全に無関係でなければ，炭素税は汚染物質排出削減のための最善の政策とはなりえず，排出税に比べて社会的損失を生む．

　第二に，炭素税の賦課についてしばしば議論に上る川上・川下税の効果についてである．炭素税に限らず環境税を議論する場合には，市場経済では原材料から最終財までの生産工程が複雑な分業体制に置かれているために，課税手続きの簡素化の観点から産業の川上または川下のいずれにかけるべきかという議論が出されることがある．だが，これまでの議論からもわかるようにいずれの課税方法も好ましくない．

　最終的生産工程までに排出される汚染物質の量に応じた排出税（または最終財に体化される汚染物質の総量に応じた炭素税）を，たとえば川下である最終財産業だけに課したらどうだろうか．最終財産業においては排出削減努力は自らが直接排出する汚染物質にしか及ばない．さらに，排出削減努力の結果，汚

染物質を排出する中間財の需要が減っても，中間財生産者に及ぶ損失は生産物価格の低下に過ぎない．そのために，汚染物質排出量と他の一般的生産要素との代替を促す効果は発生しない．同様の事情は，川上だけに排出税を課す場合にも当てはまる．

さらに，たとえば川下課税を例にとると，川下産業にとって汚染物質1単位当たりの排出税率は，川上にも課税する場合に比べて高くなる．その結果，川下税における川下産業の排出削減規模は社会的に過剰となり，逆に川上産業における排出削減規模は社会的に過小となる傾向が生まれる[15]．

自主規制と外部損失負担

政府が課す直接規制ではなく，業界が自らに課す直接規制，いわゆる自主規制については，これまでの分析結果はどのような含意を持つだろうか．

まず第一に，業界の自主規制がどのくらい有効かが疑問である．少なくとも汚染物質の排出削減行為は多くは生産量の削減を必要とする．それは一種のカルテル行為を意味するわけだが，それが有効となれば，汚染物質排出削減のための生産削減行為と通常のカルテル行為の1つとしての生産削減行為を区別することは困難となる．その意味では，自主規制という看板を隠れ蓑としたカルテルを容認することになりかねない．

第二に，第一の点を考慮するとき，生産量調整を伴わない排出自主規制として実効性を持ちうるのは排出率規制でしかない．だが，排出率規制であれば，汚染物質の排出量を完全になくすことができない限り，効率的配分は実現できない．すでに見たように，排出率規制のもとではどの企業も汚染物質排出量に見合った社会的費用を負担することを免れてしまうからである．

こうした問題を考えるとき，業界主導型の自主規制に依拠することには大きな問題があるといわざるを得ない．もし自主規制主張の動機が，排出税が課される場合に負担しなくてはならない税金にあれば，排出税体系を通常の線形ではなく，目標排出量を超えた排出だけに課される非線形排出税にすれば事足り

---

15) 後に議論される環境改善技術導入のインセンティブについても同様の結果が成り立つ．すなわち，たとえば川下税の場合には川下産業による排出削減技術導入のインセンティブが社会的に過大となり，川上産業のそれは過小となってしまう．

るはずであり,排出税そのものについての有効な反対とはなり得ないことに注意しなければならない.

負の外部効果と非凸性

　以上見てきたように,効率的排出税はもっとも望ましい政策だが反面その実効性は限られているともいえる.第一に,効率的排出税率を算定する際に必要な,汚染の社会的損失や排出主体の生産技術などについての情報を政府が完全に把握することは困難だからである.

　第二に,実施に際しては,各経済主体による汚染物質排出量を正確に監視できなくてはならないが,その費用が巨額にのぼる傾向があるからである.

　第三に,市場には環境汚染以外の市場の失敗がすでに存在しているためにそもそも効率的排出税を課すことは望ましくない場合がある.効率的排出税は競争的な市場を前提に算出されたが,たとえば市場が不完全競争にあればその前提は崩れてしまう.**次善の理論**(second best theory)が教えるように,他に市場の失敗が存在する場合には,個別の市場についてのみ最善な政策を実施しても,経済厚生が改善するとは限らないのである[16].

　だが,さらに重要な問題がある.それは外部性に伴う**非凸性**(non-conveixty)の問題と呼ばれているものである[17].これまで考察してきた環境政策は,基本的に限界的な費用・便益分析に基づくものだった.効率的と考えられる資源配分のもとで発生する汚染物質排出の社会的限界損失に等しい排出税率を各経済主体に課せば,効率的資源配分が実現するといった考えが成り立つには,そもそも汚染物質排出量について経済厚生が厳密に凹な関数として表現可能だという暗黙の前提がある.しかし,環境問題を考える場合には,この前提そのものが崩れてしまう可能性がある.

　たとえばある川の河口で漁業を営む経済主体Aと付近で漁業とは全く関係のない生産物を生産する工場を営む経済主体Bを考えてみよう.Bの工場からは河口に向けて汚染物質が排出され,漁場が荒らされてしまい,ある一定量

---

16) この問題については5節でより詳細に検討する.
17) 非凸性の問題については,たとえばStarrett (1972), Baumol and Oates (1988), Laffont (1988)を参照されたい.以下の説明方法はPearson (2000)に負っている.

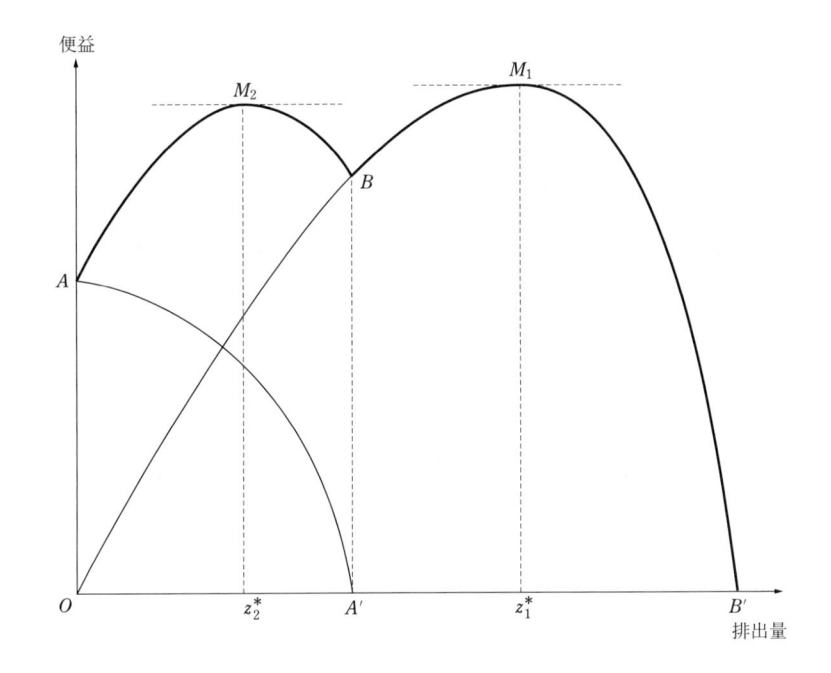

図2-6 負の外部効果による非凸性

を超えるとAの漁業活動は全く採算がとれなくなるものとしよう．図2-6には各主体の利潤と工場からの汚染物質排出量との関係が表されている．

図の曲線AA'はAの利潤曲線を表しており，工場からの汚染物質排出量がゼロのときAの利潤が最大になることが示されている．他方，Bの経済主体の利潤は曲線OBB'で示されており，汚染物質排出量がz_1^*で利潤が最大になる．2人の利潤の合計と汚染物質排出量との対応関係を表すと，たとえば曲線ABB'のように2つの頂点をもつ2コブ型の曲線なる．したがって，それぞれの主体の利潤が汚染物質排出量について厳密に凹であっても，両者の合計利潤は凹とならない．経済問題に関する議論は，多くの場合，背景となる生産技術は規模に関する収穫非逓増を満たした，いわゆる凸性の仮定を満たすために，経済厚生関数は生産量について凹となる．だが，ここで考えている経済では経済厚生関数＝総利潤関数が汚染物質排出量についての凹関数とならない．すなわち，背景にある生産技術は経済全体で凸性の条件を満たさないという意味で，

経済の非凸性の仮定が引き起こしている現象といえる．

　AとBの共存を前提としたときに経済厚生を最大にする汚染物質排出量は図2-6のz_2^*だが，共存を前提とせずBだけの経済活動を考えたときに経済厚生を最大化する排出量はz_1^*である．前者の場合には，排出量z_2^*を実現するためには，Aが被る限界損失額に等しい排出税をBに課せばよいが，排出量z_1^*の実現のためにはAに何ら課税する必要はない．どちらの方が社会的に望ましいかは，それぞれの排出量で実現される総利潤に依存する．z_2^*での総利潤$z_2^*M_2$がz_1^*での総利潤$z_1^*M_1$に比べて大きくなるか小さくなるかは一概に判定できない．

　非凸性の結果は，効率的資源配分の実現に対して大きな障害となる．なぜならば，政府が真に効率的な資源配分を実現するためには，図2-6で表されている総利潤曲線ABB'の形状を的確に把握しなければならないからである．これは単に効率的排出税を計算するために限界排出削減便益・費用を知るだけでは不十分である．その意味で，政策当局にとっては必要な情報収集量が格段に増え，最善の政策を実行することがきわめて困難となる．

　こうした情報入手可能性や不完全競争市場の問題を考慮した次善の環境政策として，とくに注目を浴びているのが排出権取引市場の創設である．節を改めて，この政策の効果と問題点について検討しよう．

4. 排出権取引

　以上見てきたように，排出率規制はもちろん，排出税や排出総量規制には，規制を受ける汚染物質排出主体と規制を課す政府との間で深刻な非対称情報の問題があり，それが効率的資源配分の実現を阻む傾向がある．そこで，次善の策として，少なくとも自由取引の場合に比べて（有意に）少ない水準に排出総量を抑制することに合意しつつ，その目標排出抑制量をいかに効率的に実現できるかが事実上問題となる．すでに注意を与えたが，この場合であってもこれまで検討してきた排出税や直接規制にまつわる非対称情報の問題は深刻だということである．とりわけ重要なのは，以上の規制のもとでは，各排出主体の排出削減技術も含めた生産・排出技術についての情報である．これらの情報を，

排出主体に自ら正直に表明させつつ,いかに少ない経済的費用で目標排出削減量を実現できるか,それが次善の環境規制の問題といえる.そして,その方法として有効な手段として,以下で取り上げる排出権取引制度の創設が挙げられる.

4.1 排出権需給と限界削減費用

排出権取引制度とは,排出される汚染物質1単位ごとにその排出を認める権利を規定し,その権利を市場取引可能とする制度である.したがって,政府が予め排出権発行総量を目標とする汚染物質排出総量の水準に定めれば,経済全体で排出される汚染物質総量も目標水準内におさめることができることになる.こうした排出権取引制度はどのように機能するだろうか.まずはじめにこれまで用いてきた汚染物質を排出する個別企業のモデルを用いて,その排出権需給決定がどのように行われるかについて検討しよう.

説明を単純にするために,問題となる企業は汚染物質排出(つまり環境資源)の投入だけで単一財を生産しているものとしよう.生産物の市場価格を p,汚染物質1単位排出に際して必要な排出権1単位の価格を r,企業の汚染物質排出量を z,生産関数を $f(z)$,そして企業の排出権初期保有量を $\bar{z}$ とすれば,企業の利潤は次式のように表される.

$$\pi = pf(z) - r(\bar{z} - z) \tag{1}$$

上式の右辺第1項は生産物の販売により得られる総収入,そして第2項は排出権総量を上回る(または下回る)汚染物質を排出する場合なら排出権の追加購入に必要な費用(または余剰排出権を排出権市場で売却して得られる収入)を表している.( )を外すとわかるように,排出権価格が排出税としての役割を持っていることに注意されたい.利潤最大化のためには,企業は汚染物質の限界価値生産力が排出権要素価格に等しくなるようにその投入量を決定する.すなわち,汚染物質排出の限界生産力を $MP_z(z)$ とすれば,この利潤最大化条件は次のように表される.

$$p \cdot MP_z(z) = r \tag{2}$$

左辺の限界価値生産力は汚染物質排出量を1単位追加して得られる利益増分(=限界便益)を表すが,これは見方を変えて汚染物質排出量を減らす場合を

考えると,排出量削減の追加1単位によって企業が被る損失増分,すなわち**限界排出削減費用** (marginal abatement costs) を表す.したがって,上の利潤最大化条件は,汚染物質排出削減費用と排出削減量をさらに1単位減らして得ることができる排出権購入費用の節約利益が等しくなると読み替えることもできる.この議論からもわかるように,企業にとっての限界排出削減費用は,汚染物質排出による限界便益を表すことに注意されたい[18)19)].

このような利潤最大化行動は,図2-7を用いて簡単に表すことができる.

図の水平な直線 rr' は排出権の市場価格の高さ,そして右下がりの曲線 bb' は,企業にとっての汚染物質排出の限界便益曲線を表している.後者が右下がりなのは,汚染物質排出による生産貢献が次第に少なくなる,つまり限界生産力逓減の法則が成り立つものと仮定されているからである.企業にとって利潤を最大化する最適な汚染物質排出量は,(2)式が表すように,排出権の市場価格線 rr' と限界排出便益曲線 bb' との交点 e に対応する z_d 単位である.他方,汚染物質排出が無料で自由であれば,排出権価格がゼロのときの最適排出量として b' だけの汚染物質を排出する.いずれの場合であっても,排出権の市場価格を所与とすれば,企業にとっての最適な汚染物質排出量は排出権価格だけに依存し,排出権初期保有量がいくらであるかに依存しないことに注意しよう.

たとえば排出権の初期保有量が図の $\bar{z}_1$ であれば $z_d - \bar{z}_1$ だけの排出権を市場

---

18) 汚染物質排出の限界便益,つまり限界排出削減費用は,当該企業が生産物市場で価格支配力を行使できるか否かによって異なる.本節で仮定されているように当該企業が生産物市場において価格受容者であれば,それは汚染物質排出の限界価値生産力(=生産物価格×汚染物質排出の限界生産力)に等しくなるが,価格支配力を行使できれば汚染物質排出の限界収入生産力(=限界収入×汚染物質排出の限界生産力)となる.

19) ここでの定式化はやや特殊である.より一般的には,生産に直接関わる総費用を $C(x,z)$ として,企業の利潤を次のように定める.
$$\pi = px - C(x,z) - r(z-\bar{z})$$
$x = x^*(p,z)$,対応する最大化利潤を
$$\pi^*(z, p, r, \bar{z}) = px^*(p,z) - C(x^*(p,z), z) - rz + r\bar{z}$$
と表せば,利潤を最大化する汚染物質排出量は次の1階条件を満たさなければならない.
$$\frac{\partial \pi}{\partial z} = -C_z(x^*(p,z), z) - r = 0$$
すなわち,企業は汚染物質排出量削減による費用増分 $-C_z(x^*(p,z), z)$ が排出権取引価格に等しくなるように排出量を選択する.言い換えると,企業の排出権に対する需要価格は汚染物質排出削減に伴う費用増分,つまり限界排出削減費用に等しくなる.

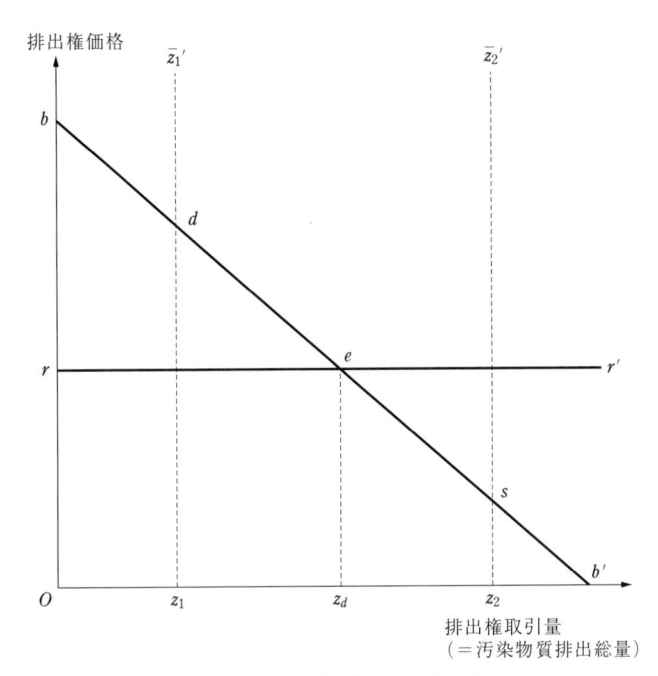

図 2-7　個別企業の排出権需給曲線

から追加購入する．したがって点 $\bar{z}_1$ を排出権購入量の原点として，それよりも排出権需要量が多い範囲について限界排出便益曲線を切り取った右下がりの曲線 db' が排出権市場において企業の排出権購入活動を表す需要曲線に他ならない．

　他方，もし排出権初期保有量が $\bar{z}_2$ のような水準であれば，企業は $\bar{z}_2 - z_d$ だけの余剰排出権を抱えることになる．利潤最大化行動は，余った排出権は排出権市場での売却を意味する．したがって，点 $\bar{z}_2$ を排出権売却量の原点としてとり直せば，それよりも少ない排出権需要量の範囲について限界排出便益曲線を切り取った右下がりの曲線 sb' は，排出権市場において企業の排出権売却活動を示す供給曲線を表す．

　以上の議論を限界排出削減費用の観点から見直してみよう．もし排出権価格がゼロであれば，企業の排出権需要量，したがって汚染物質排出量は図 2-7 の b' となる．この排出量を自由排出量と呼ぶことにして，それを原点として左方

向に限界排出便益曲線を読み直してみよう．自由排出量よりも汚染物質排出量を抑えれば，対応する削減量だけ点 b' よりも左側に移動する．こうした排出量の抑制は企業の利潤を減らすが，すでに説明したように排出削減量の追加1単位がもたらす利潤減少額は限界排出便益曲線 bb' の高さで測ることができる．すなわち，自由排出量を原点として左方向に限界排出便益曲線を読み直すと，それは企業にとっての限界排出削減費用曲線となることに注意されたい．限界排出削減費用の観点からすれば，排出権価格が直線 rr' の高さに等しいときには，$z_d b'$ だけ汚染物質の排出量を減らすことが最適だといえる．

以上の分析をもとにして，排出権市場のパフォーマンスについて検討しよう．

4.2 排出権取引市場

図2-8はこうした排出権取引市場の働きを表している．

図2-8の点 O_1 は企業1の排出量の原点，曲線 $b_1 F$ はその限界排出便益曲線，そして点 O_2 は企業2の排出量の原点，曲線 $b_2 F$ はその限界排出便益曲線を表している．排出規制がなければ，企業1は $O_1 F$ だけ，企業2は $O_2 F$ だけ汚染物質を排出する．すなわち線分 $O_1 O_2$ の長さが規制がない場合の社会全体での汚染物質排出総量を表している．

ここで政府が排出総量を $O_2' O_2$ だけ減らすために，線分 $O_1 O_2'$ の長さで表された排出総量に相当する取引可能な排出権を両企業に適当に配分したとする．図2-8では企業1には $O_1 A$，企業2には $O_2' A$ だけの排出権が初期に割り当てられている．どの企業も排出権取引に参加せずに初期保有量の水準に汚染物質排出量を減らせば，そのときの企業1の限界排出便益＝限界削減費用は Ad_1，企業2のそれは As_2 となる．企業2に比べて企業1の方が限界削減費用が高く，したがって排出権の価値は高いので，両企業の間で排出権取引の誘因が働くことがわかる．

排出権取引が開始されれば企業1は排出権の買い手，企業2は売り手となる．前項の説明からもわかるように，買い手としての企業1の行動は需要曲線 $d_1 F$，売り手としての企業2の行動は供給曲線 $s_2 b_2'$ で表される．したがって，需給が等しくなるのは排出権価格が q のときであり，排出権取引量は Ae となる．こうして到達される市場均衡点 E では，政府が定めた排出総量割当量を制約

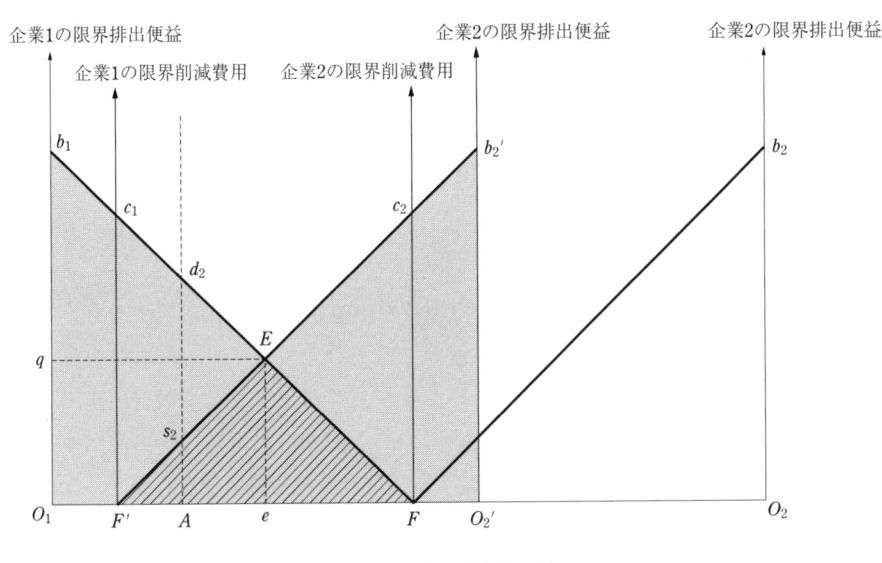

図 2-8 排出権取引市場の機能

とした場合にもっとも効率的な資源配分が実現されている．以下，こうして実現される効率性の意味について考えていこう．

4.3 総余剰の最大化

まずはじめに市場均衡で実現される配分のもとでは，排出総量割当量を所与としたときに両企業の余剰の和を最大にしていることに注意されたい．

実際，各企業の限界排出便益曲線の下方領域の面積は，それが享受する利潤額を表している．したがって，両企業の余剰の和，つまり利潤合計額が最大になるためには，各企業の限界排出便益が等しくならなければならない．というのは，たとえば排出権の初期配分下のように企業 2 に比べて企業 1 の限界排出便益の方が高ければ，排出権の割り当てを企業 2 から企業 1 に振り替えることで両企業の合計利潤は増えるからである．

排出権取引市場では，各企業は自己の限界排出便益が排出権価格に等しくなるように排出権需要量を決定するために，市場価格を介して個々の企業の限界排出便益が均等化される．したがって，社会全体で見て総余剰が最大になるこ

とがわかる．図2-8では，こうして実現される最大余剰の規模が薄い陰影をつけた領域により表されている．

4.4 総排出削減費用の最小化

　排出権取引市場の均衡が実現する効率性についてのもう1つの含意は，政府の目的とする排出削減総量を実現するために必要な社会的費用が最小化されるということである．この点を図2-8を用いて確認しよう．

　まずはじめに政府が目標とする排出削減量が線分 O_2O_2' で示されており，それは線分 $F'F$ の長さに等しいことに注意されたい．このとき，点 F は企業1にとっての自由排出量を表す点，そして点 F' が企業2にとっての自由排出量を表す点になっている．この点に注意して，点 F から左方向に限界排出便益曲線 b_1F をながめると，それは企業1の限界削減費用曲線に他ならなかった．同様に点 F' から右方向にみた企業2の限界排出便益曲線 $F'b_2'$ は企業2の限界削減費用曲線を表している．それぞれの曲線の下方領域の面積は，排出削減に必要な各企業の負う経済的費用を表しているが，その合計費用を最小にするためには，各企業の限界排出削減費用は等しくならなければならない．こうして最小化された総費用は，図の斜線をつけた三角形の面積で表されている．

　注意しなければならないのは，こうした社会が負担しなくてはならない総排出削減費用が市場均衡が示す排出削減配分により実現されるということである．というのは，排出権価格を介して，各企業の限界排出削減費用が均等化されるからである．

　このように排出権取引市場の創設は，汚染物質の排出主体の金銭的誘因に働きかけて，さもなければ隠蔽された各企業の生産・排出活動にかかわる情報を排出権価格に反映させる働きを持っている．しかも，その結果，目標排出削減量を所与としたときに，上述のような意味で効率的な配分を実現するのである．ただしこうした排出権取引制度の整備やその有効性にも，問題がないわけではない．

4.5 排出権取引制度の問題点

　最大の問題は，排出権取引が環境規制として有効となるためには，排出税で

対応する場合に取引に参加する企業および産業の間で排出税率が等しくならなければならないということである．排出権取引では企業・産業間で排出税率を均等化させることを通じて，効率的な資源配分が実現されたからである．したがって，排出量の正確な捕捉やそのための監視費用などが比較的同じ条件におかれた企業や産業の間でしか，排出権取引は有効にその機能を発揮することはできない．たとえば監視費用が比較的少ない産業とそうでない運輸・民生部門が等しく参加するような排出権取引は，経済的に見て資源配分をゆがめてしまうだけである．そうした産業については排出権取引，運輸や民生に対しては排出税等の他の政策で対応するというのが現実的対応といえる．ここでは，

1. 競争入札，
2. グランド・ファーザー配分

の2つの方法が考えられている．

　競争入札は，もっとも効率的な配分を実現すると期待されている．しかし，この方法が機能を発揮するには，資本市場が完全であり，かつ排出権の独占をうまく回避できなければならない．資本市場が不完全であれば，仮に将来十分な利潤機会を見込める経済主体であっても，必要な不足資金を資本市場から調達することはできなくなる．そのために現時点でもっとも豊かな自己資金を保有する主体の方が入札上有利な立場に立つことになる．その結果，自己資金の豊かな主体が排出権を買い占める事態も起こりうることになる．そうでないとしても，実際に自らが直接必要とする水準を大幅に超えて排出権を購入できる主体が現れれば，初期配分後の排出権市場は寡占的とならざるを得ない．この場合には，排出権の大口購入主体が価格支配力を行使することで排出権市場の機能を損なうばかりでなく，利害の大きな産業への新規参入者に対して排出権売却を拒否することで戦略的参入阻止を行えることにもなる．こうした問題を考慮するとき，とくに初期配分後に実現する排出権取引市場をできるだけ競争的にするためには，競争入札の全面導入は好ましくないといえる．

　それに対して，既存の事業者に対してその排出実績に見合って排出権を無料で割り当てるというグランド・ファーザー方式には，初期配分が排出を通じた

社会的外部損失に見合った費用負担を求めることにはならない点で多くの不満が出されている．しかしながら，この代替案である競争入札方式には競争的排出権市場の実現・維持を阻むという問題を抱えていることを考えると，負担の公平性等適当な基準のもとに初期排出権を極端に偏在させないようなグランド・ファーザー方式の方が望ましいといえる．

5. 次善の理論と不完全競争

これまでは完全競争市場経済における環境外部効果だけを検討してきた．しかし，現実の世界には環境外部効果以外にも，独占や寡占などの不完全競争や情報の不完全性などをはじめとした多くの市場の失敗要因が発生している．すなわち，消費や生産に関わる社会的限界便益と社会的限界費用との間にくさびを打ち込む要因，つまり資源配分上の歪みは複数存在する．ここで重要な点は，いわゆる**次善の理論**（second-best theory）によれば[20]，このように複数の歪みが存在すると，そのうちの単一またはいくつかの歪みを除去したからといって，以前よりも配分上の効率性が改善するとは限らないということである．言い換えると，環境外部効果以外の歪みがある場合には，環境外部効果による歪みだけを補正しても，経済厚生は必ずしも改善しないのである．以下，汚染物質を排出する産業が独占である場合について，この点を例示しよう．

5.1 環境補正策

図2-9には，ある独占市場の状況を描いている．図の曲線 DD' は市場需要曲線，曲線 DR は対応する限界収入曲線，直線 PMC は独占企業の私的限界費用曲線，そして直線 SMC は独占企業が排出する汚染物質の社会的限界損失を私的限界費用に加えた社会的限界費用曲線を表している．効率的資源配分が実現するためには，市場需要曲線の高さで示される消費の社会的限界便益と生産の社会的限界費用 SMC が一致しなくてはならない．そのためには，点 E^* が市場取引下で実現されなくてはならない．

---

[20]　次善の理論については，たとえば Laffont (1988) を参照せよ．

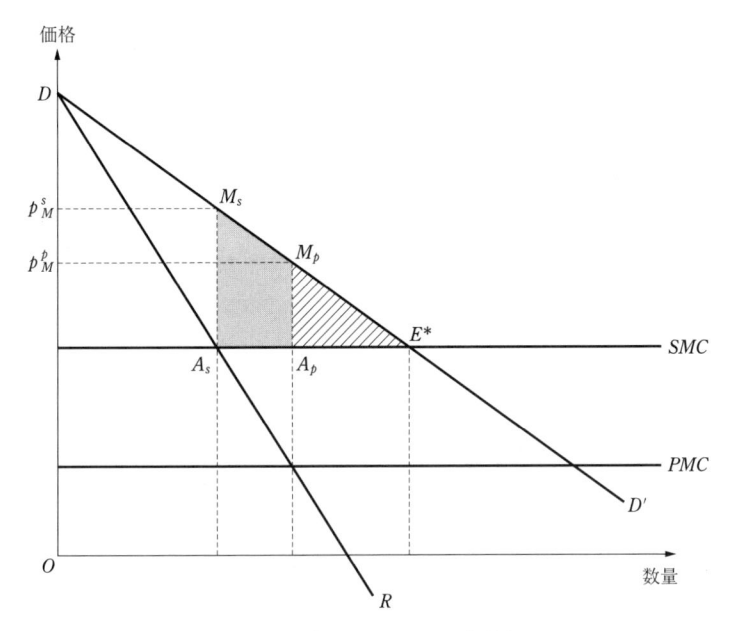

第2章 環境規制の政策分析　　117

図2-9　独占市場における環境政策

だが，政府による環境政策がなければ，独占企業は限界収入と限界費用を等しくさせる生産量を生産し，独占均衡 M_p が実現する．その結果，図で斜線をつけた領域 $M_p A_p E^*$ の面積に相当する厚生損失が発生する．

それでは，政府が排出税を課税することで汚染による社会的限界損失を内部化したらどうだろうか．独占企業の排出税込み私的限界費用はいまや社会的限界費用に等しくなる．課税後の独占均衡は点 M_s となり，限界費用が上昇するために，以前よりも価格は高く，生産量は減少する．その結果，厚生損失はさらに領域 $M_s A_s A_p M_p$ だけ増加する．つまり，環境外部効果の補正だけを行えば，経済厚生は悪化してしまうのである．

5.2　独占禁止政策

同様の結果は，独占企業の価格支配力による歪みだけを補正する場合にも成り立つ．この状況を表したのが，図2-10である．

各曲線につけられた記号等の意味は図2-9と同じである．社会的に効率的な

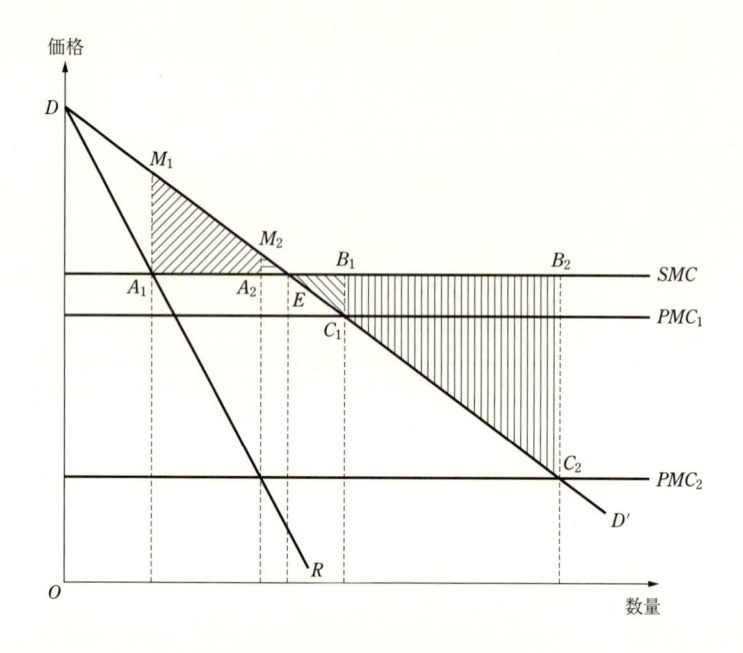

図 2-10　環境汚染下の独占禁止政策

取引均衡は点 E^* で示されている．図 2-9 と異なるのは，独占企業の私的限界費用水準が高い場合（直線 PMC_1）と低い場合（直線 PMC_2）があることである．

私的限界費用が高い PMC_1 の場合には，当初の独占均衡が点 M_1 であるのに対して，価格支配力による歪みが取り除かれた競争均衡は点 C_1 となる．前者の場合の厚生損失は領域 $M_1A_1E^*$ であるのに対して，後者のそれは領域 $C_1B_1E^*$ となり，競争均衡における方が厚生損失は少ない．したがって，独占力の除去は社会的に望ましい．

他方，私的限界費用が低い PMC_2 の場合には，独占均衡は点 M_2，競争均衡は点 C_2 となる．容易に確認できるように，この場合には，独占均衡における方が厚生損失が少なくなる．すなわち，環境外部効果を補正できない場合に，独占力の除去だけを行えば，経済厚生はむしろ悪化してしまう．これは，独占力の除去による生産拡大が環境悪化による損失を著しく増やしてしまうからで

ある．

5.3 不完全競争と次善の排出税

　以上の議論からもわかるように，市場が負の外部効果を伴う不完全競争下にあれば，単純な補正策や競争促進政策は経済厚生上必ずしも好ましい影響をもつとは限らない．したがって，これらの複合した要因を踏まえた次善の策を考える必要がある．

　まずは独占を例にとって，不完全競争市場における環境規制の基本問題を検討しよう．環境汚染を引き起こす産業が独占下にあったとしよう．政府介入のない自由取引では，これまでに述べた環境汚染の2つの非効率に注意しなければならない．すなわち，①過剰な生産量と②過剰な環境資源の費消（つまり，汚染物質の排出）という非効率である．独占の場合には，企業が価格支配力を行使して生産量を抑制して高い利潤をあげるインセンティブが働く．この結果，多くの経済学者が論じるように，排出税により経済に発生する非効率を最小限にとどめる次善の排出税率は，汚染の社会的限界費用を下回ることになる．なぜならば高い排出税を課せば，企業の私的限界費用を高めて，生産量がさらに減少し，独占が生む過少生産の非効率を高めてしまうからである[21]．

5.4 排出権取引市場創設の効果

　排出税政策と同様に排出権取引制度の創設も，不完全競争市場では必ずしも厚生改善にはつながらない．排出権取引制度は，経済全体の汚染物質排出総量を所与にしたときに各産業の限界排出削減費用を均等化させることを通じて，

---

21) 以下では排出税，排出総量規制，排出基準規制の同値性についての議論は省略する．独占産業の場合であれば，同規模の排出量を実現する排出税と排出総量規制が同値であることが Barnett (1980) により示されている．しかし，独占企業が生産量を，政府が環境規制手段を選択するゲーム的状況を考えると，どちらが先に意思決定を行うか，つまり手番の構造次第では必ずしも同値性が成り立たない．この点については Kato and Kiyono (2003) を参照せよ．後者の論文では，完全競争下では排出基準規制は排出税に比べて配分上の非効率を拡大するものの，独占や寡占といった不完全競争下では排出基準規制策の方が好ましい場合があることも示されている．なお不完全競争下における環境規制の問題は，国際寡占の文脈で議論される場合の方が多い．この点については石川・奥野・清野論文（本書第3章）を参照されたい．

効率性を改善させる働きをもっていた. そのために, 汚染物質排出総量が必ずしも社会的に見て最善な水準に等しくなくとも, 汚染物質排出総量を所与とする限りでもっとも効率的な資源配分を実現させる働きをもっていた. しかし, その働きも環境外部効果以外に配分上の歪みがないことが決定的に重要であることに注意しなければならない. 以下, この点を明らかにしよう.

説明を単純にするために, 経済がX財とY財という2つの産業から成り立ち, それぞれの産業では生産物1単位当たり一定の汚染物質が排出されるケースを考えよう. 図2-11には, X財市場の状況が描かれている[22].

排出税が汚染物質1単位当たりの排出権取引許可証の価格に等しいことに注意すると, 市場が競争的である場合に比べて独占下にあれば, 生産量はより少なく, したがって汚染物質排出量も少なくなる. すなわち, 排出権取引価格がどのような水準にあれ, 生産物市場が独占である場合の方が排出権需要量は少なくなる. 重要な点は, 市場が完全競争にあれば, 汚染物質排出の社会的限界便益が, 需要曲線の高さ＝消費の社会的限界便益と私的限界生産費用の差額に等しくなるという点である. これは次のような理由による.

競争的企業にとってみれば, 汚染物質をさらに1単位排出できれば, それに伴う増産により得られる収入の増分＝市場価格＝消費の限界便益から限界費用の差額に等しい利潤の増額を手にできる. 排出権価格がこの利潤増分を下回る限り, 競争的企業は排出権需要量を増やすインセンティブがある. したがって, 均衡では排出権価格は生産物の市場価格から（排出権取引価格を除いた直接の）限界生産費用の差額に等しくなる. 言い方を換えると, その差額が排出権に対する競争的企業の需要価格となる.

他方, 独占企業の排出権需要価格は, 競争的企業に比べて低くなる. なぜならば生産物市場において右下がりの需要曲線に直面するために, 排出権の追加1単位により独占企業が得ることのできる収入の増分, すなわち限界収入は, 競争的企業に比べて低くなるからである.

この点に注意して, 経済全体の排出権許可証の総発行量を所与として, 2つ

---

[22] 説明を単純にするために, いずれの産業についても, 汚染物質と他の生産要素との間の代替はなく, したがって生産量1単位当たりの汚染物質排出量は一定とする.

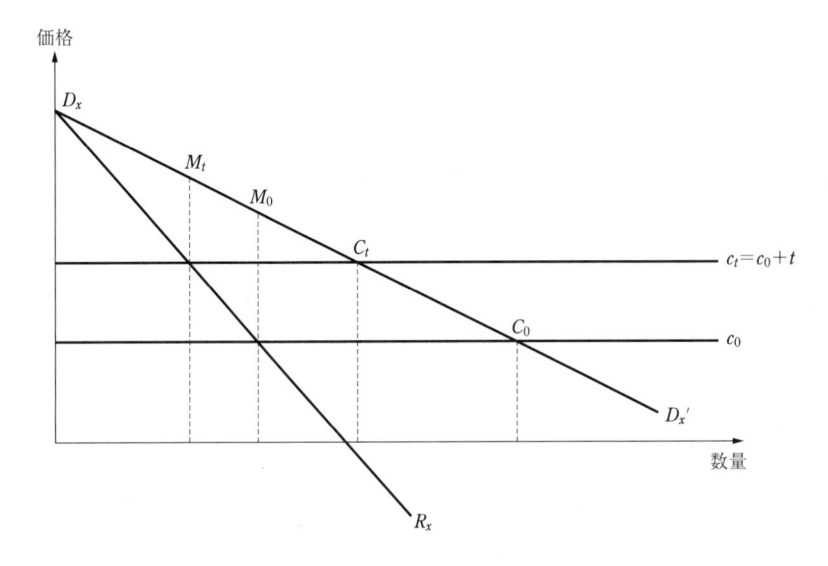

第2章 環境規制の政策分析　　　　　　　　　　　121

図2-11　独占下の排出権取引

の産業による排出権需要曲線を描いたのが，図2-12である．

　Y財産業は常に完全競争下にあるものとして，その排出権需要曲線は曲線Z_yにより表されている．他方，X財産業の排出権需要曲線は，産業が競争的であれば曲線Z_x^c，独占下にあれば曲線Z_x^mとなる．上述の議論からわかるように，X財産業の排出権需要曲線は，生産物市場が競争的である場合に比べて独占下にある方がより左方に位置していることに注意されたい．

　X財，Y財の両産業が競争的であれば，排出権市場の需給均衡は点E_cで表される．だが，X財産業が独占下にあれば，対応する均衡は点E_mとなる．両者を比較するとわかるように，X財産業が独占下にあれば，それが競争的である場合に比べて，排出権取得量，したがって汚染物質排出量はより少なくなる．そのため，生産物市場においては，競争市場に比べてもともと少なかった生産量が一層少なくなり，配分上の歪みがさらに拡大してしまう．そのため，ある産業が不完全競争下にあれば，すべての産業を包括した競争的排出権取引市場を整備できたとしても，経済厚生はかえって悪化してしまう．

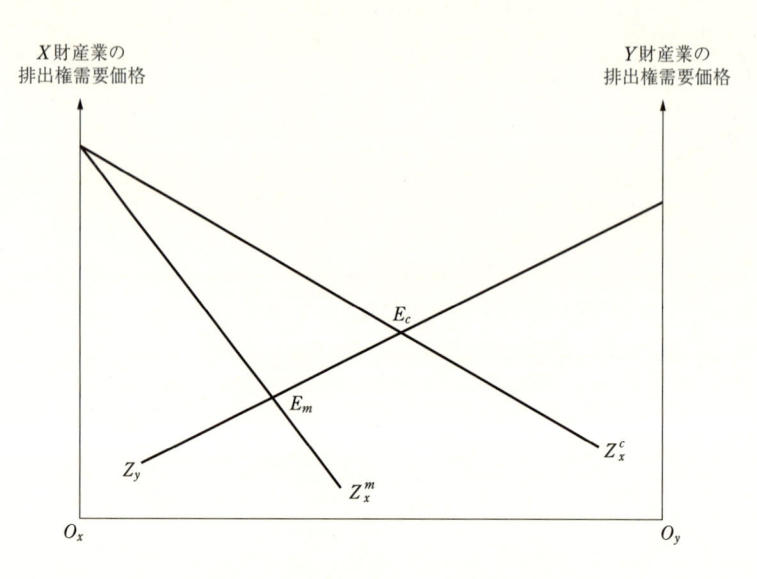

図 2-12　生産物市場での独占と排出権取引

5.5　不完全競争下の環境政策

　次善の理論からわかるように，環境汚染を生む産業が不完全競争下にあれば，完全競争を前提とした最善策に関わる議論はほとんど成り立たない．だが，こうした議論は，政府が企業の価格支配力を抑制できない，つまり競争政策を放棄していることを前提としていることに注意しなければならない．市場をできるだけ競争的に維持することが望ましい限り，一方では競争政策を通じて競争促進を図るとともに，他方では汚染の社会的費用を汚染物質排出主体が等しく負担することこそ，望ましい政策であることはいうまでもない[23]．

---

23)　電力事業の規制緩和を進めた米国で最近電力供給不足が深刻な問題となった．その例をもって，少なくとも伝統的な公益事業分野において規制緩和，競争促進政策を進めることに反対する動きがないわけでもない．しかし，米国における電力不足は電力の卸売価格を自由化しつつも，小売価格は規制下におくことで，電力事業に価格メカニズムを不完全にしか導入しなかったために，電力設備投資インセンティブが阻害されたという点に注意しなければならない．この意味で伝統的な公益事業分野において競争促進を行うためには，

6. 環境改善技術と新技術導入のインセンティブ

これまでの議論からもわかるように，環境汚染以外に市場の失敗がない限り，いかなる経済活動であれ，環境汚染物質が排出される場合には，汚染の社会的限界損失に等しい排出税を課すことが望ましい．このような税制により，単に各生産活動が効率的となるばかりでなく，企業に対して，汚染物質排出量を抑制する新たな環境改善技術の開発に対する適切なインセンティブを創り出すことができる．本節ではこれらの点について検討していく．

企業による汚染物質排出量は，生産量や短期的な要素代替だけでなく，新たな設備投資や技術開発の結果によっても大きな影響を被る．こうした企業の長期的意思決定が及ぼす効果を考慮して，効率的な資源配分を実現するためにはどのような環境政策を編めばよいのだろうか．これまで分析してきた排出税，排出総量規制，排出権取引，川上・川下税の4つの政策を環境改善技術の開発インセンティブに及ぼす影響の観点から比較・検討しよう．

6.1 環境改善の社会的価値

議論の見通しをよくするために，産業内の企業数は1社しか存在しないが，その企業が価格受容者として振る舞う，つまり完全競争市場に相当する場合を例にとって環境改善技術の社会的価値について検討しておこう．操業する代表的企業にとって直接生産に関わる平均生産費用＝限界生産費用は c_0^P で一定とする．完全競争下では価格はこの平均費用に一致し，超過利潤がゼロとなる．この状況を描くと図2-13のようになる．図の曲線 DD' は市場需要曲線，直線 $c_0^P c_0^{P\prime}$ が当初の平均生産費用曲線，そして両曲線の交点 E_0^P が当初政府による環境規制がない場合の競争均衡を表している．

この産業が生産活動を通じて生産量単位当たり一定量 e_0 の汚染物質を排出するものとしよう．説明を簡単にするために，まずは汚染物質排出による社会的限界価値が MD で一定の場合について考えよう．この場合，生産量を1単位

米国におけるような「いびつな」規制緩和を回避しつつ，競争メカニズムの浸透を図っていくべきだろう．

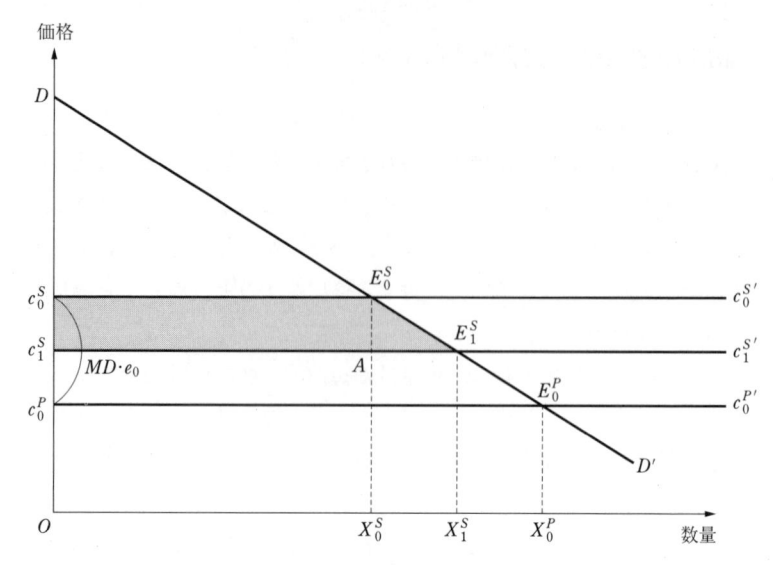

図2-13 環境改善技術の社会的価値

増加すれば，汚染物質は e_0 単位排出されるので，汚染による社会的損失は $MD \cdot e_0$ だけ増える．この社会的限界損失を私的限界費用 c_0^P に加えた生産の社会的限界費用は図の直線 $c_0^S c_0^{S\prime}$ により示されている．したがって，当初の技術で社会的に効率的な資源配分は点 E_0^S で示される取引により実現される．これまでの議論からわかるように，この配分は生産者に汚染物質排出量1単位当たり汚染の社会的限界損失 MD に等しい排出税を課すことで実現できる．

この状況から出発して排出係数を e_1 まで削減することの社会的価値，すなわち社会的総余剰の増分を求めてみると，次の2つの結果が得られる．第1に，こうした環境改善技術の導入が社会的に望ましいのは，汚染物質の社会的限界損失を含めた生産の社会的限界費用が削減される場合に限ることである．図で示されているように，排出係数削減後の社会的限界生産費用曲線が直線 $c_1^S c_1^{S\prime}$ で表されるような場合には，新しい技術のもとで効率的資源配分は点 E_1^S で示される取引により実現可能である．このとき，総余剰は図の陰影をつけた台形 $c_0^S c_1^S E_1^S E_0^S$ だけ増加する．だが，新規技術の社会的限界生産費用が以前よりも増加してしまっては，総余剰は逆に減少する．

第二に排出係数削減により得られる総余剰の増分（＝台形 $c_0^S c_1^S E_1^S E_0^S$

は，排出係数の削減幅が十分小さければ，社会的限界生産費用の削減幅に当初の生産量をかけた値に等しくなる．社会的限界生産費用は私的限界生産費用に汚染物質排出の社会的限界損失を加えたもの，

$$c_i^S = c_i^P + MD \cdot e_i \quad (i=0,1)$$

だったので，この余剰増分は次のように表せる．

$$\Delta W = (c_0^S - c_1^S) X_0^S = (MD(-\Delta e) - \Delta c^P) X_0^S \tag{3}$$

ただし，$-\Delta e = e_0 - e_1$ は排出係数削減幅，$\Delta c^P = c_1^P - c_0^P$ は排出係数削減による私的限界費用の増分を表している．この式の両辺を排出係数削減幅で割って，排出係数削減幅1単位当たりの余剰増分に書き直すと次のようになる．

$$\frac{\Delta W}{(-\Delta e)} = \left(MD - \frac{\Delta c^P}{(-\Delta e)}\right) X_0^S \tag{4}$$

(4)式が表すように，汚染物質排出の社会的限界損失に比べて排出係数削減による私的限界生産費用の増分が小さいとき，経済厚生が改善する[24]．以上の点を踏まえて，さまざまな政策の効果について検討しよう．

6.2 排出税の場合

当初の技術のもとで汚染物質排出の社会的限界損失に等しい排出税が課されている場合から検討しよう．この場合には現行市場価格を所与のものとして考える企業の立場にたてば，排出係数削減のインセンティブが働くのは，排出税

[24) 技術開発の問題はより一般的には次のように定式化できる．生産活動に必要な生産要素を環境資源＝汚染物質排出量 z とそれ以外の一般的生産要素をすべてまとめて労働 l とすれば，生産関数は次のように表される．

$$x = f(\alpha_L l, \alpha_Z z)$$

ただし，α_L, α_Z はそれぞれ労働サービスの効率性を表すパラメータ，環境資源の効率性を表すパラメータを表している．それぞれのパラメータの値が増えれば，以前と同じ生産要素投入量であっても生産量が増える．したがって，技術の効率性水準はそれぞれのパラメータの値によって示すことができる．排出総量に着目して技術進歩の効果を考える際には，賃金率を w として汚染物質排出総量を所与として求めた費用関数 $C(x, w/\alpha_L, \alpha_Z z)$ を考えるとよい．生産技術が規模に関して収穫一定ならば，生産量1単位あたりの総費用関数は $c(w/\alpha_L, \alpha_Z e) \stackrel{\text{def}}{=} C(x, w/\alpha_L, \alpha_Z z)/x$ となる．これが本文中の単位費用関数 $c(e)$ の一般形となる．したがって，本文中では議論されていないが，排出係数の増加を伴いながらも一般的生産要素の投入量を節約する技術進歩であっても，それが汚染の社会的限界損失費用込みの限界生産費用を引き下げるならば，経済厚生の改善につながる．ただしその場合には，排出係数が高まるために一般には汚染物質排出総量が増えてしまう可能性がある．

込みの費用が以前よりも低くなるときである．排出税率は汚染物質の社会的限界損失 MD に等しく設定されていたので，(4)式が示すように，企業にとっての新技術の私的価値は社会的価値と一致する．すなわち，排出税率さえ効率的水準に選んでおけば，企業の環境改善技術開発インセンティブは新技術の社会的評価と一致する．

　だが，こうした議論を額面通り受け止めてはいけない．なぜならば上記のような議論が成り立つには，次のようないくつかの前提があるからである．第一の前提は，問題となる排出係数削減幅が微少であるということである．もし排出係数削減幅が著しく，したがって社会的限界生産費用の削減幅も十分大きければ，新技術導入に伴う市場価格の低下を企業は予測せざるを得ない．価格低下とともに生産量も増加し，それが汚染物質排出量を増加させる働きをもつ．もしこの価格低下による需要量増加の効果が十分大きいと汚染物質排出総量は以前よりもかえって増えてしまうおそれがある．この場合には，新技術導入後に排出税率は引き上げられる．逆に価格低下による需要量の増加がさほど強くなければ，新排出税率は以前よりも引き下げられるだろう．こうした排出税率の引き下げを企業があらかじめ読み込む場合には，企業の排出係数削減意欲は社会的に過小となってしまう．

　この問題の影響は，政府が一定の環境政策にあらかじめコミットできるか否かによっても大きく左右される．革新的な環境改善技術導入の機会があっても，その導入により汚染物質排出量が著しく削減され，排出税率が大幅に引き下げられてしまっては，新技術導入の私的利益は小さくなり，導入は企業により見送られてしまう．それを回避するためには，政府は仮に新技術が導入されようとも現行の排出税率を維持しなければならない．現在時点では望ましいと考えられる意思決定でも，その意思決定が実施されると事後的に望ましくなるさらなる行動がとられることが分かっていると実行されないという意味で，これは**時間非整合性**（time inconsistency）の問題と呼ばれる．民間の意思決定と政府の意思決定の相互連関という観点から見れば，両者の間での**協調の失敗**（coordination failure）ともいえよう[25]．

---

　25) この点を排出権取引市場のもとでの私企業による環境改善技術導入インセンティブに

第二の前提は，市場で操業する企業はただ1社だということである．実際の競争的市場においては多数の企業が存在する．当初潜在的新規参入企業も含めてすべての企業が同一の生産技術を持っているとすれば，均衡における個々の企業の利潤はゼロとなる．こうした状況で新技術導入の機会を考えると，個別企業の立場からすれば，他企業に先駆け社会的限界生産費用の低い新技術を開発し，独占的特許を獲得できれば，現行価格よりもわずかに低い価格をつけて他企業を市場から駆逐できるようになる．その結果，市場は独占となる．この効果を考えると，競争的企業による排出係数削減に対する私的インセンティブは社会的に過小となる傾向がある．実際，この事情が図2-14により示されている．

　図の曲線 MR は限界収入曲線を表しているが，新技術導入後の社会的限界生産費用が c_N^S の場合，新技術を導入した企業は他企業を市場から駆逐できるものの，独占価格 p_M^N をつけることはできない．その価格では他企業による参入を促してしまうからである．そのために，企業は他企業の参入を阻止する最高価格，すなわち新技術導入前の価格 c_0^S をつけざるを得ない．このように新技術導入後の独占価格では他のすべての企業の退出をもたらさない，つまり新技術導入企業による文字どおりの独占には至らない新技術を**漸進的技術革新** (non-drastic innovation) という．漸進的技術革新の場合には，新技術導入企業の利潤は図の四角形 $c_0^S E_0^S B c_N^S$ となり，新技術の社会的価値 $c_0^S E_0^S E_N^S c_N^S$ を下回る．

　他方，新技術導入後の社会的限界生産費用が c_D^S の場合には，新技術導入後の独占価格 p_M^D は他企業の平均費用 c_0^S を下回る．その結果，新技術導入企業は独占価格 p_M^D をつけても，他企業を市場から駆逐できる．こうした新技術を**画期的技術革新** (drastic innovation) という．画期的技術革新の場合には，新技術導入後の独占利潤（三角形 $Dc_D^S F$ ＝四角形 $p_M^D c_D^S FM_D$）が新技術導入の私的価値となる．他方，社会的価値は台形 $c_0^S E_0^S E_D^S c_D^S$ に等しく，この場合も私的価値に比べて社会的価値の方が大きくなる．

　　ついて明らかにしたものとして，Laffont and Tirole (1996a) がある．また，Kennedy and Laplante (1999) も参照せよ．

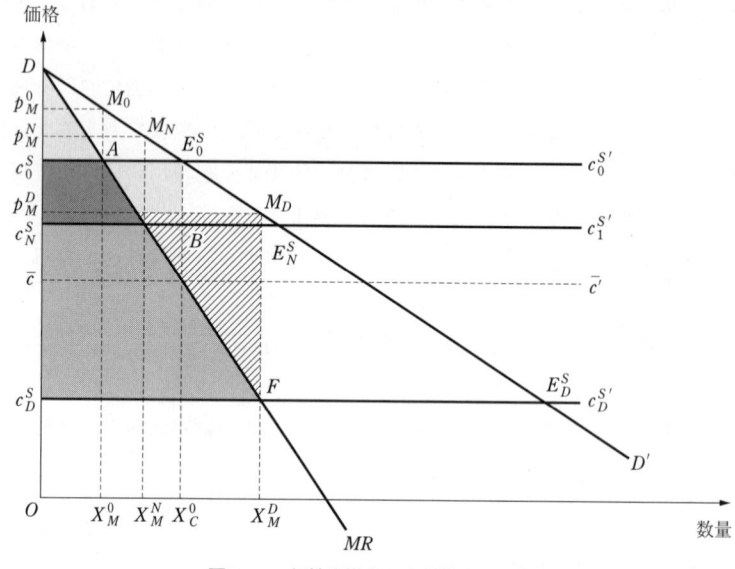

図2-14 新技術導入と市場構造の変化

　いずれの場合についても，排出係数削減の私的価値が社会的価値を下回るのは，新技術導入後に社会的限界生産費用が低下したにもかかわらず，生産物価格がそれに応じて引き下げられないからである．こうした潜在的な消費者余剰増分だけ私的な環境改善技術導入インセンティブが過小となる．

6.3 排出総量規制

　排出総量が規制されている場合には，各企業は総費用を減らすか，または排出総量規制を緩和させるような新技術を導入するインセンティブをもつ．操業する企業がただ1社の場合に，当初の排出総量規制水準が社会的に効率的な水準であれば，新技術導入の私的インセンティブはその社会的評価と一致する．なぜならば，排出総量規制に伴い，機会費用として汚染物質の社会的損失を企業は負担しているからである．だが，産業内で操業する企業が複数存在する場合は，この限りではない．他企業に先駆けて新技術を導入しても，それによる費用削減効果はあらかじめ課された排出総量規制により制約されてしまうからである．その結果，排出税の場合に比べて新技術導入のインセンティブは弱

まってしまう．

6.4 排出権取引市場

　排出権取引市場が整備されている場合には，排出税と基本的に同じ結果が当てはまる．すなわち社会的限界生産費用の削減幅が微少な場合には，新技術導入の私的インセンティブは社会的評価と一致する．だが，費用削減幅が大きくなる場合には，両者は次の2つの理由で乖離してしまう．

　第一に，新技術導入後に改めて計算される効率的総排出量に応じて排出権発行総量は必ずしも調整されない．第二に排出権総発行量を所与としたときに，新技術導入が汚染物質排出総量を減らす（または増やす）場合には排出権価格の引下げ（または引上げ）が見込まれるために，私的インセンティブはその分過小（または過大）となる傾向がある．

7. 不確実性と環境規制

　これまでの議論では，政府は財・サービスについての需要や供給に関わる情報はもちろん，汚染物質の排出による社会的損失や排出削減のための社会的費用についての情報も正確に把握していることが暗黙の前提とされていた．しかしながらこうした情報を何ら費用をかけずに完全に獲得することは困難である．

　適切な政策決定に必要な情報収集を阻む要因は，次の2つに大別できる．第一は，いかなる経済主体もあらかじめ将来を予測できないという意味での自然の不確実性である．自然環境の予期せざる変化や災害，また誰も予測できなかった新しい技術の発見などによって，汚染物質排出の便益や費用が変化する可能性がある．こうした不確実性を減らすことはほとんど不可能である．だが，政府はこの回避できない自然の不確実性をもあらかじめある程度考慮してさまざまな政策を決定，実施していかなければならない．

　第二は，規制当局としての政府と規制を受ける民間主体の間での情報の非対称性である．たとえば生産活動において汚染物質排出を避けられない企業にとっては，自己が排出する汚染物質の量は完全に把握できても，政府が直接それを正確に知ることは容易ではない．この意味で排出量に関する情報は企業だ

けがもつ私的情報であり，政府はその情報入手面で企業に比べ不利な立場にある．こうした情報の非対称性があるために，企業は実際の排出量を政府にできるだけ知られないようにするインセンティブをもつ．正確な排出量が知られてしまえば，非常に厳しい規制が課されるおそれがあるからである．情報の非対称性に基づく非効率は政府による情報収集努力を高めたり，規制に違反した経済主体に対する罰則を強化することである程度減らすことができる．したがって，政府ができることは，情報収集や違反取り締まりに必要となる民間経済主体に対する**監視費用**（monitoring cost）を考慮した次善の規制に限られる．

以下，自然の不確実性の問題に限って，それが環境規制の設計に対してどのような含意をもつかについて検討していこう[26)27)]．

7.1 排出損失の不確実性

はじめに，自然の不確実性により汚染物質の社会的限界排出便益や損失が将来変化する可能性がある場合に，どのような環境規制を編めばよいか，またとくに排出税や排出総量規制などの政策効果がどのように異なってくるかを分析する．説明の見通しをよくするために，まずは個別企業の汚染物質排出活動を例にとり，汚染物質排出の社会的限界便益曲線があらかじめ確定しているものの，社会的限界損失曲線が不確実な場合を考えよう．

図2-15で限界排出便益曲線は確実で曲線 MEB で与えられる一方，限界排出損失曲線は不確実で，確率 $1/2$ で高い限界排出損失 MED_H，確率 $1/2$ で低い限界損失 MED_L となるとしよう．各排出量における限界排出損失の期待値の高さは曲線 $\overline{MED}$ で与えられている．

排出税の場合，最適な排出税率は限界排出便益と期待限界排出損失を等しくさせるものでなければならない．こうして求められる排出税率が図の $\bar{t}$ によって示されている．政府があらかじめこの排出税率にコミットしている場合，排

---

26) 非対称情報下の規制理論は，いわゆる依頼人・代理人モデル（principal-agency model）に基づいて発展している．本章では紹介を避けるが，たとえばLaffont (1994), Xepapadeas (1997) 第4章を参照されたい．依頼人・代理人モデル全般についてはたとえばLaffont and Matrimort (2002) や伊藤 (2003) を参照せよ．

27) 以下の議論の詳細については，Weitzman (1974), Adar and Griffin (1976) を参照されたい．

第2章　環境規制の政策分析

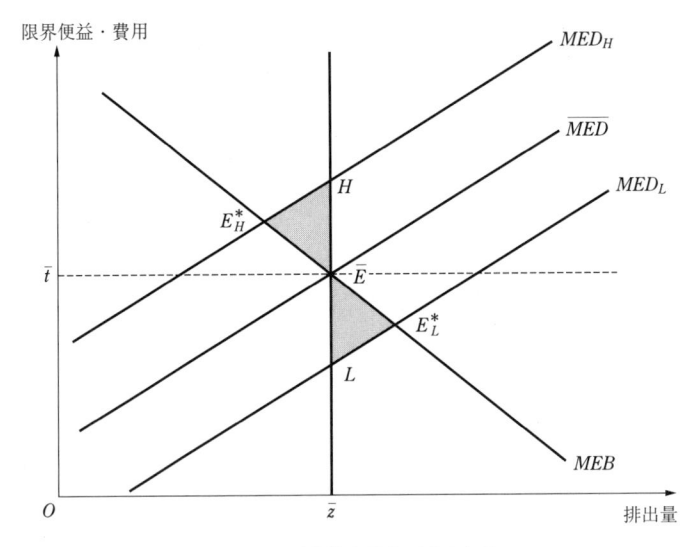

図2-15　限界排出損失の不確実性

出量は排出税率と限界排出便益が等しくなるように決まるために，一定量 $\bar{z}$ となる．したがって，排出総量をこの水準にあらかじめ規制する場合と同じ資源配分が実現する．だが，こうした排出量は事後的には効率的ではない．限界排出損失についての不確実性がなくなった将来時点で，事後的に限界排出削減費用が高くなれば図の領域 $E_H^* H \bar{E}$ だけ，それが低くなったときには領域 $E_L^* L \bar{E}$ だけの余剰の損失が発生するからである．

7.2　排出便益の不確実性

しかしながら，次の図2-16の MED は確実な限界排出損失曲線，曲線 MEB_H（または MEB_L）は高い（または低い）限界排出便益曲線，そして曲線 $\overline{MEB}$ は期待限界排出便益曲線を表している．あらかじめ各政策手段についてコミットしなければならない場合，排出税の場合には $\bar{t}$，排出総量規制であれば $\bar{z}$ を選択することが事前の意味で最適である．

事前の効率性の観点からすれば，排出税であれ，排出総量規制であれ，どちらも同じ限界排出便益と排出量の組み合わせを選ぶことになるが，事後的な非効率性を考えると2つの政策は異なる．実際，排出総量規制の場合には，汚染

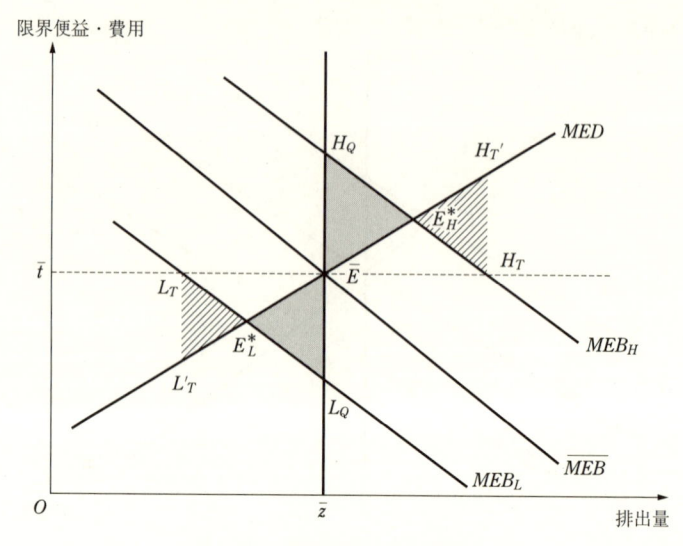

図 2-16　限界排出便益の不確実性

物質の限界排出便益の高低にかかわらず，排出量は $\bar{z}$ となる．だが，事後的に効率的な資源配分は排出便益が高ければ点 E_H^*，低ければ点 E_L^* が表す取引によって実現される．その結果，排出便益が高ければ薄く陰影をつけた領域 $\bar{E}H_QE_H^*$ だけ，それが低ければ領域 $\bar{E}L_QE_L^*$ だけの余剰の損失が発生する．

他方，排出税の場合には，事後的な排出量は排出税率と限界排出便益が等しくなる水準に決まり，排出便益が高ければ点 H_T，低ければ点 L_T が実現する．その結果，前者の場合には領域 $E_H^*H_TH_T'$ だけ，後者の場合には $E_L^*L_TL_T'$ だけの余剰損失が発生する．

どちらの政策の方が，事後的な非効率が大きいかは一概に判定できない．しかし，容易に確認できるように限界排出便益曲線の傾きの絶対値が限界排出損失曲線の傾きよりも大きければ，排出税の方が事後的な非効率が大きくなる傾向がある．このような意味で排出税と排出総量規制の非同値性が確認された．

前節の個別企業についての分析は，直ちに産業または経済全体に応用できる．すなわち，問題となる排出便益や排出損失を産業・経済全体のものと見直してやればよい．ただし，比較対照となる政策は，個別企業にとっての排出総量規

制は産業・経済全体にとっての排出権取引に読み替えなくてはならない．なぜならば個別企業にとっての総排出量規制が課されている場合について排出便益の不確実性を考えると，不確実性が解消された後に実現する均衡では企業間で限界排出便益が異なってしまい，社会的限界排出便益曲線を導くことができなくなってしまうからである．こうした問題を回避するためには，事後的な均衡においても企業間で限界排出便益を等しくさせる仕組み，すなわち排出権取引が必要となる．

文 献

Adar, Z., and J. M. Griffin (1976), "Uncertainty and the choice of pollution control instruments," *Journal of Environmental Economics and Management*, 3, 178-188.
Barnett, A. H. (1980), "The Pigouvian tax rule under monopoly," *American Economic Review*, 70, 1037-1041.
Baumol, W., and W. Oates (1988), *The Theory of Environmental Policy*. Cambridge University Press, Cambridge, 2nd edition.
Baumol, W. J. (1972), "On taxation and the control of externalities," *American Ecomic Review*, 62, 307-322.
Baumol, W. J., and D. F. Oates (1972), "Detrimental externalities and non-convexity of the production set," *Economica*, New Series, 39, 160-176.
Brown, S., and D. Sibley (1986), *The Theory of Public Utility Pricing*. Cambridge Univesity Press.
Coase, R. H. (1960), "The problem of social cost," *Journal of Law and Economics*, 3, 1-44.
Hahn, R. W. (1989), "Economic perspective of environmental problems: How the patient followed the doctor's orders," *Journal of Ecomomic Perspectives*, 3, 95-114.
Hanley, N., J. F. Shogren, and B. White (1977), *Environmental Economics-in theory and practice*. Macmillan.
Harford, J. D. (1978), "Firm behavior under imperfectly enforceable pollution standards," *Journal of Environmental Economics and Management*, 5, 26-43.
Helfand, G. (1991), "Standards versus Standards: The Effects of Different Pollution Restrictions," *American Economic Review*, 81 (3), 622-634.
Ishikawa, J., and K. Kiyono (2000), "International trade and global warming, Discussion Paper CIRJE-F-78, CIRJE Discussion Paper Series, Faculty of Economics,University of Tokyo.
Ishikawa, J., and K. Kiyono (2003), "Greenhouse-Gas Emission Controls in a Small Open Economy," mimeo.

Jeon, D. S., and J. J. Laffont (1999), "The efficient mechanism for downsizing the public sector," *The World Bank Ecomomic Review,* 13, 67-88.
Kato, K., and K. Kiyono (2003), "Environmental policies and market structure-equivalence of environmental regulations," mimeo (2003年度日本経済学会報告論文).
Katsoulacos, Y., and A. Xepapadeas (1985), "Pigouvian taxes under oligopoly," *Scandinavia Journal of Ecomomics,* 97, 411-420.
Katsoulacos, Y., and A. Xepapadeas (1996), "Emission Taxes and Market Structure," in *Emvironmental Policy and Market Structure,* eds. by Y. K. C. Carraro and A. Xepapadeas. Kluwers Academic Publishers.
Kennedy, P. W., and B. Laplante (1999), "Environmental policy and time consistency: emission taxes and emissions trading," in *Emvironmemtal Regulation and Market Power,* eds. by E. Petrakis, E. S. Sartzetakis, and A. Xepapadeas, chap. 6, pp. 116-144. Edward Elgar Publishing, Inc.
Kiyono, K., and J. Ishikawa (2003), "Strategic emission tax-quota non-equivalence under international carbon leakage," in *Political Econmy in a Globalized World,* eds. by H. Ursprung and S. Katayama. Springer Verlag (forthcoming).
Laffont, J.-J. (1988), *Fundamentals of Public Economics.,* MIT Press.
Laffont, J.-J. (1994), "Regulation of pollution with asymmetric information," in *Non-point Source Pollution Regulation: Issues and Analysis,* pp. 39-46. Kluwer Academic Publishers.
Laffont, J. J., and D. Matrimort (2002), *The Theory of Incentives.* Princeton University Press.
Laffont, J. J., and J. Tirole (1993), *A Theory of Incentives and Procurememt.* MIT Press, Cambridge.
Laffont, J. J., and J. Tirole (1996a), "A note on environmental innovation," *Journal of Public Economics,* 62, 127-140.
Laffont, J. J., and J. Tirole (1996b), "Pollution permits and compliance strategies," *Journal of Public Economics,* 62, 85-125.
Lange, A., and T. Requate (1999), "Emission taxes for price-setting firms: differentiated commodities and monopolistic competition," in *Environmental Regulation and Market Power,* eds. by E. Petrakis, E. S. Sartzetakis, and A. Xepapadeas, chap. 1, pp. 1-26. Edward Elgar Publishing, Inc.
Layward, P. R. G., and A. A. Walters (1978), *Microeconomic Theory.* McGraw-Hill Books, Ltd.
Long, N. V., and A. Soubeyran (1999), "Pollution, Pigouvian taxes and asymmetric international oligopoly," in *Environmental Regulation and Market Power,* eds. by E. Petrakis, E. S. Sartzetakis, and A. Xepapadeas, chap. 9, pp. 175-194. Edward Elgar Publishing, Inc.
Meade, J. E. (1952), "External economies and diseconomies in a competitive situation," *Economic Journal,* 62 (245), 54-67.

Motta, M., and J. Thisse (1999), "Minimum quality standard as an environmental policy: domestic and international effects," in *Environmental Regulation and Market Power*, eds. by E. Petrakis, E. S. Sartzetakis, and A. Xepapadeas, chap. 2, pp. 27-46. Edward Elgar Publishing, Inc.

Oates, W. E., and D. L. Strassman (1984), "Effluent fees and market structure," *Journal of Public Economics*, 24, 29-46.

Pearson, C. S. (2000), *Economics and the Global Environment*. Cambridge University Press.

Petrakis, E., E. S. Sartzetakis, and A. Xepapadeas (1999a), *Environmental Regulation and Market Power*. Edward Elgar Publishing, Inc.

Petrakis, E., and A. Xepapadeas (1999b), "Does government precommitment promote environmental innovation?," in *Environmental Regulation and Market Power*, eds. by E. Petrakis, E. S. Sartzetakis, and A. Xepapadeas, chap. 7, pp. 145-161. Edward Elgar Publishing, Inc.

Sartzetakis, E. S., and D. G. McFetgridge (1999), "Emissions permits trading and market structure," in *Environmental Regulation and Market Power*, eds. by E. Petrakis, E. S. Sartzetakis, and A. Xepapadeas, chap. 3, pp.47-66. Edward Elgar Publishing, Inc.

Spulber, D. F. (1985), "Effluent regulation and long-run optimality," *Journal of Environmental Economics and Management*, 12, 103-116.

Starrett, D. A. (1972), "Fundamental non-convexities in the theory of externalities," *Journal of Economic Theory*, 4, 180-199.

Ulph, A. (1996a), "Environmental policy instruments and imperfectly competitive international trade," *Environmental and Resource Economics*.

Ulph, A. (1996b), "Strategic environmental policy and international trade-the role of market conduct," in *Environmental Policy and Market Structure*, eds. by Y. Carraro, and A. Xepapadeas, chap. 6, pp.99-127. Kluwer Academic Publishers.

Ulph, A. (1998), "Environmental policy and international trade," in *New Directions in the Economic Theory of the Environment*, eds. by Y. Carraro, and D. Siniscalco, chap. 6, pp.147-192. Cambridge University Press.

Ulph, A. (1999), "Ecological dumping: harmonization and minimum standards," in *Environmental Regulation and Market Power*, eds. by E. Petrakis, E. S. Sartzetakis, and A. Xepapadeas, chap. 12, pp. 233-250. Edward Elgar Publishing, Inc.

Weitzman, M. (1974), "Prices vs. quantities," *Review of Economic Studies*, 41, 477-491.

Xepapadeas, A. (1997), *Advanced Principles in Environmental Policy*. Edward Elgar Publishing, Inc.

伊藤秀史（2003），『契約の理論』有斐閣．
伊藤元重・清野一治・奥野正寛・鈴村興太郎（1988），『産業政策の経済分析』東京大学出版会．
清野一治（1993），『規制と競争の経済学』東京大学出版会．

柳川範之 (2000),『契約と組織の経済学』東洋経済新報社.

第3章　国際相互依存下の環境政策*

石川城太・奥野正寛・清野一治

1. はじめに

　第2章（清野論文）では主に国内経済問題としての環境政策について論じた．しかし，地球温暖化問題は一国だけの問題にとどまらず，世界的規模での対応が必要な問題である．各国の生産・消費活動が生む環境汚染が国境を越え他国に影響を及ぼす場合，国内に限定された環境汚染問題と比べてどのような意味で異なる対応が必要となるだろうか．各国レベルでの対応，しかも他国との相互依存を考慮した上でそれぞれの国ができることとできないことを明らかにし，環境政策の国際協調として望まれる措置はなにか．本章では，これらの問題について検討する[1]．

　本章の構成は次のとおりである．第2節では，環境汚染による影響が国境を越えず汚染物質排出国だけにとどまる場合であっても，財やサービスの貿易があれば一国の環境規制は貿易パターンの変化を通じて他国に大きな影響を及ぼすことが明らかとされる．第3節では，一般均衡分析を用いて，環境規制が一国の貿易・産業構造の決定に大きくかかわっており，とくに部分均衡分析で成り立つ排出税や排出数量規制の同等性が必ずしも成り立たないことが示される．第4節では，近年発達した国際寡占産業下の戦略的貿易政策の議論が環境規制

　＊　本章作成に際して，大塚啓二郎氏（FASID），松枝法道氏（関西学院大学）から貴重なコメントを頂いた．また，文部科学省科学研究費，科研費特定研究による資金援助を受けることができた．記して感謝したい．
　1)　以下では取り上げないが，開放経済下における環境問題を動学的枠組みで扱ったものとして，たとえば Asako (1979) がある．また，完全競争の枠組みで国際環境問題を扱った代表的文献として Markusen (1975) をあげておく．

にどのような含意をもつかが検討される．とりわけ重要な点として，国際寡占産業では輸出国は自国企業の輸出減少を抑制するために環境規制インセンティブを弱める傾向があること，さらに企業の国際的立地決定を考慮したときに各国政府が繰り広げる企業誘致競争が環境規制実施のインセンティブを奪ってしまう傾向があることが明らかとされる．第5節では，寡占企業間と同様に環境規制実施国間の相剋にも戦略的相互依存関係が働き，一国の環境規制強化が他国の規制緩和を生むという，いわゆる汚染リーケージ効果が各国の規制実施にどのような影響を及ぼすかが理論的に検討される．最後に第6節では，こうした各国の裁量的環境規制による歪みを是正するためにどのような環境規制の国際的協調方法が考えられるか，政策協調に必要な費用を互いに分担し合う制度的措置（所得移転ルール）があるか否かが各国に事前にどのような戦略的行動を生むかについて検討する．

2. 国内環境汚染

生産，消費，そして貿易取引といった各国経済活動が環境汚染物質を排出すると，二重の意味での非効率が発生する．第一の非効率は，それぞれの活動が活動主体にとっての限界便益・費用と各国の国民経済厚生の面から見た社会的限界便益・費用との間に乖離を生み出す傾向である．すなわち，通常の教科書に出てくるように，汚染物質を一国領土・領空内に排出する生産活動は，国内の他の経済主体に対して外部性を通じた損失をもたらす．こうした環境汚染は，その直接的影響が汚染物質排出国にとどまるため，しばしば**局地的汚染**（local pollution）と呼ばれる．

第二の非効率は，こうした各国にとっての社会的限界便益・費用（以下，**限界国民便益・費用**（marginal national benefit and cost））と他国あるいは世界全体にとっての社会的限界便益・費用（以下，**限界世界便益・費用**（marginal world benefit and cost））との乖離を生み出すことである．これは，いわゆる酸性雨などのように，一国が排出した汚染物質が河川や上空を伝って隣接する他国に流れ出し，汚染による損失が国外に及ぶケースである．こうした環境汚染は，**越境汚染**（trans-boundary pollution）と呼ばれ，国際的な負の外部効果

を生み出す．他国に及ぶ程度がさらに拡大して，温室効果ガスのように地球全体に及ぶ場合にはとくに**地球規模汚染**（global pollution）と呼ばれている．

環境汚染が局地的であれ，また越境的であれ，いずれの場合も，貿易取引を介して各国が密接な国際相互依存下にあれば，汚染の影響は間接的に他国に及ぶ．とくに重要なのは，環境汚染が各国の貿易パターンを歪め，自由貿易の利益が損なわれる点にある．本節では，簡単な部分均衡分析を用いて，環境汚染が各国の貿易構造に及ぼす影響を明らかにし，その上で貿易の利益を確保するために各国がどのような補正的政策を行わなくてはならないかについて検討しよう．

2.1 局地的環境汚染

まず小国の局地的環境汚染を例にとろう．

国内生産による局地的汚染

図 3-1 には，この国の生産活動が汚染物質を排出する場合が描かれている．汚染が引き起こす負の外部効果のために，国内供給曲線を表す私的限界費用曲線 PMC_r に比べて社会的限界費用曲線 SMC_r は上方に位置している．国内消費活動は何ら環境汚染を生まないとすれば，国内需要曲線を表す私的限界便益曲線 PMB_c と社会的限界便益曲線 SMB_c は，図に描かれているように一致する．このような状況で当該国が国際価格 p^* で他国と交易する機会を得たらどうなるだろうか．

貿易開始の前後で政府が何ら環境規制を行っていなければ，貿易開始前の自給自足均衡は点 A_p となり，国際価格よりも低い．したがって，貿易を開始すれば，この国は当該財を線分 D_bS_p だけ輸出する．環境汚染がなければ，図の領域 $A_pS_pD_b$ だけの貿易利益を得る．しかし，環境汚染による損失を考慮すると，この国にとって効率的な貿易パターンは輸出ではなく輸入となり，しかも環境規制がなければ貿易開始により損失を被ってしまうのである．

実際，貿易開始前に適切な環境税を課して効率的資源配分を実現していれば，国内の自給自足均衡は点 A_b となる．対応する価格が，この国が他国と貿易を開始する際の機会費用，言い換えると真の比較優位を表す．この水準に比べて

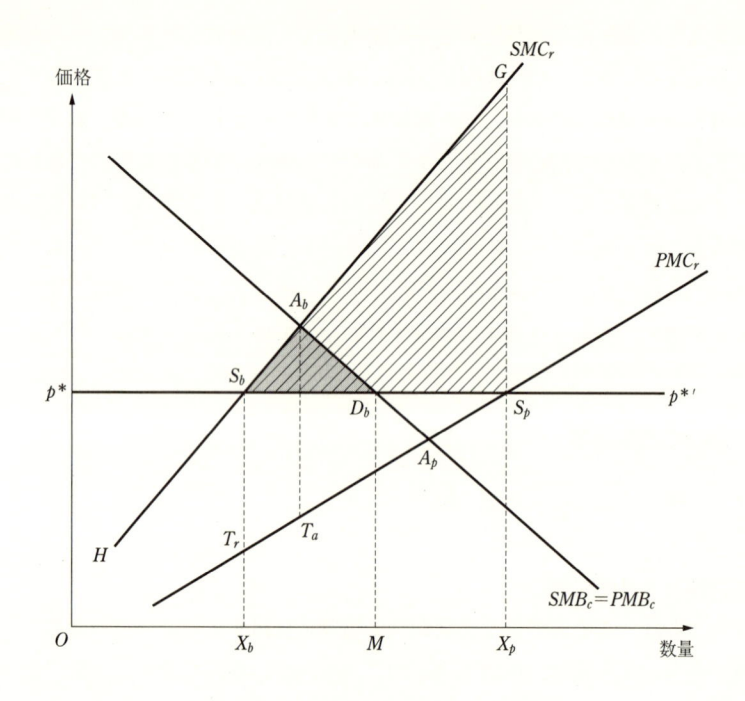

図 3-1　国内生産が生む局地的外部不経済

国際価格の方が低いので，輸出ではなく，むしろ適切な環境政策のもとで輸入をすることが当該国にとって望ましい．これは次のような理由による．

貿易開始後の状況で一国経済にとっての効率的な資源配分は，国内消費の社会的限界便益がそれを可能とする社会的な限界調達費用に等しくならなければならない．すなわち，国内消費量の規模にかかわらず，与えられた消費量を実現するために必要な総消費調達費用が最小にならなければならない．他国との貿易を行う機会を考慮すると，国内消費調達には国内生産と輸入による2つの方法がある．総調達費用を最小にするためには，国内生産の社会的限界費用と貿易を介した他国との限界取引費用（＝国際価格）を等しくさせればよい．

したがって，図に描かれているように効率的な国内生産量は X_b となる．この生産量を実現するためには，国内生産に対して物品税に換算して1単位当たり $S_b T_r$ だけの環境税を課さなければならない．国内総消費量が X_b 以下であれ

ば，外国から輸入する場合に比べて国内生産の社会的費用の方が少なく，X_b を上回ればその追加分については外国からの輸入の方が割安となる．その結果，国内消費の社会的限界調達費用曲線は図の折れ線 HS_{bp}^* となる．当該国にとっての効率的な消費量は，こうして求められた社会的限界調達費用曲線と社会的限界便益曲線 SMB_c との交点 D_b に相当する消費量となる．効率的な生産は点 S_b，効率的な消費は点 D_b となるので，線分 D_bS_b の量だけ外国から輸入を行い，自給自足の場合に比べて領域 $A_bD_bS_b$ に相当する貿易利益を享受する．

こうした効率的な貿易取引に比べると，環境規制がない場合の貿易取引では国内生産が過剰となり領域 S_bS_pG に相当する社会的損失が発生する．なぜならば国内生産量が X_b から X_p へと増えることで汚染による社会的損失を含めた総生産費用は社会的限界費用曲線の下側の領域 $S_bX_bX_pG$ だけ増えるが，それは国内生産増加に伴い削減された輸入費用の減少額 $S_bX_bMD_b$ と輸出開始により得る輸出収入増分 $D_bMX_pS_p$ の和をちょうど前述の領域 $A_bD_bS_b$ の分だけ上回るからである．

国内消費による局地的汚染

同様の貿易に対する歪みは，国内消費が環境汚染を生む場合にも発生する．この状況が図3-2で示されている．先のケースとは異なり，国内消費の社会的限界便益曲線 SMB_c が私的限界便益曲線 PMB_c よりも下方に位置していることに注意されたい．

先ほどと同様の理由で，貿易開始前の効率的な自給自足均衡は点 A_b，貿易開始後の効率的生産は点 S_b，効率的消費は点 D_b で表される．この貿易後の効率的資源配分を実現するためには，国内消費に対して物品税に換算して1単位当たり D_bT_c だけの環境税を課す必要がある．こうした適切な環境政策のもとで当該国は領域 $A_bD_bS_b$ に相当する貿易利益を享受できる．しかし，環境規制がなければ点 D_p に示されるように国内消費は過剰となり，効率的貿易パターンは輸出であるにもかかわらず輸入国となり，貿易開始により領域 D_bGD_p に相当する損失を被ってしまう．

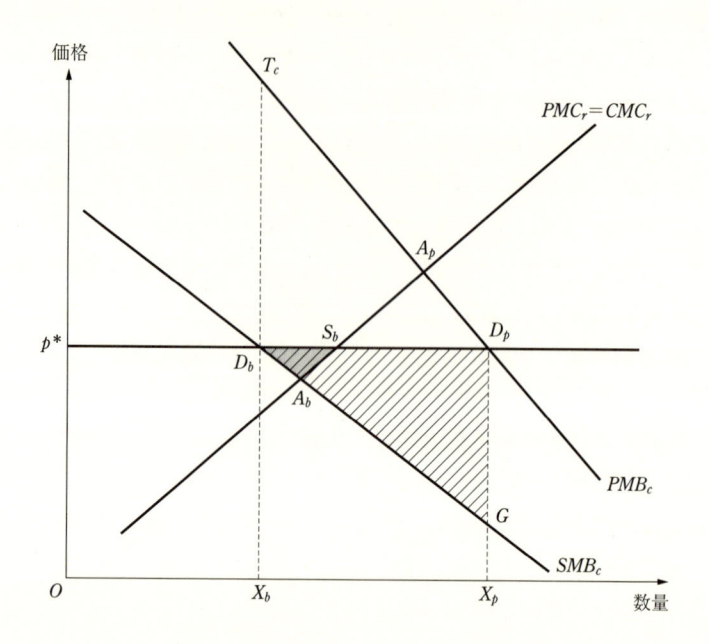

図 3-2 国内消費が生む局地的環境汚染

輸出入による局地的汚染

　局地的汚染としていまひとつ考えられるのは，輸出入による汚染である．たとえば国内消費をする限り必要ないが，外国に輸出する場合には，海上運輸が必要となり港湾の建設や港に出入りする船舶により漁場が荒らされたり，空輸に必要な空港建設のための森林伐採等により自然環境が破壊される場合がある．これらは貿易相手国の経済活動水準が直接当該国の環境を汚染する越境的汚染というよりも，貿易活動そのものから生まれる局地的汚染の部類に属する．図 3-3 は，こうした輸出入による局地的汚染の状況を表している．

　輸出入による局地的汚染がもたらす限界損失を考慮した外国との社会的限界取引費用曲線が図の直線 SMC_f^1 である場合を考えてみよう．外国との私的限界取引費用曲線 PMC_f は高さが国際価格 p^* に等しい直線で表されていることは言うまでもない．貿易開始後に効率的資源配分を実現するためには，外国からの輸入に対して物品税に換算して 1 単位当たり $S_1 T_f^1$ の環境税を課さなけれ

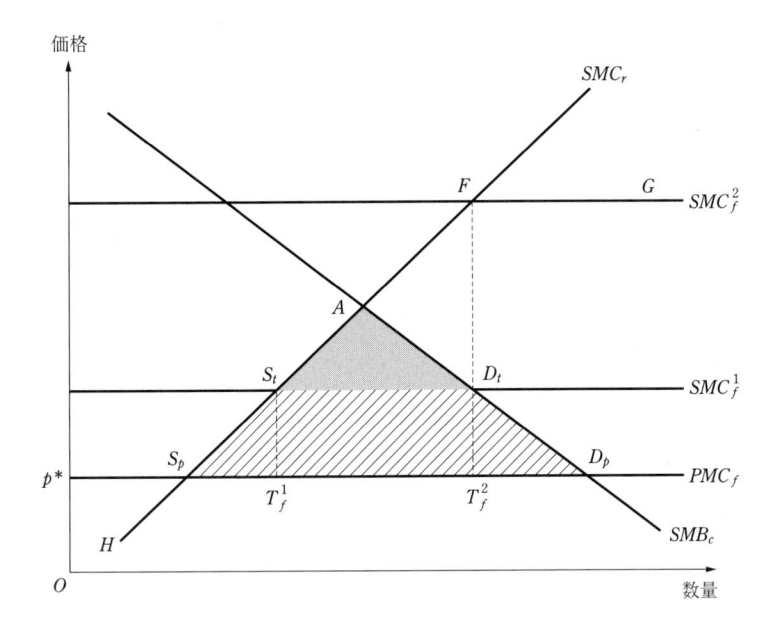

図 3-3 輸出入による局地的汚染

ばならない．そうしなければ，図の斜線をつけた領域 $S_1 S_p D_p D_1$ に相当する損失を被ってしまうからである．

　輸出入による局地的汚染による損失がさらに大きくなって，対応する外国との社会的限界取引費用曲線が直線 SMC_f^2 で示されるような水準になったらどうだろうか．先の国内生産による局地的汚染についての分析と同様に考えると，国内消費のための社会的限界調達費用曲線は図の折れ線 HFG となる．したがって，効率的消費は自給自足均衡点 A の水準となり，対応する効率的な国内生産も自給自足水準と一致する．すなわち，貿易を行うことは望ましくない．

バグワッティの政策割当原理

　以上の分析から次の3つの重要な結果が得られる．第一に局地的汚染からの社会的損失を適切に補正しないと，貿易パターンが非効率となり，貿易による利益が減少するばかりか，貿易開始によりむしろ損失を被る．貿易により潜在

的な利益享受機会があるにもかかわらず国内市場を閉鎖しているという歪みに加えて，局地的汚染という外部効果による歪みが同時発生していることに注意すれば，次善の理論が成り立ち，ここで得た貿易による損失の議論も容易に理解できよう．

第二に，他国の貿易を考慮しない閉鎖経済においては，局地的汚染が国内消費によるものなのか，また国内生産によるものなのかはさほど重要ではなかったのに対して，貿易が行われている状況では汚染の発生原因が何かということが決定的に重要である．閉鎖経済における環境汚染による非効率は，国内消費の社会的限界便益と国内生産の社会的限界費用が乖離することによって発生し，その乖離部分を課税により内部化することがピグー的補正策の本質だった．その意味で，環境税を消費者に課すか，生産者に課すかはたいして問題とはならなかった[2]．だが，いったん貿易が開始されると，効率的な資源配分実現のためには，国内消費，国内生産，そして外国貿易における限界価値が互いに等しくなることが必要となり，汚染源がどこであるかが本質的に重要となるのである．

第三に，こうした局地的汚染に対する補正策としては，汚染源に対する適切な課税策が最善の政策である．こうした政策原理は次のように一般化が可能である．すなわち，いかなる単一の市場の失敗に対しても，その補正で目指される経済活動水準に対して直接働きかける金銭的誘因供与政策が最善の政策である．これがいわゆるバグワッティの**政策割当原理**（Bhagwati's targeting principle）と呼ばれているものである[3]．

2.2 貿易と環境

局地的汚染であれ，また越境的汚染であれ，貿易に関わるいまひとつの論点がある．それは，貿易開始が環境汚染を悪化させるか，それとも環境改善をも

---

[2] もちろん生産・消費量の削減ではなく，汚染物質排出と他の生産要素との代替を通じた排出削減活動を考えると，排出源泉に課税することが効率的であることは言うまでもない．この点については第2章（清野論文）を参照されたい．

[3] バグワッティの政策割当原理は，本来，非経済的目標の達成に必要なもっとも効率的な政策実施ルールとして導かれた．Vousden (1990) に比較的わかりやすい説明がある．基の論文 Bhagwati (1971) も参照されたい．

第3章 国際相互依存下の環境政策　　145

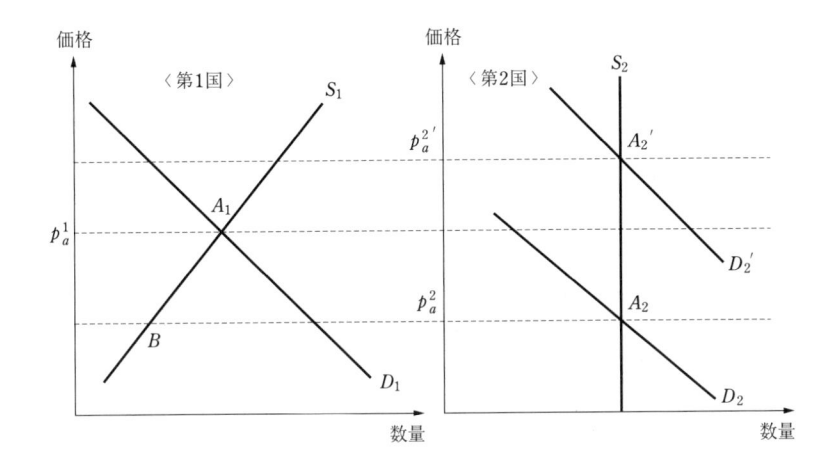

図 3-4　貿易と環境汚染

たらすかという問題である．結論から言えば，この問題に対して断定的な回答を出すことはできない．貿易開始により環境汚染が悪化することも，回避できることもあるからである[4]．

たとえば第1国と第2国の2国からなる世界を考えてみよう．説明を簡単にするために，両国が貿易取引するある財について，いずれの国の生産活動も越境的汚染，それも地球規模の汚染を生む場合を考えてみよう．各国の生産活動が生産物1単位当たり同量の汚染物質を排出する場合を考えれば，貿易開始により世界全体の環境が改善するか悪化するかは，世界全体の生産量が減少するか増加するかによって決まる．この点に注意して，図3-4で示される状況を考えてみよう．

図のパネルAは第1国の経済状況を表し，曲線 D_1 は国内需要曲線，曲線 S_1 は国内供給曲線を表している．したがって，貿易開始前の自給自足均衡は点 A_1 である．他方，パネルBは第2国の経済状態を表している．図では第2国の国内供給曲線が完全に垂直な直線 S_2，国内需要曲線は曲線 D_2，D_2' のい

---

4) 貿易が環境に対して及ぼす影響については，たとえば Antwiler, Copeland and Taylor (2001), Copeland and Taylor (1994, 1995a, 1995b), Ludeman and Wooton (1994) を参照されたい．

ずれかの形をとるものとする．したがって，国内需要曲線が D_2 であれば自給自足均衡は点 A_2，D_2' であれば点 A_2' となる．

はじめに第2国の国内需要曲線が曲線 D_2 となる場合を考えてみよう．このとき，自給自足均衡価格は第1国の方が高いために，両国が貿易を開始すれば，第1国は当該財を輸入するようになり，その国内生産量は減少する．第2国の国内生産量は一定なので，貿易開始により世界全体の生産量が減少，すなわち汚染物質排出総量は減少し，環境が改善する．

だが，第2国の国内需要曲線が曲線 D_2' の場合は，逆の結果が成り立つ．すなわち，第1国の国内生産量が増えてしまい，世界全体の環境は悪化してしまう．

このように貿易開始が，各国にとってはもちろん世界全体に対しても環境改善をもたらすか否かは一概に言えない．したがって，どのような性質の汚染物質をどのような生産技術・需要条件のもとで各国が排出しているかについて詳細な情報を集めて，ケースごとに判定して行かざるを得ない．だが，こうした問題よりももっと重要な問題がある．それは，環境汚染に対する対応を各国政府に任せてしまうと，貿易がない場合には望ましかった政策も貿易を通じた国際相互依存下ではむしろ弊害を生む可能性があることである．項を改めてこの点を検討しよう．

2.3 環境規制と貿易・国際分業パターン

環境汚染が局地的であるか，越境的であるかにかかわらず，その対応を各国政府に任せれば，自国の厚生だけを考慮した政策決定が行われてしまう[5]．

すでに第2章（清野論文）で明らかにしたように，たとえば排出税の場合，効率的な税率は排出される汚染物質がその国にもたらす社会的限界損失に等しかった．ここで注意すべきは，問題となる汚染物質排出の社会的限界損失がそ

---

5) 環境汚染が局地的であれば，本来，各国は自国の厚生だけを考慮して環境政策を決定すればよい．だが，後に議論するように，その場合であっても自国の環境政策が他国で同様の汚染物質を排出する企業の行動にどのような影響をもたらすかを予め的確に考慮しなくてはならないことに注意されたい．さもないと自らが課す環境規制が貿易パターンや企業の国際的立地に影響を及ぼして，他国に対しても大きな影響を及ぼしてしまう可能性があるからである．

の国にとっての固有の価値判断に基づくという点である．したがって，環境の質に対してより敏感な国民であれば，同じ汚染物質排出量でも損失額の社会的評価が高くなる．すなわち，環境変化に敏感な国の方がそうでない国に比べて高い排出税率，より厳しい環境規制を課す傾向がある．こうした政策対応の違いは，貿易パターン，さらには各国企業の工場立地先の決定（すなわち企業の国際移動）に影響を与えて，資源配分を著しく損なう可能性がある[6]．

たとえば前項と同様に貿易取引を行う2国を考えてみよう．説明を簡単にするために，それぞれの国の企業にとっての生産の私的平均費用および生産量1単位当たりの汚染物質排出量（すなわち排出係数）は一定としよう．第i国の私的平均生産費用をc_i，排出係数をe_i，第i国政府が課す排出税率をt_iで表すと，第i国企業が母国にとどまって生産活動を行えば平均費用は$c_i+t_ie_i$，他国に工場を移せば$c_i+t_je_i$となる．このように企業にとっての平均費用は工場立地先で課される排出税率に依存する．そこで，第2国に比べて第1国は私的平均費用は低いが排出係数が高い場合について，それぞれの企業の平均費用と排出税率の関係を図に描くと，図3-5のようになる．

図の直線$c_1c_1{}'$が第1国企業の平均費用曲線，直線$c_2c_2{}'$が第2国企業の平均費用曲線を表している．いずれの国も排出税を課さなければ，第1国企業の平均生産費用c_1は第2国のそれc_2よりも低いので，第1国企業が母国にとどまり，国内生産はもとより第2国へも輸出する．第2国企業は生産できないことがわかる．

しかし，両国が排出税を採用するようになるとどうか．排出税率の引上げによる費用増分は，排出係数の高い第1国企業の方が大きい．したがって，たとえば両国政府が同率の排出税率を課しても，排出税率が十分高く，図の$\bar{t}$を超えるようになると費用条件は逆転して，第2国が両国の市場に対して独占的に供給するようになる．

---

6) 一国の環境政策が企業の国際的立地に及ぼす影響を論じた論文は非常に多く，たとえば Markusen, Morey and Olewiler (1993, 1995), Hoel (1997), Motta and Thisse (1994), Ulph and Valentini (2001) 等が興味深い．だが，生産物市場における競争構造，言い換えると完全競争であるか否か，また不完全競争の場合にはどのような競争が展開されるかについて適切な配慮をした上で，どのような市場構造要因が固有の歪みを生み出すかについて整理しているものはない．

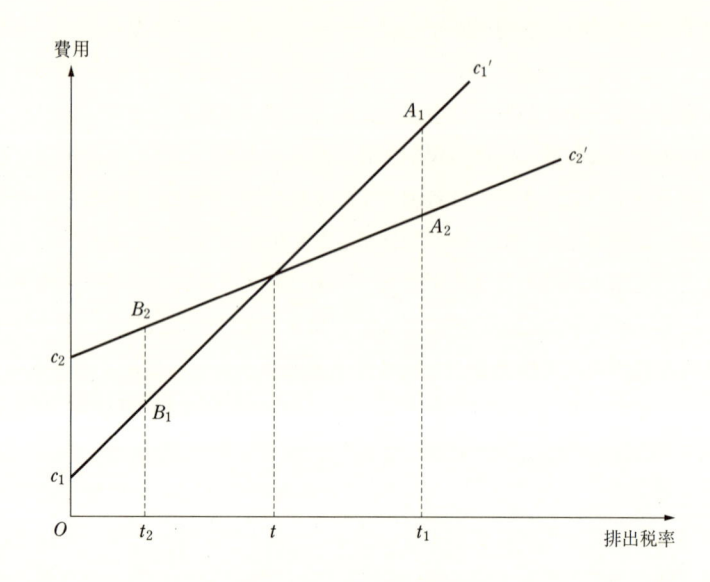

図3-5 排出税率と費用条件

以上の点を踏まえて，第2国に比べて第1国の方が環境変化により敏感で，高い排出税率を課す場合を考えてみよう．とくに，第1国の排出税率が t_1，第2国のそれが t_2 の場合を考えると，両国企業が工場立地点を変えなければ，第2国企業の平均費用は第1国企業に比べて低くなり，第2国企業だけが生産を行う．

工場立地と環境規制

しかし，企業が工場立地点を変更できる場合を考えると，状況はさらに変化する．いずれの企業も費用をできるだけ減らすように工場立地点を選ぶインセンティブをもっている．この点を踏まえて図を見るとわかるように，第1国企業は第2国に工場を移転することで第2国企業よりも平均費用を減らせ，生産が可能となる．その結果，第2国企業は操業を停止せざるを得なくなる．今度は，第1国企業だけが第2国内で生産を行うようになる．

このように企業の生産立地点変更まで考慮すると，各国が自国の厚生だけを考えて排出税率を決めたときには，生産立地点分布も含めた国際的分業パター

ンが大幅に変化する傾向がある．こうした問題は，生産活動を通じた環境汚染だけにとどまらない．消費を通じた環境汚染を考えると，さらに異なる影響が生まれる．

市場分断

　消費を通じた環境汚染の問題を考えるために，各生産物を消費することで汚染物質が排出される場合を考えよう．言い方を換えると，各国企業が生産する財は消費からの直接の便益は等しいが，それに体化した汚染物質の量が異なる場合を考える．このような場合，各国政府がそれぞれの企業の生産物に体化された汚染物質の含有量について完全な情報をもつとすれば，汚染物質含有量に対して一律の排出税率を課せばよい．こうした税を**汚染物質含有税**（pollution-content tax）と呼ぶ[7]．

　したがって，先の例における排出係数を汚染物質含有量として見直してやれば，物品税に換算した環境税は第1国企業の生産物の方が高くなる．だが，こうした排出税は，物品税の観点からすれば差別的な課税となるばかりか，内外市場を分断する働きをもっている．

　先の例に基づいて第1国の方が環境変化により敏感で，高い排出税率，したがって汚染物質含有税率を課す場合を考えよう．第1国の汚染物質含有税率を図3-5の t_1，第2国のそれを t_2 とする．各国の汚染物質含有税率を所与としたとき，第1国企業が第1国市場で販売しようとすれば費用は t_1A_1 となるが，第2国企業が第1国市場で販売しようとすれば費用は t_1A_2 となり，より低い．したがって，第1国市場では第2国企業が販売を行い，第1国企業は市場から駆逐されてしまう．しかし，第2国市場の販売については，第2国企業の費用 t_2B_2 よりも第1国企業の費用 t_1B_1 の方が低くなるために，第1国企業が独占的に販売するようになる．

　このような市場構造が生まれるのは，汚染物質含有税率により両国の市場が分断されるためである．国ごとに汚染物質含有税率が異なると，各企業は販売

---

7) 汚染物質含有税を貿易政策として取り上げたものとしては，Copeland (1996) を参照されたい．

市場ごとに差別化された税制に直面する．汚染物質含有税率が高ければ，それは汚染物質含有量が少ない生産物を生産する企業を競争上相対的に有利にする．言い換えると，汚染物質含有量の多寡が当該国市場への参入条件を左右し，その結果，ある国での販売で競争上有利な企業が他国では必ずしも競争上有利とはならないという意味で，汚染物質含有税率が異なる国の間で市場が分断されてしまうのである[8]．

エコ・ラベル

汚染物質含有税は政府による公式な貿易介入である．だが，それとよく似た働きをもつものにいわゆるエコ・ラベル（eco-labelling）がある[9]．これは，適当な基準で測って，生産物の生産・消費が環境に対してもたらす損害が少ないという意味で「環境にやさしい」製品であることを保証するラベルなどを付けて，他の製品との差別化を図る民間の自発的な認証制度である．環境に関する情報をラベルなどに表示することで，消費者に環境負荷の少ない商品の選択を容易にしてそのような商品の消費を相対的に促し，さらに，その結果として，企業に環境負荷の少ない商品の生産および開発を促進させることを狙っている[10]．

従来の消費者行動理論では，生産物消費が直接個人にもたらす満足だけに関心が払われてきたが，環境問題が深刻化するにつれて個人の消費行動にも変化が見られるようになった．すなわち，自分の消費活動が，環境にどの程度損害を与えるかを強く意識するようになった．しかし，各生産物がいかなる意味でどの程度環境に対して「やさしい」かを的確に判断するための情報を，個人はもっていない．エコ・ラベルは，こうした環境意識の高い消費者に対して消費選択時の貴重な情報提供の役割を果たしているとも言える．しかし，このエ

---

8) 同様の現象は，いわゆるローカル・コンテント規制でも生じる．この点については Takechi and Kiyono (2003) を参照されたい．

9) エコ・ラベルについての詳細な考察・分析については，たとえば Abe, Higashida and Ishikawa (2002) や Zarilli et al. (1997) を参照のこと．

10) 1977 年に西ドイツが最初のエコ・ラベル「ブルー・エンジェル」を導入して以来，環境への関心の高まりを受けて，エコ・ラベル制度を導入する地域・国が増えてきている．日本でも「エコマーク」が 1989 年に導入された．

コ・ラベルにはいくつかの問題がある．

　第一に，環境に対する「やさしさ」の基準は何か，不透明である．経済活動が環境に及ぼす影響は多岐にわたり，複合的要素をもっている．にもかかわらず，いくつかのエコ・ラベルに見られるように，消費活動による直接的影響だけでなく，原材料調達，生産工程にまで遡った環境への影響まで考慮すれば，多くの異なるタイプの影響についてどのような総合的評価を下すかについて恣意性を排除することができない．また，この場合，原材料調達・生産工程・消費・廃棄などの製品のライフ・ステージが複数の国に跨る場合はさらにやっかいなことになる．

　第二に，環境税の場合と同様に，環境に対するさまざまな影響のうちどれをどのくらい重視するかによって各国のエコ・ラベル認定基準は異なり，その結果，他国の製品に対する非関税障壁となりやすい．認定基準が曖昧な場合や審査プロセスが不透明な場合はとくに問題である．

　第三に，通常の政府による非関税障壁と異なり，エコ・ラベルは民間の自発的認証基準であることから，それが他国製品に対して差別的な参入阻止戦略として用いられるおそれがある．実際，各国ではそれぞれ異なる認定基準のもとで別のエコ・ラベルを発行している．その結果，一国内でエコ・ラベルを獲得した生産物であっても，必ずしも他国におけるエコ・ラベルを獲得できる保証はない．他国のエコ・ラベルを獲得できない理由が，単にその国の認定基準を満たしていないためなのか，それともその国の国内の競合事業者による競争排除的動機に基づくものなのかについて明確な判定を下すことが困難な場合が多い．

　第三の問題が複雑なのは，輸入国のエコ・ラベルを獲得できなくとも，輸出国企業は制度的な参入障壁には直面していないということである．そのために，エコ・ラベルが新たな貿易障壁として問題とされることはこれまであまりなかった．だが，エコ・ラベルによる認定制度は，国内消費者に対して「環境にやさしい」財と「やさしくない」財を区別させ，したがってエコ・ラベルがなければ統合されていた市場を別々の市場として分断する働きをもつ[11]．その

---

11)　とくに，生産工程・生産方法のみの相違から財を区別することは，同種の産品（like products）には同等の待遇を与えるべきというWTOの基本理念と緊張関係に立ちうる．

結果，エコ・ラベルを得た生産物は，以前よりも高い価格をつけることが可能となり，「環境にやさしくない」財に比べてレントを得ることができるようになる．したがって，国民の多くが環境変化に敏感な個人からなる場合には，エコ・ラベルを貼れない生産物は実質的に販売が不可能となる．消費者に対して一見情報支援の働きをもつ制度であっても，それは市場分断を通じて競争を損なう働きをもつことを忘れてはならない．この意味で，エコ・ラベルの認定基準については，何らかの国際的な制度のハーモナイゼーションが必要である．

3. 環境政策と貿易・産業構造

前節では環境政策が個別産業の生産・消費・貿易取引に及ぼす影響を検討した．しかし，環境政策の効果は，1つの産業にとどまらず，他の産業，そして経済全体へと及ぶ．とくに，地球温暖化の原因である温室効果ガスは，いかなる産業においても排出される．そのために，対応する環境政策の効果も経済全体の観点から検討する必要がある．本節では，環境政策が一国の貿易・産業構造に及ぼす影響について議論する[12]．

3.1 基本モデル

議論の見通しをよくするために，2財（X財とY財）を生産・消費する小国経済を考えよう．

それぞれの財の生産は，消費活動に損害を与える同一の環境汚染物質（たとえば温室効果ガス）を排出する．汚染物質排出量を生産活動に要する環境資源投入量と読みかえ，各財は汚染物質排出量と他の通常の生産要素（以下，労働と呼ぶ）を用いて規模に関して収穫一定な技術のもとで生産されるものとする．政府による環境規制がない場合に i $(i=X,Y)$ 財を1単位生産するために必要な労働投入量を l_i^0，汚染物質排出量を z_i^0 と記そう．さらに，労働賦存量を $\bar{L}$ で一定とする．

[12) 以下，3.4 項までは Ishikawa and Kiyono (2002) に基づいている．環境政策と貿易・産業構造の関わりを論じたものとしては他に Copeland and Taylor (1994) がある．]

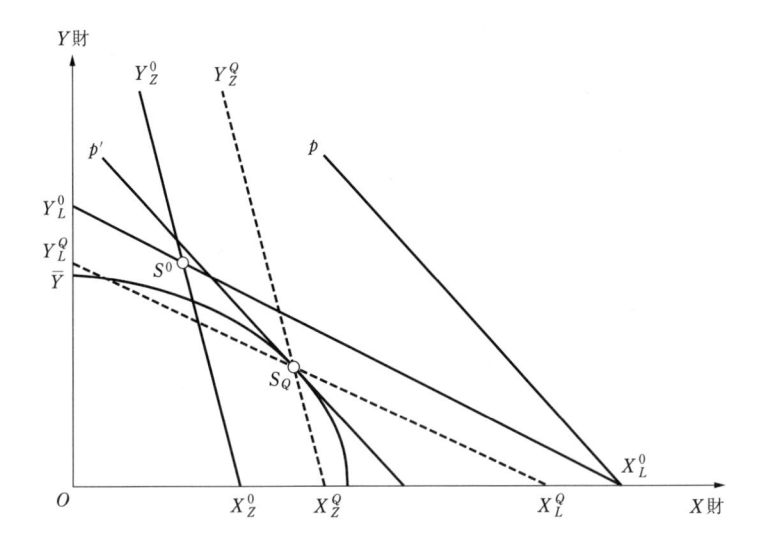

図 3-6　環境規制と貿易・産業構造

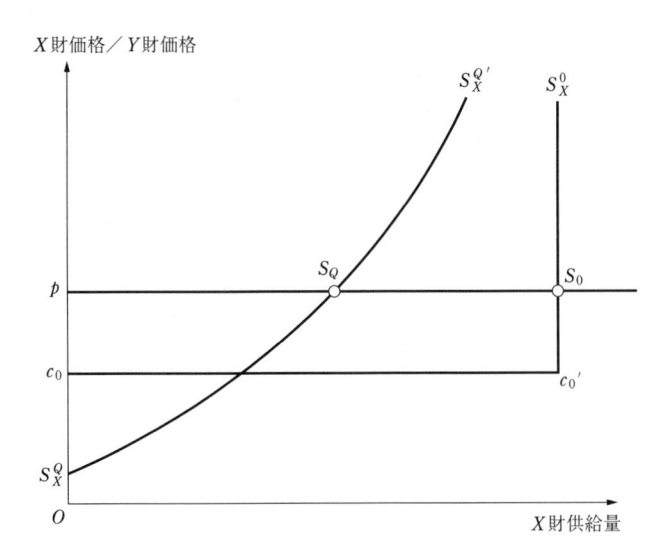

図 3-7　環境規制と供給曲線

環境規制がなければ，各企業は汚染物質排出を何ら考慮せず，生産決定を行う．その結果，賃金率を w^0 とすれば，i 財の平均費用は $w^0 l_i^0$，経済全体の生産可能性フロンティアは図3-6に描かれている直線 $X_L^0 Y_L^0$ のように一定の限界変形率 l_X^0/l_Y^0 をもつ直線となる．したがって，X 財の Y 財に対する相対価格 p が l_X^0/l_Y^0 を上回れば X 財に完全特化，逆に下回れば Y 財に完全特化する．対応する X 財の供給曲線は図3-7 に描いたような折れ線 $0c_0c_0'S_X^0$ となる．

たとえば世界市場における X 財の Y 財に対する相対価格が相対価格 l_X^0/l_Y^0 を上回る p という水準となる場合を考えてみよう．図3-6からわかるように，当該国は X 財生産に完全特化し，生産の均衡は点 X_L^0 となる．供給曲線を用いれば，対応する均衡は図3-7の点 S_0 となることに注意されたい．

3.2 国内排出権取引市場の創設

以上のような産業構造をもとにして，当該国政府が経済全体での汚染物質を規制したらどうなるだろうか．環境規制が実施される以前では，各企業は無料で環境資源を利用，つまり汚染物質を排出できた．しかし，規制が課されることによりそうした自由な排出はできなくなる．すでに第2章（清野論文）でも指摘したように，こうした環境規制手段として代表的な措置は，次の3つである．

1. 排出税
2. 汚染物質排出総量規制としての国内排出権取引市場の創設
3. 汚染物質の排出率基準規制

すでに明らかとなったように，部分均衡分析の枠組みでは，最初の2つの政策は互いに同値であり，最後の政策とは異なる効果をもつ．しかし，いったん貿易産業構造の変化といった産業間の相互連関が考慮されると，排出税と排出権取引の同値さえも崩れてしまう．まずはこの点を明らかにしよう．そのためには，図3-6，図3-7で示された環境規制が導入される前の均衡において排出される水準に比べて，経済全体の汚染物質総量を規制する場合を考えてみればよい．

排出総量が十分少なければ，この国が X 財に完全特化を続けることはできなくなる．こうした状況を描いたのが，環境規制実施前に各産業の排出係数 z_i^0 $(i = X, Y)$ を用いた環境資源制約を表す図3-6の直線 $X_Z^0 Y_Z^0$ である[13]．

排出総量規制としての国内排出権取引市場が創設されると，現行の技術を前提としたまま X 財への完全特化を行おうとすれば，経済全体での汚染物質排出量は規制水準を上回ってしまい，実行不可能である．いまや汚染物質排出権は生産活動を行う企業にとっては購入が不可欠で有料な生産要素となる．その結果，排出権に正の価格がつき，各産業は以前よりも労働を追加投入することで汚染物質排出を削減するインセンティブをもつようになる．新しい均衡においては，各産業における排出係数は以前よりも小さくなり，対応する環境資源制約線は以前よりも外側にシフトした点線 $X_Z^Q Y_Z^Q$，労働投入係数は以前よりも大きくなり対応する労働資源制約は以前よりも厳しくなり，労働資源制約線は以前の直線 $X_L^0 Y_L^0$ から点線 $X_L^Q Y_L^Q$ へと内側にシフトする．新しい均衡における両財の組み合わせは，両資源制約線の交点 S_Q となる．図からわかるように環境資源制約は X 財産業に相対的に強く働いている．これは X 財産業が Y 財産業に比べてより汚染物質集約的であることを表している[14]．

重要なのは，汚染物質排出総量規制のもとで国内排出権取引が実施されると，これまで無料で利用できたという意味での不払い要素としての環境資源が有料となるという点である．その結果，排出総量を所与とすれば，環境規制がなかった場合のリカード型の生産構造から環境規制後には標準的なヘクシャー・オリーン型の2要素モデルで記述される経済に変化する．図3-7に描かれているように，これに対応して当該国の X 財の供給曲線も，折れ線から右上がりの曲線 $S_X^Q S_X^{Q'}$ で示されるようになる．経済は完全特化から不完全特化へと移行し，生産均衡は図3-6および図3-7の点 S_Q で表されるようになる．

---

[13] 具体的には，環境資源制約線 $X_Z^0 Y_Z^0$ は環境規制実施前の排出係数のもとで経済全体が排出する汚染物質総量 $z_X^0 X + z_Y^0 Y$ が規制総量 Z とちょうど等しくなる生産量の組み合わせを表している．

[14] 実際，環境規制前の投入係数を用いると，労働資源制約線の傾きが環境資源制約線の傾きに比べて小さいことから，$l_X^0/l_Y^0 < z_X^0/z_Y^0$ が成り立つ．これを変形すると，$z_X^0/l_X^0 > z_Y^0/l_Y^0$ となり，標準的なヘクシャー・オリーン・モデルにおける要素集約度の定義に基づけば X 財産業が相対的に汚染物質集約的と言える．

3.3 排出税の効果

すでに第2章（清野論文）で議論したように，国内排出権取引市場で実現する均衡排出権取引価格は，排出税としての働きをもつ．それでは，排出権取引ではなく，この均衡排出権取引価格に等しい排出税を実施したらどうだろうか．

容易に確認できるように，排出権取引で実現した賃金率のもとで以前と同じ生産均衡は実現しうる．だが，重要なのはそれ以外の生産量も実現可能となるという点である．排出権取引価格＝排出税と対応する均衡賃金率を所与としたとき，各産業における労働投入係数と排出係数は費用を最小にするように決定される．したがって，排出税を所与とする限り，いずれの産業も排出税さえ支払えばいくらでも生産を増やせるようになる．不完全特化が続く限り排出権取引規制下の賃金が成り立つので，各産業の平均費用も一定となり，曲線 $S_X^Q S_X^{Q'}$ から再び折れ線 $0 p S_0 S_X^0$ へと変わってしまう．これに対応して X 財産業の供給曲線も右上がりの曲線 $S_X^Q S_X^{Q'}$ から再び折れ線 $0 p S_0 S_X^0$ へと変わってしまう．その結果，当該国が直面する生産物価格が当初の p からほんのわずかでも増減すると，対応する生産均衡は完全特化から生産量ゼロと大幅な変化をするようになる．

言い方を換えると，排出総量規制としての国内排出権取引に比べて排出税政策の場合には生産パターンが非常に不安定なものになる傾向がある．これは，排出権取引の場合には汚染物質排出総量に一定の枠が課されていたのに対して，排出税の場合にはその枠が取り払われ，国内生産均衡に応じて決定される内生変数となってしまうためである．

3.4 排出率基準規制

それでは排出率基準規制はどのような効果をもつだろうか．排出税と同様に，排出総量規制としての国内排出権取引における均衡で実現する排出係数を規制水準として課す場合について，他の政策と比較検討しよう．

排出権取引の均衡から出発して排出率基準規制に移行すれば，各企業は排出権購入費用を払わなくて済むようになる．こうした費用削減効果は，排出係数が相対的に大きい，汚染物質集約的な X 財産業においてより大きくなる．そ

の結果，労働雇用を増やすためにY財産業よりも高い報酬を払うことができるようになり，生産を拡大する．その結果，再び経済はX財産業に完全特化してしまう．

このように排出率基準規制は，排出権取引や排出税に比べて，汚染物質集約的な産業に対して隠れた補助金（hidden subsity）としての効果を持つことに注意しなければならない．

3.5 生産に対する環境汚染効果と非凸性

これまでの議論では，各産業が排出する汚染物質は家計に損失を与え，生産者には直接影響を及ぼさないものとされてきた．しかし，工業部門が排出する汚染物質が国内の農林・水産活動に損害を及ぼす場合も多い．こうした生産面で働く環境汚染は最適な環境規制の設計という観点から見てより深刻な問題を生み出す．国民経済全体で生産活動が非凸性をもってしまうからである[15]．

たとえば先のX財部門を工業，Y財部門を農業として，工業生産を通じて排出される汚染物質が農業部門の生産性を低下させる場合を考えてみよう．説明を簡単にするために，第 i 財生産に必要な労働投入量は次のようなものだとする．

$$L_X = X$$

$$L_Y = (X + a_Y)Y$$

第2式が示すように，Y財産業で必要となる労働投入量は，X財産業の生産量とともに増加する．これはX財産業が排出する汚染物質がY財産業の生産性を低下させるといった生産面での環境汚染をもたらしていることを表していることに注意されたい．

労働賦存量を $\bar{L}$ とすれば，経済全体で生産可能な各財の生産量の組み合わせは次の労働資源制約式を満たさなければならない．

$$L_X + L_Y = \bar{L}$$

最初の2つの式を最後の式に代入すると，経済全体での生産可能性フロンティ

---

15) 生産に対する環境汚染が経済全体で非凸性の問題を引き起こすことについては，Baumol and Oates (1972) を参照されたい．

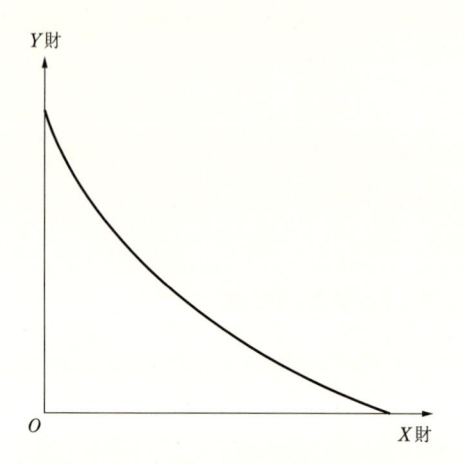

図3-8 汚染の生産に対する影響と経済の非凸性

アが次式で表されることがわかる.

$$Y = \frac{\bar{L}-X}{X+a_Y}$$

これを図解すると，図3-8のように原点に対して凸となる．これはX財の生産量が少なく，したがって，Y財産業の生産量が多いほど，Y財部門にとってはX財部門からの環境汚染を通じた負の外部効果による影響が少なくなり，生産性が向上するからである．もちろんこれをX財部門から見て，X財産業が規模に関して収穫逓増下にあると見なすこともできる．

いずれにせよ，このように生産可能性が非凸性をもつと，貿易パターンの決定はいわゆる収穫逓増経済における決定原理に従うようになる．その結果，各国はいずれかの産業に完全特化する傾向を持ち，ある国は緑豊かな農業国，別の国は緑がほとんどない工業国といった国際分業パターンが実現する．ただしどちらの分業パターンが特定の国にとって望ましいかは一概に言えない．そのためには，両財の国際相対価格がいくらか，またさらには生産面だけでなく消費の面における環境汚染の効果を考慮する必要があろう[16].

---

16) 同様の問題は，いわゆるマーシャルの外部効果により産業全体が収穫逓増となる場合にも発生する．この場合の貿易パターンの決定等についての問題については Ethier (1982a, b) 等を参照せよ．

4. 国際寡占と戦略的環境政策

これまでは完全競争の経済について，国際相互依存下の環境汚染やそれに対する規制がどのような効果をもつかを検討してきた．しかし，貿易取引される財の中には，寡占産業によって提供されているものがあることも無視できない．寡占産業の生産活動が環境汚染を生む場合に，各国政府はどのような補正的対応のインセンティブを持ち，それは世界全体から見てどのような影響をもたらすだろうか．

第2章（清野論文）で紹介した次善の理論によれば，汚染物質を排出する不完全競争産業には，一般に2つの歪みが存在する．第一は環境汚染という負の外部効果がもたらす過剰生産による歪み，第二は価格支配力による過少生産の歪みである．後者の効果があるために，第二の歪みを所与としたとき，すなわち企業の価格支配力を排除できない限り次善の排出税率は汚染物質排出の社会的限界損失を下回る傾向があった．

寡占産業の場合には，もう一つ歪みが発生する．それは企業間の戦略的相互依存から生まれる歪みである．戦略的相互依存による歪みは，国際寡占産業において重要な役割を果たす．なぜならば完全競争産業では経済的に非合理な輸出補助金が正当化されるのは，こうした寡占企業間の戦略的相互依存関係によるものだったからである[17]．

本節では，こうした問題意識のもとにすでに確立された感のある戦略的貿易政策についての議論を簡単に振り返った上で，国際寡占産業における戦略的環境政策について検討する．

4.1 国際寡占と輸出競争

議論の出発点として，同一財を生産し，すべて第三国に輸出する2国を考え，輸出国それぞれに企業が1社ずつ存在する場合を考えよう．説明を簡単にするために，各企業の平均費用は一定とし，生産量を選択変数とするクールノー型

---

[17] 以下で説明する国際寡占産業におけるいわゆる戦略的貿易政策に関する議論については，伊藤・清野・奥野・鈴村 (1988)，清野 (1993) を参照されたい．この分野についての基本的な文献として，たとえば Brander and Spencer (1981, 1988) をあげておく．

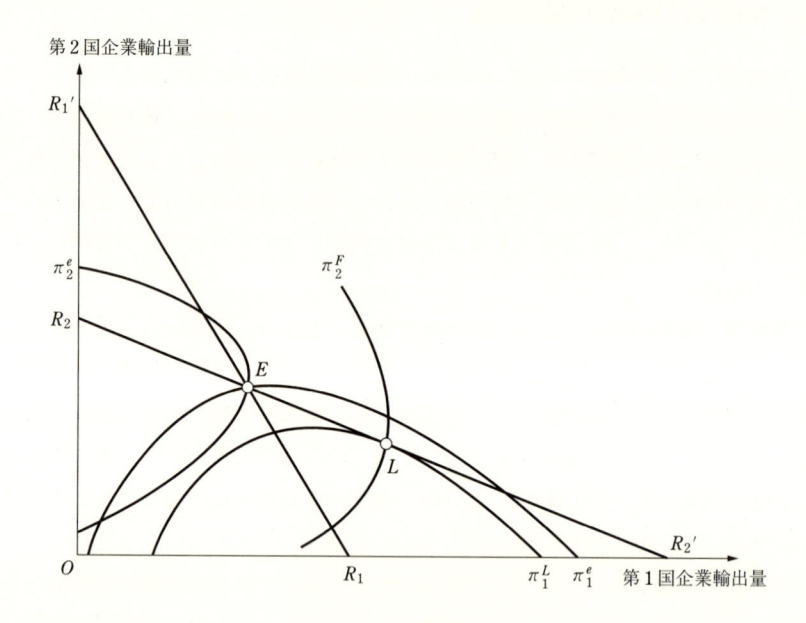

図 3-9　戦略的貿易政策

数量競争を繰り広げるものとする．こうした輸出競争の均衡は，反応曲線を使って図 3-9 のように表すことができる．

　図 3-9 の曲線 $R_i R_i' (i=1, 2)$ は第 i 国企業の反応曲線を表している．ライバル企業が十分多くの生産，たとえば図の R_i を行えば，第三国市場における販売価格が自己の平均費用を下回り，利潤最大化のために第 i 国企業は生産をやめる．他方ライバル企業が生産をしなければ，第 i 国企業は市場を独占し，独占生産量 R_i を選択する．点 R_i' では価格は第 i 国企業の平均費用に等しく，点 R_i では価格は平均費用を上回ることからわかるように，$0 R_i < 0 R_i'$ が成り立つ．以上のことからわかるように，クールノー型数量競争の標準的なケースでは各企業の反応曲線は右下がりで，その傾きの絶対値は 1 を下回る傾向がある．とくに反応曲線が右下がりであれば，他企業の生産量＝戦略水準の増加に対して，それにとって代わるように自己の生産量＝戦略水準を減らすために，各企業の生産量は他企業の生産量に対して**戦略的代替関係**（strategic substitute) にあるという[18]．そして，両反応曲線の交点 E はクールノー・ナッシュ均衡 (Cournot-Nash equilibrium) と呼ばれ，他企業の生産量選択を所与としたときに各企業が自らの利潤を最大にするという意味で最適な生産量を選んでおり，その結果いずれの企業も単独では生産量を変更するインセンティブをもたない生産量の組み合わせを表す．

　戦略的貿易理論によれば，こうした均衡は各輸出国にとっては最適ではない．輸出に完全特化しているので，各輸出企業が獲得する利潤は輸出国にとっての余剰を形成する．この点に着目すればわかるように，輸出国にとって最適なのは自国企業が輸出を通じて獲得する利潤が最大化されている状況である．たとえば第1国にとって最適な生産量の組み合わせはどのように求められるだろうか．そのためには，第1国企業にとって等しい利潤をもたらす各企業の生産量の組み合わせが描く軌跡，すなわち**等利潤曲線** (iso-profit curve) を描いてみるとよい．

　図に描かれた π_i^e $(i=1, 2)$ は各国企業の等利潤曲線を表している．これが自己の反応曲線との交点を頂点とした山型になるのは，次のような理由による．第1国企業の等利潤曲線を例にとると，点 E で第2国企業の生産量を所与として第1国企業が生産量を増減すると，その利潤は点 E よりも減少する．なぜならば第2国の生産量を所与としたときに点 E に対応する生産量を選択することで利潤が最大になるからである．生産量増減によって減少した利潤を補うためには，第2国企業が生産量を減らして市場価格が引き上げられることが必要である．以上のような理由で第1国企業の等利潤曲線 π_1^e が山型の曲線となる．また，ここでの議論からもわかるように独占均衡点 R_i に近い等利潤曲線ほど，対応する第1国の利潤は高くなることにも注意されたい．

　等利潤曲線の形状からわかるように，反応曲線 R_2R_2' で表される第2国企業の行動を所与として第1国企業の輸出利潤を最大にするのは，第2国企業の反応曲線と第1国企業の等利潤曲線 π_1^L との接点 L においてである．この点と

---

[18] 各企業が生産量ではなく価格を戦略として競争するベルトラン型価格競争の場合には，反応曲線は右上がりとなる傾向がある．この場合には，各企業の価格は他企業のそれに対して**戦略的補完関係** (strategic complement) にあるという．なお，戦略的代替関係および戦略的補完関係については，Bulow, Geanakoplos and Klemperer (1985) を参照せよ．

クールノー・ナッシュ均衡を比較してわかるように，クールノー・ナッシュ均衡では第1国企業の生産・輸出量は第1国の経済厚生最大化という観点からは過小である．この点 L は，第2国企業の生産量決定に先立ち第1国企業が第2国企業のその後の合理的反応をあらかじめ読み込んだ上で生産量決定する場合に実現する，いわゆる**シュタッケルベルク均衡**（Stackelberg equilibrium）に相当する[19]．このとき第1国企業はシュタッケルベルク・リーダー，第2国企業はリーダーの意思決定を与えられたものとして意思決定するシュタッケルベルク・フォロワーと呼ばれる．

だが，このシュタッケルベルク・リーダーとしての地位を第1国企業は自力では獲得できない．そのためには点 L に対応する生産量を選び，事後的にも変更のインセンティブをもたないという意味で，当該生産量にコミットできなければならない．しかし，それを保証する手だてを第1国企業はもっていない．

4.2 戦略的貿易政策

このように民間の自発的意思決定だけに委ねていると，各輸出国の経済厚生は最大化されない．しかし，各企業の生産量決定に先立って第1国政府が自国企業に生産＝輸出補助金を供与することで，自国企業に点 L に対応する生産量を選ぶように誘導することが可能である．実際，第1国政府が補助金を供与すれば，第1国企業が生産量を決定する際に以前よりも補助金の額だけ限界費用が低下し，生産を増やすインセンティブをもつようになる．すなわち，図3-9 において第1国企業の反応曲線は右方にシフトする．したがって，政府が補助金額を適切に選ぶことで，補助金下の第1国企業の反応曲線と第2国企業の反応曲線 $R_2R'_2$ との交点がちょうど点 L となるようにすることができる．

自国企業に供与する補助金は，政府から民間への単なる所得再分配に過ぎないので，それ自体は国民経済厚生には影響を及ぼさない．したがって第1国企業が獲得する利潤から補助金総額を差し引いた額，いわば**社会的利潤**（social profit）と呼べるものと各企業の生産量との関係は補助金がなかった場合のそ

---

[19] またゲーム理論の枠組みで考えると，第1国企業を先手，第2国企業を後手とする逐次手番ゲームの**部分ゲーム完全ナッシュ均衡**（subgame-perfect Nash equilibrium）に他ならない．

れと変わらない．したがって，点 L が実現されれば，まさに第 1 国の経済厚生が最大になる．

補助金により自国厚生を改善できるのは，次の理由による．第一に，政府による政策介入が企業の意思決定に先立って行われ，企業間競争の市場条件を変更できるという点が重要である．第二に，課税でなく補助金が望ましい政策となるのは，自国企業の生産量増加により外国企業の生産量を減らせるからである．これは外国企業の生産量が自国企業のそれに対して戦略的代替関係にあるからである．

4.3 戦略的環境政策と環境ダンピング

戦略的貿易政策の議論を振り返ってわかるように，国際市場が不完全競争下にあれば各企業が獲得する超過利潤は企業が帰属する国にとっては重要な厚生の一部となる．そのために環境規制を犠牲にして自国企業の競争条件を外国企業に比べて相対的に有利化させようとするインセンティブが働く．とくに前述のようなあからさまな補助金政策が GATT/WTO により禁じられている場合には，輸出企業に対して人為的に環境規制を緩めることは隠れた輸出補助金としての効果を持つ．この場合には，本来ならば企業が排出する汚染物質の社会的限界損失に見合った排出税等の環境税を課すべきなのに，実際に課される税率はそれを下回ってしまう．このように汚染物質排出の社会的限界損失未満でしか排出税を課さない場合，当該国は他国に対して**環境ダンピング**（ecological dumping）を行っていると言われる[20]．

4.4 工場立地と環境政策

上述のように，企業間競争に着目した環境ダンピングの議論を現実に適用する場合には十分注意を払わなくてはならない．しかし，個々の企業の工場立地

---

20) 環境ダンピングについての文献は比較的多い．たとえば，Rauscher (1994)，Ulph and Valentini (2001) を参照されたい．また，環境政策が国際的な企業立地に及ぼす影響については，たとえば Markusen, Morey and Olewiler (1993, 1995) などを参照されたい．ただし，いずれのモデルも非常に複雑であることを断っておく．企業の生産立地を所与とし，従来の戦略的貿易政策の議論を環境政策に応用したものとしては，たとえば Barrett (1994b)，Conrad (1996)，Kennedy (1994)，Ulph (1998, 1999) 等を参照されたい．

点を所与とはせずに，それ自体が各国の環境政策により影響を被る点を考慮すると，環境ダンピングの議論は現実性と重要性を増す．

企業は自己の利潤を最大にするように，生産する財・サービスや生産方法だけでなく，生産立地点も選択する．各国が排出税を課す場合には，課される排出税負担を考慮して企業はどの国に工場を建設するかを選ぶことになる．他方，各国政府にとっては，企業が立地することで環境汚染を被るかもしれないものの，同時に排出税収入を獲得できる．とくに環境汚染が越境汚染，地球規模汚染であれば，企業がどの国に立地しようとも，環境汚染による損失を被らざるを得ない．その点を考慮したとき，企業が自国に立地してくれることでどのくらいの排出税を徴収できるかが大きな関心事となる．その結果，各国の間で企業を誘致するために環境規制を緩和しようとする競争が繰り広げられることになる．こうした競争は各国の環境規制を尻抜けにしてしまい，**ボトム競争**（race to the bottom）を引き起こすおそれがある[21]．

たとえば生産活動を通じて地球規模汚染物質を排出するある単一の企業が，多数の国のうちいずれかに１工場だけ立地することを考えているとしよう．ある国にこの企業が工場立地したとき，その国が得られる国民経済厚生は，排出税収入から汚染により被る損失を差し引いた額になる．企業の汚染物質排出量は政府の課す排出税率に依存し，排出税率が高いほど企業の利潤は少なくなる．他方，当該国の厚生は排出税率の引き上げにより当初は増加し，ある臨界的な税率 t^* を超えると低下すると考えられる．また，他国の厚生は当該国政府が課す排出税率が高いほど改善する．排出税率引き上げにより，汚染物質排出量が減るからである．こうした事情を図にまとめてみると，図3-10のようになる．

図からわかるように，企業誘致に成功する国にとっては t^* だけの排出税を課すことで，国民経済厚生を最大にできる．しかし，こうした排出税率を維持することはできない．企業誘致に失敗した国は環境汚染による損失を被るだけだが，誘致成功国よりも低い排出税率を提示することで企業の工場立地選択決定を覆すことができるからである．こうした企業誘致のための排出税率引下げ

[21) ただし，以下のボトム競争の結論は，汚染が国境を越えて他国に損失を及ぼすか否か，また単一の企業による単一生産地点の選択であるかに大きく依存する．この点についてはたとえば Hoel (1997) および Ulph and Valentini (2001) を参照せよ．

第3章　国際相互依存下の環境政策　　　165

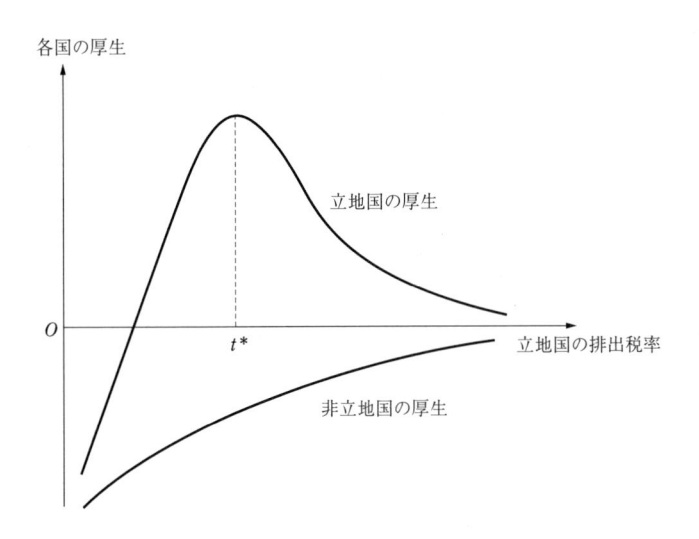

図3-10　工場立地選択とボトム競争

競争は，誘致できない場合に比べて誘致できる場合に厳密に得となる限り続く．その結果，誘致に成功する国は排出税率ゼロを課さざるを得なくなる．これが先に指摘した環境規制についてのボトム競争である．

　ただし，このボトム競争の議論にもいくつか問題がある．第一に，立地する企業や工場の数が戦略的政策決定を行う立地先国の数よりも多ければ，必ずしも排出税率ゼロの均衡が実現するとは限らない．立地する工場の数が多いほど，立地国の政府が排出税率の調整によって回避できる環境汚染の規模が大きくなる．その結果，国際的な排出税率が立地工場数とともに高くなるような場合を考えてみよう．このような場合には，企業の側は工場立地先をできるだけ分散させようとする．立地先を集中させることで排出税率が高くなることを避けるためである．したがって，潜在的な工場立地数が国の数よりも多ければ，各国は少なくとも1つの工場を誘致することが可能となるために，排出税率ゼロに向けたボトム競争を回避できるようになる．

　第2に，企業の立地決定と政府の排出税率決定のタイミング次第で，ボトム競争は起こらなくなる．実際，政府の排出税率の決定に先だって企業が立地点を決定する場合には，立地先で事後的に決定される排出税率（＝各国にとって

の厚生を最大にする税率）がもっとも低い国に立地点を決定する．この場合にも，ボトム競争は起こらない．つまり，各国の環境政策決定が企業の意思決定に先だって行われ，事後的に変更不可能なコミットメントであるときに限って，ボトム競争の議論が成り立つ．事後的に政策変更が可能であり，また政策変更を意図していることが企業側に読み込まれてしまう場合には，際限のない環境規制緩和競争は起こらないと言えよう．

5. 地球規模汚染リーケージと戦略的環境規制

これまでの議論から示唆されるように，他国から独立して各国が自国の利益だけを追求した環境政策は，世界全体から見れば環境汚染による非効率を回避・削減できないばかりでなく，むしろ悪化させるおそれさえある．こうした非効率は，各国が自己の環境政策決定が他国の厚生に影響を及ぼし，かつ自国の厚生が他国の政策決定から無視できない影響を被ることをあらかじめ十分考慮に入れて政策決定を行う場合にいっそう無視できなくなる．というのは，一国の環境規制強化は地球環境を改善させることを通じて，他国の環境保全・改善のインセンティブを弱めてしまう傾向があるからである．

さらに，地球環境の共有を介した上述のような戦略的相互依存関係のもとでは，閉鎖経済で成り立っていた排出税と排出数量規制の同値性も崩れてしまう．本節では，これらの点について明らかにする[22]．

5.1 戦略的相互依存下の環境政策決定

まず各国の経済活動が地球規模汚染を引き起こす際に，自国の利益だけを追求した各国独自の環境規制では世界全体として非効率，したがって環境規制の面で国際協調が必要となる点を明らかにしよう[23]．

---

22) 以下の議論は，Kiyono and Okuno-Fujiwara (2003) および Kiyono and Ishikawa (2004) による．

23) 戦略的相互依存下の環境政策決定および各国間の国際協調を論じたものには，たとえば Barrett (1990, 1994a, 1994b, 1997)，Chandler and Tulkens (1992)，Hoel (1997)，Ulph (1996a, 1997) などがある．とくに南北問題の観点から論じたものとしては，たとえば Copeland and Taylor (1994)，Chichilinsky (1994) がある．

排出量規制

　議論をできるだけ簡単にするために，2国（第1国と第2国）からなる世界を考えよう．各国はその生産・消費活動を通じて汚染物質を排出する．生産・消費活動から各国国民が享受する便益は生産・消費量，したがって汚染物質排出量とともに増加する．他方，汚染物質の排出は環境悪化を通じて排出国だけでなく，他国に対しても損害をもたらすものとする．したがって，第 i 国の汚染物質排出総量を z_i，生産・消費活動から直接受ける民間の私的便益を $b_i(z_i)$，地球規模汚染から世界全体が被る社会的損失を $D(\sum_j z_j)$，その地球規模汚染による損害のうち第 i 国が自身の損失として認識する割合を $\theta_i(>0)$ で表し，第 i 国の環境感応度（environment sensitivity）と呼べば，第 i 国の経済厚生 w_i は，次式のように表される．

$$w_i = b_i(z_i) - \theta_i D\left(\sum_j z_j\right) \tag{1}$$

以下では，地球規模環境汚染による社会的限界損失は，汚染物質排出総量とともに逓増する，つまり $D''(\cdot)>0$ が成り立つものとする．

　各国政府が国内の汚染物質排出量を他国との政策協調なしに規制するいわゆる非協力均衡を考えよう．第 i 国について，他国の汚染物質排出量 z_j と，それが与えられたときに自国の国民経済厚生を最大にするという意味での最適汚染物質排出量との関係を反応関数 $z_i = R_i^Q(z_j)$ で表そう．この排出量は，次の厚生最大化のための1階条件を満たしていなければならない．

$$0 = b_i'(z_i) - \theta_i D'(z_i + z_j) \tag{2}$$

すなわち，他国の汚染物質排出量を所与としたときに，各国の最適汚染物質排出量は，対応する限界国民排出便益 $b_i'(z_i)$ が汚染による限界国民排出損失 $\theta_i D'(z_i + z_j)$ に等しくならなければならない．加えて，他国の汚染物質排出量の増加は地球規模環境汚染による社会的限界損失を増加させるために，各国は自らの排出量を減らすインセンティブをもつ．したがって，各国の反応関数をグラフに表した反応曲線は図3-11に描かれているような右下がりの曲線 R_i^Q となる．均衡は両反応曲線の交点 N_Q である．また，上式からわかるように，環境感応度 θ_i の値が大きいほど，環境汚染からの自らが被る損失も多くなるので，他国による汚染物質排出量が変わらなくても排出規制は強化される．す

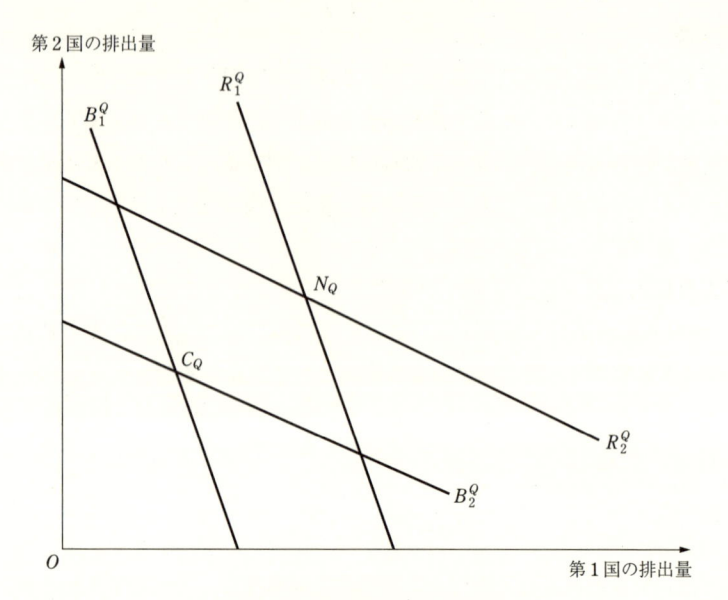

図3-11 国際相互依存と排出量規制

すなわち，各国の反応曲線は環境感応度 θ_i の値とともに外側にシフトする．

だが，こうして実現される各国の汚染物質排出量は世界全体から見れば依然として過剰である．なぜならば各国は自国の汚染物質排出が他国に損害をもたらすことを無視して規制水準を決定するために，その排出活動は他国に国際的な負の外部効果を生むからである．実際，両国の環境感応度の和 $\theta_T = \theta_1 + \theta_2$ を世界全体の環境感応度，両国の世界全体の厚生を両国の厚生和 w_T,

$$w_T = \sum_j b_i(z_i) - \theta_T D\left(\sum_j z_i\right)$$

で表し，両国の政府が完全に排出量規制を協調的に実施できるいわゆる協力均衡を考えてみよう．この場合，世界全体から見た各国による最適な汚染物質排出量 z_i^* は，その国にとっての限界国民排出便益と世界全体にとっての限界世界排出損失を等しくさせる．すなわち，それは次式を満たす．

$$0 = b_i'(z_i^*) - \theta_T D'\left(\sum_j z_j^*\right) \quad (i=1, 2) \tag{3}$$

協力均衡，したがって世界全体にとって最適な汚染物質排出量の組み合わせを求めるためには，各国について，他国の排出量と，それを所与としたときに自国の限界国民排出便益と限界世界排出損失を等しくさせるという意味で両国にとっての最適な排出量との対応関係を図に描けばよい．図の曲線 B_i^Q はこのようにして得られた第 i 国の最適排出量曲線を表している．上記の(3)からも容易に確認できるように，両国の最適排出量曲線の交点 C_Q が求める協力均衡である．

以上の点に注意して図から非協力均衡 N_Q と協力均衡 C_Q を比べると，次の2つの結果が得られる．第1に協力均衡における世界全体での汚染物質排出総量は，非協力均衡に比べて少ない．これは(2)と(3)を比べるとわかるように，世界全体にとっての最適な各国排出量を求めるためには，自国だけでなく他国に及ぼす損失も考慮しなくてはならず，したがって第 i 国の最適排出曲線 B_i^Q はそれ自身の反応曲線 R_i^Q よりも内側に位置するからである．

第2に，非協力均衡に比べて協力均衡では総排出量は少ないが，必ずしも各国の排出量が少なくなるとは限らない．たとえば第1国の環境感応度が十分大きく，第2国のそれが十分小さければ，世界全体の環境感応度は第1国に十分近い値となる．そのために第1国の最適排出量曲線は反応曲線からさほど遠くないところに位置するが，第2国のそれは比較的遠方に位置することになる．このような場合には，非協力均衡に比べて協力均衡では第1国の排出量が多くなることがある．

排出税と排出量規制の同値性

すでに第2章（清野論文）で論じられているように，情報が完全で，国内経済が完全競争下にあり，環境汚染以外に市場の失敗がなければ，排出税と排出量規制の同値性が成り立つ．この結果は，地球規模汚染を介した国際相互依存下で各国政府が環境政策を立案する場合にも，政府が国内の排出税制によりその国の汚染物質排出量を完全に管理できれば成立する．

第 i 国の排出税率を t_i，そのときに排出される汚染物質量を排出税率の関数として $z_i(t_i)$ で表そう．この排出量は，その国の限界国民排出便益 $b_i'(z_i)$ と排出税率を等しくさせることで決定される．その結果，(2)からもわかるように，

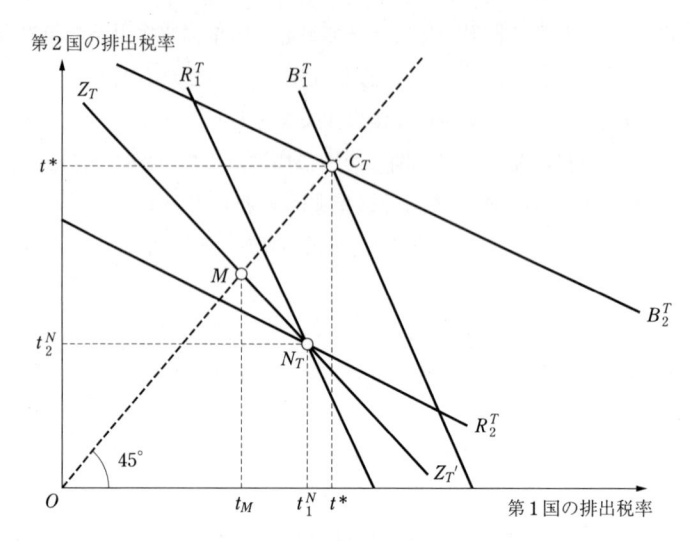

図3-12　排出税と排出量規制との同値性

　各国が排出税率により環境規制を行う非協力均衡では，排出税率はそれぞれの国にとっての汚染による限界国民排出損失に等しくなる．この均衡排出税率の組み合わせは，図3-12のように求めることができる．

　図の曲線 R_i^T は排出税を実施する第 i 国にとっての反応曲線を表す．反応曲線が右下がりとなるのは，他国が排出税率を引き上げると，その国の，したがって世界全体の排出総量が減るために，世界全体にとっての環境汚染からの社会的限界損失 $D'(z_1+z_2)$ が低下して，各国にとっての最適な排出税率が引き下げられるからである．言うまでもなく，両国の反応曲線の交点 N_T が排出税下の非協力均衡を表す．このとき実現する各国の排出量は，図3-11が表す排出量規制下の非協力均衡 N_Q におけるのと一致する．排出税率と排出量の間には，排出税率引上げが各国の汚染物質排出量を減らすという一対一の関係があるからである．

　他方，世界全体から見て効率的な排出税率 t^* はどう決まるだろうか．各国の排出税制についての議論からもわかるように，それは世界全体にとっての汚染物質排出の社会的限界損失に等しくならなければならない．排出量規制の場合と同様に，世界全体の厚生に照らして最適な各国の排出税率を求めるために

は，その国の排出量がそれ自身にもたらす損失増加だけでなく他国に対するそれも考慮しなければならない．したがって，他国がどのような排出税率を課す場合であれ，世界全体の厚生を最大化する各国の排出税率は，自己の利益だけが考慮される場合に比べて高くなる．つまり，第 j 国の排出税率とそれを所与として世界全体の厚生を最大化する第 i 国排出税率の関係を表す最適排出税率曲線 B_i^T は，図 3-12 に描かれているように各国の反応曲線よりも外側に位置する．

両国の最適排出税率曲線の交点 C_T が協力均衡を表す．もちろん，非協力均衡の場合と同様に，協力均衡 C_T で実現する各国の排出量は排出量規制下の協力均衡 C_Q と一致する．また，各国の限界国民排出便益はともに限界世界排出損失に等しくなるので，必要な排出税率も両国にとって等しい．これが協力均衡 C_T に対応する排出税率 t^* に他ならない．このように各国政府が国内排出税率によって自国からの汚染物質排出量を完全に管理できる場合には，排出税と排出量規制の同値性が成り立つことに注意しよう．

国際排出量取引の利益

以上の枠組みのもとでは，両国が排出税率について政策協調を行えず，図 3-12 の点 C_T で表される最善の解決が実現できなくても，非協力均衡の場合に比べていずれの国も厚生を改善させる次善の方法がある．これは非協力均衡で実現する各国の排出量を所与としつつ，両国が自由に排出量を取引できる国際市場を形成すればよいからである．

すでに指摘したように国内の排出税率は排出権価格としての役割をもつ．両国が自由な排出量貿易を行えば，両国の間で排出権価格は等しくなるが，この均衡は，図 3-12 において非協力均衡における世界全体の汚染物質排出総量と等しい排出量を実現する各国の排出税率の組み合わせを表す曲線 $Z_T Z_T'$ を描き，それと 45°線との交点 M として表される．この場合の排出量取引による各国の利益を描いたのが，次の図 3-13 である．

図において点 O_i は第 i 国による汚染物質排出量の原点，曲線 $Z_i Z_i'$ は第 i 国の限界国民排出便益曲線，そして横軸 $O_1 O_2$ の長さは，当初の非協力均衡における両国による排出総量 $\bar{Z}_T$ を表している．点 A_i は第 i 国が国際排出量取引

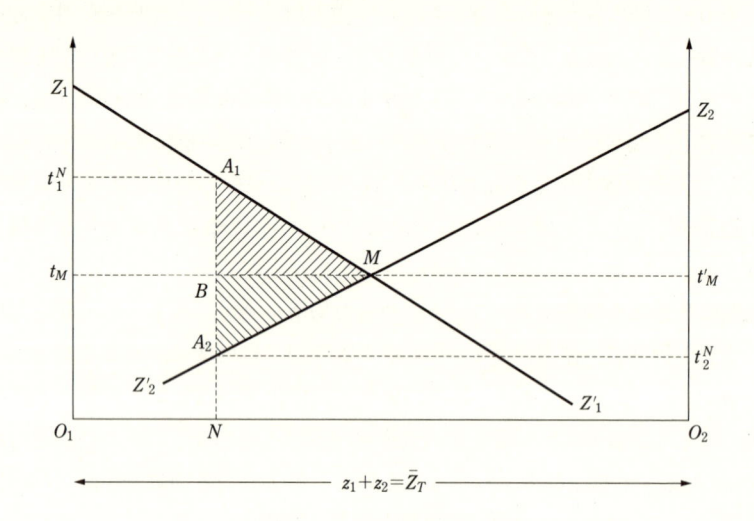

図 3-13　排出量貿易からの利益

を行わない自給自足均衡点，すなわち図 3-12 の非協力均衡点 N_T で直面する状況を表している．両国が排出量取引を行えば排出権価格は両国の間で t_M の水準で均等化する．その結果，第 i 国は領域 A_iMB だけの利益を国際排出量取引から享受できる．各国が独立に自国の国民利益だけを考慮して環境規制を行っても，その上で国際排出量取引を行うことでさらに追加的な利益を享受できるようになるわけである．

5.2　汚染リーケージと国際相互依存

以上の議論，とりわけ(i)排出税と排出量規制の同値性と，(ii)国際排出量取引からの利益についての議論が成り立つためには，いわゆる**炭素リーケージ**（carbon leakage）に代表される**汚染リーケージ**（pollution leakage）がないという前提が決定的に重要である．

汚染リーケージ

地球温暖化で問題とされる温室効果ガスのうちもっとも重要な二酸化炭素は化石燃料の燃焼によって発生する．化石燃料とは主に石油や石炭をさすが，こ

れらは生産・消費活動における重要な第1次エネルギー源である．化石燃料の投入量と燃焼により発生する二酸化炭素量との関係は（少なくとも短期的には）技術的に固定されているために，生産要素として見た両者は互いに補完関係にある．したがって，ある国が排出削減を行うと，その国の化石燃料需要量が減り，化石燃料の国際価格を引き下げる働きがある．その結果，排出税率を変えなくても他国の民間部門は化石燃料の投入量，そして二酸化炭素の排出量を増やすインセンティブをもつ．このようにある国の環境規制強化が他国による環境汚染悪化を生む効果が，炭素リーケージである．他の汚染物質であっても，その発生原因となる原材料等のいわゆる汚染源生産要素が国際市場で取引されている場合には，一国の排出削減は汚染源生産要素価格の低下を通じて他国による汚染物質排出を助長してしまう働きをもつ．

　汚染リーケージがとくに問題なのは，特定国だけの排出削減が世界全体の環境汚染を悪化させてしまう場合である．この現象は，その国の生産要素1単位当たりの汚染物質排出量，つまり排出係数が他国に比べて低い場合に起こる．なぜならば，たとえば世界全体で生産要素投入量が変わらず，したがって排出規制国により削減された生産要素を排出係数の高い他国が同量だけ投入する場合を考えるとわかるように，世界全体では汚染物質排出量が増えてしまうからである．通常は，環境変化に敏感な国では，環境規制の効果が行きわたり，民間企業が選ぶ生産技術も生産要素1単位当たりの排出量が低いという意味で「環境にやさしい」ものとなる傾向がある．地球規模汚染の深刻化に伴い，そうした国でさらに環境規制を促進させると，逆説的だが，世界全体では環境汚染を助長してしまうおそれがある．地球温暖化問題に即して言えば，環境にやさしい技術を持つ先進国だけで温暖化対策を講ずれば，上述の炭素リーケージを通じて，まだ環境汚染を二の次として経済発展を進めようとする途上国による温室効果ガス排出量を増加させてしまうことになる．

　以上からわかるように，汚染リーケージによる影響を考慮すると，地球規模汚染に対して特定国だけでなく，世界全体を巻き込んだ環境規制，したがって国際的な環境規制の協調が必要となる．だが，同時に汚染リーケージは国際協調をより困難にすることにも注意しなければならない．汚染物質1単位当たりの排出係数が高い国，とりわけ途上国にとっては排出削減のコストが高く，そ

うした国に排出削減を受け入れさせるためには，排出削減コストをつぐなってあまりある利益を補償しなければならないからである．

　この削減費用に対する補償手段としては，次の2つが考えられる．第一の方法は，排出係数が低い低排出削減費用国から排出係数の高い高排出削減費用国への直接的な所得移転を，環境規制の国際的協調枠組みの中に制度化させることである．具体的には通常の経済援助の増加である．

　第二の方法は，高排出削減費用国の汚染物質1単位当たり排出係数を低くするような技術を低排出削減費用国から移転することである．排出係数を引き下げることで，環境改善のための経済的費用を減らして，高排出削減費用国の国際的な環境規制への参加のインセンティブをつけるわけである．京都議定書で合意されたクリーン開発メカニズムは，この第二の方法にほかならない[24]．

　汚染リーケージの効果がさほど大きくなく，したがってどの国による環境規制の強化も世界全体の汚染物質排出総量を減らす場合であっても，汚染リーケージの存在そのものによって各国の環境規制決定は多大なる影響を被る．一国の環境政策決定が直接他国による汚染物質排出量に影響を及ぼすようになるからである．そのために，各国は他国がどのような環境規制を行うかをあらかじめ十分考慮していかなければ，満足のいく政策決定ができなくなる．こうした環境政策決定における各国間の戦略的相互依存関係に注意すると，これまで成り立っていた排出税と排出総量規制との同値性が崩れるばかりか，国際的排出権取引も参加国すべてにとって必ずしも望ましい選択とはならなくなる．以下，この点を明らかにしよう．

排出税下の非協力均衡

　まず議論の出発点として，各国がともに排出税を選択している場合の均衡を改めて記述しておこう．これまでの議論とは異なり，汚染リーケージが働けば，各国の汚染物質排出量はそれ自身の排出税率だけでなく他国の排出税率にも依存するようになる．以下では，この関係を $z^i(t_i, t_j)$ と表すことにしよう．

　たとえば先の炭素リーケージのように汚染源生産要素が国際的に取引可能だ

---

[24] クリーン開発メカニズムの働きについては，松枝・柴田・二神論文(本書第7章)を参照．

と，他国の排出税率引上げは国際価格低下を通じて自国民間部門に汚染源生産要素の需要量を増加させるインセンティブを働かせる．このような場合には $\dfrac{\partial z^i(t_i, t_j)}{\partial t_j} > 0$ が成り立つことになる．

この関係を踏まえると，第 i 国が排出税を採用すれば，その厚生は各国の排出税率に依存し，次のように表される．

$$w^i(t_i, t_j) = b_i(z^i(t_i, t_j)) - \theta_i D\left(\sum_k z^k(t_k, t_l)\right) \qquad (4)$$

他国から独立に各国政府が選択する排出税率は，その限界国民排出損失に等しくなり，次式が成り立つ．

$$t_i = \theta_i D'(z^i(t_i, t_j) + z^j(t_j, t_i)) \qquad (5)$$

なぜならばこのように排出税率が設定されると，それを介して限界国民排出便益が限界排出損失と一致し，他国の排出税率を所与としたときに自国の経済厚生が最大化されるからである．

他国の排出税率が上昇すると，それ自身の汚染物質排出量は減り，自国の排出量は増加する．汚染リーケージの効果がさほど強くないという前提のもとでは，この結果，世界全体の汚染物質排出量は減少する．それに伴い限界国民排出損失も低下するために，各国にとっての最適排出税率も引き下げられる．以上の関係からわかるように，排出税政策のもとでは各国の反応曲線は図3-14に描かれた曲線 $R_i^{TT}(i=1, 2)$ のように右下がりとなる．言うまでもなく，両反応曲線の交点 E_{TT} が，各国がともに排出税を選択する場合の非協力均衡になる．

排出税と排出量規制の戦略的非同値性

他国の排出税率が変わらない限り，各国は自国の汚染物質排出量を完全に管理できる．したがって，その限りで排出税と排出量規制のいずれを選んでも，実現される均衡も厚生水準も変わらない．その意味で，これまでと同様に排出税と排出量規制の間には同値性が成り立つ．したがって，たとえば第2国が排出税，第1国が排出量規制を選択した場合を考えてみても，第2国の排出税率がどのような水準であっても，その税率を所与とする限り，第1国の反応曲

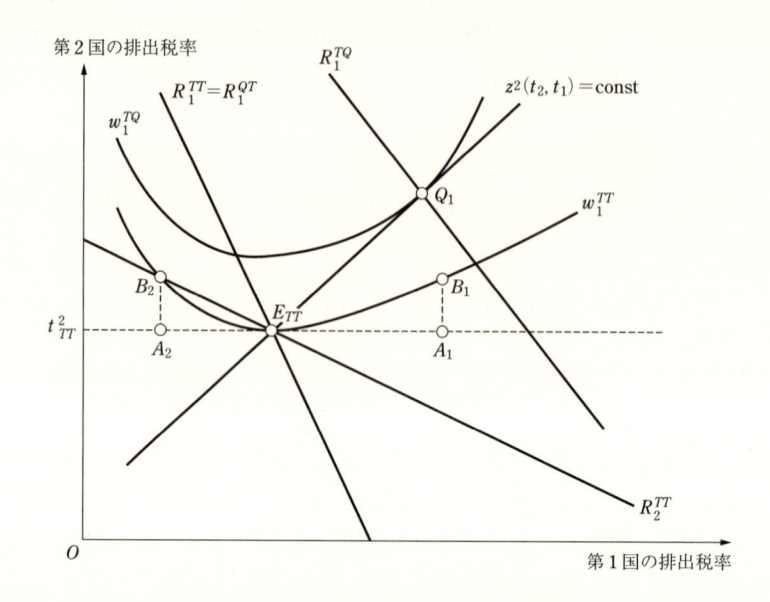

図3-14　排出税と排出量規制の戦略的非同値性

線[25]上で実現する第1国の限界国民排出損失と第2国の排出税率の組み合わせの軌跡を排出税率平面に変換された第1国の反応曲線 R_1^{QT} と呼べば、それは図3-14の R_1^{TT} と一致する。だが、この同値性が成り立つためには、自国が排出量規制方法を変更しても、他国が排出税を採用し続けるという前提が決定的に重要である。

実際、当初第2国が図3-14の点 E_{TT} に対応する排出税率を選んでいたものの、第2国が点 E_{TT} で実現する排出総量規模に等しい規制水準をもつ排出量規制に移行した場合を考えてみよう。排出税を採用していたならば、たとえば第1国が排出税率を引き上げて排出量を減らすと、汚染リーケージのために第2国は排出量を増やすインセンティブをもつ。そのインセンティブを抑え、以前と同じ排出量にとどめるためには、第2国政府は排出税率を引き上げなくて

---

[25]　この反応曲線は、本来、第1国の排出量と第2国の排出税率を2つの軸にもつ平面上に描ける。

はならない．したがって第2国による排出量規制とは，第1国の排出税率引上げに対して自動的に排出税率を引き上げる政策に他ならない．このような理解にたって，図3-14では第2国が排出量規制をした場合に第1国が直面する自国の排出税率と第2国の実質的排出税率の組み合わせの軌跡を右上がりの曲線 $z^2(t_2, t_1) = $ const として描いている．

第1国は，自国の排出税率の選択に対して排出量規制を行う第2国が曲線 $z^2(t_2, t_1) = $ const に沿ってその実質的排出税率を調整することをあらかじめ読み込める．すなわち，この右上がりの等排出量曲線上の自らの厚生が最大になるように排出税率を選択する．他国の排出税率引上げが汚染物質排出量減少を通じて正の外部効果を生むことを考慮すると，第1国にとって等しい経済厚生をもたらす各国の排出税率の組み合わせを表す等厚生曲線は，図の曲線 w_1^{TT}, w_1^{TQ} のように第2国が排出税率を選ぶ場合の反応曲線 R_1^{TT} との交点を頂点とした谷型の曲線として表され，より上方に位置するものほど高い厚生に対応する[26]．したがって，第1国は点 E_{TT} におけるよりも排出税率を引き上げてより高い厚生を実現できるようになる．このときに選択されるのが，図の点 Q_1 である．

以上の結果は，第2国の任意の排出税率，排出量について成り立つ．すなわち，第2国が排出税から排出量規制に移行すると，第1国には排出税率を引き上げるインセンティブが生まれる．それにともない，第1国の反応曲線は図の R_1^{TQ} へと右方にシフトする．こうした排出税率引上げのインセンティブが第1

---

[26] この事情は次のように考えるとわかりやすい．図3-14で第2国が排出税率 t_{TT}^2 を選択している場合を考えてみよう．第1国は点 E_{TT} に対応する排出税率を選ぶことで自国の厚生を最大化できる．このとき実現されるのと等しい厚生をもたらす両国の排出税率の組み合わせを求めてみよう．第2国の排出税率を t_{TT}^2 にとどめたまま，たとえば第1国が点 A_1 のところまで排出税率を引き上げれば，それは最適反応排出税率よりも高すぎるので厚生は悪化する．しかし，そこで第2国が排出税率を引き上げれば，第2国の汚染物質排出量が減り，それが正の国際的外部効果となって第1国の厚生を改善させる．したがって，第2国の排出税率がたとえば点 B_1 まで十分引き上げられれば第1国は点 E_{TT} と同じ厚生を確保できる．同様の結果は，第1国が最適反応排出税率に比べて低い点 A_2 に対応する排出税率を選ぶ場合にも成り立ち，その場合には第2国の排出税率が点 B_2 の水準まで引き上げられると，点 E_{TT} と同じ厚生を実現できる．以上からわかるように，点 E_{TT} を通る第1国の等厚生曲線は，図に描いたように反応曲線との交点を頂点とする谷型となる．

国に生まれるのは，次のような理由による．

第2国が排出税を選んでいれば，それを所与とする限り，第1国の排出税率引上げは汚染リーケージ，つまり第2国の排出量増加を生んだ．これは，第1国にとっては排出税率引上げの効果を減殺する働きをもつ．だが，第2国が排出量規制に移行すれば汚染リーケージは止み，第1国にとっての排出税率引上げの厚生改善効果が強まるからである[27]．

環境政策手段についての戦略的意思決定

それでは，汚染リーケージがある場合に，各国はどのような環境規制を実施するだろうか．この問題を検討するために，次のような2段階の意思決定を考えてみよう[28]．

- 第1段階：排出税と排出量規制のいずれを政策手段として選ぶかを両国が同時に決定する．
- 第2段階：第1段階における政策手段決定を互いに見た上で，両国が同時にそれぞれ選択した政策手段の規制水準を決定する．

第2段階で起こりうる均衡は，図3-15における4つの点 E_{TT}，E_{TQ}，E_{QT}，E_{QQ} のいずれかである．前節の議論からわかるように，各国は排出税ではなく排出量規制を選べば他国の排出税率引上げを戦略的に促すことができる．その結果，他国による汚染物質排出量を減らせれば自国の厚生は改善する[29]．他

---

27) 排出税率決定を価格決定，排出量決定を生産量決定と見直してやると，本文中で行っている排出税規制均衡と排出量規制均衡との比較は，寡占競争における価格競争と数量競争の違いに相当する．こうした比較については，Cheng (1985) を参照されたい．なお同様の考えに基づきつつ，関税政策と数量規制の戦略的同値性を論じたものとして清野 (1985) がある．

28) より厳密に言えば2段階ゲームである．

29) この結果が第1国について成り立つためには，次の2つの条件が成り立たなければならない．第一に，第2国が排出税を採用している場合を考えると，第1国が排出税を採用している均衡 E_{TT} から第1国が排出量規制を選ぶ場合の均衡 E_{QT} への移行が第2国による汚染物質排出量を減少させる．第二に，第2国が排出量規制を採用している場合には，均衡 E_{TQ} から均衡 E_{QQ} への移行が第2国による汚染物質排出量を減少させる．詳細については，Kiyono and Ishikawa (2002)，Ishikawa and Kiyono (2002)を参照されたい．

第3章　国際相互依存下の環境政策

第2国の排出税率

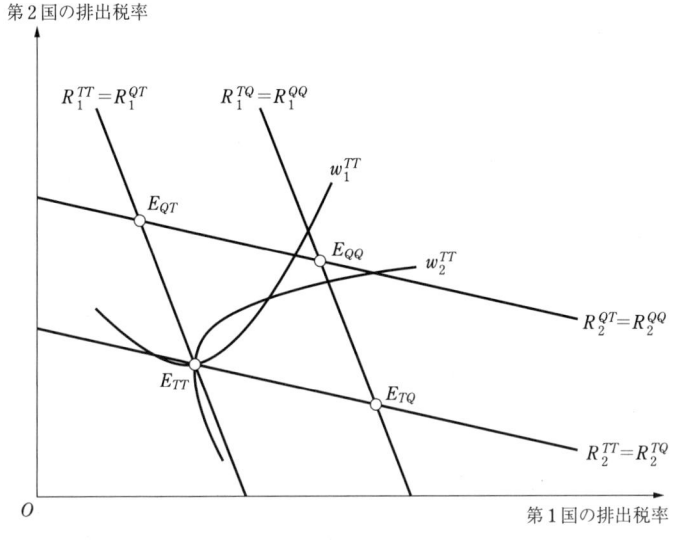

図3-15　環境政策手段選択と囚人のジレンマ

国の環境規制手段の選択にかかわらず，自国が排出税から排出量規制に移ることでこうした利益を得ることができれば，第1段階で環境規制手段を選ぶときに各国にとっては排出量規制を選ぶことが**支配戦略** (dominant strategy) となる。その結果，全段階を通じたいわゆる部分ゲーム完全ナッシュ均衡において両国は，排出税ではなく，排出量規制を選ぶ。だが，注意しなければならないのは，支配戦略となった排出量規制を選ぶからといって，両国がともに排出税を選ぶ場合に比べて，いずれの国の経済厚生も改善するとは限らないということである。実際，図3-15においては，両国が排出税を選ぶ場合に比べて排出量規制を選ぶことで厚生が悪化する場合が描かれている[30]。したがって，この場合には**各国が支配戦略としての排出量規制を選んでも，そのとき実現する状況に比べて両者ともに厚生が高い排出税政策の選択といった状況があるので，いわゆる囚人のジレンマ** (prisonners' dillema) の状況となることに注意されたい[31]。

---

30) 曲線 w_i^{TT} ($i=1, 2$) は第 i 国の排出税下の非協力均衡 N_T での等厚生曲線を表している。
31) ゲーム理論で言ういわゆる「囚人のジレンマ」とは，(i)各プレイヤーにとって，他の

汚染リーケージと国際排出量取引

汚染リーケージがない場合にも議論したように，非協力均衡から出発した比較的単純な国際協調方法として，協調前の総排出量を所与とした国際排出量取引が考えられる．前節での議論が示すように，汚染リーケージがなければこうした国際排出量取引はいわゆる貿易の利益をもたらすために，どの取引参加国にとっても有利に働く．しかし，汚染リーケージがある場合には，この結論は必ずしも成り立たない．なぜならば取引国全体での総排出量が一定であっても，各国間で汚染物質の排出係数が異なると，国際排出量取引の結果，貿易利益を上回る別の損失が発生するからである．

具体的に化石燃料を汚染源生産要素とした温室効果ガス排出の問題を考えてみよう．説明を簡単にするために，化石燃料1単位当たりの温室効果ガス排出量は第2国に比べて少なく[32]，排出量取引前の非協力均衡では排出係数の低い第1国の方が高い排出税率を選んでいるとしよう．このときの総排出量を排出権発行総量として両国が排出量取引を行えば，当初排出税率の高い第2国が第1国から排出量を購入する．第1国の排出量は減り，第2国の排出量は増えるが，それに伴う化石燃料の両国全体の需要量は増加してしまう．その結果，化石燃料の国際価格を引き上げ，両国にとっては交易条件の悪化となる．この効果が十分大きいと，排出量取引により両国がともに損失を被ることもある．

この結果からもわかるように，汚染リーケージが働く場合には，必ずしも国際排出量取引は取引参加国の厚生改善をもたらすとは限らない．すべての取引参加国が排出権取引により利益を得るためには，それらの排出係数が大きく異なってはいけないという条件が必要となる．

プレイヤーがどのような戦略を採ろうとも常にもっとも高い利得をもたらす**支配戦略** (dominant strategy) が存在し，かつ(ii)プレイヤーが支配戦略を採る場合に比べて，すべてのプレイヤーの利得を厳密に高める戦略対が他に存在する状況を表す．こうした囚人のジレンマについてのゲーム論的分析についてはたとえば岡田(1996)，中山・武藤・船木(2000)を参照されたい．

32) こうした排出係数の違いは，第一に生産技術上の違いから，第二に当該国の森林資源等温室効果ガス排出量を抑制する自然環境の違いによる．

6. 環境政策の国際協調

　これまでは主に各国が独立に環境政策を実施する場合に起こる問題を検討してきた．その議論からもわかるように，その結果実現する非協力均衡では必ず国際協調によりさらにすべての国が利益を得る余地が存在する．これは，各国が自国の利益だけを追求して環境政策を決定する場合には，自国の汚染物質排出が他国に及ぼす損失を無視するという国際的な負の外部効果が発生するからである[33]．

　国際協調の問題を考える際には，次の2つの問題に注意しなければならない．第一に，各国はどのような政策協調を行うことでその利益を獲得できるかである．排出税や排出量規制，そして排出権取引といった政策手段をどのようにハーモナイズさせれば，すべての国に国際協調参加のインセンティブを生み出すことができるだろうか．このインセンティブを引き出せるような協調のための制度設計が必要である．

　第2は，国際協調制度の決定・運営に対して，各国はどのような利害をもつかである．いったん決められた国際協調の枠組みは，未来永劫不変ということはありえない．協調の制度に参加する国の環境改善技術が変化したり，国民の環境変化に対する感応度が変われば，それぞれの国の協調への関わり方は変化し，それが国際協調の枠組み自体にも影響を及ぼす．とりわけ重要なのは，政策協調の対象外とされる環境政策を戦略的に用いて，国際的環境政策協調の枠組みを自己に有利なものへと変えるインセンティブが常に働くという点である[34]．制度設計に際しては，こうした参加主体による戦略的な行動が協調ルール形成に及ぼす影響についても十分な配慮をしておかなければならな

---

[33] 汚染リーケージ，とくに炭素リーケージの場合には，こうした国際的な負の外部効果には，汚染物質排出が他国に直接及ぼす損失だけでなく，汚染源生産要素，つまり化石燃料貿易についての交易条件悪化という損失も含まれる．

[34] 政策の国際協調を考える際に，各国間で交渉可能な政策手段と交渉不可能な政策手段がもつ役割を分析したものに，Copeland (1990) がある．また本章では取り上げないが，環境政策問題は貿易問題と各国間交渉や経済紛争においてはリンクされ，それぞれの政策決定に大きな影響を及ぼすことが知られている．こうしたいわゆる政策リンケージ問題についてはたとえば Copeland (2000), Perroni and Wigle (1994) を参照されたい．

い[35]．

6.1 環境政策についての国際的ナッシュ交渉

第4.1項で用いた汚染リーケージのない排出量規制を用いて，その国際協調ルールについて検討しよう．その際に用いた協調解は両国の厚生和最大化によって得られた．だが，こうした解が国際協調の結果実現される保証はない．すでに指摘したことだが，両国の厚生和を最大化する各国の排出量規制を実施すると，いずれかの国の厚生が協調前よりも悪化してしまう場合がある．このような場合には協調の結果厚生悪化が見込まれる国は政策協調を行うインセンティブを失い，国際協調による利益は絵に描いた餅となってしまうからである．

したがって，国際協調が実現するためには，その結果どの国も協調前よりも高い厚生を実現できなくてはならない．言い換えると，国際協調により見込める両国全体での追加利益を各国に対してどのように分配していけばよいかを各国は交渉し，その交渉結果，つまり**交渉解**（bargaining solution）を実現するために各国の政策をハーモナイズさせる．

だが，交渉により分配される追加利益は，一般に各国によって評価が異なるかもしれない．言い方を換えると，国際協調によりそれぞれの国が直接得る追加利益が互いに比較可能で，何らかの制度的措置を通じて互いに授受できるかどうかにより，交渉結果は大きく左右される．具体的にはこうした利益の授受は，各国間の購買力の移転，つまり所得トランスファーによる．

一般に交渉に参加する主体の間で利益を互いに授受可能な交渉は，**別払い可能な交渉**（bargaining with side-payment）または**譲渡可能効用下の交渉**（bargaining with transferable utility）と呼ばれる．以下では適当な所得トランスファーのもとで各国間の効用が互いに譲渡可能となる場合について，両国の交渉がどのような政策協調に導くか，また問題となる所得トランスファーの具体的措置は何かについて検討しよう．

---

35) 環境政策の国際協調については，たとえば脚注23にあげた文献を参照せよ．

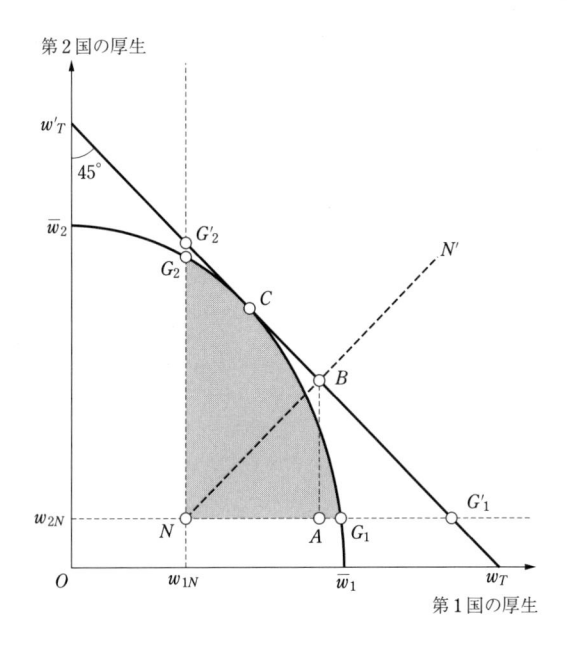

第3章 国際相互依存下の環境政策

図 3-16 譲渡可能効用下のナッシュ交渉解

ナッシュ交渉解

交渉解としてもっとも標準的な考え方は，ナッシュによるものである[36]．譲渡可能効用下の交渉の場合，ナッシュ交渉解はきわめて簡単に特徴づけることができる．第 i 国の厚生を $w^i(z_i, z_j)$，非協力均衡での排出量を $z_i^N (i=1, 2)$，対応する厚生水準を $w_{iN} (= w^i(z_i^N, z_j^N))$ で表せば，ナッシュ交渉解は次の条件を満たすことが知られている．

性質 1 各国の政策（排出量規制水準）z_i^B は両国の厚生和 $\sum_i w^i(z_i, z_j)$ を最大化する．

---

36) ナッシュ交渉解については，たとえば岡田(1996)を参照されたい．

性質2 各国が協調より得る追加利益は非協調からの追加利益総額 $\sum_i w^i(z_i^B, z_j^B) - \sum_i w_{iN}$ の1/2に等しい．

図3-16を用いて，これらの性質の意味について考えてみよう．それぞれの軸には各国の厚生水準をとり，曲線 $\bar{w}_1\bar{w}_2$ は両国政府が排出量規制を完全に管理できる場合について第1国の各厚生水準に対してそれを保証しつつ第2国の最大厚生がいくらかを示す両国全体での**効用可能性フロンティア**（utility possibility forntier）を表している．

効用可能性フロンティアとパレート効率性

協調の利益を求めて両国が交渉するのであれば，合意される排出量規制の実施で実現される各国の厚生の組み合わせは効用可能性フロンティア上に位置していなければならない．さもなければ，つまり効用可能性フロンティアの内側に位置するような厚生の組み合わせに対応する排出量規制が選ばれれば，両国間で排出量を調整することで両国の厚生をさらに改善させることが可能となるからである．したがって，いかなる交渉であっても，交渉で取り決められる政策変数を各国が実施して到達できる状態は，交渉参加国の厚生をもはや同時に改善することができないという意味でパレート効率でなければならない．だが，効用可能性フロンティア上のどの組み合わせもパレート効率だが，そのすべてが交渉対象となるわけではない．

交渉決裂点と交渉領域

各国には交渉に参加しないという裁量が与えられている．いずれかの国が交渉に参加しない，または交渉結果を拒否すれば，交渉は決裂する．このときには非協力均衡が実現し，各国は図3-16の点 N に対応する厚生を享受する．この意味で点 N は**交渉決裂点**（disagreement point）と呼ばれる．各国は交渉拒否という選択肢をもつので，常に交渉決裂点での厚生水準を最低限確保できる．したがって，交渉参加へのインセンティブが働くのは，交渉合意により交渉決裂時よりも高い厚生が見込めるときだけである．この結果，交渉対象となる厚生の組み合わせは図の薄く陰影をつけた領域に限られる．この領域を**交渉領域**

(bargaining set) と呼ぶ．

　以上 2 つの条件から，交渉解は効用可能性フロンティア上の曲線 G_1G_2 部分に落ち着かなくてはならないことがわかる．その意味で曲線 G_1G_2 部分は**交渉フロンティア**（bargaining frontier）と呼ばれている．交渉解が交渉フロンティア上になければならないという性質は，各国厚生の譲渡可能性にはよらないことに注意されたい．だが，譲渡可能効用の仮定が満たされる場合には，さらに次のような性質が成り立つ．

譲渡可能効用とフロンティアの拡大

　各国の厚生が互いに譲渡可能，すなわち互いに足したり引いたりできる場合には，上で求めた排出規制量だけの調整で実現される各国の厚生和を互いに分け合うことが可能となる．したがって，排出規制量の調整だけで実現される厚生和を増やす余地があれば，交渉の余地はまだあることになる．その結果，交渉が行き着く状態では，両国の厚生和は最大とならなければならない．これが先に記した性質 1 である．図 3-16 では両国の厚生和は点 C で最大となる．このときに実現する厚生和を両国で分け合うことで実現可能な厚生の組み合わせは直線 $w_T w'_T$ となり，それに伴い決裂点に比べて各国の厚生が高くなる交渉フロンティアも直線 $G'_1 G'_2$ へと外側に拡大していることに注意されたい．

　点 C はどのように実現できるのだろうか．第 4.1 項で説明したように，両国の厚生和が最大となるのは，各国の限界国民排出便益 $b'_i(z_i)$ が両国全体にとっての限界世界排出損失 $\theta_T D'(z_T)$ と一致する場合であった．すなわち，各国の排出量規制は，限界国民排出便益が両国間で等しくなるように調整されなければならない．この状況を実現するためには，次のような 2 つの代替策がある．

　第一の方法は，排出税率の国際的ハーモナイゼーションである．排出税によって排出規制を行う場合には，それぞれの国で排出量は限界国民排出便益が排出税率に等しくなるように決定されることを思い出すとわかるように，両国が等しい排出税率を実施しなければならない．そうすることで，各国は自国が排出する汚染物質が他国に及ぼす損失を内部化することになる．

　第二の方法は，自由で競争的な国際的排出量取引市場を創設することである．

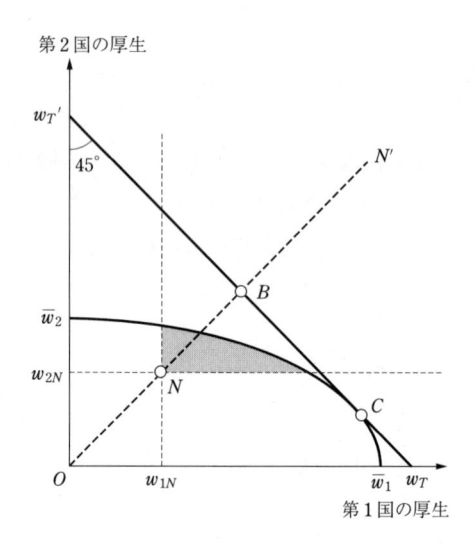

図3-17 厚生和最大化と協調による不利益

この場合の排出権価格は，民間経済主体にとって排出税率と同じ働きをもった．したがって，国際的排出量取引により各国の排出権取引価格が均等化すれば，第一の排出税率のハーモナイゼーションと同じ効果をもつことがわかる．

以下では，点 C を実現するために第 i 国が行わなくてはならない排出量規制水準を z_i^C，対応する厚生水準を $w_{iC}\,(=w^i(z_i^C,\ z_j^C))$ で表すことにしよう．

協調利益の公平な分配

すでに指摘したことだが，こうした両国の厚生和を最大にする政策協調は，いずれかの国の厚生を協調以前よりも低めてしまうかもしれない．実際，図3-17 では，両国の厚生和が最大になるように排出量規制について国際協調を行うと，第2国の厚生が非協力均衡点 N に比べて低くなってしまう状況が描かれている．

だが，適当な所得トランスファーのもとで各国が互いの合意のもとに排出量規制を管理できれば，交渉決裂点 N に比べて両国全体の厚生和を増加させることができる．実際，図3-16，図3-17 のいずれの場合についても，点 C に対

応する最大化された厚生和を2国の間で分け合うことができれば,点Cを通る傾き−1の直線 $w_T w'_T$ の厚生の組み合わせならばどれでも実現可能である.この点に注意すると,交渉解で到達できる第 i 国の厚生を w_{iB} とすれば,次のような関係が成り立たなければならない.

$$\sum_i w_{iB} = \sum_i w_{iC} \qquad (6)$$

このようにして得られた追加利益,言い換えると国際協調による追加利益をいかに各国の間で分け合うのが公平かについてはさまざまな議論がある.だが,単純だが比較的受け容れられやすい考え方は,両国全体で得られる追加利益を各国で均等に分け合うという方法である.これが上記の性質2である[37].この分配方法が公平だとして両国に受け容れられれば,交渉解は図3-16において点 N から発する傾き $45°$ の半直線 NN' と交渉フロンティア $G'_1 G'_2$ との交点 B によって示される[38].こうして到達される点 B で各国が享受できる厚生水準は次のようにして求めることができる.

すでに説明したように,排出量規制の国際協調により両国全体で $\sum_i w_{iC}$ だけの利益を獲得できる.したがって協調しない場合に比べて国際協調により両国が得る追加利益は,$\sum_i w_{iC} - \sum_i w_{iN}$ に等しい.この結果と性質2を踏まえると,第 i 国が所得移転も含めた国際政策協調により最終的に獲得する厚生水準は次式のように表される.

$$w_{iB} = \frac{1}{2}\left\{\sum_k w_{kC} - \sum_k w_{kN}\right\} + w_{iN} \qquad (7)$$

$$= \frac{1}{2}\left\{\sum_k w_{kC} - w_{jN} + w_{iN}\right\} \qquad (8)$$

交渉解を実現するために必要となる他国からの所得移転額は,交渉解での厚生水準と移転前に実現される厚生水準との差として求めることができる.すな

---

37) 実際には,この追加利益の分配は交渉相手間での交渉力の差異に依存するかもしれない.この点は追加利益の配分比率の違いとして考えれば,交渉力の違いという要因は交渉解に容易に反映させることができる.

38) 図3-16で三角形 BNG'_1 は2つの角が $45°$ の直角二等辺三角形なので,頂点 B から底辺 NG'_1 に垂線をおろせば底辺は二等分される.底辺 NG'_1 は両国全体として享受できる協調による追加利益なので,本文中の結果が成り立つ.

わち，第 j 国から第 i 国への所得移転額を T_{ji} と記せば，それは次式のように表される．

$$T_{ji} = w_{iB} - w_{iC} = w_{jC} - w_{jB} \tag{9}$$

実際，こうした所得移転が両国全体で収支をバランスさせる（すなわち $T_{12} + T_{21} = 0$）ことは(6)からも確認される．したがって，先の図3-17のように排出量規制の国際協調自体から損失を被る国があれば，利益を得る国から損失を上回る補償を受けることになる．

国際的所得移転と環境政策の国際協調

このように譲渡可能効用下の国際交渉であれば，各国の環境政策を両国全体から見て効率的に実施できる．だが，そのためには先に見たように適切な所得移転の制度を同時に設計しなくてはならない．各国の環境政策手段が排出量規制であれば，必要な所得移転はまさに購買力の移転，つまり通常の経済援助のような形で行われなくてはならない．政策手段が排出税であっても，結果は同じである．

こうした直接的な所得移転の場合，必要な移転額を国内民間経済主体からどのような新たな方法で徴収するかといった問題が起こる．1つの方法は増税であるが，方法次第では，国内の所得分配に大きな影響を及ぼすことになり，民間部門から大きな反発を受けるおそれがある．その意味で，各国が排出量規制や排出税を採用している場合には，上記のナッシュ交渉解を実現するのは相当困難となるかもしれない[39]．

さらに資源配分の効率性に対して中立的な一括税の賦課が現実にはほぼ不可能であることに注意すると，新たな増税は環境面以外での配分上の非効率を引き起こしてしまう．

このような問題を回避するために有効と考えられる政策協調手段は，両国間での排出量取引市場の創設である．たとえば，両国全体で排出可能な汚染物質総量を協力均衡における水準 $\sum_i z_{iC}$ として，それに相当する排出権を両国全体

---

[39] もちろん交渉に臨む国々が EU のように経済統合を進めている場合には，経済統合内部での所得再分配は比較的容易なことかもしれない．

で発行する場合を考えてみよう．このとき各国に対する排出権の初期割当量を適切にコントロールすれば，それが所得移転として機能する．実際，総排出量を所与としたときに，国際排出権取引により実現される排出権価格は，排出権の初期割当方法によらず一定となる．したがって，排出権の初期割当量を他国に移転すれば，それに排出権価格を乗じた額だけ所得が移転されることになる．

6.2 戦略的国内環境政策と国際協調制度設計

　各国が国際交渉を通じて互いの環境政策をハーモナイズできれば，前節で見たように協調による利益を謳歌できる．しかし，政策協調の対象が環境政策全般に及ばない，つまり協調対象とならない環境政策手段がある場合には，政策協調が不完全となるばかりか，交渉参加各国に協調対象外の政策手段を戦略的に利用することで交渉結果を自己に有利化させるといった戦略的行動をとるインセンティブを生み出してしまう．こうした戦略的な行動の問題が，京都メカニズムのような国際的政策協調の枠組みを新たに設計する段階において重要なことは言うまでもない．だが，いったん制度が確立した後でも，協調対象外の環境政策の効果が働いて，当初の交渉時とは異なる経済環境になったときには，既存の政策協調の枠組みを改めようとする動きが生まれる．このようにいったん取り決めた制度に各国がコミットできない場合にも，上記のような戦略的行動によって制度を自己に有利化するように改革させるインセンティブが働くのである．以上の点に注意して，戦略的交渉有利化行動についていま少し掘り下げて検討しよう．

排出削減技術改善投資

　問題の所在をできるだけはっきりとさせるために，各国の汚染物質排出インセンティブはその国の環境管理技術，とくに排出削減技術の水準に依存するものとしよう．したがって，第 i 国の排出削減投資水準を a_i とし，それは同時に排出削減技術改善費用も表すとすれば，投資費用控除前の各国の厚生を

$$w^i(z_i,\ z_j,\ a_i) = b^i(z_i,\ a_i) - \theta_i D(z_i + z_j) \qquad (10)$$

として，第 i 国の厚生は $w^i(z_i,\ z_j,\ a_i) - a_i$ として表される．

　以上の設定のもとで，環境政策の国際協調がなければ，各国は次のように政

策決定を行うものとする．

第1段階　各国は排出削減投資規模 a_i ($i=1, 2$) を同時に決定する．
第2段階　他国の排出削減投資水準を見た上で，各国は排出量 z_i ($i=1, 2$) を同時に決定する．

第2段階の均衡で各国が選択する排出量 z_i^e ($i=1, 2$) は両国の排出削減投資 (a_1, a_2) に依存する．その関係を $z^{ie}(a_i, a_j)$ ($i, j=1, 2; j \neq i$) で表せば，第2段階の均衡で各国が享受する厚生を両国の排出削減投資の関数として次のように表すことができる．

$$w^{iN}(a_i, a_j) = w^i(z^{ie}(a_i, a_j), z^{je}(a_j, a_i), a_i) \tag{11}$$

第1段階では，両国の排出削減投資が第2段階における各国の汚染物質排出量にどのような影響を及ぼすかをあらかじめ的確に読み込んだ上で，

$$w^{iN}(a_i, a_j) - a_i \tag{12}$$

を最大にするように各国は排出削減投資の規模を決定する．この結果，均衡において選ばれる第 i 国の排出削減投資規模を a_{iN} とすれば，それは次の厚生最大化のための1階条件を満たさなくてはならない．

$$\frac{\partial w^{iN}(a_{iN}, a_{jN})}{\partial a_i} = 1 \tag{13}$$

以上をまとめると，均衡では，各国が排出削減投資 a_{iN} ($i=1, 2$)，排出量 $z^{iN}(a_{iN}, a_{jN})$ ($i, j=1, 2; j \neq i$) を選ぶことになる．

国際協調の限界

　国際協調の機会は，第2段階で生まれるとしよう．すなわち，排出削減投資については両国間の協調対象とならないものとする．両国が汚染物質排出量について国際協調を行おうとすれば，それは各国の排出削減投資を所与としたものにならざるを得ない．つまり，両国の厚生和を最大化する各国の排出量 z_{iC} は両国の排出削減投資を所与としたものであり，投資が変化すれば政策協調下で合意される排出量も変化する．したがって，対応する厚生水準も各国の排出削減投資水準に依存する．投資費用を控除する前の厚生水準と各国の排出削減

投資との関係を $w^{iC}(a_i, a_j)$ と記せば，(7)より，交渉の結果第 i 国が獲得する厚生水準は次のように表される．

$$w_{iB} = \frac{1}{2}\{w^{TC}(a_1, a_2) - w^{TN}(a_1, a_2)\} + w^{iN}(a_i, a_j) - a_i \quad (14)$$

ただし，

$$w^{TC}(a_1, a_2) = \sum_{i,j=1,2;j\neq i} w^{iC}(a_i, a_j)$$

は，各国の排出削減投資を所与としたもとで，政策協調により実現される最大化された両国の厚生和，そして

$$w^{TN}(a_1, a_2) = \sum_{i,j=1,2;j\neq i} w^{iN}(a_i, a_j)$$

は，各国の排出削減投資を所与としたもとで，非協力均衡で実現される各国厚生の和を表す．

上式からわかるように，交渉の結果合意される各国の排出量はそれぞれの排出削減投資に依存する．交渉結果が交渉の枠組みを定める両国の排出削減投資に依存することがわかっていれば，各国は交渉結果が自らに有利となるように排出削減投資規模を誘導するインセンティブをもつ．政策協調がない場合の厚生(12)との差をとってみるとわかるように，この戦略的投資インセンティブは，大きく次のような2つの要因に分解される．

第一の要因は，(14)右辺第1項の $\frac{1}{2}w^{TC}(a_1, a_2)$ に現れる**パレート効率性効果**である．国際協調がある場合には，各国は自己の排出削減技術改善が世界全体に及ぼす影響を考慮して行動するようになることを表すが，その考慮は完全ではない．なぜならば世界全体の効率性を改善しても，交渉の結果その半分しか自己の貢献分として享受できないために，世界全体から見てその投資インセンティブは過小となる傾向があるからである．

第二の要因は，(14)右辺第2項の $\frac{1}{2}w^{TN}(a_1, a_2)$ に現れる**戦略的効果**である．$w^{TN}(a_1, a_2)$ は交渉決裂点での両国全体での厚生を表す．このときの厚生を戦略的に悪化させることで協調からの追加利益を増やし，自らの厚生を改善す

ることができる．より具体的には，交渉のない非協力均衡では，自己の排出削減技術改善が自国の厚生を改善するものであれば，他国そして両国全体の厚生を悪化させるようなものであっても，そうした技術改善投資を行うインセンティブをもつようになる．

各国の排出削減投資インセンティブについて，一般に第一の要因は正の影響を，そして第二の要因は場合によっては負の影響を生む．どちらの効果が強く働くかは，各国について利用可能な排出削減投資の技術的性質にも大きく依存する．だが，重要なことは，環境政策について国際協調が行われても，その政策協調，とりわけ各国の排出量について長期にわたって明確なコミットメントを強いる国際的取り決めができない限り，どの国も協調論議の場に出されない環境政策手段を戦略的に用いることで，いつでも国際協調のあり方を自国に有利に変えるインセンティブをもつということである．この意味で，環境政策の国際協調を考える際には，政策ハーモナイゼイーションのルールを明確にするとともに，いったん設定したルールや協調の枠組みに収まらない政策手段について各国がどのような戦略的政策決定インセンティブをもち，それが国際的な環境管理制度としての政策協調にどのような歪みを生む傾向があるかについてあらかじめ入念な検討をしておく必要があろう．

文 献

Abe, K., K. Higashida, and J. Ishikawa (2002), "Eco-labelling, environment, and international trade," in *Issues and Options for U.S.-Japan Trade,* eds. by R.M. Stern, and A. Arbor. University of Michigan Press.

Antwiler, W., B. Copeland, and M. S. Taylor (2001), "Is free trade good for the environment?," *American Economic Review,* 91(4), 877-908.

Asako, K. (1979), "Environmental pollution in an open economy," *Economic Record,* 55(151), 359-367.

Barrett, S. (1990), "The problem of global environmental protection," *Oxford Review of Economic Policy,* 6, 68-79.

Barrett, S. (1994a), "Self-enforcing international agreements," *Oxford Economic Papers,* 46, 878-894.

Barrett, S. (1994b), "Strategic environmental policy and international trade," *Journal of Public Economics,* 54(3), 325-338.

Barrett, S. (1997), "The strategy of trade sanctions in international environmental agreements," *Resource and Energy Economics*, 19(4), 345-361.
Baumol, W. J., and D. F. Oates (1972), "Detrimental externalities and non-convexity of the production set," *Economica*, New Series, 39, 160-176.
Bhagwati, J. N. (1971), "The generalized theory of distortions and welfare," in *Trade, Balance of Payments, and Growth:Papers in International Economics in Honor of Charles P. Kindleberger*. North-Holland Publishing Company.
Brander, J., and B. Spencer (1981), "Tariffs and the extraction of foreign monopoly rents under potential entry," *Canadian Journal of Economics*, 14(3), 371-389.
Brander, J., and B. Spencer (1988), "Export subsidies and international market rivalry," *Journal of International Economics*, 18, 83-100.
Bulow, J., J. Geanakoplos, and P. Klemperer (1985), "Multiproduct oligopoly: strategic substitutes and complements," *Journal of Political Economy*, 93, 488-511.
Chandler, P., and H. Tulkens (1992), "Theoretical foundations of negotiations and cost sharing in transfrontier pollution problems," *European Economic Review*, 36, 388-398.
Cheng, L. (1985), "Comparing Bertrand and Cournot equilibria: a geometric approach," *Rand Journal of Economics*, 16(1), 146-152.
Chichilinsky, G. (1994), "North-south trade and the global environment," *American Economic Review*, 84(4), 851-874.
Conrad, K. (1993), "Taxes and subsidies for pollution intensive industries as trade policy," *Journal of Environmental Economics and Management*, 26(1), 44-65.
Conrad, K. (1996), "Optimal environmental policy for oligopolistic industries under intra-industry trade," in *Environmental Policy and Market Structure*, eds. by C. Y. Katsoulacos, and A. Xepapadeas, chap. 4, pp. 65-83. Kluwer Academic Publishers.
Copeland, B. (1990), "Strategic interaction among nations: Negotiable and non-negotiable trade barriers," *Canadian Journal of Economics*, 23(1), 84-108.
Copeland, B. (1994), "International trade and the environment: Policy reform in a polluted small open economy," *Journal of Environmental Economics and Management*, 26(1), 44-65.
Copeland, B. (1996), "Pollution content tariffs, environmental rent shifting, and the control of cross-border pollution," *Journal of International Economics*, 40(3-4), 459-476.
Copeland, B. (2000), "Trade and environment: policy linkages," *Environment and Development Economics*, 5(4), 405-432.
Copeland, B., and M. S. Taylor (1994), "North-south trade and the environment," *Quarterly Journal of Economics*, 109(3), 755-787.
Copeland, B., and M. S. Taylor (1995a), "Trade and the environment: a partial synthesis," *American Journal of Agricultural Economics*, 77(3), 765-771.
Copeland, B., and M. S. Taylor (1995b), "Trade and transboundary pollution," *American Economic Review*, 85(4), 716-737.

Copeland, B., and M. S. Taylor (1997), "The trade-induced degradation hypothesis," *Resource and Energy Economics*, 19(4), 321-344.
Copeland, B., and M. S. Taylor (1999), "Trade, spatial separation, and the environment," *Journal of International Economics*, 47(1), 137-168.
Copeland, B. R., and M. S. Taylor (2000), "Free trade and global warming: a trade theory view of the Kyoto Protocol," Discussion Paper 7657, NBER Working Paper.
Dean, J. M. (ed.) (2001), *International Trade and the Environment, International Library of Environmental Economics and Policy*. Ashgate, Aldershot.
Ethier, W. (1982a), "Decreasing costs in international trade and Frank Graham's argument," *Econometrica,*, 50, 1243-1268.
Ethier, W. (1982b), "National and international returns to scale in the modern theory of international trade," *American Economic Review*, 72, 389-405.
Hoel, M. (1991a), "Global environmental problems: the effects of unilateral actions taken by one country," *Journal of Environmental Economics and Management*, 20, 55-70.
Hoel, M. (1991b), "Efficient international agreements for reducing CO_2," *The Energy Journal*, 12, 93-107.
Hoel, M. (1997), "Environmental policy with endogenous plant location," *Scandinavian Journal of Economics*, 99(2), 241-259.
Hoel, M. (2000), "International trade and the environment: how to handle carbon leakage," in *Frontiers of Environmental Economics*, eds. by H. Folmer, H. L. Gaberl, S. Gerking and A. Rose. Edward Elgar, pp. 176-191.
Ishikawa, J., and K. Kiyono (2004), "Greenhouse-Gas Emission Controls in a Small Open Economy," *International Economic Review*.
Kato, K., and K. Kiyono (2003), "Environmental policies and market structure: equivalence of environmental regulations," presented at the annual meeting of the Japanese Economic Association held at Meiji University in Tokyo, 2003.
Kennedy, P. W. (1994), "Equilibrium pollution taxes in open economics with imperfect competition," *Journal of Environmental Economics and Management*, 27(1), 19-63.
Kiyono, K., and J. Ishikawa (2002), "Environment Management Policy under International Carbon Leakages," a paper presented at the fourth European Trade Studgy Group Conference held at Kiel Institute, Germany, 2002.
Kiyono, K., and J. Ishikawa (2004), "Strategic emission tax-quota non-equivalence under international carbon leakage," in *Political Economy in a Globalized World*, eds. by H. Ursprung and S. Katayama. Springer Verlag, pp. 133-150.
Kiyono, K., and M. Okuno-Fujiwara (2003), "Domestic and International Strategic Interactions in Environment Policy Formations," *Economic Theory* 21, 613-633.
Ludeman, R. D., and I. Wooton (1994), "Cross-border externalities and trade liberalization: the strategic control of pollution," *Canadian Journal of Economics*, 27(4), 950-966.
Markusen, J. R. (1975), "International externaliteis and optimal tax structures," *Journal of*

第3章 国際相互依存下の環境政策   195

Interanational Economics, 5(1), 15-29.
Markusen, J. R. (1997), "Costly pollution abatement, competitiveness and plant location decisions," *Resource and Energy Economics,* 19(4), 299-320.
Markusen, J. R., and J. R. Melvin (1979), "Tariffs, capital mobility, and foreign ownership," *Journal of International Economics,* 9, 395-409.
Markusen, J. R., E. R. Morey, and N. D. Olewiler (1993), "Environmental policy when market structure and plant locations are endogenous," *Journal of Environmental Economics and Management,* 24(1), 68-86.
Markusen, J. R., E. R. Morey, and N. D. Olewiler (1995), "Competition in regional environmental policies when plant locations are endogenous," *Journal of Public Economics,* 56(1), 55-77.
Motta, M., and J. F. Thisse (1994), "Does environmental dumping lead to delocation?," *European Economic Review,* 38(3-4), 563-576.
Perroni, C., and T. F. Rutherford (1993), "International trade in carbon emission rights and basic materials: a general equilibrium calculations for 2000," *Scandinavian Journal of Economics,* 95, 257-278.
Perroni, C., and R. M. Wigle (1994), "International trade and environmental quality: how important are the linkages," *Canadian Journal of Economics,* 551-567.
Petrakis, E., and A. Xepapadeas (1999), "Does government precommitment promote environmental innovation?," in *Environmental Regulation and Market Power,* eds. by E. Petrakis, E. S. Sartzetakis, and A. Xepapadeas, chap. 7, pp. 145-161. Edward Elgar.
Rauscher, M. (1994), "On ecological dumping," *Oxford Economic Papers,* 46(5), 820-840.
Takechi, K., and K. Kiyono (2003), "Local Content Protection: Specific-Factor Model for Intermediate Goods Production and Market Segmentation," *Japan and the World Economy,* 15, 69-87.
Ulph, A. (1994), "Environmental policy, plant location and government protection," in *Trade, Innovation, Environment,* ed. by C. Carraro. Kluwer Acadmic Publishers.
Ulph, A. (1996a), "Environmental policy and international trade when governments and producers act strategically," *Journal of Environmental Economics and Management,* 30(3), 265-281.
Ulph, A. (1996b), "Strategic environmental policy and international trade: the role of market conduct," in *Environmental Policy and Market Structure,* eds. by C. Carro, Y. Katsoulacos, and A. Xepapadeas. Kluwer Academic Publishers.
Ulph, A. (1997), "International environmental regulaton when national government act strategically," in *The Economic Theory of Environmental Policy in an Federal System,* eds. by J. B. Braden, and S. Proost. Edward Elgar Publishing.
Ulph, A. (1998), "Political institutions and the design of environmental policy in a federal system with asymmetric information," *European Economic Review,* 42(3-5), 583-592.
Ulph, A. (1999), *Trade and the Environment: Selected Essays of Alistair M. Ulph.* Edward

Elgar Publishing.
Ulph, A. (2000), "Harmonization and optimal environmental policy in a federal system with asymmetric information," *Journal of Environmental Economics and Management,* (2), 224.
Ulph, A., and D. Ulph (1996), "Trade, strategic innovation and strategic environmental policy: a general analysis," in *Environmental Policy and Market Structure,* eds. by C. Carraro, Y. Katsoulacos, and A. Xepapadeas. Kluwer Academic Publishers.
Ulph, A., and L. Valentini (2001), "Is environmental dumping greater when plants are footloose?," *Scandian Journal of Economics,* 103(4), 673-688.
Vousden, N. (1990), *The Economics of Trade Protection.* Cambridge University Press.
Wooton, R.D., and I. Wooton (1997), "International trade rules and environmental cooperation under asymmetric information," *International Economic Review,* 38(3), 605-625.
Zarilli, S., V. Jha, and R. Vossenaar (eds.) (1997), *Eco-Labeling and International Trade.* Macmillan Press, London.

伊藤元重・清野一治・奥野正寛・鈴村興太郎 (1988)，『産業政策の経済分析』東京大学出版会.
岡田 章 (1996)，『ゲーム理論』有斐閣.
経済産業省通商政策局編 (2002)，『2002年不公正貿易白書』.
清野一治 (1985)，「貿易政策ゲーム――関税と数量割当の同値命題に関する一考察」『通産政策研究』, pp.1-16.
清野一治 (1993)，『規制と競争の経済学』東京大学出版会.
石川城太 (2002)，「環境政策と国際貿易」『国際日本経済論』文眞堂.
通商産業省 (2000)，『平成12年版通商白書』.
中山幹夫・武藤滋夫・船木由喜彦編 (2000)，『ゲーム理論で解く』有斐閣.

第4章　地球温暖化抑制政策の規範的基礎[*]

鈴村興太郎・蓼沼宏一

1. はじめに

「地球温暖化の進行を止めなければならない」という価値規範は，現代の世界において（少なくとも先進国の間では）人々に広範に受け入れられているように見える．先の地球温暖化防止京都会議において，各先進国に対する二酸化炭素（CO_2）等の温暖化ガスの削減目標が合意されたのは，この規範が受容されていることの一つの証左とも言えよう．

そもそも，なぜわれわれは地球温暖化を防止しなければならないのか．さらに，温暖化ガスを地球全体でどの水準まで削減すべきなのか．その「最適」な削減量の根拠とは何か．また，削減にかかる負担を諸々の国や地域間で，どのように分担すべきなのか．これらの規範的な問いの検討は，今後の温暖化防止国際会議において2010年以降の温暖化ガスの削減目標がいかに設定されるべきなのかを考える上でも，また一方，地球温暖化問題を巡る政策に関してしばしば生じる先進国と発展途上国の間の対立を理解する上でも重要である．

まず初めに，これらの問題に対して，スタンダードな経済学が与える解答の有効性を簡潔にレヴューすることが，本章におけるわれわれの問題意識と課題に読者を導くために役立つであろう．

---

[*] 本稿を準備する過程において，多くの方々ともつ機会を得た討論が非常に有益であった．特に，Marc Fleurbaey，黒田昌裕，須賀晃一，長谷川晃，堀　元，森村　進の諸氏から賜った批判と助言に感謝申し上げたい．

2. 予備的考察：最適排出量に関する「経済学的」説明の有効性

上に提示した規範的問いに対する経済学の標準的な解答は，以下のようなものである[1]．地球温暖化問題は「外部性」の現象——市場を経由せずに，ある経済主体の行動が付随的に他の経済主体の利得に影響を及ぼす現象——の一例である．すなわち，温暖化ガスの排出は将来世代に対して悪影響を及ぼすのであるが，ガス排出量について加害者と被害者の間で価格を媒介として取引する市場は存在しない．そのため，温暖化ガス排出（を伴う生産活動）の限界便益と社会的限界費用とが一致せず，パレート最適な排出量が実現しない（温暖化ガス排出の私的限界便益と社会的限界便益とは一致するとみなせるので，単に限界便益という）．図4-1は，横軸に温暖化ガス排出量を，縦軸に社会的便

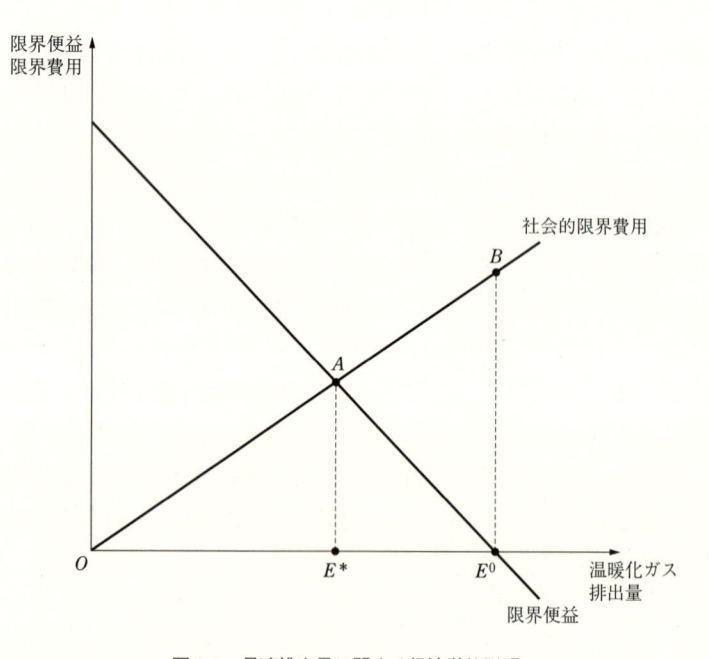

図4-1 最適排出量に関する経済学的説明

---

1) 例えば，天野 (1997) を見よ．

益・費用の額をとり，各排出量における限界便益と社会的限界費用を2本の直線によって例示したものである．現状では，ガス排出によって直接負担しなければならない費用はゼロであるから，ガス排出を伴う生産活動からの限界便益がゼロとなる排出量 E^0 が実現し，そこでは社会的限界費用が限界便益を上回っている．これに対して，パレート最適な排出量は，社会的限界費用と限界便益とが一致する水準 E^* であるから，排出量を $E^0 - E^*$ だけ削減するべきである．パレート最適な排出量を実現する方法としては，以下の4つが挙げられる．

(1) 直接規制：公的権力をもつ機関が直接，排出量を E^* に規制する．
(2) ピグー税・補助金（Pigou, 1920）：パレート最適な排出量における社会的限界費用に等しい額の税を，排出量1単位当りに課税する．または逆に，同額の補助金を排出量の削減に対して交付する．
(3) 当事者間の交渉（Coase, 1960）：加害者と被害者との間で排出量に関して直接交渉を行う．
(4) 排出権の市場取引（Arrow, 1969）：適切な権利設定を行った上で，ガス排出権の市場取引を導入する．例えば，被害者に清浄な環境を享受する権利があるとすれば，加害者はガス排出権を購入しなければならない[2]．

上に要約した外部性の標準的な経済理論は，過去に生じた局地的で，かつ特定の加害者と被害者が同時に並存するような公害問題[3]を想定して構築された．だが，この理論は地球温暖化問題に関する有効な分析と問題解決への適切な規範を提示することに成功していると言えるであろうか．この点を検討する上で，まず次の事実に読者の注意を喚起したい．

---

2) ここで言う排出権の市場取引と，いわゆる「京都メカニズム」における排出権市場とを混同してはならない．前者では，被害者が排出権を売却（供給）し，加害者がそれを購入（需要）するが，後者では，総量が一定の排出権を加害者間で売買する．京都メカニズムでは，排出総量は国際的合意による直接規制によって定められているのであり，その分配を巡って市場取引を導入しようとしているのである．
3) よく知られた例として，水俣病，イタイイタイ病，四日市ぜんそくなどが挙げられよう．

(a) 温暖化の被害者である将来世代は現存しない．
(b) 被害者である将来世代と加害者である現在世代が同時点に並存しないために，加害者と被害者の間での貨幣的移転は非常に困難である．わずかな可能性として，社会資本の増減という形による富の移転があり得るだけである．
(c) 将来世代の人口は現在世代の行動によって変動する．
(d) 将来生存する人々の人間としての特性自体が，現在世代の行動によって規定される．

事実(c)および(d)については，後に詳細に検討する．しかし，仮に(c)や(d)を考慮しないとしても，つまり将来世代の人口や特性を所与のものとみなしたとしても，以下に述べるように，事実(a)および(b)からさまざまな難点が生じる．

まず事実(a)から直ちに，「当事者間の交渉，または排出権の市場取引によるパレート最適な排出量の実現」というシナリオが成立し得ないことが分かる．交渉や市場取引は，参加すべきメンバーすべてが同時に存在するということを前提にして初めて成立する．したがって，地球温暖化問題における被害者と加害者とが交渉を行ったり，価格を媒介とする取引を行うことは，厳然と存在する時間的制約条件のために不可能なのである．

次に，事実(b)を認めるならば，現在の状態 E^0 から状態 E^* への移行が望ましいとする主張に対して，通常の経済学が与える根拠は脆弱なものとならざるを得ない．現代の経済学が規範的基準として依拠するパレートの基準の定義を振り返ってみよう．ある社会状態から別の社会状態への移行によって，どの個人の厚生も悪化せず，少なくとも一部の人々の厚生が改善するならば，この移行は《パレートの意味で改善である》（あるいは単に《パレート改善である》）という．そして，実行可能な状態 A において，もはや他の《実行可能》などの状態への移行もパレート改善とはならないとき，状態 A は《パレート最適である》というのである．

さて，状態 E^0 から状態 E^* へ移行するとすれば，温暖化ガス排出量の削減によって将来世代の厚生は改善する一方，もし何らの補償も行われないならば現在世代の厚生は低下する．状態 E^0 から E^* への移行がパレート改善となり

得るのは，将来世代から現在世代に対して，現在世代の厚生の損失額（図4-1の三角形 AE^*E^0 の面積で示される）を上回り，かつ将来世代の厚生の増加額（図4-1の台形 AE^*E^0B の面積で示される）を超えない額の補償がなされるときだけである．しかし，事実(b)に述べたように，そのような補償のための富の世代間移転は不可能であるか，極めて限定的な可能性しか存在しない．

もし補償のための富の移転が実行不可能であるとすると，状態 E^0 もまたパレート最適であると言わざるを得ない．なぜなら，他の《実行可能》な状態への移行は，現在世代か将来世代のどちらか一方の厚生を必ず低下させるからである．

一方，富の世代間移転が実行可能であるならば，状態 E^0 はパレート最適ではないが，状態 E^* への移行がパレートの基準によって正当化されるのは，将来世代から現在世代への富の移転——将来世代の便益となる社会資本を減少させて現在世代の消費を増加させること——が伴うときだけである[4]．しかし，温暖化ガスを削減する見返りに社会資本蓄積を減らして消費を増加させるという政策が，規範的に正しいとは到底容認されないであろう．無論，地球温暖化防止国際会議においても，このような政策は全く想定されていない．

ここまでの検討で明らかになったことは，温暖化ガスの排出を削減するという政策の規範的根拠は，パレート基準では与えられないということである．限界便益と社会的限界費用とが一致する状態 E^* を実現することが望ましいという主張は，パレート基準よりも論理的に強い基準である功利主義的な社会厚生関数の最大化という規範によって初めて正当化される．功利主義的社会厚生関数は，関係するすべての世代の効用の総和を社会厚生と定義するから，富の世代間移転の実行可能性にかかわらず，E^* が最適な排出量となるのである[5]．政策の規範的根拠を厳密に検証していくと，通常言われている《効率性》や《パレート最適性》といった基準よりも強い価値基準が潜んでいるケースはしばしばあるが，地球温暖化問題における経済学者の認識もまたそのケースの一

---

4) パレート改善による資源配分の順序付けは不完備であるため，任意のパレート最適な状態が，任意のパレート最適でない状態よりも望ましいとは必ずしも言えないのである．
5) ただし，どの世代の効用も，貨幣1単位から得られる効用を1単位として測るという強い前提が必要である．

例となっているということに，読者の注意を喚起したい．

　功利主義の基準に対しては，社会を構成する人々が既に固定されているケースにおいても，様々な観点から批判がなされてきた．加えて，先に事実(c)および(d)として指摘したように，将来世代の人口や特性自体が現在世代の行動によって決定されるということが，功利主義の基準にさらなる問題点を生じさせることになる．実はその問題の一端は，既に本節で取り上げた「限界便益＝社会的限界費用」という最適排出量の条件にも見られる．通常の経済学的説明では，費用は外生的に与えられたものとみなされる．しかし，ここでの費用とは，将来生存する人々すべてが地球温暖化によって被る損害の総和であるから，将来世代の人口が現在世代の行動や政策に依存して変動するならば，温暖化ガス排出がもたらす社会的費用もまた変化せざるを得ない．例えば，発展途上国における現時点の人口政策は，将来の人口，ひいては温暖化ガスのもたらす費用を大きく変えることになるのである．

　要するに，あたかも固定された将来世代という人々の集団がまず与えられていて，その人々の被る費用を計算した上で，現在世代のとるべき最適な対応策を求めるという思考方法には，根本的な誤りがあるのである．将来世代の存在自体が内生的に決定されるということを明確に認識して，現在世代のとり得る各々の行動や政策によって実現される将来世代の人口・特性や社会状態を比較・評価することが必要である．ところが，そのような将来の人口が可変的な長期の問題に対して功利主義の基準を適用すると，さまざまな直観に反する規範（"repugnant conclusion"）が導かれてしまうことが指摘されている．この点については，本章の第6節でさらに詳しく説明する．

　以上の「予備的考察」を要約すると，地球温暖化ガスの最適な削減量に関する「経済学的」説明の根拠はパレート基準では与えられず，より強い功利主義の基準を必要とするが，功利主義の基準は超長期の資源配分の問題に関する基準としては多くの問題点を孕むということである．本章でわれわれは，功利主義の規範を無条件で受容する立場はとらない．実際，功利主義は，社会哲学や倫理学の系譜の中では一つの特殊な規範に過ぎないのである．現代の社会哲学・規範的経済学においてそれを位置づけるならば，まず社会経済システムの

帰結にのみ基づいてシステムの望ましさを評価するという帰結主義 (Consequentialism) の範疇に属し，さらにその中でも各々の帰結において各個人の享受する効用（欲望充足の程度）を評価のための情報的基礎とするという厚生主義 (Welfarism) に立脚する．近年の規範的経済学は，ジョン・ロールズ (Rawls, 1971) の社会的基本財やアマルティア・セン (Sen, 1980, 1985) の潜在能力のような非厚生主義的な情報的基礎の研究，さらには権利と義務の理論や，責任と補償の理論 (Dworkin, 1981a, 1981b ; Fleurbaey, 1995, 1998 ; 鈴村・吉原，2000) のような非帰結主義的な規範の研究に重要な発展をみている．本章の課題は，可能な限り広い視野からこれらの研究成果を検証した上で，地球温暖化防止問題を巡る政策の規範的基礎を明確にすることである．

　規範的経済学の観点から見れば，地球温暖化問題の特異性は，超長期にわたる異なる世代間の福祉 (well-being) 分配の問題であると同時に，同じ世代に属する先進国と発展途上国との間，地球温暖化の進行によって便益を得る国と犠牲を被る国との間の福祉の分配の問題でもあるという点に求められる．規範的に望ましい分配とはなにかという問いに対しては，正統派の厚生経済学，道徳哲学，法哲学，政治哲学の研究者によってさまざまな価値基準が考察されてきたが，その多くは地球温暖化問題の論脈では鋭い切れ味を喪失してしまうように思われる．この事実を理解するために，われわれは地球温暖化問題の構造を明確にする作業（第3節）を経て，正統派の経済学・哲学・倫理学において検討されてきた規範的評価基準の有効性を個々に検証する（第4節）ことにする．この作業の結果われわれが最後に到達する考え方こそ，《責任と補償 (responsibility and compensation)》という新たな価値基準であるが，この考え方の中枢に位置するのが《歴史的経路の選択に対する責任》というわれわれの基本的な観点である（第5節）．第6節では歴史的経路に対する評価基準をその情報的基礎の観点から詳しく検討するとともに，現在世代の間の責任分担の原理についても簡潔に考察する．最後に第7節はこの章の結論を要約するとともに，今後の一層の研究課題を述べることにあてられる．

3. 地球温暖化問題の構造

3.1 地球温暖化問題の特異性

　地球温暖化問題は，われわれ人類が初めて遭遇した規模の自然科学的・社会科学的な難問であるといってよい．この問題の解決を困難にしている顕著な特徴としては，以下の事情を指摘することができる．

(1) 人間の経済生活のすべての面で温暖化ガスの排出は不可避的であるため，通常の経済生活を送るすべての人間が，この問題の起因者とならざるを得ない立場にある．地球温暖化問題とは，すべての人間がその問題の起因者となる点に特異性をもつ環境的外部性の問題なのである．

(2) 温暖化ガスの蓄積には，現在の経済活動のみならず長期間にわたる過去の経済活動も大きく貢献している．だが，過去の温暖化ガス発生の当事者である世代の大半は，現在では既に姿を消している．このことは，起因者負担の原則にしたがって環境的外部性の内部化を企図しても，起因者として内部化のコスト負担を請求し得る人々は，本来の起因者のほんの一部でしかないことを意味している．

(3) 現在までに排出された温暖化ガスの影響を主として受けるのは，現存する世代ではなく，数十年先の遠い将来に生存する世代である．だが，彼らは未だ姿を現してはいない．したがって，外部性問題の効率的な解決を加害者と被害者との直接交渉に委ねるという経済学のひとつの標準的なパラダイムは，加害者と被害者が出会う機会が決して存在しないために，地球温暖化問題に対しては原理的に適用不可能なのである．現在時点で地球温暖化問題に関する意思決定に参加できるのは，加害者の僅かな一部を形成する現在世代，すなわち意思決定の時点に生存する世代だけなのである．

(4) 地球上の異なる地域の間には経済発展段階に格段の差異があって，温暖化ガスの発生を伴う累積生産量——したがって温暖化ガスの蓄積量に対する貢献度——には各地域間で大きな隔たりがある．このため，同一の世代内においても，温暖化ガスの排出抑制のための措置を巡っては，現在時点

で既に経済発展を達成した先進国と，今後の経済発展に希望を託す発展途上国との間に，鋭い利害対立が生じざるを得ない．
(5) 温暖化の進行が地球上の諸地域におよぼす影響は，決して一様ではない．例えば，温暖化によって水没の危機に瀕する島嶼国と，従来は永久凍土とされていた地域が耕作適地に変わる可能性がある国との間では，地球温暖化問題に対する意識に雲泥の差が生じることは当然である．このような差異は，現在世代が地球温暖化対策に関する合意を形成しようとする際に，その成立を困難にするもうひとつの重大な要因となる．

これほどまで時間的・空間的に大規模であるうえに，重層的な利害対立を含む複雑な問題を経済学が研究対象にすることは，これが最初の経験ではなかろうか．伝統的な経済学が取り扱ってきた外部性は，せいぜい過去の公害問題のように，特定の地域における個別の現象——加害者と被害者が原理的には分離可能であって，両者が基本的に同時点で並存している現象——に関わる問題であって，地球温暖化問題のように，過去・現在および将来の経済活動が因果的に連鎖しつつ，加害者と被害者が同時点には並存しない現象ではなかったからである．

3.2 世代間の歴史的構造と人格の非同一性問題

地球温暖化は超長期にわたる問題である．そこに登場する人々は幾世代にもおよび，同時並列的にではなく歴史的構造をもって継起的に登場する．過去から現在までの歴史的経路は，無数の可能性のなかから既にただひとつに確定していて，その経路上に存在した人々および現存する人々も既に確定している．だが，将来どのようなタイプの人々がどれだけ存在するのかは，現在世代の行動によって決定される経路次第で異なるものとなって，意思決定の時点では確定していない．この事実を説明する具体例を幾つか挙げてみたい．

(1) 先進国で石油の利用を厳しく制限する温暖化対策が採用される場合と，全く制限がなされない場合とを比較してみよう．石油の利用は現在世代の生活のあらゆる側面に関わっているから，2つの場合では衣食住の在り方

や移動の機会と便宜性が大きく異なってくる．その結果，人々は異なるパートナーと出会って異なる家族を構成して，異なる生活経験を積み重ねてゆくだろうから，数十年のうちには生存する人々の数やその固有の特性が，非常に異なる結果になるはずである．

(2) 温暖化ガスの総排出量は，人口一人当たりの排出量とともに，人口規模それ自体にも依存する．温暖化の進行を抑制するために発展途上国において人口爆発を抑制する政策を実行する場合と実行しない場合とでは，将来世代の規模のみならずその固有の特性もまた大きく異なる結果になるはずである．

(3) 温暖化ガスの排出を抑制しなかった場合には太平洋上の島嶼国が水没して，民族構成が大きく変化するかもしれない．また，永久凍土と考えられていた地域が耕作可能となって，人口規模とその地域配分が大きく影響されることになるかもしれない．

このように，将来時点に存在する人々の数やその固有の特性が現在世代の行動に依存して可塑的であるという事実を，図式的に表現したのが図 4-2 である．過去から現在に至る経路はユニークに確定しているが，将来への経路は現在時点で実行可能な行動の数と同数だけ存在する．《現在》を時点 t^* とすると，時点 t^* においてある行動（action）が選択可能であるか否かは，歴史の起点 0 から t^*-1 までの期間に実現された行動経路 $\mathbf{a}^{t^*-1} = (a^0, \cdots, a^{t^*-1})$ に依存する．時点 t^* において実行可能な行動全体の集合を $A^{t^*}(\mathbf{a}^{t^*-1})$ とし，現在世代が行動 a^{t^*} をとったとき，時点 t^*+1 以降に存在する可能性のある人々の集合を $N(a^{t^*})$ と書く．集合 $N(a^{t^*})$ に属するのは，行動が定める枝（branch）の前方にある経路上に存在するすべての人々である．時点 t^* 以降に存在する可能性のある人々の全体

$$N_{t^*} = \bigcup_{a^{t^*} \in A^{t^*}(\mathbf{a}^{t^*-1})} N(a^{t^*})$$

を，《時点 t^* 以降の potential people》と呼ぼう．一般に，$a^{t^*} \neq b^{t^*}$ であるならば $N(a^{t^*}) \neq N(b^{t^*})$ である．これがデレク・パーフィットによって指摘された将来世代の《非同一性問題(non-identity problem)》(Parfit, 1982, 1984) に他ならない．

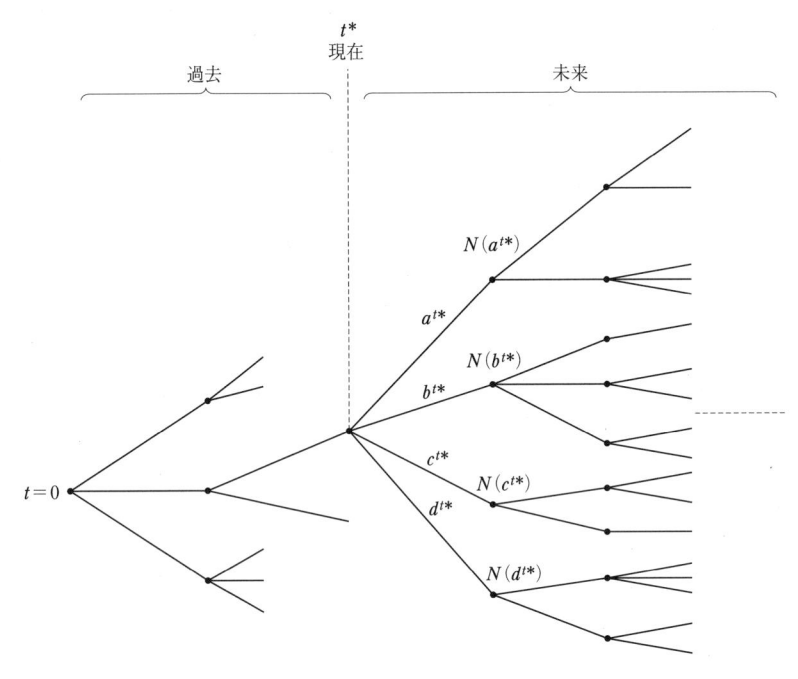

第4章 地球温暖化抑制政策の規範的基礎　　207

図 4-2　世代間の歴史的構造

　パーフィットの非同一性問題は，生物学的存在としての人間の異時点間の非同一性を意味している．しかし人間は社会的存在である．したがって，生物学的な個体の識別特性だけでなく，選好・価値判断能力・労働能力・消費享受能力など，社会的論脈における様々な個体の識別特性もまた，その個人の人格（同一性）を決定する重要要因だと考えるべきである．選好や能力は長期的な自然的・社会的環境によって内生的に形成されるものである．また特定の能力の有効性は，環境次第で異なるものである．地球温暖化対策の在り方それ自体が長期的な経済環境や社会構造を大きく変えることを考慮すれば，様々な温暖化対策次第で将来存在する人々の社会的存在としての個体の識別特性が異なってくることは，ほとんど不可避的であるように思われる．
　区別を明確にするために，以下では生物学的存在としての人格の非同一性を《生物学的な非同一性問題》，社会的存在としての人格の非同一性を《社会的な非同一性問題》と呼ぶことにする．われわれは，パーフィットによる生物学的

な非同一性問題の指摘は充分に説得的で重要性をもつと考えるが，たとえ生物学的存在としての人格が同一であったとしても，社会的な非同一性問題の発生は依然として不可避的であると考える．例えば，自動車を頻繁に使用するアメリカ型の社会で育ったひとは，自動車の利用に対して強い選好を体得するようになるだろうが，石油の利用が制限された結果として公共的交通機関が発達した社会で成長したひとは，自動車の利用をそれほど好まない選好を身に付けることになるだろう．このとき，「前者の帰結と後者の帰結のどちらが好ましいか」という設問は，社会的判断の基礎におかれるべき個人的選好それ自体が経路依存的に異なるものであるために，原理的に解答不可能となるのである．個人の人格（同一性）とは，生物学的存在としての主体の識別特性と，社会的存在としての彼／彼女の識別特性のペアによって表現され，そのうちの少なくとも一方の要素が異なるときには，個人の人格は同一ではないとみなされるべきである．

4. 標準的経済分析の有効性

地球温暖化問題は超長期にわたる歴史的構造をもつ世代間の福祉分配の問題である．それはまた，同一世代内で利害を異にするグループ間の福祉分配の問題でもある．このような構造をもつ問題に対して，従来の《正統的》な厚生経済学の分析装置は適用可能だろうか．本節では，正統的な厚生経済学の分析装置の有効性を，慎重に検証していくことにしたい．

4.1 パレート基準

厚生の個人間比較を排除する《新》厚生経済学に厳密にしたがうならば，代替的な政策の比較のために依拠し得る唯一の規範的基準は，パレートの基準でしかない．先に導入した《パレート改善》の定義を再述すれば，政策 a と政策 b がそれぞれもたらす帰結を，関係する人々すべてが自分自身の選好にしたがって比較するとき，誰も政策 b を政策 a より好むことはなく，少なくとも一部の人々は政策 a の方をより好むならば，政策 a は政策 b を《パレート改善する》というのであった[6]．現代の応用厚生経済学のほとんどは，このパレート

基準に依拠して政策の是非を判定していると言っても決して過言ではない.

既に「予備的考察」で明らかにしたように, たとえ前節で説明した非同一性問題を考慮外に置いたとしても, 地球温暖化抑制のための政策の規範的根拠をパレート基準に求めることには重大な難点がある. 加えて, 非同一性問題を認めるならば, 現在世代の政策の選択にパレート基準は全く役に立たないのである. いま, 政策 a^{t^*} と b^{t^*} とを比較するとき, それぞれの政策の結果として将来生存する人々 $N(a^{t^*})$ と $N(b^{t^*})$ の人格は異なっている. 先に述べたように, 人間が社会的存在であることを考慮すれば, たとえ生物学的存在としては人々が同一人格をもったとしても, 彼らの選好が異なっていることはほとんど必然的である. したがって, パレート基準が唯一の情報的基礎とする個々人の選好に照らして2つの帰結の善悪を序列付けることは, ほとんど不可能となってしまうのである.

とはいえ, パレート基準が地球温暖化問題に適用可能なケースが皆無だというわけでは決してない. この基準の適用可能性がある状況は, 政策 a^{t^*} と b^{t^*} が将来世代にもたらす影響は全く同一だが, 現在世代に課されるコストが異なるケースである. このケースに適用されたパレート基準は, 同一の効果をもつ政策間のコスト最小化の原理として機能する. 本書の他の諸章で詳細に検討されている排出権取引市場の導入は, 規範的には正にこの原理に基礎づけられているのである.

しかし, ここでも一つの留保条件を指摘しておかなければならない. 実際問題として地球温暖化対策において「将来世代にもたらす影響は全く同一だが, 現在世代に課されるコストが異なる2つの政策」があり得るかといえば, その可能性は非常に限られていると言わざるを得ない. 例えば, 温暖化ガスの排出権取引が実行されるか否か, あるいは実行される場合でもどのような形式と制約に基づいて取引が実行されるかによって, 地球上のどの地域で実際に温暖化ガスが削減されるかは異なってくるが, これは当然ながら将来世代の個体を識別する特性に相違をもたらさざるを得ないからである. 現在世代に課されるコ

---

6) または, 政策 a は政策 b をパレートの意味で優越する (あるいは単に《パレート優越する》) ともいう.

ストをできる限り小さくすること自体は無論望ましいことではあるが，その方策が長期的にもたらす効果についても考慮する必要があるのである．

4.2 補償原理

パレート基準は，2つの政策間で効用の損失を被る人と利益を得る人が同時に存在する場合には，優劣の判定を放棄せざるを得ない性格の基準である．このような状況にも適用可能な優劣判定の基準を構想する試みこそ，ニコラス・カルドア，ジョン・ヒックス，ティボール・シトフスキーたちによって提唱された《補償原理》に他ならない．いま，ある財を《貨幣》と呼び，政策 a を実行したときに効用の利益を得るひとから損失を被るひとへ仮に適切な貨幣の移転が行われれば全員の効用を高め得るとき，政策 a の実行は《カルドアの意味で改善》であるという．逆に，政策 a を実行しなければ，個人間でどのような貨幣の仮説的移転を行うにせよ，政策 a を実行したときと比較して全員の効用を高めることはできないとき，政策 a の実行は《ヒックスの意味で改善》であるという．カルドアとヒックスの両方の意味で改善であるとき，《シトフスキーの意味で改善》であるという．応用厚生経済学の費用便益分析が依拠しているのは，まさにこれらの補償原理である．

そもそも補償原理は，部分均衡分析にこそ適合する原理である．例えば，経済全体に比較すれば小規模なプロジェクトについて，関係する人々——その人格はもちろん固定されている——の利得ないし損失を貨幣単位で測ることができ，しかも貨幣の移転によって均衡価格・数量が変化しないケースには，それなりに有用な効率性の判定基準となる[7]．しかし，地球温暖化問題のような大規模な問題に補償原理を適用することは，この原理の射程距離をはるかに越えていると言わざるを得ないのである．「予備的考察」でも述べたように，異なる世代間で補償のための《貨幣》の移転を《仮説的》にせよ想定することは非常に困難である．仮に社会資本の増減によってそれが可能であるとしても，社会資本蓄積の変化は当然ながら均衡価格・数量を変化させざるを得ないであ

---

7) このような好都合な場合でさえ，補償原理の適用範囲に対しては，相当に手厳しい制約条件が課されることに注意すべきである．この点に関しては，例えば Suzumura (1999, 2000) を参照されたい．

ろう．

　さらに，地球温暖化問題の論脈において非同一性問題を認めるならば，補償原理はパレート基準と全く同様の理由により無力化する．地球温暖化対策が実行されたときと実行されないときとでは将来世代の人格が異なるために，2つの政策の優劣比較の情報的基礎として各個人の効用の利得ないし損失を計測することは論理的に不可能となるからである．

4.3　当事者間交渉による合意

　外部性の解決方法としてロナルド・コーズ(Coase, 1960) が提唱したのは，外部性の出し手と受け手の間の直接交渉による問題処理であった．《コーズの定理》の名でよく知られている命題によれば，交渉費用が無視できる場合には，当事者間交渉によって外部性の問題は効率的に解決することができる．空港の騒音問題を例に取れば，《静かな生活を営む権利》（あるいは《騒音を無制約に出す権利》）が明確に設定されれば，当事者間の交渉や取引を経由して騒音の水準や金銭的補償などに関する合意が形成されて，外部性の問題は効率的に解決されることになる．とはいえ，権利の設定方法に依存して，最終的な所得分配には大きな差異が生まれることになるのは当然である．

　ところが地球温暖化問題においては，加害者（温暖化ガスの発生者）と被害者（地球温暖化の影響を被る人々）が同じ時点には並存しないという時間的な構造があるために，当事者間の直接交渉による外部性問題の解決が現実に不可能であることは明らかである．もちろん，規範理論としてはあたかもすべての当事者が一堂に会して交渉するかの如き仮想的ないし反事実的な設定を置いたうえで，この想像上の交渉の場において合理的に推論される交渉結果を，規範的に望ましい解決とみなす考え方も可能である．だが，この意味の仮想的・反事実的設定においてさえ，将来世代を適切に代表するエージェントを合理的に想定することは不可能だと言わざるを得ない．そもそもこの仮想的な交渉に参加するのは，温暖化対策が実行された場合に生存する人々のエージェントなのであろうか，それとも実行されなかった場合に生存する人々のエージェントなのであろうか．前者だとすれば，彼／彼女が代理する人々は温暖化対策が実行されたときにのみ生存するのだから，彼／彼女は温暖化対策が実行されなかっ

た場合に発生する被害に対する補償を請求して，交渉に参加する資格を欠いている．後者だとすれば，彼／彼女が代理する人々は温暖化対策が実行されなかったときにのみ生存するのだから，補償の支払いという外部性の内部化費用をシグナルとして現在世代が温暖化対策を実行することになれば，彼／彼女はやはり将来世代を代理して現在世代と交渉する資格を喪失することになる．いずれの場合にせよ，地球温暖化問題の論脈では関係する当事者間の合理的な交渉を規範的理論の基礎とすることは，原理的に不可能なのである．

4.4 権利と義務

社会的正義はしばしば権利と義務の関係として表現される．地球温暖化問題における《世代間の権利と義務》に関する常識論は，「将来世代は現在世代に対して人為的な地球温暖化の影響を排除ないし緩和することを要求する権利をもち，現在世代は将来世代に対して人為的な温暖化を抑制する義務を負う」と主張するだろう．しかし，地球温暖化問題における将来世代と現在世代との関係をこのような単純な権利-義務関係で把握することには，やはり論理的な難点がある．

この事実を理解するために，時点 t^* において「温暖化対策を実行する」という政策を a^{t^*}，「温暖化対策を全く実行しない」という政策を b^{t^*} とすると，それぞれの政策の結果として将来生存する人々の人格は異なることによって，$N(a^{t^*}) \neq N(b^{t^*})$ が成立する．さて，どちらのグループの人々が現在世代に対して温暖化抑制を要求する権利をもち，また現在世代はそのグループに対して義務を負うのだろうか．

まず，温暖化の進行した世界に生きる集合 $N(b^{t^*})$ の人々が，その権利を有するものと考えてみよう．しかし，ひとたび現在世代が将来世代によって行使された権利に応じた義務を果たして温暖化抑制措置を実行したならば，将来時点で生存するのは集合 $N(a^{t^*})$ の人々である．つまり，$N(b^{t^*})$ の人々が温暖化の抑制された世界に生きることは決してなく，権利の行使は自己の存在を否定することになる．賦与された権利の自発的な行使が，権利主体の存在を自ら否定するような《権利》の設定は不合理である[8]．

逆に，温暖化が抑制された世界に生存する集合 $N(a^{t^*})$ の人々が，現在世代

に温暖化抑制を要求する権利を有すると定める合理的根拠はやはり存在しない．なぜなら，温暖化が抑制されなかったときに生存するのは $N(b^{t^*})$ の人々であり，$N(a^{t^*})$ の人々はなんら損害を被っているわけではないからである．

結局，人格の非同一性問題のために，地球温暖化対策を将来世代の権利に対する現在世代の義務として根拠付けることは論理的に不可能なのである．

5. 歴史的経路選択に対する責任と補償

このように，地球温暖化問題に対する政策の規範的な根拠を，正統的経済分析が依拠してきたパレート基準，補償原理，交渉解に求めることは，論理的に不可能である．また，温暖化対策を単純に将来世代の権利に対する現在世代の義務として位置付けることも，論理的に不可能である．では，「現在世代の選択次第で将来の歴史的経路上に存在する人々は異なるのだから，現在世代が行う選択に対する規範的な判断基準は論理的に存在し得ない」という一種の不可知論に，われわれは陥らざるを得ないのだろうか．この不可知論の罠から脱出するためには，別の理論的な展開が必要である．

この論脈においてわれわれが注目したいのは，ロナルド・ドウォーキン (Dworkin, 1981a, 1981b)，マーク・フローベイ (Fleurbaey, 1995, 1998) らの最近の研究によって厚生経済学に新たに導入された《責任と補償 (responsibility and compensation)》という原理である．フローベイ (Fleurbaey, 1998) が《支配に基づく責任 (responsibility by control)》と呼んだのは，ひとは自分の自由意志によってコントロールできる選択の帰結に対しては責任を負うという原理である．それはいわば《選択の自由》を行使することに伴う責任を選択主体に帰属させて，その選択が不利な結果に帰着してもその責任の転嫁を認めないという考え方である．

この原理によれば，高級な自動車に対して特別の嗜好を自ら培ってきたひとが，その高級車を入手し得ない限り彼／彼女の欲望の満足度が極めて低くなる

---

8) 例えば，自分自身の境遇を自己決定する権利を設定する場合に，その権利の自由な行使を妨げるような選択肢――自分自身を奴隷として売却するという契約を締結するなど――を含めてその権利を設定することは，明らかに不合理である．

という理由で，彼／彼女の所得の《補償》を社会に対して請求する正当な根拠はない．なぜならば，低い効用という帰結はこの個人が自由意志によって特殊な選好——ドウォーキン（Dworkin, 1981a）が "champaign taste" と呼んだもの——を形成したことに起因するのであって，この原因に対しては本人がその選択の責任を負うべきだからである．これに対して，ひとが自分の自由意志ではコントロールできない要因に基づく不遇と困窮に対しては，本人に責任を負わせるべきではない．別の表現をすれば，non-responsible factor に起因する不利益に対しては，社会的な《補償》が支払われなければならないのである．例えば，他人の飲酒運転による自動車事故に巻き込まれて身体障害者になった不遇なひとは，自分がコントロールできない要因——他人の飲酒による重大な過失——からなんら責任を問われるべきではない不利益を被ったのだから，社会的な補償を受けるのが正当である．確かにこの補償の支払い責任は飲酒運転を行った個人に主として帰着するべきであるが，正当な手続きによって補償の支払いが行われるような制度的枠組みを整備して，その補償の敏速な履行をモニターする責任は，あくまで社会によって担われるべきである．

　この観点から地球温暖化の問題を考えてみる場合に決定的に重要な事実は，温暖化ガスを発生させる現在世代の経済活動は将来世代の人格および福祉に対して《外部的》に——つまり将来世代には責任を問えない形で——影響すること，そして現時点で実行する政策を完全にコントロールしているのはひとえに現在世代であるということである．したがって，《責任と補償の原理》に基づけば，地球温暖化問題に対して現在世代は歴史的経路を決定する政策選択をコントロールする自律性をもつが故に，それに伴う《責任》を負うべきであると考えられる．

　だが，ドウォーキンやフローベイが想定していた理論的フレームワークと地球温暖化問題の構造との間には本質的な差異があって，ドウォーキン＝フローベイ理論の結論を機械的にこの問題に適用することは許されないという点には注意すべきである．ドウォーキン＝フローベイのフレームワークでは，選択行為の責任主体とその選択の帰結から影響を受ける主体は同一であるか，または2人は異なる主体ではあっても同一時点で並存する状況が，暗黙のうちに念頭に置かれている．上に挙げた2つの例のうち，高価な嗜好の例は主体が同一で

あるケースであり，飲酒運転事故の例は主体が異なるが加害者と被害者が同時点で並存するケースである．ところが地球温暖化問題のひとつの本質的な特徴は，現在の選択行為の責任主体は現在世代であるが，この選択の外部効果を一方的に受容せざるを得ない主体は未だ存在しない将来世代であるという点にあった．現在世代が行う選択の結果に依存してその選択の帰結を経験する主体の人格が決定され，その主体が享受し得る福祉もまた決定されるのである．この決定的に重要な特徴に留意すれば，現在世代が行う《選択》の意味とその選択に伴う《責任》の意味について，さらに注意深い考察が必要とされることになる．

改めて注意を喚起すべき重要な事実は，現在世代が行う選択は現在から将来への歴史的経路の選択に他ならず，この選択は将来世代の人格と彼らが享受する福祉の双方を，彼ら自身が遡って選択をやり直す機会を与えずに——その意味で一方的・外部的・不可逆的に——決定する行為である点である．したがって，現在世代が将来世代に対して負うべき《責任》のまず第1の意味は，なんらかの明確で合理的な基準に照らして現在世代の選択が《社会的に最善》であると説明可能な経路を選択する責任——《説明責任（accountability）》——である．

現在世代が将来世代に対して負うべき《責任》の第2の意味を明らかにするために，現在世代には以下の3つの単純な選択肢のみがある状況を考える．

(A) 地球温暖化の進行をストップさせる政策．
(B) 地球温暖化の進行は放置するが，将来世代におよぶその影響を補整するために，他の社会資本の蓄積水準を改善する政策．
(C) 地球温暖化の進行を放置するのみならず，他の社会資本の蓄積水準を補整的に改善する措置も講じない政策．

現在世代がこれら3つの選択肢のどれを選ぶかによって，将来生存する人々の人格は異なり，彼らの福祉水準も異なってくる．だが，どの人々が存在するにせよ，現在世代の行う選択に対して将来世代に責任を問うことはできない．別の表現をすれば，現在世代が行う選択は将来世代にとっては彼らの福祉を条

件付ける外生的な要因（non-responsible factor）である．仮に選択肢(C)を現在世代が選択したとすると，その結果として将来時点で生存する人々は non-responsible factor に起因する不利益を被りながら，その不利益を補整する《補償》を得ていないことになる．このことは，選択肢(C)の先にある歴史的経路上では《補償責任》が実現されていないことを意味している．このような経路は規範的に望ましい選択肢であるとは言えないであろう．これに対して，現在世代が選択肢(B)を選んだ場合には，将来生存する人々は温暖化による不利益を被りつつも，それを補整する社会資本の蓄積という《補償》を受けていることになる．この経路上では《補償責任》が実現されていると言うべきであろう．このように，環境の悪化が不可避である場合には《補償責任》が実現される歴史的経路を選択する責任を現在世代は負っている——これが現在世代が担う《責任》の第2の意味なのである．

　われわれが言う現在世代の負う第2の意味の責任を，《将来世代のもつ権利の侵害に対する現在世代の賠償責任》と捉えてはならない．既に説明したように，将来世代の人格の非同一性問題のために，そのような権利設定には論理的な困難があるからである．《責任と補償の原理》に基づくわれわれの主張は，現在世代の選択から一方的に不利益を被る人々が将来存在することになるような歴史的経路の選択は，規範的に望ましい経路選択とは言えないということである．それは，現在時点では合理的な代理が不可能な将来世代の選好や権利とは，全く無関係な規範的主張なのである．

6. 歴史的経路の評価基準と政策的含意

　前節で述べたように，現在世代が将来世代に対して負う第1の責任は，明確で説明可能な合理的基準に照らして《社会的に最善》な歴史的経路を選択することである．この責任を果たすためには，現在から将来への歴史的経路を規範的に評価する基準がまずもって必要とされる．本節ではこの主旨の評価基準の可能性を，正統派の厚生経済学の分析装置のなかに探ることにする．

6.1 評価対象

まず最初に，規範的基準の評価対象を明らかにする必要がある．地球温暖化問題における現在世代の選択は，以下のすべての事項に関わっている．

(1) 将来生存する人々の選好・能力等の《人格》
(2) 将来生存する人々の《寿命》および《人口》
(3) 世代間の資源の分配
(4) 現在世代内の資源の分配
(5) 将来世代内の資源の分配

しかも，これらの事項は同時に決定されるべきものであって，(1)と(2)を所与として(3)から(5)までを分離して取り扱うという問題設定の仕方は不適切である．世代間・現在世代内・将来世代内の資源の分配は，将来世代の人格や人口規模を決定する要因ともなるからである．相互依存関係をもつ諸側面から構成される歴史的経路全体の特徴が，規範的な評価の対象とならざるを得ないのである．

6.2 境遇評価の情報的基礎

地球温暖化問題は，異なる主体の人格と福祉に関わるから，どのような規範的な評価基準も，ひとの福祉状態の個人間比較を含まざるを得ない．したがって，各経路における人々の境遇のよさを測る情報的基礎をなにに求めるかによって，温暖化対策の政策的含意に大きな相違をもたらす可能性がある．従来の厚生経済学で用いられてきた代表的な情報的基礎としては，以下の3つを挙げることができる．

効用

正統派の厚生経済学では，もっぱら《効用（utility）》に基づいて個人の境遇を評価してきた．ベンサム=ピグー流の《旧》厚生経済学では効用は基数的で個人間で比較可能な《幸福》を表していたが，ライオネル・ロビンズの有名

な批判を端緒として誕生した《新》厚生経済学においては，効用は各個人の選好に基づく欲求充足度の数値指標である——したがって，効用は序数的な概念であり，個人間での比較は不可能である——とされている．

社会的基本財（social primary goods）

ジョン・ロールズ（Rawls, 1971）は，「所得と富，基本的自由，移動と職業選択の自由，責任のある地位，自尊の社会的基盤」など，個人がどのような価値をもとうとも，その価値の追求手段として有用である資源を《社会的基本財》とよび，その保有水準によって個人の境遇を評価することを提唱した．

機能に関する潜在能力（capability for functionings）

アマルティア・セン（Sen, 1980, 1985）は，「適切な栄養を得ること，健康であること，防ぐことのできる疾病による死亡を回避すること，自尊を維持すること，共同体の生活に参加すること」といった，個人が維持できる状態およびなし得る行為であって，「個人の存在自体を構成する要素」を《機能（functionings）》とよび，個人の境遇は効用や財の次元ではなく，機能の次元において測るべきであると主張した．そして彼は，個人が実現できる機能のさまざまな組み合わせ全体から成る集合を《潜在能力（capability）》とよび，個人の生き方・在り方に関する選択の自由度を表現する潜在能力によって，個人の境遇を評価することを提唱した．

伝統的な経済学は専ら《効用》を境遇評価の情報的基礎に採用してきたが，この選択が適切であるかどうかは決して自明ではない．例えば，石油を大量に消費するアメリカ型社会で誕生・成長して選好を形成したひとは，石油の使用が制限されたときには効用（欲求充足度）の大きな低下を感じるだろう．これに対して省資源型の社会で育ったひとは，同様に石油の使用が抑制されてもその効用はさほど低下しないだろう．このとき，前者の境遇は後者の境遇よりも悪化したと言うべきだろうか．ほとんどの人々の答えはnoだろう．そしてそう答えた人々は，ロールズやセンが示唆した非効用情報を境遇評価の基礎とすべきであると，暗黙のうちに認めているわけである．

以下では，社会状態を評価する代表的な方法——ロールズによって提唱された《マキシミン原理（あるいは格差原理）》とジェレミー・ベンサムに端を発する《功利主義》——を歴史的経路選択のために評価原理として適用すれば，どのような政策的なインプリケーションが生まれることになるかを尋ねてみたい．

6.3　原初状態における選択：ロールズ格差原理の意味と意義

現在から将来への歴史的経路を評価する際には，評価主体がどれだけ個人的な利害を離れて《不偏的（impartial）》な観点から評価を行うかという点が，決定的な重要性をもっている．極端な例を挙げると，ルイ15世のように「わが亡きあとは，大洪水もなんのその！」と考えるひとが，自分自身の利害に拘泥して歴史的経路を評価するならば，彼／彼女が行う評価に基づく現在世代の選択は，この世代が担うべき第1の責任——説明責任——を到底果たし得ないものになることは明らかである．問題は，現在世代が行う合理的選択を基礎付ける歴史的経路の評価が不偏性の要請を満足して行われることを，いかにして体系的に保証するかということに帰着する．

ロールズ (Rawls, 1971) は，《原初状態（original position）》という仮想的な状況を設定して，ひとが社会的な選択肢に対して下す評価が不偏性の要請を満足することを保証する理論的な工夫を凝らした．歴史的経路の選択という具体的な論脈に即して言えば，原初状態においてひとは自分がどの世代に生まれ落ちることになるか，また生まれ落ちた世代内でいかなる社会的位置を占めることになるか，そして同世代の人々と比較して自分がどのような優位または劣位をもつことになるかを知ることができないものとされている．そのため，どの世代のどの社会的位置に生まれ落ちるにせよ，その立場の如何にかかわらず公正な社会的処遇を期待できる状態を優先的に評価する誘因をもつために，ひとは倫理的に不偏的な判断を下すことになるというわけである．

ロールズは，原初状態という理論的な虚構のもとにおける合理的な選択は，最も不遇なひとの境遇をできるだけ改善する歴史的経路を選択することだと考えた．彼がその著書『正義論』のなかで提唱した《格差原理》ないし《マキシミン原理》——あるいはその辞書式順序による拡張である《レキシミン原理》

——によれば，現在時点 t^* で選択可能な各行動 $a \in A^{t^*}(\mathbf{a}^{t^*-1})$ に対して，その選択から生じる社会状態 θ_a において《最も不遇な個人》 $i(\theta_a)$ を見出して，$A^{t^*}(\mathbf{a}^{t^*-1})$ の中で最も不遇な個人の境遇が最善になる社会状態に導く行動 $a^* \in A^{t^*}(\mathbf{a}^{t^*-1})$ を選択することが望ましいことになる．

この原理に基づく選択は，(i) どのような情報的基礎に依拠して人々の境遇を測るかという測定基準と，(ii) どの人々の中で最も不遇な個人を判別するのかという対象範囲の設定次第で，異なるインプリケーションをもつものとなる．(i)に関しては，厚生主義的な情報（効用）と非厚生主義的な情報（基本財）との間で選択の余地があり，(ii)に関しては，経路上に現実に存在する人々だけを考慮の対象に含めるのか，それとも潜在的に存在可能なすべての人々（potential people）を考慮の対象に含めるのか，という選択の余地がある．機械的に言えば総計4通りの組み合わせがあるが，そのうちの2つのみが整合的な組み合わせであるものと考えられる．

(1) 効用を情報的基礎として，現実に存在する人々を考慮の対象とする場合
　(a) 前節で説明したように，石油の使用を著しく制限する場合に効用が大きく低下するのは，アメリカ型生活習慣に慣れた人々である．彼らが最も不遇であると判断されるならば，彼らの効用を低下させないように石油の使用制限を実行しないという直観的に受け入れ難い結論（repugnant conclusion）が導かれることになる．
　(b) 望ましい人口規模を決定するうえでは，最低の効用を得る最も不遇な個人の効用水準が総人口の規模に依存する関係が重要である．仮に人口規模を減らすほど最低水準の効用が高められるならば，人口規模を削減すること，言い換えれば potential people のうちのより多くが現実には存在しないようにすることが，最も不遇な個人の効用を最善にする選択であるという repugnant conclusion がしたがうことになる．
(2) 基本財を情報的基礎として，potential people 全体を考慮の対象とする場合
　《生存の権利》は，最高位の primary good であるものと考えられる．したがって，potential people のうちで生存の機会を与えられなかったひとが，

最も不遇な個人であるものと考えられる．そうだとすれば，「できるだけ多くの potential people が現実に存在するようにする」選択こそが，マキシミン原理に基づく最善の選択であることになる．これは前のケースと逆ではあるが，やはり直観的に受け入れ難いという意味では repugnant conclusion であるように思われる．

現実には存在しない人々の効用（欲求充足）を想定することは困難である．また，《生存の権利》という最高位の primary good を，現実に生存する人々だけに適用することは明らかに不適切である．したがって，残る2つの組み合わせは論理的には考えられても整合的であるとは思われない．こうしてみると，整合的に適用された格差原理は，歴史的経路の選択という文脈において，われわれの直観に反する repugnant conclusion を避け得ないように思われる．

6.4 功利主義の諸類型

古典的な厚生経済学の評価方法は，各々の歴史的経路が作り出す《社会厚生（social welfare）》を，人々の効用をインプットとする一定の関数——《社会厚生関数（social welfare function）》——によって計算したうえで，社会厚生を最大化する歴史的経路を最適経路と判断する方法である．主として功利主義的な社会厚生関数が考察されてきたが，この立場に属する代表的な2つの関数は，人々の効用の総和を計算する《総効用関数》と，効用の平均値に注目する《平均効用関数》である．人口が固定されている社会においては両者がもつインプリケーションは同一であるが，人口自体が変数である場合には，全く異なるインプリケーションが導かれることになる．

総効用関数

(a) 総効用を社会厚生の測度に用いる方法は，例えば最適課税論などでも広く用いられているアプローチであるが，人口自体が変数である状況では，直観に反する結論が導かれてしまうことが知られている．任意の社会状態に対して，人口一人当たりの効用はより低いが，十分に大きな規模の人口が生存するために総効用はより高い社会状態が存在し得ることになる．こ

の場合には，この基準に従えば一人一人は貧困でありながら膨大な人口を抱える社会状態の方がより望ましいと判断されてしまう．これがパーフィット (Parfit, 1982, 1984) により指摘された repugnant conclusion である．

(b) ただし，人口増加が実際に総効用を増加させるか否かは，平均効用の総人口に対する弾力性に依存する．単純化のために，平均効用 u が実際に生存する総人口 N にのみ依存するものと仮定すれば，社会厚生 W は $W(N) = N \cdot u(N)$ と表されるから，

$$W'(N) > 0 \Leftrightarrow -u'(N)\frac{N}{u(N)} < 1$$

となる．したがって，平均効用が総人口の増加とともに増加するか，または減少するがその弾力性が1よりも小さいときには，社会厚生は人口の増加とともに増加することになる．

平均効用関数

(a) ある社会状態がもたらす社会厚生を，現実に生存する人々が得る効用の平均値で測れば，総効用を測度とする場合に導かれるような repugnant conclusion は回避される．しかし，以下に述べるような別の意味の repugnant conclusion が依然として導かれてしまうのである．すなわち，任意の社会状態と，そのもとで人々が得る平均効用を下回る効用しか得ていない人々がそもそも存在しない別の社会状態を比較すれば，後者の状態では前者の状態と比較して，平均効用は明らかに高くなっている．とはいえ，前者の状態において平均以下の効用を得ている人生も，生きるに値する (life worth living) 人生であると評価される場合には，平均効用を基準とする社会状態の評価は，価値ある人生の存在を認めないという意味で，重大な偏りを含むものとなってしまう．

(b) ただし，実際に望ましい人口規模は，平均効用の総人口に対する依存関係によって決まる．人口を削減すればするほど平均効用が高められる場合には，「potential people のうちのより多くの部分が現実には存在しないようにする」ことが，社会厚生を最大化する行動となってしまうわけである．

Critical-Level Utilitarianism

 ブラッコビー=ドナルドソン (Blackorby and Donaldson, 1984, 1991), ブラッコビー=ボッサート=ドナルドソン (Blackorby, Bossert and Donaldson, 1995, 1997) らの近年の一連の研究においては，以下のような社会厚生関数のクラスが提唱されている．potential people のうちで実際に生存する人々の集合を N とし，個人 $i \in N$ の効用水準を u_i と表すものとする．効用は「生きる価値のある life」とそうでない life との境界値をゼロとすることによって標準化する．このとき，ブラッコビーらが提唱した社会厚生関数のクラスは，正の実数 α をパラメーターとして，

$$W = \sum_{i \in N} (u_i - \alpha)$$

と表現される．ここで，α は臨界水準と呼ばれ，この水準を越える効用の追加のみが社会厚生の増加と見なされることになる．

 ジョン・ブルーム (Broome, 1992) が指摘しているように，ブラッコビーらの社会厚生関数もまた，上で述べた2つの repugnant conclusion を同時に回避することは不可能である．仮に臨界水準を低い水準に設定したならば，ブラッコビーらの社会厚生関数は総効用関数と実質的には同一になり，莫大な貧困層の存在を是認するという意味の repugnant conclusion が導かれることになる．これとは対照的に，臨界水準を高い水準に設定したならば，臨界水準よりは効用が低いが，充分に生きる価値のある life を社会から除くことが社会状態の改善と見なされてしまうという意味においては，やはり repugnant conclusion に陥ってしまうのである．

6.5 多様性の価値

 現在世代が現在から将来への歴史的経路を選択するとは言っても，現在時点から全く新しく人類の歴史が始まるわけではもちろんない．先の図 4-2 が表しているように，過去から現在までの歴史的経路は確定しており，その経路上で形成されたさまざまな民族・言語・文化・慣習などを現代世代は継承している．これら多様な民族・言語・文化・慣習などが存在すること自体の内在的な価値も，現在から将来への歴史的経路を評価する際には考慮に取り入れる必要があ

る．例えば，地球温暖化の進行によって水没する島嶼国の民族が担う文化が消滅する場合には，その民族に属する人々が移住した地域で新たな文化に同化して以前と同等の福祉水準を享受するとしても，文化の多様性という価値それ自体は失われることになるからである．

このような多様性の内在的価値を歴史的経路の選択基準に的確に導入するためには，potential people の identity を表現するときに，現在時点における彼らの選好・能力等だけでなく，その時点に至るまでの歴史的経路に依存して決まる民族・文化等を含めなければならない．さらに，多様性の内在的価値を他の価値と比較・秤量する基準が必要とされる．仮に多様性の価値に最大の優先性が与えられるならば，現存する民族・文化の担い手が文化の継承に必要な最低数以上に生存するという制約条件の下で，マクシミン原理なり，功利主義的社会厚生関数なりを適用すべきことになるであろう．

多様性の価値評価については，マーティン・ワイツマン（Weitzman, 1992, 1998）によって，その研究の端緒が開かれたところであり，一層の研究の深化が必要である．

6.6 受益に基づく責任と温暖化の影響の差異に基づく補償

第3節で述べたように，現在の温暖化ガスの人為的蓄積に貢献しているのは現在世代の経済活動だけでなく，産業革命期以降の過去世代の累積的な経済活動がすべてその責任の一端を担っている．しかも，過去に行われた経済活動の責任主体は過去世代であるからといって，これらの過去世代による温暖化ガスの蓄積は現在および将来の世代の福祉分配の問題と無関係であるというわけではない．また，温暖化ガスの水準を抑制すべきであるという社会的合意が現在世代の間でなされたとき，その負担を現在世代内でどのように分担すべきかを決定する際には，過去世代による蓄積部分が現在世代の各層の間に作り出している異質性が，考慮に取り込まれるべき重要な要因となる．

各世代は，自らが生存する時点に至るまでの経済発展の成果を，社会の基本制度・知識の蓄積・資本設備等を含む広義の資本蓄積という形で享受している．経済の発展段階は国家間ないし地域間で大きく異なっていて，経済の先進地域に生活する人々は，現在の大規模な経済活動のフローの成果からのみならず，

過去の高い水準の経済活動の果実である広義の資本蓄積からも，おそらくより大きな便益を得ている．公共財の費用負担に関する《応益原理》によれば，温暖化ガスという《負の公共財》の蓄積に寄与した経済活動から直接的・間接的により大きな便益を得ている先進国の人々は，より重い負担を担うべきである．

確かに国家間・地域間では移民や国境の変更などがあって，現在ある国家・地域に生活する人々であっても，彼／彼女の祖先はその国家・地域の過去の経済活動にはなんら関係していないことは十分にあり得る状況である．だが，経済の先進地域から退出する自由は保証されているのであって，自己の選択によって現在生活する地域に住み続け，過去の高水準の資本蓄積から外部的な便益を得ている人々は，自由意志による選択にともなう責任の一端として，民族・家族の歴史が居住する国家・地域の歴史とどう関わっているかとは無関係に，その国家・地域の過去の経済活動水準に応じたより大きな費用負担を負う責任があると考えるべきである．

これもまた第3節で注意を喚起したように，国家間・地域間では将来時点において地球温暖化から受ける影響は異なっている．自己の責任に帰されるべきではない温暖化の進行によって水没の危機に直面する太平洋上の島嶼国の人々は，自分の自由意志による選択の結果としてではなく，愛着を感じる国土から否応なく移住を強制されることになるかもしれない．ちょうど，ダム建設に際してもともと居住していたダム・サイトからの移住を余儀なくされる住民に補償がなされる場合と同様に，自己が責任を負うべきではない要因によって強制的に賦課される不利益に対しては，社会的な補償がなされることが望ましい．

7. 結語的覚え書

本章は，地球温暖化問題を超長期にわたる異なる世代間および各世代内の福祉（well-being）の分配の問題として捉えて，規範的に望ましい分配に関するさまざまな価値基準の有効性を検証することを目的として書かれた．われわれの考察が最終的に到達した規範的な観点は《責任と補償(responsibility and compensation)》の原理である．われわれは，超長期の福祉分配の問題に適合する形式でこの原理を再構成することによって，最も適切な規範的分析の枠組

みを得ることができるという結論に至ったのである．われわれはまた，歴史的経路選択に対する責任という観点に基づいて，現在から将来に至る歴史的経路を評価する基準を伝統的な厚生経済学の文献のなかに探って，それらの基準がもつ——しばしば repugnant な——インプリケーションを明示化して比較・検討する作業も行った．

本章の議論は極めて抽象的なレベルにとどまるものではあるが，功利主義やマクシミン原理のように，経済分析で頻繁に適用される社会厚生の評価基準（社会厚生関数）が，将来世代の人格や人口規模も選択変数であるような超長期の分配問題の論脈では，直観的に認めがたい結論を導いてしまうことが明らかにされた．

経済学が初めて直面した時間的・空間的に大規模な分配問題に対する有効な規範的基準を探る研究は，まだその端緒についたばかりと言うべき段階にある．新たな研究に乗り出す際には，考察すべき問題の構造を明確に理解するとともに，標準的な理論的フレームワークの適用限界を冷静に意識することが，進むべき方向性と開発されるべき分析道具を見定めるために不可欠なステップとなる．この視点から従来の厚生経済学や経済哲学における規範的評価基準の意味と意義を整理・検討することこそ，本章の課題であったのである．

本章でカバーすることのできなかった論点も幾つか残されている．とりわけ，不確実性の下での政策の評価基準の検討は重要であろう．地球温暖化が将来どれだけ進行するのか，またそれは人間生活にどのような影響を与えるのか，といった問題には大きな不確実性がつきまとっている．このような状況における政策の評価基準には，リスクを軽減する価値を加える必要があるであろう．しかし，ここにおいても「歴史的経路選択に対する責任」というわれわれの基本的視座は維持されると考えられる．不確実性下における問題の詳細な検討は，今後のひとつの研究課題としたい．さらに，本章が到達した責任と補償の原理を一層彫琢して地球温暖化問題に対する具体的な政策提言を構想する作業は，研究の次のステップとして取り組むことにしたい．

文 献

天野明弘 (1997), 『地球温暖化の経済学』日本経済新聞社.
Arrow, K. J. (1969), "The Organization of Economic Activity: Issues Pertinent to the Choice of Market versus Nonmarket Allocation," in Joint Economic Committee, United States Congress, *The Analysis and Evaluation of Public Expenditures:The PPB System*, vol.1, Washington, D.C.: Government Printing Office, pp. 47-64.
Blackorby, C., W. Bossert and D. Donaldson (1995), "Intertemporal Population Ethics: Critical-level Utilitarian Principles," *Econometrica* 63, pp. 1303-1320.
Blackorby, C., W. Bossert and D. Donaldson (1997), "Critical-level Utilitarianism and the Population-ethics Dilemma," *Economics and Philosophy* 13, pp. 197-230.
Blackorby, C. and D. Donaldson (1984), "Social Criteria for Evaluating Population Change," *Journal of Public Economics* 25, pp. 13-33.
Blackorby, C. and D. Donaldson (1991), "Normative Population Theory: a Comment," *Social Choice and Welfare* 8, pp. 261-267.
Broome, J.(1992), *Counting the Cost of Global Warming*, Cambridge, UK: The White Horse Press.
Coase, R.(1960), "The Problem of Social Cost," *Journal of Law and Economics* 3, pp. 1-44.
Dworkin, R. (1981a), "What is Equality? Part 1: Equality of Welfare," *Philosophy and Public Affairs* 10, pp. 185-246.
Dworkin, R.(1981b), "What is Equality? Part 2: Equality of Resources," *Philosophy and Public Affairs* 10, pp. 283-345.
Fleurbaey, M.(1995), "Equality and Responsibility," *European Economic Review* 39, pp. 683-689.
Fleurbaey, M. (1998), "Equality among Responsible Individuals," in Laslier et al. (eds.), *Freedom in Economics: New Perspectives in Normative Analysis*, London: Routledge.
Parfit, D.(1982), "Future Generations, Further Problems," *Philosophy and Public Affairs* 11, pp. 113-172.
Parfit, D.(1984), *Reasons and Persons*, Oxford: Oxford University Press. (森村進訳『理由と人格』勁草書房, 1998年.)
Pigou, A.C. (1920), *The Economics of Welfare*, London: Macmillan. Fourth ed., 1952. (永田清・気賀健三訳『厚生経済学』全4冊, 東洋経済新報社, 1973-1975年.)
Rawls, J. (1971), *A Theory of Justice*, Cambridge: Harvard University Press. (矢島鈞次監訳『正義論』紀伊国屋書店, 1979年.) Revised edition, 1999.
Sen, A. K. (1980), "Equality of What?" in S. McMurrin (ed.), *Tanner Lectures on Human Values*, Vol. I. Cambridge: Cambridge University Press.
Sen, A. K.(1985), *Commodities and Capabilities*, Amsterdam: North-Holland. (鈴村興太郎訳『福祉の経済学：財と潜在能力』岩波書店, 1988年.)
Suzumura, K. (1999), "Paretian Welfare Judgements and Bergsonian Social Choice," *Economic Journal* 109, pp. 204-220.
Suzumura, K. (2000), "Welfare Economics Beyond Welfarist-Consequentialism", *Japanese Economic Review*, Vol.51, pp. 1-32.

鈴村興太郎・吉原直毅 (2000),「責任と補償：厚生経済学の新しいパラダイム」『経済研究』第51巻，第2号，pp. 162-184.
Weitzman, M. L. (1992), "On Diversity," *Quarterly Journal of Economics* 107, pp. 363-406.
Weitzman, M. L. (1998), "The Noah's Ark Problem," *Econometrica* 66, pp. 1279-1298.

第Ⅱ部
京都メカニズム

第5章 環境保全のコストと政策の在り方[*]
――日本経済の多部門一般均衡モデルによる環境保全政策のシミュレーション――

黒田昌裕・野村浩二

1. はじめに

1997年12月に京都で開催された,いわゆるCOP3 (Conference of Parties) において,京都議定書 (Kyoto Protocol to the United Nations Framework Convention on Climate Change) として,参加161ヵ国が2008年から2012年の期間に地球温暖化ガスの削減に向けて努力することが合意をみた.議定書の発効要件として,(1)55ヵ国以上の批准,(2)批准した附属書Ⅰの締約国(先進国)の CO_2 総排出量が附属書Ⅰの全締約国の CO_2 排出量の55%を超過することが定められている.その後,COPの場など,目標達成のための各種の政策手段の枠組みづくりの努力が為されている.この研究は,わが国の経済を定量的に捉える多部門一般均衡モデルを用いることによって, CO_2 排出量削減目標の達成の可能性を検討し,目標実現に向けての各種の施策導入が,わが国経済構造にいかなる影響をもたらすかを推察することを目的に行ったものである.温暖化ガスの削減は,その排出の多くが化石燃料の使用に由来していることから,一国のエネルギー政策とも密接に関連している.1998年総合エネルギー調査会需給部会で策定された長期エネルギー需給見通しは,COP3での温暖化ガス削減数量目標を前提として,経済成長 (Economic Growth),環境

---

[*] この研究は,慶應義塾大学産業研究所および日本政策投資銀行地球温暖化センターの共同研究としてなされた成果をもとにしている.日本政策投資銀行國則守生(現法政大学教授),英栄子ら各氏との共同研究である.しかしここでの政策提言などについては,筆者の私見であり,もし何らかの誤りがあるとすれば,筆者の責任であることをお断りしておく.

(Environment)，エネルギー安全保障（Energy Security）の，いわゆる3Eの達成の長期シナリオを策定しようとしたものである．後に述べるように，これら3者の同時達成は，極めて困難な局面をもっており，達成努力に際して，かなりの国民的負担が予想される．しかし，その負担がどの程度のものであり，何らかの政策的手段の工夫によって，その負担を軽減できる可能性をもっているかどうかという点に関して，必ずしも充分な検討がなされているとは言えない状況にあると考えている．本章の目的は，こうした状況に鑑み，3E同時達成のコストを定量的に把握し，そのコストの低減のために政策的手段とそれを実現する枠組みを模索することにある．

われわれの手法は，日本経済の多部門一般均衡モデルを計量経済学的な手法を用いることによって作成し，それをもとに将来の経済と環境の同時達成を図るためのコスト，負担の算定と政策手段の在り方をさぐるとういうものである．経済モデルでは，各経済主体はその行動の原理として主体均衡の経済合理性を追求する主体と位置づける．そこでは，各期の期首に与えられた諸条件を前提として，一期ごとの合理的行動を積み重ねて，逐次的に経済成長の経路を導くことになっている．このモデルによって京都議定書の目標対象期間2008～2012年におけるCO_2排出量が求められ，目標値との関係で，新たな施策の導入が経済成長の逐次的経路に及ぼす影響を算定することができる．

本章では，次節でCOP3での京都議定書の内容とわが国エネルギー需給構造との対応に触れた後，モデルを用いて，2010年に向けて京都議定書の数量目標をわが国で達成しようとした場合にどの程度のコストがかかることが予想できるかを数量的に捉える実験を試みる．モデルの構造式と体系の説明の詳細は，やや専門的になるので他の論文に譲ることにする[1]．最後に，ここでのシミュレーション結果を前提に，わが国のとるべき政策手段について，若干の提言を試みたいと考えている．

---

1) 黒田・野村 (1998a, b, c), JDB Research Center on Global Warming (1996), Kuroda, Nomura, Kobayashi, Kuninori, Hanabusa, and Tomita (1995) を参照．

2. 京都議定書の内容とわが国のエネルギー需給構造

　温暖化ガス削減目標の京都議定書の内容は，要約すれば以下のようにまとめることができる．まず数値目標の設定に関して，目標年次は，2008～2012年までとし，その期間に達成することを条件としており，若干の伸縮性が認められている．そのとき，温室効果ガスとして，二酸化炭素（CO_2），メタン（CH_4），亜酸化窒素（N_2O），ハイドロフルオロカーボン（HFCs），パーフルオロカーボン（PFCs），六弗化硫黄（SF_6）の6ガスが対象となっており，基準年として，HFCs，PFCs，SF_6は，1995年を選択可能であるけれども，他のガスについては，1990年を基準とすることが定められている．その上で目標年次の温室効果ガスを先進国全体で基準年より少なくとも5%は削減することを目標に，附属書Iの締約国各国の排出削減目標が設定された．わが国は，基準年の水準から，▲6%，米国は同▲7%，EUは同▲8%，アイスランドは同＋10%，豪州は同＋8%がそれぞれの削減目標となることが合意された．議定書では，新たにこの削減目標を達成する手段として，1990年以降の植林等に限定して，温室効果ガスの吸収源の寄与を認めることとし，さらに先進国間の排出権取引制度，先進国間の共同実施制度，途上国との間でのクリーン開発メカニズム制度の導入によって，目標達成に向けての柔軟性を確保できることとなった．ただしこれらの諸制度は，実質的にはその制度内容に関しての枠組みづくりについて，COP4以降の議論に委ねられることとなった．2003年11月にオランダのハーグで開催されたCOP6でも，これら柔軟性措置の枠組みについての議論がなされたが，合意には至らなかった．さらに，2001年春には，米国政権ブッシュ大統領のもとで，米国国内経済対策優先の立場から，米国は京都議定書の合意を守ることを断念するとの意思表明がなされ，今後の国際的協調の方向が危ぶまれている．各国の削減目標を達成するための各国国内での政策措置としては，エネルギー利用効率の向上，新エネルギー・再生可能エネルギー，先進的技術開発の促進によって行うこととなっており，それを実現するための具体的手段については各国の裁量に任されることとなる．わが国の取り組み方針としては，1997年12月に内閣に設置された地球温暖化対策推進本部の下，省エネルギー等排出削減対策の推進，メタン，亜酸化窒素の排出削減

対策,代替フロン等の削減対策,植林等の吸収源対策,革新的技術の研究開発,共同実施や排出権取引を活用した国際協力の活用等の推進について合意されており,ひとつの目処として,▲6%の内訳は,「▲2.5%をCO_2,メタン,亜酸化窒素の排出抑制,▲3.7%を土地利用の変化と森林活動による吸収,+2.0%を代替フロンの排出抑制,▲1.8%を共同実施,排出権取引の活用によるもの」という目標値の設定を行っている.本章での分析は,上記▲2.5%のうち,省エネ等対策によるエネルギー起源のCO_2排出量を1990年排出量水準にまで抑えるというシナリオの経済的効果を分析することに焦点を定める.また同時に,現行の原子力発電所の建設計画が未達に終わらざるを得なかった場合において,わが国が支払わざるを得ないさまざまなコストを評価することも視野に入れている.モデルによるコストの算定の方法は,排出量に関して目標値を定めた上で,エネルギー起源のCO_2排出量をその目標値にあわせるべく,炭素税を導入することとし,その場合のコストを算定するというやり方を採用する.炭素税の導入の方法に関しても,いくつかの選択があり得る.また炭素税の導入の代わりに,国内排出権取引という政策手段もあり得る.炭素税の導入と排出権の国内取引制度の導入は,削減目標を所与とすれば,原則的には,そのコスト負担は理論的には同等である.両制度の実施段階における取引コスト(transaction cost)やモニタリングコスト(monitaring cost)の差異がもうひとつの政策手段選択の基準になり得るが,ここでのモデルでは,そのコストを考慮できるまでには至っていない.また,こうした国内制度の枠組みは,国際的な制度との兼ね合いで,選択の基準を斟酌しなければならない場合も多い.国際排出権市場への参加の主体が個別経済主体を単位とするか,政府間の取引を前提とするかによっても,国内制度の枠組みを変える必要性が生ずる.一方,何らかの国内制度が,それを導入した国の産業の国際競争力に影響することになるので,その観点から国境税調整の問題など,各国間の制度上の公平性の問題も関わってくる.これは環境問題の範囲を超えたWTOなどの場での調整の議論にも発展する課題である.さらに,JIやCDMの実施において,海外での排出量削減の努力が,国内排出量の削減にカウントされるかどうか,将来利用できるクレジットと認定されるかどうかも国際的取り決めに依存してくる.こうした今後の国際協議の形成によって,国内政策手段の選択が左右されること

があり得るけれども，いずれにしろ，わが国で，京都議定書の目標達成に向けて国内努力でそれを行うとしたら，どの程度の国民負担を負うことになるかの算定を土台に，より一層のコスト削減を図る手段を国際的議論のなかで提案していくというのが，今後の政策決定のプロセスでは不可欠であり，その点への判断材料を提供するというのが，われわれのここでの立場であると考えている．

序章でも述べたが，1990年度で最終エネルギー消費は，原油換算で産業用183百万 kl，民生用 85 百万 kl，運輸用 80 百万 kl で合計 349 百万 kl であった．1998年度では，それが，それぞれ 189 百万 kl，103 百万 kl，98 百万 kl，合計 390 百万 kl となっている．8年間のエネルギー消費の伸び率は，このとき，産業用で年率 0.4%，民生用で同 2.6%，運輸用で同 2.8% となっており，合計で同 1.5% とかなりの急速な上昇を示している．また，エネルギー起源の CO_2 排出量は，炭素換算で 1990 年に 2.87 億 t-C（炭素換算の意），1995 年に 3.11 億 t-C となっており，年率 1.6% の伸びを示している．1997 年 11 月の「地球温暖化問題への国内対策に関する関係審議会合同会議」報告書によれば，2010年には最終エネルギー需要が 456 百万 kl と見込まれており，その CO_2 排出量は 3.47 億 t-C と算定されている．この見通しに従ってエネルギー需要が伸びるとすれば，1995 年以降年率で 1% 程度の上昇率ということになるが，1990年から 95 年までの伸び率 1.60% をかなり下回った弱含みの予測ということになる．その場合でも，CO_2 排出量は 3.47 億 t-C で，1990 年レベルを 20% 程度も上回ることとなる．すでに 1990 年から 1995 年までに 90 年レベルを 8.1% 上回っており，エネルギー起源 CO_2 排出量を 2010 年に 1990 年レベルに安定化させるという目標はいかに困難なものかが容易に推察できる．1998年の総合エネルギー調査会での見通しでは，2010 年に向けて新エネルギーを現状の約 3 倍の 1,910 万 kl，原子力発電を 1996 年の 3,080 億 kWh から，7,000万 kW 設備容量，4,800 億 kWh 発電量にまで拡大するとともに，各種の省エネルギー対策や省エネルギー技術の振興による施策の実施によって，最終エネルギー需要を，2010 年で 400 百万 kl，うち産業用を 192 百万 kl，民生用を 113 百万 kl，運輸用を 95 百万 kl にまで削減することが可能であり，結果としてエネルギー起源の CO_2 排出量を 2.87 億 t-C にまで削減できるとしていた．しかし，それ以降，ここでの諸前提に関しては，原子力発電についての国民意

識の変化から 2010 年までの原子力発電開発についての計画の見直しが必然となってきたこと,バブル崩壊以降のわが国の経済成長の低下がエネルギー需要を当初予定より低く抑えていること,そして原油価格の高騰といった国際市況の変化が生じていることなど,多くの見直しを必要とする部分が生まれている.

2000 年秋から再開された総合エネルギー調査会の場では,エネルギー需給見通しの改訂が議論されている.したがって,ここで示すいくつかの実験も,前提条件の変化によって変わることを念頭に置かなければならないが,第一次の思考実験として,1998 年の需給見通しの際の枠組みを前提として考えていくことにしたい.

3. 多部門一般均衡モデルの構築

このモデルは経済の一般的相互依存を定量的に分析するために開発したものである.産業内生部門 36 部門からなる生産者としての経済主体と,世帯主年齢階層別に 6 区分された世帯類型に基づく消費者としての経済主体が,財・サービス市場,資本・労働の生産要素市場において経済合理性をもって行動する結果として,すべての部門で,均衡価格と均衡数量とが市場均衡の条件から達成されることをこのモデルによって描こうとしている.

生産者としての経済主体は,各産業部門の生産技術条件を所与として生産者行動を行うが,大きく 2 つの局面に分けて考えることができる.1 つは,期首の資本ストックないしは生産能力,および雇用者数を所与とし,そこで実現している生産技術も与えられているという状態での生産者が,短期的に利潤極大行動によって決定する短期供給スケジュールの提示のメカニズムである.短期的にここで導かれる供給スケジュールは,中間原材料や労働サービスの価格に依存しており,中間財市場や労働市場を通じて他の産業部門と相互依存的関係をもっている.もうひとつの生産者行動は,短期で与えられる期首の資本ストックや生産能力,雇用係数や中間投入係数などの技術条件を決定する行動である.ここでは,長期の需要見通しと要素相対価格,および技術進歩の方向を推察した上で,長期的に費用極小化の行動をとるものと仮定している.長期費用関数は,各産業部門についてトランスログ型の定式を用いており,将来の需

要規模の想定と，資本，労働，原材料，エネルギーの各要素価格が，各生産要素の長期的なコストシェアを決定するものと考えている．ここで，各生産要素のコストシェアが決定されるとそれに対応した，資本（K），労働（L），エネルギー（E），原材料（M）の実質投入量が決定されることになる．資本量は長期的な需要，価格の見通しに基づく最適資本ストックであるということができるが，期首の資本ストックとこの最適資本ストックの差異は，減価償却を考慮すれば，当期の最適投資のフロー量に対応することになる．

もし規制産業であったり，あるいは将来導入され得る技術の見通しが比較的明確な産業であれば，上記のような KLEM 型費用関数による生産計画は現実性（feasibility）を欠く可能性が大いにある．われわれのモデルではこのような点を鑑みて，柔軟性を保有しており，将来の技術導入に関する選択可能なシナリオを外生的に与えることもできるようになっている．その際，各々の技術シナリオは経済モデルにおける技術の記述としての実質投入係数，雇用係数およびそれを規定する資本係数あるいは資本ストック量によって把握する必要がある．現段階のモデルでは，電力部門と公務部門について上記のような扱いをしている．電力部門では，原子力発電，石炭火力発電，LNG 火力発電，石油火力発電，水力・地熱発電，新エネルギー発電，自家発電などの電源構成別に，経済産業省による電力需給見通しに従って将来の建設についてのシナリオを与えている．ここで与えるシナリオとしての電源構成別の中間投入係数，必要資本係数，必要雇用係数はそれぞれが整合的なものとして記述されている．総発電量としての電力需要量総計については内生的にモデルの体系内から解かれるために，事後的には火力発電を中心にした設備利用率が内生的に解かれるものとしている．

一方，労働投入量については，ここでは生産者の合理的行動から，資本ストックの最適レベルに対応した，労働雇用レベルが決定されたと考えている．労働市場側からみれば，労働雇用の需要水準に対応する．このモデルでは，労働の供給に関しては，世帯主年齢階層別に区分された家計の行動として，個人年齢 6 階層別の労働供給が決定されると考えている．そこでは各家計単位での労働供給行動を世帯主と非世帯主とに分けて，世帯主の労働供給が，自身の直面する労働市場においての賃金率もしくは労働サービス価格に非感応的である

のに対して，非世帯主の労働供給は，所属する世帯の世帯主所得，および非世帯主に提示される賃金率に弾力的であると仮定されている．これは，労働供給に関するダグラス・有沢法則を具体化する形での個人年齢階層別の労働供給図式の定式化である．1人当たりの労働時間を所与として，各産業部門の個人年齢別労働需要と家計から導かれる個人年齢別の労働供給が一致するというように均衡賃金率および均衡雇用者数が決定される．ここで決定された賃金率は短期的には調整されないものと仮定しており，短期の供給スケジュール上では，賃金率は期首の値，すなわち前期の労働市場で決められた契約に基づいて賃金率が所与として与えられると考えている．したがって，長期的費用極小の行動によって選択された技術条件は，次期の最適資本ストック量，労働雇用量，賃金率，中間原材料投入係数，およびエネルギー投入係数などを決定し，一期のラグを伴って次期の短期供給行動の期首条件を与えることになる．

短期の供給行動は，長期で選択された技術条件を所与として，各生産部門の生産者の利潤極大の行動から，供給スケジュールが導かれる．短期の供給スケジュール（短期供給関数）では，中間投入，エネルギー投入の実質投入係数，生産能力としての資本ストック，資本ストックに対応した労働の雇用量が与えられており，設備の稼動時間を調整することによって，供給量と供給価格とのスケジュールが描けるかたちになっている．供給スケジュールは，中間原材料およびエネルギーとして，他部門の財・サービスを用いており，その価格が費用に反映されることから，ある部門の供給は他のすべての部門と供給構造において相互依存的関係にある．したがって，すべての部門の財市場の均衡が同時的に決定されることになる．

短期の財市場における需給均衡のプロセスは，一方で各財の需要・供給のスケジュールによって調整される．需要は，最終需要の要素として家計消費支出，民間総固定資本形成，政府消費支出，公的総固定資本形成，在庫投資，輸出，（控除）輸入などの項目からなる．このうち，政府消費支出および公的総固定資本形成，在庫投資は名目値を外生的に与えている．輸出量は財別に計測された輸出関数からもとめられ，国内財価格と外生的に与えられる海外財価格との相対価格，同じく外生的に与える世界貿易量によって，各商品の実質輸出量が決定される．輸入については，中間財，最終財ともに各商品ごとに，輸入シェ

ア関数を設定しており，国内財，海外財の相対価格によって輸入シェアが決定され，輸入量がもとめられる．民間総固定資本形成は上で述べた生産者の長期費用極小から求められた最適資本ストックを実現すべく，産業別実質投資額を決定し，観察された産業別資本財構成（固定資本マトリックス）を経由して投資財需要ベクトルがもとめられる．最後に，家計消費支出については2段階に分割される．第1段階では，各産業部門の労働所得および資本所得によって，税制の考慮の後に可処分所得がもとめられ，所得制約と各財の価格制約とから，効用極大原理に基づいて貯蓄，消費がもとめられる．家計消費行動の第2段階では，各財・サービスに関する選好のもとで効用極大化により費目別消費量を決定する．それは商品－費目コンバーターを経由して家計消費ベクトルを形成することになる．もちろん，所得および各種消費財価格は，全部門の需給均衡に至るプロセスによって変化することになるので，貯蓄，消費もまた体系の均衡解と同時的に決定されることになる．最終需要の各要素に応じて，期首の中間投入係数を所与として，レオンチェフ逆行列の算定から最終需要を満たす直接・間接需要量としての財・サービス別国内需要量（需要スケジュール）が導かれ，財市場において短期生産者行動における供給スケジュールとの対応で，需給が均衡するまで，価格，所得の各変数が調整されることになる．すべての産業部門の財市場で需給が均衡し，労働市場で需給が均衡すると，発生付加価値と最終需要が等しくなり，結果として，マクロでの貯蓄投資バランスが達成される．また一方で貨幣の需給方程式があり，いわゆる IS-LM の均衡によって同時に利子率が内生的に決定される．

　ここでの多部門一般均衡モデルにおける各種パラメターは，そのほとんどがわが国の 1960～92 年にわたる詳細かつ総括的なデータベースを用いて計量経済学的に求めたものである[2]．

---

2) われわれの構築したデータベースの詳細については，黒田・新保・野村・小林（1997）を参照されたい．

4. 多部門一般均衡モデルによる BaU シナリオ

 CO_2 の排出が大きく化石エネルギーの使用に依存していることは言うまでもない．したがって，ありうべき対策としては，一方で，化石エネルギーから非化石エネルギーへの転換を進めるとともに，他方で，産業，民生，運輸のあらゆる部門で，省エネルギー化を進めるということになろう．環境保全，経済成長，エネルギー安全保障の観点から，各種の対策が，国民経済にいかなる影響を与えるかを検討した上での，政策選択が必要とされる．この節で多部門一般均衡モデルでのエネルギー需給についての概要と BaU（Business as Usual）ケースにおけるシナリオを説明する．第5節では，モデル体系内における炭素税賦課の影響の論理フローと若干の予備的考察を行い，第6節において，わが国の環境保全政策に対応して各種 CO_2 排出削減シナリオが経済諸部門に与える影響についてシミュレーション結果を報告する．

4.1 エネルギー需給

 われわれの一般均衡モデルにおいては，二次エネルギー供給は，石油製品，石炭製品，電力，ガスの各産業部門から供給される．それらの部門では，燃料エネルギーとして，石炭鉱業，石油製品，石炭製品，ガス，原油，天然ガス，LPG，コークス，高炉ガスなどの燃料を使用している．各産業部門では，これらのエネルギーを燃料として用いるときにのみ CO_2 が排出されるものとする．モデルでは，各産業部門でのエネルギー資源別の原料・燃料使用比率を与えており，経済活動の結果としてエネルギーの燃料としての使用に対応して CO_2 の排出量が算定されることになる．エネルギーの使用は，生産者の合理的行動（利潤極大もしくは費用極小行動）の結果として資本，労働，非エネルギー原材料との代替関係によってモデルで内生的に求められる部門と，外生的にシナリオを与える部門に分かれる．内生的に求める際は，各生産要素の相対価格と将来の需要規模とによって，合理的な技術条件が選択され，エネルギーを含む各生産要素の投入原単位が決定されることになる．ここで決定されたエネルギーは，さらにエネルギー種別に分割されるが，エネルギー種別の相対価格が種別選択にも影響することになる．モデルでは，この選択は長期の費用極小行

動によって記述され，短期的には，その技術条件を所与として短期供給スケジュールが導かれることになる．長期費用曲線は技術進歩を反映しており，技術が省エネルギー化の方向に変化すれば，それがエネルギー投入原単位に反映されることになる．一方運輸部門のエネルギー利用も産業用としては，産業部門としての運輸部門のエネルギー使用は他の産業部門と同様に扱われる．民生用のエネルギー使用については，2つの部分に分かれる．いわゆる業務用の使用は，モデルではほとんどその他サービス業に一括される．民生用のうち家計部門におけるエネルギーについては，家計消費が費目別に5費目に分かれており，そのうちの電気，ガスその他光熱，および交通・通信の中のガソリン需要とに含まれる．家計の消費は，所得制約と価格制約の下での効用極大の合理的行動から各費目の消費量が決定される．そこでの価格効果，所得効果によってエネルギー需要が決まり，CO_2 が排出される．以上のように，モデルにおけるエネルギー需要は，産業用，業務用，運輸用，そして家庭用とそれぞれの経済主体の経済合理性を反映して，生産要素相対価格と所得規模および技術条件を所与として求められることになる．

　一方，エネルギーの供給側については，一次エネルギーとしての，原油，天然ガスは，わが国の場合ほとんどを輸入に依存しており，非競争輸入財として投入される．そこでは，ドルベースの輸入価格を外生的に与えて，価格の変化は，他のエネルギー源との相対関係で合理的に選択されることになり，輸入価格および外生変数としての為替レートが影響することになる．エネルギー供給に関しては，電力の電源構成が重要な選択肢となってくる．電力の電源構成に関しては，あらかじめ外生的に用意されたシナリオに基づく．シナリオは，基準ケースとして，原子力，石炭火力，LNG火力，石油火力，水力，新エネルギー，自家発電の別に，1985年から2010年までの電源構成が設備能力量として与えられ，その各々について，設備利用率も外生的に設定される．さらにその電源構成に対応した，労働投入量，期首資本ストックも整合的に与えることになる．したがって，電源構成については，長期費用曲線に基づく費用極小行動によらず，シナリオでそれを与えることになる．モデルでは，経済活動の結果として算定される電力総需要量を満たすために，まずベース電力としての原子力，水力，新エネルギー，自家発電による部分が先取りされ，残りを石炭火

力，LNG 火力，石油火力によってまかなうことになる．総需要量の変化の結果として，各電源による発電電力量のシェアが内生的に決定されることになる．

モデルでは，特段のエネルギー需要についての政策を導入しないかぎり，各エネルギー源別のエネルギー需要が内生的に決定され，その需要に見合うエネルギーの供給が決定されるように価格が調整されることになるが，電力需要についてのみ，その電源構成は設備能力，利用率の形でシナリオが与えられており，電源シェアが内生的に決定される．電力の電源構成の変化は，エネルギー部門のエネルギー投入構成に変化をもたらし，結果として電力の価格が変位し，それが各産業，運輸，業務，家庭用の電力需要に影響することになる．その意味ではモデルの解として求められた均衡需給量には，電力需給が均衡した姿が描かれることとなる．

4.2 BaU 外生シナリオ

モデルの BaU ケースにおける各種内生変数の姿を描くために，まず外生変数についての 2010 年までのシナリオを与えることが必要である．ここでは主要外生変数について，以下のように想定を与えている．具体的な数値については，表 5-1 を参照されたい．

- 人口：基準年では 1985 年 1.210 億人，1995 年 1.256 億人から 2007 年まで増加し，2007 年 1.278 億人がピークとなり，以降 2010 年には 1.276 億人まで逓減（厚生省人口問題研究所（当時）中位推計による）．15 歳以上人口も 2007 年にピークとなり 1.116 億人となるが，うち就業可能人口では 2010 年の 1.052 億人がピークとなる．また年齢階層別には，1995 年では 65 歳以上人口は就業可能人口の 20.5% であるが，高齢化の進行に伴って 2010 年には 32.1% を占める．
- 世帯数：基準年では 1985 年 3,875 万世帯，1995 年 4,375 万世帯から増加し，2010 年では 5,145 万世帯まで逓増，うち単身世帯は 1995 年では 23.7%，2010 年では 28.6% に増加．
- 政府支出：外挿期間について，政府消費支出および公的総固定資本形成は名目で年率 2% 増，社会保障給付および負担については年率 5% 増．各種税

243

表5-1 基準ケース (BaU) における主要外生変数の設定

外生変数	単位	1985	1990	1995	2000	2005	2008	2009	2010	成長率 (%)			
										95-00	00-05	05-10	98-10
人口	万人	12,105	12,361	12,557	12,689	12,768	12,777	12,772	12,763	0.21	0.12	-0.01	0.09
世帯数	万	3,875	4,084	4,375	4,666	4,925	5,060	5,103	5,145	1.29	1.08	0.88	1.04
マネーサプライ	1兆円	2,952	4,291	4,609	5,246	6,224	7,018	7,304	7,602	2.59	3.42	4	3.52
為替レート	円/$	238.54	144.8	94.06	122.55	127.56	130.65	131.7	132.76	5.29	0.8	0.8	0.8
原子力発電能力	100万kW	24.52	31.48	41.19	45.1	54.35	63.1	66.55	70	1.81	3.73	5.06	3.68
名目在庫投資	10億円	2,777	2,165	3,110	3,010	3,034	2,989	2,969	2,955	-0.65	0.16	-0.52	0.14
名目社会保障給付	10億円	34,918	48,823	64,597	82,944	106,502	123,738	130,082	136,751	5	5	5	5
名目社会保障負担	10億円	26,185	38,957	50,197	64,454	82,760	96,154	101,084	106,266	5	5	5	5
名目政府消費支出	10億円	30,685	38,807	47,555	52,556	58,084	61,675	62,921	64,192	2	2	2	2
名目政府資本形成	10億円	11,269	15,399	22,549	24,920	27,541	29,244	29,835	30,437	2	2	2	2
世界貿易量		1,936	3,466	5,147	5,605	5,892	6,072	6,133	6,194	1.7	1	1	1

率は外挿期間については一定.

マネーサプライ：外挿期間は名目で年率3~4%増.

為替レート：1985年238.5円/\$, 1995年の94.1円/\$より2010年132.8円/\$まで円安傾向.

原油価格：1995年18.1\$/blから2010年35.1\$/blまで上昇,1995~2010年でドルベースでは年平均4.43%の上昇であり,同期間円ベースでは6.73%の上昇.

世界貿易量：外挿期間は名目で年率1%増.

またBaUケースにおける電源構成のシナリオは,長期エネルギー需給見通しに従って表5-2のとおりに与えている.BaUケースでは,原子力発電は,設備能力として,1996年の4,255万kWから2010年には7,000万kWにまで拡大する.石炭火力発電は同2,279万kWから4,400万kW,LNG火力発電は同4,746万kWから6,450万kW,石油火力発電は同5,559万kWから4,500万kW,水力・その他発電は同4,357万kWから5,980万kW,新エネルギーは同10万kWから180万kW,自家発電が同2,440万kWから2,572万kWにまで変化すると想定している.各年次の電力部門全体における労働投入量(労働者数),資本ストック量は,それぞれの発電設備の稼動年次と整合的に推計し,あわせた積算によって表5-2のように想定している.

4.3 BaU内生シナリオ

BaUケースにおける外生変数のシナリオに基づいて,モデル体系内から求められる姿を概観しておこう.想定に基づいて描いたBaUケースの主要変数の推移を示したものが表5-3の結果である.実質GDPは,1990年の455兆円から,2010年には669兆円となり,1995~2000年の年平均成長率をみると−0.31%であるが,2000~2005年で1.78%,2005~2010年で2.83%と回復し,1998~2010年では年平均1.79%で成長する.そのときのCO_2排出量は,2010年3.49億t-Cまで,1998~2010年で年率0.43%で拡大する.よって2000~2010年におけるCO_2のGDP弾性は,原子力発電の拡大も影響し約0.37となり,1992年から1996年の1.26をかなり下回った値となっている.エネ

表 5-2 電源構成の BaU シナリオ

	1985 年	1990 年	1995 年	2000 年	2005 年	2008 年	2009 年	2010 年
設備能力（万kW）								
原子力	2,452	3,148	4,119	4,510	5,435	6,310	6,655	7,000
石炭火力	1,034	1,242	2,034	3,260	4,185	4,385	4,393	4,400
LNG 火力	2,855	3,878	4,393	6,160	6,660	6,605	6,528	6,450
石油火力	5,746	5,571	5,614	5,340	5,740	5,160	4,830	4,500
水力	3,337	3,669	4,257	4,610	5,043	5,555	5,768	5,980
新エネルギー	—	—	—	50	75	130	155	180
自家発電	1,507	1,966	2,405	2,478	2,525	2,553	2,563	2,572
稼働率（%）								
原子力	74.0	73.0	80.3	77.9	75.7	76.8	77.4	77.9
石炭火力	64.0	66.7	66.6	52.5	55.9	50.5	47.5	44.6
LNG 火力	51.2	48.7	50.5	43.7	42.1	39.7	38.7	37.7
石油火力	35.0	46.7	44.0	32.2	28.5	35.0	39.4	44.3
水力	28.2	28.1	23.3	24.7	23.7	25.4	26.3	27.1
新エネルギー	—	—	—	22.8	27.9	21.9	20.2	19.0
自家発電	51.5	57.8	57.8	58.3	58.3	58.3	58.3	58.3
労働者数[1]	236.1	242.8	252.3	279.2	301.2	305.5	305.6	305.7
期首資本ストック[2]	38.4	46.6	56.8	66.9	77.0	81.7	83.0	84.4

注：1) 1000 人．
　　2) 1985 年価格 1 兆円．

ギーの燃料としての GDP 集約度は，1990 年の 5.67 kcal/円から 2010 年 4.65 kcal/円に若干低下する．内生的に解かれた電力需要の伸びを加味した最終的な電源構成については，原子力発電シェアが，1990 年の 24.18％から 36.29％にシフトするのに対して，石油火力発電のシェアが，23.61％から 11.89％にまで低下する結果となっている．石炭火力発電については，1990 年の 8.71％から，2005 年には一旦 18.22％にまで拡大するものの，2010 年には 11.69％にまで低下することとなる．LNG 火力発電についても同様の傾向で，1990 年の 20.25％から，2010 年には 19.13％になる．最終需要項目については，名目家計消費支出が 1998 年から 2010 年の年率で 2.70％，民間総固定資本形成が 3.66％，輸出（FOB 価格）が 3.25％，輸入（CIF 価格）が 4.15％で推移することとなっている．

以上の結果をここで想定した外生変数の下での日本経済の 2010 年までの BaU シナリオと考えておく．

表5-3 基準ケース (BaU) における主要内生変数の解

内生変数	単位	1985	1990	1995	2000	2005	2008	2009	2010	95-00	00-05	05-10	98-10
実質GDP	10億円	309,716	455,016	539,683	531,514	580,948	630,308	649,603	669,205	-0.31	1.78	2.83	1.79
GDPデフレータ	1985=1	1.026	0.871	0.764	0.914	0.95	0.945	0.941	0.937	3.58	0.79	-0.28	0.89
利子率		0.063	0.042	0.049	0.067	0.07	0.068	0.068	0.068	6.04	0.8	-0.33	0.75
CO_2排出量	100万tC	247	298	343	322	331	341	345	349	-1.28	0.53	1.09	0.43
1人当りCO_2排出量	tC	2.0405	2.4138	2.7353	2.5386	2.591	2.672	2.7051	2.7381	-1.49	0.41	1.1	0.34
燃料投入量	10^{12}kcal	2,075	2,581	3,033	2,852	2,940	3,038	3,075	3,111	-1.24	0.61	1.13	0.49
発電電力量	100億kW	60	88	111	116	123	128	130	132	-0.85	1.07	1.42	0.97
燃料投当りCO_2排出量	g/cal	119.01	115.61	113.23	112.96	112.52	112.39	112.36	112.33	-0.05	-0.08	-0.03	-0.06
CO_2集約度	g/円	0.798	0.656	0.636	0.606	0.569	0.542	0.532	0.522	-0.98	-1.25	-1.73	-1.36
エネルギー集約度	kcal/円	6.701	5.672	5.621	5.365	5.061	4.819	4.733	4.648	-0.93	-1.17	-1.7	-1.3
平均資本サービス価格	1985=1.0	0.985	0.753	0.651	0.87	0.923	0.921	0.918	0.918	5.79	1.18	-0.1	1.3
平均賃金率(年齢階層)	1985=1.0	1	0.977	0.841	1.036	1.139	1.187	1.201	1.213	4.18	1.88	1.27	2.11
平均エネルギー価格	1985=1.0	1.025	0.853	0.663	0.729	0.747	0.763	0.769	0.776	1.89	0.5	0.75	0.74
平均原材料価格	1985=1.0	1.02	0.842	0.709	0.889	0.956	0.976	0.981	0.987	4.52	1.46	0.64	1.59
原子力発電シェア	%	27.76	24.18	27.02	27.38	30.23	35.27	36.83	36.29				
石炭火力発電シェア	%	6.32	8.71	13.67	16.83	18.22	12.69	11.13	11.69				
LNG火力発電シェア	%	21.64	20.25	18.19	20.46	20.21	19.62	19.42	19.13				
石油火力発電シェア	%	18.48	23.61	22.22	15.63	11.98	11.56	11.32	11.89				
水力発電シェア	%	13.39	11.29	7.7	8.68	8.64	10.4	10.94	10.78				
新エネルギー発電シェア	%	0	0	0.02	0.1	0.16	0.22	0.23	0.23				
自家発電シェア	%	12.42	11.96	11.19	10.93	10.56	10.24	10.13	9.99				
名目家計消費総額	10億円	184,685	228,938	249,008	288,123	328,238	355,326	364,777	375,077	2.92	2.61	2.67	2.7
名目家計貯蓄	10億円	86,425	102,558	1,096,963	134,938	155,268	168,464	173,033	177,798	4.14	2.81	2.71	2.99
名目民間固定資本形成	10億円	80,833	105,015	52,499	72,173	84,575	89,733	90,987	92,609	6.37	3.17	1.82	3.66
名目輸出総額 (FOB)	10億円	45,733	45,257	68,777	86,950	102,459	116,345	121,775	127,287	4.69	3.28	4.34	3.25
名目輸入総額 (CIF)	10億円	35,430	37,155	30,220	40,365	49,931	57,513	60,339	63,320	5.79	4.25	4.75	4.15
政府税収総額	10億円	58,619	80,953	75,035	88,829	100,653	108,380	111,040	113,916	3.38	2.5	2.48	2.61
資本所得税	10億円	21,048	30,445	24,090	28,077	31,904	34,212	34,990	35,886	3.06	2.56	2.35	2.56
労働所得税	10億円	18,469	26,232	26,334	31,389	35,730	38,808	39,891	40,995	3.51	2.59	2.75	2.82
固定資産税	10億円	7,684	8,859	8,843	10,766	11,913	12,473	12,637	12,827	3.94	2.02	1.48	2.08
間接税	10億円	10,108	13,186	13,770	15,980	17,938	19,292	19,770	20,288	2.98	2.31	2.46	2.42
関税・輸入商品税	10億円	1,310	2,230	1,998	2,616	3,169	3,595	3,752	3,919	5.39	3.83	4.25	3.72

5. モデル体系内における炭素税賦課

政府の地球環境問題の合同審議会の描いているシナリオによれば，基準ケースで，原油換算最終エネルギー消費が，1996年の393百万klから，2010年には約456百万klに増大し，その結果として，CO_2排出量が，314百万t-Cから，374百万t-Cにまで拡大することとなっている．その間CO_2は，年率で1.24％で伸びることとなる．政府シナリオでは，CO_2のこの増加のうち，27百万t-Cを原子力発電の増強によって削減し，さらに省エネルギーの努力によって，60百万t-Cを削減することによって，2010年の総CO_2排出量が，1990年レベル287百万t-Cに安定化できると考えている．その際の最終エネルギー消費量は，約400百万klとなり，1996年レベルの消費量393百万klからの微増にとどまることとなる．

この政府見通しの実現性，内部整合性とその経済的影響を考察するために，われわれのモデルを用いて，CO_2排出量削減の政策シミュレーションを試みることになるが，前にも述べたように，削減の政策手段として炭素税賦課を図るという方法を用いる．そこで，まず先にモデルにおける炭素税賦課による影響がどのように記述されるかについて簡単に整理しておく．

5.1 論理フロー

われわれのモデルにおける炭素税賦課の影響の論理的フローを示したものが図5-1であり，短期的な効果として左に供給面への影響と，右上に需要面への影響，そして右下に長期的な影響を示している．

はじめに炭素税の賦課は，エネルギーの燃焼によるCO_2排出量に比例したかたちでエネルギー投入価格の上昇をもたらす．そのときエネルギー集約的産業を中心として，エネルギー投入価格の上昇により当該部門の短期供給曲線は左方へとシフトする．各産業部門は中間財を通じて相互依存関係にあることから，原材料取引を通じた連鎖により，直接的なエネルギー価格上昇と間接的な各種原材料価格の上昇が各産業部門全体へと波及し，全体としてさらなる供給曲線の左方シフトをもたらすことになる．もし暫定的に需要曲線の位置が変わらないとしても，図5-1にあるように需給均衡点は，AからBにシフトし，

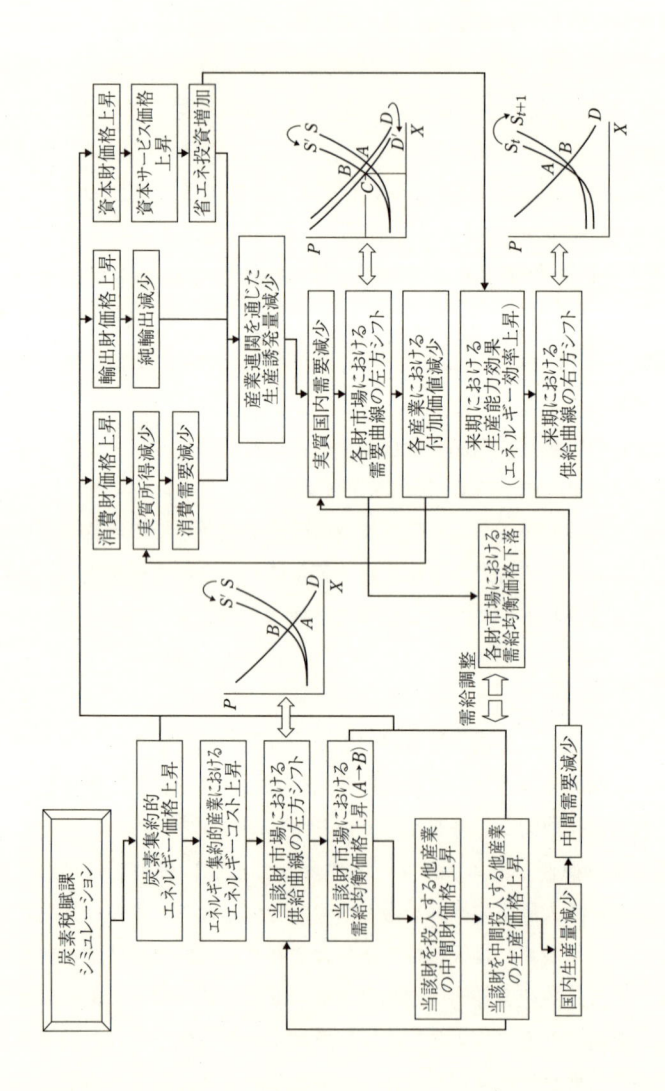

図 5-1　炭素税賦課シミュレーションの論理フロー

均衡価格の上昇と均衡数量の減少が生ずる．その結果，各生産部門の付加価値発生額は変化を生じ，それと連動する所得変化が生まれることになる．

　各需要主体は，炭素税賦課による一次エネルギー価格上昇からはじまって，上記のような短期の生産者行動，および財・サービス市場を通じた価格変化と所得変化の影響を受け，需要を変化させることになる．それは消費構造，輸出入構造，さらには投資構造にも影響するかたちで，総需要を変化させる．需要構成要素それぞれをみると，波及した全般的な価格上昇は実質消費需要を減少させ，また価格上昇によって輸出量が減少し，輸入量の増加によって国内需要量は減少する．一方，投資行動をみると，エネルギー価格上昇による要素相対価格の変化が，各産業の資本，労働，原材料，エネルギーの技術的代替性，補完性の特性によって，次期以降の産業の供給能力や産業間の資源配分に変化を与えることになる．資本とエネルギーの技術的代替関係のもとでは，エネルギー価格の相対的な上昇は特に省エネルギー達成のための投資を誘発し，これによって当期の投資財需要を増加させるであろう．それぞれの最終需要主体の行動の結果，もし投資財需要増を消費需要，純輸出減少が相殺し，総需要が低下すると，こうした需要構造の変化は一部の資本財を除き当期の需要曲線を左方へとシフトさせることになる．結果として，図5-1にあるように均衡点はBからCに移ることになる．したがって短期的には，炭素税を賦課しなかった場合の均衡点をAとすれば，そこからCに変化し，産出量の低下と価格変化が生ずることになる．AからCへのシフトは各生産部門の付加価値の圧縮，実質所得低下をもたらし，さらに予算制約のもとで実質消費を減少させることになろう．価格変化の方向は，各産業の化石燃料依存度によって異なることになるが，エネルギー集約的な産業ほどコスト上昇による価格上昇圧力は強くなる．よって一国全体の集計量として評価すると，炭素税賦課によって短期的には一般物価の上昇と実質GDPの減少というネガティブな影響がもたらされることになる．一方，長期的な影響をみてみよう．炭素税の賦課による価格体系の変化によって，来期以降には産業構造変化，各産業の技術状態の変貌を迎えることになる．今期のエネルギー価格の上昇に伴って誘発された各産業の省エネルギー投資が，資本ストックと中間投入係数を変化させることによって，次期以降の供給曲線の位置に変化をもたらす．図5-1の右下に示したように供給

曲線は t 期から $t+1$ 期にかけて，資本ストック増に基づく固定費上昇により切片は上方へと推移するが，エネルギー効率の上昇を中心とする生産性上昇によって曲率は変化し，$t+1$ 期の供給曲線は右方変化を生ずることになる．その結果として，$t+1$ 期以降の均衡点は，A からむしろ B に変化することになり，価格の低下，生産量の拡大に結びついて経済を活性化させる効果を持つことになる．この動学的な効果は，環境保全と経済成長の両立，あるいは持続可能な成長（sustainable growth）という視点から見たとき，極めて重要な意味を持つ．炭素税の賦課による人為的な価格変化は短期的には一般物価の上昇と実質 GDP の減少をもたらすが，資本構造の変化によってもたらされるエネルギー効率の上昇を中心とした生産性の向上が，長期的には経済成長を補塡し，むしろ新技術の導入によって新たな競争力を保有しうる可能性があるからである[3]．

5.2 限界削減費用曲線の導出

上記のように，炭素税の賦課は短期的には生産者行動，需要行動から構成される財市場の需給均衡プロセスを通じて経済成長にとってはマイナスの効果を持っている．しかし来期には，投入係数，資本係数，雇用係数によって記述された技術状態の変化によって，経済成長にとってプラスの面も保有している．ここでは短期的な影響に絞って，具体的に先の BaU シナリオのもとでの CO_2 削減限界費用曲線の姿をモデルの体系内から描いてみよう．図5-2 は，2000年と 2010 年における CO_2 削減限界費用曲線が最上段であり，以下それに対応した実質 GDP と GDP デフレーターへの影響を描いたものである[4]．

---

[3] 1973 年末よりのオイルショックの経験を顧みると，わが国経済は原油輸入 CIF 価格での 1 バーレル当たり 1973 年 3.29 ドルから翌年には 10.79 ドルへの上昇に直面した．同期間の GDP デフレーターの成長率は 20.8％ に達し，1973 年の実質 GDP 230.2 兆円（1990年価格）から 1974 年の 227.4 兆円へ成長率では ▲1.2％ と戦後初めてのマイナス成長を記録している．翌 1975 年には，GDP デフレーター成長率は 7.2％ へと抑えられ，実質GDP 成長率は 3.1％ へと復活している．

[4] 炭素税はボーモル＝オーツ税（Baumol and Oates (1988)）であるから，総排出量を先に設定した下で初めて，それを実現するための炭素税を導出することができる．この図5-2 はわれわれの多部門一般均衡モデルによって，BaU ケースにおけるある年次の削減量を 100 万 t-C 刻みに想定し，その達成のための実質炭素税額を求めたものである．ここでの実質炭素税とは，各削減を達成するための炭素税賦課による（内生的に求められた）全般的な物価上昇を考慮して 1985 年価格評価へと変換し，比較可能にしたものである．

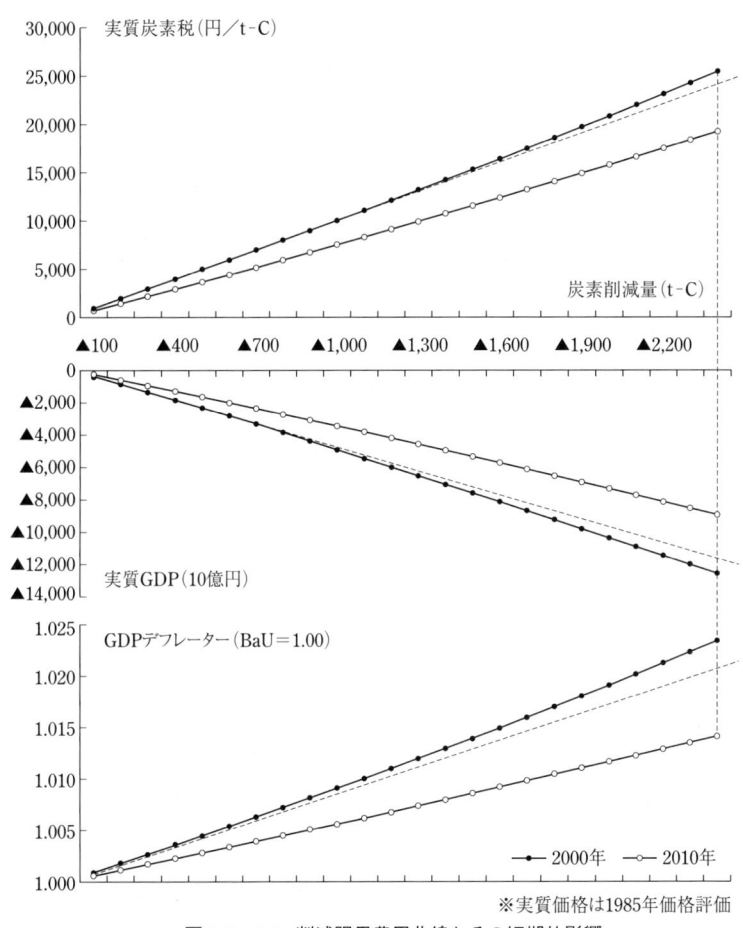

第 5 章　環境保全のコストと政策の在り方　　　　　　　　　　251

図 5-2　CO_2 削減限界費用曲線とその短期的影響

　CO_2 削減のための限界費用は賦課すべき炭素税率に他ならず，図 5-2 によると限界費用曲線は削減量増加に伴って限界費用は若干拡大しているものの，ほぼ線形的に逓増している．2000 年では 100 万 t-C 削減のために 965 円（1985 年価格評価）の炭素税賦課が必要であり，1,000 万 t-C では 9,997 円，2,000 万 t-C では 20,822 円と，100 万 t-C の追加的な削減ののために約 1,000 円の炭素税額を追加しなければならない．同様に 2010 年では，それぞれ 727 円，7,535 円，15,712 円と 100 万 t-C の追加的な削減のために約 700〜800 円の炭

素税額の追加を必要としている．同量の削減に対して 2010 年には 2000 年と比較して 0.7〜0.8 倍の税額になっており，これは外的な経済状況・技術状態の相違と総排出量自体の大きさ——BaU ケースの 2010 年は 8％程度総排出量が大きい——に依存していることによる．

　また炭素税賦課による経済全体への影響をみることにしよう．ここで描かれた炭素税賦課による短期的な影響は，先に図 5-1 で考察したモデル体系内における論理フローの具体的な姿を示すものである．追加的 100 万 t-C の CO_2 削減に対して，2000 年では実質 GDP で 47〜52 百億円の追加的下落，0.09〜0.11％ 程度の GDP デフレーターの追加的上昇をもたらしている．同じく 2010 年では，実質 GDP で 33〜37 百億円の追加的減少，GDP デフレーターで 0.05〜0.07％ の追加的上昇となっている．2,000 万 t-C 削減のケースでみると，2000 年には短期的に 1.92％ の物価上昇と 10.24 兆円の実質 GDP 下落（削減しないときの実質 GDP との乖離では約 2.0％ 低下），2010 年には 1.17％ の物価上昇と 7.275 兆円の GDP 下落（同じく約 1.1％ 低下）となっている．

　以上，炭素税賦課シミュレーションとしてのモデル体系内での影響を観察してきた．次節では具体的な政策シミュレーションを行うことにする．

6. 政策シミュレーション

6.1　1990 年レベル安定化シミュレーション

　先に述べたとおり，政府シナリオでは，2010 年の CO_2 総排出量 3.74 億 t-C のうち，2,700 万 t-C を原子力発電の増強によって削減し，さらに省エネルギーの努力によって，6,000 万 t-C を削減することにより，2010 年の総 CO_2 排出量を 1990 年レベル 2.87 億 t-C に安定化するというものである．われわれのモデルによる BaU は，2010 年で，CO_2 総排出量 3.49 億 t-C となっており，1990 年の 2.98 億 t-C までの安定化のためには，5,100 万 t-C の削減が必要となる．先に説明したように，われわれの BaU シナリオでは，すでに原子力発電設備能力 7,000 万 kW（2010 年）の想定は含まれていることに注意してほしい．

表 5-4 CO_2 排出量 1990 年レベル安定化シミュレーション

内生変数	単位	1985	1990	1995	2000	2005	2008	2009	2010	成長率 (%) 95-00	00-05	05-10	98-10
実質 GDP	10 億円	309,716	455,016	539,683	531,514	580,948	630,308	640,887	666,739	-0.31	1.78	2.75	1.72
GDP デフレータ	1985=1	1.026	0.871	0.764	0.914	0.95	0.945	0.955	0.94	3.58	0.79	-0.22	0.96
利子率		0.063	0.042	0.049	0.067	0.07	0.068	0.067	0.063	6.04	0.8	-2.04	0.32
CO_2 排出量	100 万 t-C	247	298	343	322	331	341	321	298	-1.28	0.53	-2.07	-0.52
1 人当り CO_2 排出量	t-C	2.0405	2.4138	2.7353	2.5386	2.591	2.672	2.5158	2.3379	-1.49	0.41	-2.06	-0.61
燃料投入量	10^{12} kcal	2,075	2,581	3,033	2,852	2,940	3,038	2,831	2,639	-1.24	0.61	-2.16	-0.53
発電電力量	10 億 kW	60	88	111	116	123	128	130	127	0.85	1.07	0.71	0.83
燃料投入当り CO_2 排出量	g/cal	119.01	115.61	113.23	112.96	112.52	112.39	113.5	113.05	-0.05	-0.08	0.09	0.01
CO_2 集約度	g/円	0.798	0.656	0.636	0.606	0.569	0.542	0.501	0.448	-0.98	-1.25	-4.82	-2.25
エネルギー集約度	kcal/円	6.701	5.672	5.621	5.365	5.061	4.819	4.417	3.959	-0.93	-1.17	-4.91	-2.25
平均資本サービス価格	1985=1	0.985	0.753	0.651	0.87	0.923	0.921	0.919	0.894	5.79	1.18	-0.64	1.19
平均賃金率	1985=1	1	0.977	0.841	1.036	1.139	1.187	1.201	1.2	4.18	1.88	1.05	2.06
平均エネルギー価格	1985=1	1.025	0.853	0.663	0.729	0.747	0.763	0.929	1.027	1.89	0.5	6.36	2.71
平均原材料価格	1985=1	1.02	0.842	0.709	0.889	0.956	0.976	0.998	0.996	4.52	1.46	0.82	1.7
原子力発電シェア	%	27.76	24.18	27.02	27.38	30.23	35.27	36.83	37.6				
石炭火力発電シェア	%	6.32	8.71	13.67	16.83	18.22	12.69	11.13	10.33				
LNG 火力発電シェア	%	21.64	20.25	18.19	20.46	20.21	19.62	19.42	19.82				
石油火力発電シェア	%	18.48	23.61	22.22	15.63	11.98	11.56	11.32	10.51				
水力発電シェア	%	13.39	11.29	7.7	8.68	8.64	10.4	10.94	11.17				
新エネ発電シェア	%	0	0	0.02	0.1	0.16	0.22	0.23	0.24				
自家発電シェア	%	12.42	11.96	11.19	10.93	10.56	10.24	10.13	10.35				
炭素税率	円/t-C							29,711	51,509				
名目家計消費総額	10 億円	184,685	228,938	249,008	288,123	328,238	355,326	360,882	368,948	2.92	2.61	2.34	2.58
名目家計貯蓄	10 億円	86,425	102,558	1,096,963	134,938	155,268	168,464	171,516	174,179	4.14	2.81	2.3	2.86
名目民間資本形成総額	10 億円	80,833	105,015	52,499	72,173	84,575	89,733	97,810	99,677	6.37	3.17	3.29	4.27
名目輸出総額 (FOB)	10 億円	45,733	45,257	68,777	86,950	102,459	116,345	120,744	127,597	4.69	3.28	4.39	3.23
名目輸入総額 (CIF)	10 億円	35,430	37,155	30,220	40,365	49,931	57,513	61,403	65,084	5.79	4.25	5.3	4.34
政府税収総額	10 億円	58,619	80,953	75,035	88,829	100,653	108,380	119,478	126,797	3.38	2.5	4.62	3.36
資本所得税	10 億円	21,048	30,445	24,090	28,077	31,904	34,212	34,678	35,038	3.06	2.56	1.87	2.43
労働所得税	10 億円	18,469	26,232	26,334	31,389	35,730	38,808	39,447	40,454	3.51	2.59	2.48	2.72
固定資産税	10 億円	7,684	8,859	8,843	10,766	11,913	12,473	12,857	12,848	3.94	2.02	1.51	2.16
間接税	10 億円	10,108	13,186	13,770	15,980	17,938	19,292	19,292	19,326	2.98	2.31	1.49	2.12
関税・輸入商品税	10 億円	1,310	2,230	1,998	2,616	3,169	3,595	3,721	3,866	5.39	3.83	3.98	3.62
炭素税	10 億円	0	0	0	0	0	0	9,483	15,265	0	0	0	0

シミュレーションの結果が，表 5-4 に示されている．ここでは，CO_2 量 1990 年レベル安定化の手段として，燃料としての化石エネルギーの消費にともなって排出される CO_2 排出量に見合って，炭素税が一律に掛けられることを想定している．炭素税は，各化石燃料の炭素含有量に比例して賦課されるものとする．化石燃料を燃料として使用した場合にのみ，したがって直接的に CO_2 を排出した場合にのみ炭素税が賦課されるが，その場合は，産業，運輸，民生いずれの場合でも，炭素単位当たりでは，均等の税率がかかることになる．われわれの BaU ケースに対応しては，2010 年の CO_2 排出量 3.49 億 t-C を，5,100 万 t-C 削減して，2.98 億 t-C とすることになる．その場合，2010 年に一年度のみの炭素税負荷では達成できず，2009 年から 2 ヶ年にわたって炭素税を課すことになる．削減のために賦課されるべき炭素税額は，2009 年は炭素 1t 当たり 29,711 円，2010 年では炭素 1t 当たり 51,509 円と内生的に求められた．そのとき総炭素税収入は，2009 年には 9.483 兆円，2010 年には 15.265 兆円となる．その結果，実質 GDP は，2009 年には，BaU の 649.603 兆円から 640.887 兆円へと約 1.3％の低下，また 2010 年には，669.205 兆円から，666.739 兆円の 0.36％の低下となる．ただ 2010 年のこの GDP 水準は，先の炭素税を一切導入しなかった基準ケースの水準であり，もしこれを，2009 年にも導入し，2010 年には導入しなかったケースを BaU ケースとして比較すると，その水準は 2010 年で，1.42％ 程度の実質 GDP の減少ということになる[5]．

炭素税の導入が，各エネルギー使用部門で，エネルギー効率を向上させることになり，それが GDP を拡大する方向に働く．したがって 2009 年に導入した

---

[5] 炭素税賦課による実質 GDP の減少についての BaU ケースとしては，BaU ケースに加えて，$t+1$ 年に炭素税を賦課し $t+2$ 年には賦課しないケース（下表の BaU (Sim-a)）もあり，BaU ケースと炭素税賦課(a)を比較すると $t+2$ 年期首には技術体系および産業構造が異なる．本文中の記述は，前者が $t+2$ 年における BaU と Sim の比較であり，後者が BaU (Sim-a) と Sim の比較になっている．

年	t	$t+1$	$t+2$	$t+3$	…
BaU ケース	BaU→	BaU→	BaU→	BaU→	…
炭素税賦課(a)	↘	Sim→	BaU (Sim-a)→	BaU (Sim-a)→	…
炭素脱賦課(b)		↘	Sim→	BaU (Sim-b)→	…

第5章 環境保全のコストと政策の在り方　　　255

場合，2010年には，そのことによるエネルギー効率の改善が，価格低下をもたらし実質GDPを拡大させることとなる．排出量安定化のために，2010年にさらに炭素税を賦課することによって，経済成長は減速することになるが，その一部は，前年度のエネルギー効率改善によって補完されていることになる．こうした効果の結果として，2009年から2010年にかけての炭素税の導入は，短期的には国民負担を伴うものの，エネルギー効率の改善が供給力を増大させる効果をもつことによって，その負担が相殺されることを示している．炭素税を導入したことによって，発電電力の形態別比率は，2010年で石炭火力が11.69％から10.33％へ，石油火力が11.89％から10.51％へ，LNG火力が19.13％から19.82％へと変化することになる．こうした炭素税の賦課による影響は，産業構造にも及ぶ．炭素排出量の大きなエネルギー産業への影響が当然大きくなり，石炭製品は約13％程度，石油製品産業が約20％程度，電力が約8.5％，ガスが約9％程度の産出量の減少となる．またエネルギー集約的な産業，鉄鋼（11％），紙パルプ（3％），運輸（4.6％），化学（1.3％），窯業土石（0.8％）などの産業も産出量の減少となる．しかし，一方で省エネルギー投資の拡大の効果として，投資財需要の増加の影響もあり，建設業（+4.7％），木材木製品（+1.3％），一般機械（+2.7％），その他輸送機械（+5.7％）などの産出量は増大することとなる．また各産業のエネルギー効率の改善率も産業によって異なっている．もっとも大きな改善は変化率のベースでは，家具製造業で約40％もの改善となる．しかし，この部門はもともと，エネルギー集約的産業とはいえないので，一国全体への効果としてはそれほど大きいとはいえない．むしろ，エネルギー集約的産業で，紙パルプの約25％，窯業土石の約30％，鉄鋼業の約30％，運輸部門の約15％，その他サービス業の約25％などのエネルギー効率の改善が全体のエネルギー節約に果たしている役割は大きいものと考えられる．

6.2 原子力発電未達シミュレーション

表5-2でのBaUケースにおける電源構成に着目すれば，非化石エネルギーへの転換として原子力発電の拡大が想定されており，現状4,492万kWから2010年には7,000万kWまで拡張される計画である．それによって，2,700

表5-5 原子力発電未達シミュレーションの各シナリオ

		原子力発電		
	設備能力	7,000万kW	4,492万kW	5,620万kW
設備能力	稼働率	78%	83%	83%
LNG 6,450万kW	37.7%	BaU		
7,090万kW	40.2%		Sim1A	Sim2A
7,090万kW	47.0%		Sim1B	Sim2B

注:設備能力,稼働率はすべて2010年における値.

万 t-C の CO_2 削減効果を見込んでいる.しかし原子力発電 7,000 万 kW の設備の達成そのものが,現状の原子力をめぐる環境では実現が困難との見方もある.そこで,ひとつのシミュレーションとして,電力供給における電源構成が BaU の想定通りに進まなかったケースを考え,それによる CO_2 の排出量の増加分を削減努力することによって,日本経済がいかなる影響を被ることになるかをシミュレートしてみよう.

原子力発電が BaU 想定の 2010 年 7,000 万 kW に至らなかったという想定で電源構成のシナリオを描くことから始めるが,その場合の想定として,原子力発電の 2010 年の設備能力とその利用率,さらに LNG 火力の設備能力とその利用率の組み合わせによって,それぞれ 4 つのケースを考えている.表 5-5 における Sim1A, Sim1B, Sim2A, Sim2B の 4 とおりがそれである(表では列部門に原子力発電の設備能力と設備稼働率,行部門に LNG 火力発電の設備能力と設備稼働率を記述している).

原子力発電に関しては,設備能力が 1997 年現状の 4,492 万 kW,設備稼働率 83% のケース(Sim1A と Sim1B)と,2006 年までの計画設備能力 5,620 万 kW,稼働率 83%(Sim2A と Sim2B)の 2 ケースを考えている.また LNG 火力発電に関しては,設備能力 7,090 万 kW,稼働率 40.2%(Sim1A と Sim2A)と,その設備能力のもとで設備稼働率 47.0%(Sim1B と Sim2B)の 2 ケースを想定している[6].それぞれのケースに応じて,電力部門全体としての必要労働投入量および資本ストックも変化し,2010 年の労働投入量をみると,Sim1A と Sim1B のとき電力業全体では BaU の 30.57 万人から 28.01 万人,同

---

[6] 原子力発電設備,LNG 火力発電設備の設備能力と稼働率は,表 5-2 との対応で中間年については線形的に補完している.

様に Sim2A と Sim2B のとき 29.43 万人に想定している．また実質資本ストックレベルは 2010 年でそれぞれ，BaU の 84.4 兆円 (1985 年価格) から Sim1A と Sim1B のとき 77.9 兆円，Sim2A と Sim2B では 80.1 兆円に想定している．

電力供給の電源構成が変化することによって，原子力発電のウェイトが拡大すればするほど電力価格が逓減する．これは，原子力発電設備の増大によって，電力の固定費（ここでは用地補償費は対象外であり，再生産可能有形固定資産のみ）が増加する一方で，中間原材料コストが減少するからである．逆に，LNG 火力発電設備の拡張は，固定費の負担が原子力設備に比して縮小できる一方で，LNG の輸入など中間原材料コストの増大につながることとなる．その結果として需給を調整したあとでの電力価格は，原子力設備のウエイトが小さい Sim1A と Sim1B のケースで BaU に比して 2010 年で約 4％，相対的に原子力設備のウエイトの大きい Sim2A と Sim2B のケースで約 3％程度の上昇となる．こうした電力価格の上昇は，すべての部門でエネルギー価格を他の生産要素に比して，相対的に上昇させることとなり，投資行動において，エネルギーと資本との代替を生じさせることとなる．そのため，各部門とも省エネルギー投資を含んだ実質投資の拡張が生じ，供給能力を増大させて，供給曲線を BaU のケースに比して，右方へとシフトさせることとなる．実質 GDP は，価格低下の効果を反映して，Sim1A で，2010 年の BaU に比して約 0.57％，Sim2B で約 0.5％ 上昇することになる．そのとき CO_2 の排出量は，同じく 2010 年で，原子力発電未達によって Sim1A で約 5.7％，Sim2B で約 1.4％ の増加となる．

産業部門別の産出量（実質）では，BaU に比して，全体で 2010 年 0.3～0.4％ の増加，自動車産業で 1.5～2.0％ の増加，電気機械で 0.8～1.0％ の増加とそれぞれ拡大し，結果として産業の CO_2 排出量は増加することになる．家計部門は実質労働所得が増加することによって，価格上昇の大きい電力の需要は停滞するものの，それ以外の消費需要は増大して，全体として CO_2 排出量は増加することとなる．その結果，1997 年の現状のまま原子力発電の増設がない場合，CO_2 はさらに約 2,000 万 t-C 増加[7]し，2006 年までの計画値 (5,620 万 kW) が実現した場合でも，さらに 500 万 t-C の CO_2 の排出拡大が生ずることとなる．

表 5-6 シミュレーション総括表

ケース	実質 GDP			CO_2 排出量		炭素税 (円/t-C)			間接税 (%)	GDP 変化率	
	2009	2010	2010 Base	2009	2010	2009	2010	平均		2010 BaU	2010 Base
Bau	649,603	669,205		345	349						
炭素税賦課 (5,100万t-C)	640,887	666,739	676,405	321	298	29,711	51,509	40,610		−0.36	−1.42
Sim1A	652,675	673,069		364	369						
炭素税賦課											
：全般		665,127			349		15,925			−1.18	
：電力		NA									
：産業	652,041	663,915	674,916	361	349	1,320	23,523	12,422		−1.36	−1.63
間接税賦課		661,860			349		—	—	78	−1.67	
Sim2B	651,776	672,567		349	354						
炭素税賦課											
：全般		671,020			349		3,937			−0.23	
：電力		669,540			349		18,723			−0.45	
：産業		668,935			349		10,480			−0.54	
間接税賦課		679,213			349		—	—	15.9	−0.35	

そこで，この原子力発電建設の未達による CO_2 排出量の増加を，何らかの追加的対策によって安定化させることの国民負担を算定してみることとする．ここでは，シミュレーションの各ケースのうち，Sim1A（原子力発電設備能力4,492万 kW，稼働率83% かつ LNG 発電設備能力7,090万 kW，稼働率40.2%）および Sim2B（原子力発電設備能力5,620万 kW，稼働率83% かつ LNG 発電設備能力7,090万 kW，稼働率47.0%）の両ケースについて，導入する税制度に関していくつかの選択肢を与えている．先の6.1項でのシミュレーションと同様に一般炭素税のケースに加えて，電力業にのみ炭素税を課すケース，（電力業を含む）産業用の利用にのみ炭素税を課すケース，そして間接税を課すケースの4通りの実験である．それぞれのケースについて，これら政策手段の選択の差異を要約したものが表5-6である．

結果によれば，Sim1A のケースで，原子力発電未達による CO_2 の増加分約2,000万 t-C を追加的に一般炭素税で削減しようとした場合，炭素税負担は約

---

7) 政府シナリオでは原子力発電の2010年7,000万 kW までの拡張によって，CO_2 排出量2,700万 t-C の削減を見込んでいる．ここでの一般均衡モデルによる原子力未達ケースでは，原子力発電が拡張されないことによるエネルギー価格の上昇（2010年で BaU 比約2.5%上昇）によってエネルギー消費が減少し，追加的に2,000万 t-C のみ排出されるように求められた．

16,000円となり,そのことによる実質GDPは約1.18%減少となる.BaUケースで想定した安定化へのCO_2削減コストと合わせると,約67,000円程度の炭素1t当たりの炭素税を必要とすることになる.これを電力部門のみのエネルギー税で処理しようとすると経済の均衡解を求めることができない.したがって,電力にのみ税制を導入することは政策の選択肢としては実現可能性がないことになる.また,産業にのみ炭素税を導入した場合には,2010年での安定化のために,2009年と2010年の両年にわたって炭素税をかけることが必要となり,その場合の税率は,2010年で約23,500円となり,一般炭素税による場合よりはより高額なものとなる.またこれを間接税の引上げで対処した場合には,税率を約78%引き上げることが必要となり,実質GDPの値をみるとCO_2安定化のためのシナリオとしてもっとも非効率なものであることが指摘されよう.また,Sim2BのケースではCO_2増加分約500万t-Cを一般炭素税で削減しようとした場合,炭素税負担は約3,900円,約0.23%の実質GDPの減少となる.電力部門のみの炭素税賦課によると炭素税額は19,000円,産業のみの炭素税賦課では10,500円と一般炭素税に比して,それぞれ4.8倍と2.7倍の税率を課す必要がある.ただし一国全体への影響をみると,実質GDPで電力部門のみのとき0.45%減少,産業では0.54%減少と,むしろ産業全体に炭素税を賦課したケースのほうが影響は大きいものになっている.間接税の引上げで対処した場合には,税率を約16%増加させることにより達成される.このときの実質GDPは0.35%の減少であり,一般炭素税の賦課に次いで影響は小さいものとなっている.Sim1Aでの安定化では最も大きなコストを伴うものであったことを想起すれば,間接税率増加による安定化シナリオはその非効率性から,CO_2の削減量の拡大によって経済全体へのネガティブな影響を強めることがわかる.4つの税制度の選択肢のなかでは,当然一般炭素税の導入によるほうが,市場メカニズムにバイアスを生じない分だけ合理的であるといえる.

最後に,表5-7にこれらの影響が家計にいかなる負担を強いることになるかを,家計の補償変分(compensating variation)の算定によって推計している.補償変分は,炭素税などの制度的政策手段の実行が家計の生活にいかなる影響を与えるかを算定するために,政策実行以前の家計の総効用の水準を補償する

表5-7 Sim1A および Sim2B ケースにおける家計への影響

	Sim1A 炭素税			Sim2B 炭素税		
	全般	電力	産業	全般	電力	産業
世帯主年齢階層別補償変分[1]						
15-24	11,047	N.A.	13,016	2,643	3,616	5,639
25-34	8,858	N.A.	10,532	2,116	2,870	4,551
35-44	14,411	N.A.	17,369	3,447	4,588	7,511
45-54	19,908	N.A.	24,114	4,759	6,332	10,431
55-64	10,193	N.A.	12,144	2,432	3,181	5,245
65-	6,055	N.A.	7,479	1,550	1,994	3,223
家計のエネルギー消費比率[2]						
燃料消費	0.8646	N.A.	0.9835	0.9698	0.9975	0.9929
電力消費	0.9244	N.A.	0.8893	0.9860	0.9380	0.9632
エネルギー消費	0.8791	N.A.	0.9605	0.9737	0.9829	0.9856

注:1) 補償変分の単位:1世帯1ヶ月当たり円.
2) 消費比率:各シミュレーションの BaU ケースからの乖離.

ために政策実行後の経済状況でどの程度の所得補償が必要となるかを推定したものである.このモデルでは,家計を世帯主の年齢によって,6階層に区分している.世帯主年齢階層ごとにエネルギーの利用形態と規模が異なることから,政策の実行が家計に与える影響も異なってくる.世帯主年齢階層別には,すべてのケースで世帯主年齢が45～54歳の家計への影響がもっとも大きく,原子力発電が現状の供給力(4,492万kW)のままで推移した場合,それによる CO_2 排出量の増分を削減しようとする Sim1A では,一般炭素税の賦課によって政策実行以前の効用水準を補償するために約2万円相当(1世帯1ヶ月当たり)の負担をかけることとなる.同ケースで,直接的には家計の炭素税負担のない産業のみに炭素税を課したときには2.4万円相当と,間接的な影響を受けてむしろ家計の負担分も大きなものになっている.2006年までの原子力発電の計画設備能力(5,620万kW)を想定している Sim2B では,家計の負担もより小さなものとなり,一般炭素税の賦課によって世帯主年齢45～54歳の家計の4,700円相当を最大に,65歳以上の家計では1,500円相当の補償変分となっている.その際の家計のエネルギー節約の努力をみると,Sim1A では12%程度のエネルギー消費を BaU に比較して抑えるような改善が要求されることを示している.Sim2B では一般炭素税で3%程度のエネルギー消費の抑制が要求されており,電力部門のみに炭素税を賦課したケースでは6%ほどの電力消費を

抑える必要がある．

7. 地球温暖化対策の制度設計

以上の政策シミュレーション結果と国内制度としての炭素税や排出権取引の導入の理論的構造をもとに，若干の制度設計上の問題を提起してみたい．

1. わが国の1990年以降2010年までのBaUシナリオをどのように描くか？

   われわれの実験結果は，前述の基本的外生変数（人口，世帯数，政府支出，マネーサプライ，為替レート，原油価格，世界貿易量等）のシナリオと電源構成に関するシナリオに大きく依存している．ここでのBaUエネルギー長期シナリオケースでは，旧省エネ法の範囲内での産業界努力やいくつかの技術革新の可能性等を考慮した上で，産業のエネルギー技術効率の改善に関しては，かなりの程度進むものと想定している．

2. 1990年CO_2排出量水準への2010年安定化政策の経済的負担

   ・フラットな炭素税導入と税収の還元ケース：排出権市場を創設し，産業，家計の各主体が市場に参加でき，Grand-father量と排出量レベルが総量において等しい場合

   (a) 炭素1単位当たりの炭素税額と排出権価格は等しい．

   (b) Grand-fatherの部門間配分によって，部門間の負担には差異が生まれる．

   (c) BaUケースの想定による安定化のコスト差異はどの程度か？エネルギー長期シナリオBaUケースは，すでに旧省エネ法内でのエネルギー効率改善努力が行われたケースであり，さらなる排出量の削減が政策的手段によって見込まれることになる．その場合すでにエネルギー効率がかなりの程度改善されている上での負担ということになり，削減の限界的費用はより割高の負担となる．エネルギー長期見通しの2010年排出量レベルまでの削減の費用負担は，自然体ケースに何らかの政策（旧省エネ基準設定など）を行ったことによる社会的費用負担分に相当する．そこまでの限界的な炭素1単位削減費用は，ここでのシミュレーションの結果におけるコスト負担に比して，限界的には

廉価であることが予想されるが，ここで示した BaU エネルギー長期見通しケースでの安定化目標での限界費用にさらに付加的なコストを必要とすることを示している．

(d) 炭素税収入を一括して国内個人所得に還元するか，海外への所得移転（国際市場での排出権の購入にまわすことも含める）とするかによる国内経済への影響はそれほど大きくない．

・排出権の国際市場での購入による国内負担の軽減について

排出権の国際価格が国内価格より安価な場合，排出権を海外から購入することも考えられる．その場合，その原資をどこから調達するか？ 国内炭素税を幾分かの排出目標に応じて設定した上で，その収入を海外排出権の購入原資とすることも可能であろう．

・炭素税または排出権導入の動学的影響について

目標の 1990 年排出量レベルへの安定化が，単年度で可能か？ 不可能な場合，2ヶ年にわたって政策の施行が必要となるが，その場合の動学的経済効果はいかなるものか．上記の単純な理論的推論は，あくまで短期の静学解の場合であり，投資に伴う要素間代替に関しては，影響が異なることを考慮すべきであろう．制度の運用によって，削減可能な排出量は，短期的な要素間代替による需要構造の変化と投資行動を通じた長期の技術選択における価格効果，所得効果の程度に依存している．短期的に技術条件に硬直性が存在する場合，短期の効果はそれほど大きくない．われわれのモデルの帰結では，短期的にはせいぜい CO_2 の総量で 2,000万トン（産業にのみ負担を賦課した場合）が削減の上限である．フラットな炭素税の場合でも 3,000 万トン程度が上限である．その場合安定化の目標達成のためには，2 年以上にわたって制度を運用することとなる．2 年以上にわたって何らかの施策が講じられた場合には，制度運用によるエネルギー効率の向上が次年度以降の価格を引き下げ，実質経済活動を拡大させることによって，かえって炭素の排出量を 2 年度以降拡大させる．その結果として，実質 GNP は下げ止まりするけれども，炭素税もしくは排出権価格を引き上げることとなる．

・炭素税をどの段階で賦課するか？ 排出権取引をどの範囲で認めるか？

第5章 環境保全のコストと政策の在り方　　263

(a) 炭素税の賦課を，化石燃料の CO_2 含有量に比例的にあらゆる化石燃料の燃焼段階で賦課する場合（フラットな炭素税）がもっともコスト効率的である．排出権の取引を産業，家計すべてに認める場合に対応する．ただしその場合の取引コストおよびモニタリングコストは考慮していない．

(b) 炭素税の賦課を産業にのみ賦課，もしくは排出権取引を産業のみに認め，Grand-father も産業のみに配分するケースでは，コスト効率はフラットな炭素税のケースに比して落ちる．さらに産業のみに賦課した場合には，短期的には削減量に上限があり，数年にわたって賦課した場合にはコスト効率はさらに悪くなる．

(c) 炭素税を電力のみに賦課するケースでは，コスト効率はさらに逓減し，短期的な削減上限量のさらに小さなものとなる．

(d) 炭素税に代えて，一般消費税，もしくは一般エネルギー税（エネルギー量に比例的課税）とした場合にはコスト効率はさらに逓減する．

・安定化のコストの産業別負担格差

(a) 炭素税賦課（一括還元なし）もしくは Grand-father なしの排出権（ただし，排出権市場への参加はすべての主体に認める）のケースでは，安定化にともなって，産業別にも家計（世帯主年齢階層別）にも負担の相当の跛行性が生ずる．その負担を公平化するために，産業もしくは家計の補助金，もしくは排出権の無料配布としての Grand-father に組み入れることは可能である．その場合でも，主体間の所得配分には影響するが，静学的には炭素価格には影響しない．

(b) 排出量の安定化に際して産業と民生を分けて考えた場合，民生とりわけ家計での排出量の抑制が今後一層重要性を増してくる．しかし一方で，国内市場として排出権市場を設ける場合，家計を取引の主体とすることは取引の形態から考えてかなり困難であり，モニタリングも難しい．排出権市場への参加を産業のみとした場合，削減量に上限があり，負担の不公平（産業，家計間）も大きくなる．

ここで示したもう一つのシミュレーションは，原子力という非化石エネル

ギーへの転換が経済に与える影響を示したものであるけれども，その結果の読み取り方についてはいくつかの留保条件をおいておくべきかもしれない．1つは，このシミュレーションによれば，体系の主要な変移は，要素相対価格の変化による要素間代替を出発点として起こるということが示されている．その観点からすると，要素間代替のパラメターの測定の妥当性は，厳格にチェックされなければならない．2つめには，要素間代替のパラメターが妥当であり，エネルギー価格の上昇によって他の生産要素に代替が起こった場合に，それが短期供給スケジュールの変移にどの程度反映されるかという問題である．別の言い方をすれば，省エネルギー投資の拡大は，それぞれの産業部門で何らかの資本ストックの拡大に結びつくことは間違いないことであるが，その資本ストックの拡大がエネルギー効率の改善に加えてその産業部門の供給能力の拡大を同時的にもたらすかどうか？　という問題である．この点に関しては，省エネルギー投資と生産能力拡張投資と言われる投資の意味について，もう少し精密な検討が必要と考えている．さらに，ここでの原子力発電の建設が，税および政府予算配分に何らかの関わりを持っているかどうかについても，さらなる検討を要する課題である．もちろん，原子力に依存する場合の安全対策のコスト，最終処理や将来予想される原子力プラントの廃棄にともなうコストについては考慮しておらず，温暖化対策としてのみの原子力の導入については，慎重であらねばならないことは言うまでもないことである．ただ，ここで示したシミュレーション結果は，国民の将来のエネルギー需給という観点からすれば，原子力に依存しない場合にはそれ以外のエネルギー源の確保が必要であり，原子力エネルギーおよび原子力に代替できるエネルギー源の選択のコストを議論することが必要であることを示している．

ここでのシミュレーションは，以上のようにその結果についてはさらに精査すべき課題を多く残している．ただ，経済の一般均衡の相互依存の関係は，部分均衡的な想定をはるかに上回った複雑な波及効果をもっており，その意味ではこうした一般均衡モデルによる政策メニューの検討，および各種政策メニュー間の整合性の検討が重要と考えている．

文 献

黒田昌裕・新保一成・野村浩二・小林信行 (1997),『KEO データベース——産出および資本・労働投入の測定——』慶應義塾大学産業研究所, KEO モノグラフシリーズ No. 8.

黒田昌裕・野村浩二 (1998a),「日本経済の多部門一般均衡モデルの構築と環境保全政策シミュレーション——（1）環境保全政策と多部門一般均衡モデルの構築」慶應義塾大学産業研究所未来開拓プロジェクト Discussion Paper No. 15.

黒田昌裕・野村浩二 (1998b),「日本経済の多部門一般均衡モデルの構築と環境保全政策シミュレーション——（2）環境保全政策と炭素税賦課シミュレーション」慶應義塾大学産業研究所未来開拓プロジェクト Discussion Paper No. 16.

黒田昌裕・野村浩二 (1998c),「環境政策の一般均衡分析」『三田商学研究』41 巻 4 号.

Baumol, W. J. and W. E. Oates (1988), *The Theory of Environmental Policy*, second ed., Cambridge University Press.

JDB Research Center on Global Warming (1996), Symposium on the Environment and Sustainable Development: Roles for Japan with Regard to Global Environmental Issues, The Japan Development Bank.

Kuroda, M., K. Nomura, N. Kobayashi, M. Kuninori, K. Hanabusa, and H. Tomita (1995), "Reduction of Carbon Dioxide Emission and Its Distributional Impacts," presented at The JDB Symposium on the Environment and Sustainable Development. Hakone, Nov., 1995.

第6章 不完全なモニタリングと国際的な排出量取引の効率性[*]

小西秀樹

1. はじめに

　第3回気候変動条約締約国会議（いわゆる COP3）で採択された京都議定書には，2つの特徴がある．それは，第一に，温暖化ガス排出量の国際的な取引メカニズムの導入を打ち出したことであり，第二に，国内排出規制政策について参加各国の自由な裁量権を認めたことである．

　国際的な排出量取引については，排出許可証市場を通じた取引が中心になっている．この仕組みでは，参加各国の政府が一定量の排出許可証をあらかじめ割り当てられ，必要に応じてそれらを売買しながら，一定期間内の国内排出量を許可証の保有量でカバーするように国内環境政策を実施することが想定されている．具体的な排出許可証取引の枠組みはまだ決まっていないが，現在もっとも論争になっている問題の1つとして，排出許可証の取引を政府間ベースに限定するか，私企業の参加も認めるかという論点がある．たとえば，アメリカ，日本，ロシアなどの政府は私企業の参加を積極的に認めるべきだと主張するのに対して，EU 諸国の政府は私企業の参加に反対しているばかりか，排出量の国際取引を地球規模での温暖化ガス削減の主要な手段とすることにも消極的である．

　UNCTAD の温暖化ガス排出量取引に関するレポート [Tietenberg et al.

---

[*] 本稿の作成に当たっては，コンファレンス参加者，特に蓼沼宏一氏（一橋大学），二神孝一氏（大阪大学），奥野正寛氏（東京大学），清野一治氏（早稲田大学）から有益なコメントと示唆をいただいた．感謝申し上げたい．もちろん，論文中のありうべき誤りはすべて筆者の責任である．

(1998)〕にしたがって，排出許可証による温暖化ガスの取引モデルを次の2つに分類しよう．

政府間取引モデル：政府（もしくは規制当局）が条約に基づいて割り当てられた国際的排出許可証を国内の私的主体には配分せず，その取引は政府間だけで行われる．各国政府は，保有する許可証で国内の排出量をカバーするように，たとえば，国内排出税，炭素税，国内排出許可証制度，排出基準の設定による直接規制などの国内環境政策を実施する義務を負う[1]．

排出源間取引モデル：政府は条約に基づいて割り当てられた国際的排出許可証の全部または一部を国内の私的主体に，たとえば，グランド・ファーザーリング・ルールなどによって配分し，国際的な取引権を賦与する．各国政府は，国内企業が制度を遵守しているか監視し，国内排出量を，私的主体および政府によって保有される排出許可証によって確実にカバーする義務を負う．

以下では，世界全体で温暖化ガスの排出を一定量削減するとき，それを最小のコストで実現することを「効率的」な排出削減と呼ぶことにする．効率的な排出削減を実現するためには，排出削減に関する限界費用が各国レベルで一致しなければならない．もしも異なっていれば，限界排出削減費用の高い国の排出量を1単位増やす一方，低い国のそれを1単位減らすことで，世界全体の排出削減量を一定に保ちながら，全体の排出削減費用を節約できるからである．

標準的な環境経済学の理論にしたがえば，次の4つの条件が成り立つとき，国際的な排出許可証取引が国レベルでの限界排出削減費用の一致を保証する[2]．

条件(1) 政府および企業は規制の遵守費用を最小にするように行動する．

---

1) 政府間取引の法的根拠は京都議定書の第17条によって担保されている．第17条では，付属書Bにリストされた国が排出量取引の資格を与えられる．UNFCCC (1997)を参照せよ．
2) 政府間ベースか排出源間ベースかといった視点から議論が展開されてきたことがないので，これらの諸条件を明記している文献はないが，たとえばBaumol and Oates (1988)のような標準的な教科書を参照すればこの4つの条件が本質的な重要性を持つことが理解されよう．

条件(2) 排出許可証の市場は完全競争的である．
条件(3) 政府は一国レベルでの限界排出削減費用のスケジュールを熟知している．
条件(4) 規制の執行費用はゼロである．

　これらの条件が満たされていれば，政府間ベース，排出源間ベースにかかわらず，国際的な排出許可証の取引によって世界全体での効率的な排出削減が実現できる．したがって，排出許可証市場への私企業の参加を考察するには，上の条件の現実的妥当性を吟味する必要がある．
　条件(1)は，政府あるいは企業レベルで，排出削減費用と国際的排出許可証の購入額の総和を最小にするように国内環境政策が導入される，あるいは排出削減行動が採られることを意味している．いわば議論の前提となる政府や企業の行動原理である．利潤最大化を目的とする企業にとっては，規制の遵守費用の最小化はその必要条件だから，排出源間ベースでは条件(1)は満たされると考えるのがもっともらしい．しかし，政府が遵守費用を最小化するような国内政策を採用するかどうかは必ずしも明らかでない．国内の所得分配に関する配慮から，特定の産業や部門について寛大な排出規制政策が採用される可能性もある．
　条件(2)は，多数の参加者によって排出許可証の国際市場が構成され，市場規模と比較したとき，各参加者の取引量は市場価格に影響を及ぼすほど大きくないことを意味している．排出源間ベースの許可証取引では，この条件は満たされると考えられるが，政府間ベースの場合，大国がその大きな市場シェアを利用して価格に影響を与える可能性がある．
　条件(3)は，政府が特定企業の排出削減に関する限界費用のスケジュールを知っている必要はないが，国内排出源全体でみた限界排出削減費用のスケジュールについて完全な情報を持っていることを意味している．もしも不完全な情報しか持ち得ない場合，政府間ベースの許可証取引では，政府が規制の遵守費用を最小化するための適正な許可証の保有量を計算できなくなり，世界全体での効率的な排出削減が困難になる．
　このように考えると，世界全体での効率的な排出削減を実現するには排出源ベースの許可証取引が望ましいと思われる．実際，私企業を排出量取引に参加

させることはその効率性を改善する手段の1つと主張されている[3]．

しかしながら，このような主張は条件(4)を軽視しているのではないだろうか．排出源ベースで国際的な排出許可証の取引を行う場合，政府は各排出源において許可証保有量でカバーされた量だけの温暖化ガスしか排出されていないかどうか検査しなければならない．検査には費用がかかるから，すべての排出源の行動を完全にモニターするのは不可能である．モニタリングが不完全であるとすれば，排出許可証を購入せずに排出を続ける企業が出現するかもしれない．また，政府は規制違反をなくすためにより多くの費用をモニタリングに費やさなければならないかもしれない．

当然，政府間ベースでの排出許可証取引でも，政府が実施する国内規制政策に関してモニタリングの問題が発生する．以下では条件(1)から(3)までは満たされていると仮定しながら，規制執行の視点から政府間ベースと排出源間ベースの排出許可証取引の相対的効率性について検討したい．

議論のエッセンスは，国際的な排出許可証取引に対する国内企業の自由参加を認めたとき，当該国の政府は国内企業に対して独自の排出課徴金を課す裁量権を実質的に放棄することになるという点である．なぜならば，国際的な排出許可証取引が認められたときに実現する企業の規制遵守行動は排出課徴金が国際排出許可証の価格に等しく設定された場合のそれと同じになるからである．上述の条件(1)から(3)の妥当性に関して一定の留保が必要ではあるが，排出規制を遵守しない企業が存在する場合，むしろ政府間ベースに限定した排出許可証取引システムの方が，国境を越えた排出源間の取引システムよりも，世界的な削減目標をより効率的に実現できるかもしれない．

これまでの環境規制の執行に関する分析と本章との関連についてもふれておきたい．

規制の執行に関する理論分析は，環境経済学の重要な一分野になっている．しかし，従来の研究は，単一の規制当局が規制遵守（compliance）の検査や違反に対する罰金などの執行政策を選択する「国内」環境問題に焦点を当ててきた[4]．対照的に，国際的な排出量取引に関する執行の問題では，次の2点が重

---

3) たとえば，Tietenberg et al. (1998) や Hahn and Stavins (1999) を参照せよ．

要になる.

　第一に，国家間での規制政策の相違を考慮する必要がある．もしも私企業が国際的な排出量取引への参加を認められた場合，それらは国ごとに異なる執行政策に直面しうる．したがって，技術的には同じでも執行政策の違いから排出量の制御に関して違った対応をとる可能性がある．執行政策が国家間で完全に調和されていれば，Malik (1990) や Keeler (1991) の研究成果を応用して，私企業の参加を認めたときに発生するであろう排出削減の非効率性について検討できるかもしれない．しかし，執行政策の国際的調和が実現可能とは考えにくい．ヨーロッパ諸国に代表される，環境問題に敏感な国民性を持つ国々では，頻繁な訪問調査や高い罰金などの厳しい執行政策を採用することに合意が形成されやすく，その結果，企業サイドでも環境規制を完全に遵守するインセンティブがはたらきやすいと考えられる．しかし，そうでない国々では少なくとも一部の企業は規制に違反した行動をとるであろう．

　第二に，排出許可証システムの執行に関して各国政府が負う国際的な責任を考慮しなければならない．国内排出量取引をテーマにした従来の分析では，許可証取引に対する企業の規制違反の結果，目標水準以上の過大な排出量が実現してしまうという問題に焦点が当てられている[5]．しかし，国際的な排出量取引では，仮に国内企業が規制に違反し排出許可証を買うことなく排出を継続した場合，代わりにその国の政府が許可証を購入して規制を遵守しなければならないであろう．だとすれば，分析の焦点は目標排出量を超えた過大な排出量よりも目標排出量の国家間配分に関する非効率性に向けられるべきである[6]．

　本章の構成は以下の通りである．

　次節では，準備として，上で述べた(1)から(4)までの条件を仮定した標準的な

---

4) たとえば Harford (1978)，Malik (1990, 1992)，Keeler (1991)，van Egteren and Weber (1996)，Stranlund and Dhanda (1999) および Montero (1999) を参照せよ．邦語で若干の解説をしたものとして山本 (1997) がある．
5) Malik (1990) および Keeler (1991) を参照せよ．
6) Malik (1990) や Keeler (1991) では，発行された許可証が許容する以上の国内排出量が企業の規制違反によって実現してしまう均衡を扱っている．本章のモデルでは，各国政府が自国の排出量について規制を遵守するため，均衡では排出量は目標水準と必ず一致する．

議論を解説した上で，Montero (1999)に依拠した企業の規制遵守行動モデルを提示する．このモデルでは，政府が一定量の排出削減義務を負う特定期間の期首に，国内企業に排出削減の行動計画を提出させる．行動計画では企業は「排出継続」あるいは「排出削減」のいずれかを宣言する．期中において政府は各企業が行動計画に従っているかどうか，とくに「排出削減」を宣言した企業をランダムに抽出して訪問検査を実施する．もしも行動計画に反して排出を続けていることが発覚した場合，政府は計画通りの排出削減を強制すると同時に一定の罰金を科す．排出源ベースの国際排出許可証取引を認める政策と，それを禁止する一方で国際排出許可証の価格に等しい国内排出税を課す政策は，国内排出削減量および国内排出制御費用に関して同等な効果を持つことを示す．

第3節では，第2節のモデルを複数国の枠組みに拡張し，与えられた検査確率のもとで，世界全体の排出削減目標を効率的に達成するために参加各国が採用すべき排出税率について吟味する．ここでは，訪問検査に要する費用は企業レベルでの排出制御に要する費用に比べて無視できるほど小さいものとし，排出制御費用の最小化に焦点を当てる．効率的な排出税はそれを完全に執行できる国家間だけで均一になり，不完全にしか執行できない国ではより低い排出税率が効率的になることを明らかにする．

第4節では排出源ベースでの国際的な排出許可証取引の効率性を分析し，それが実現するのは規制を完全に執行できる国だけに限定して排出源ベースの取引を認める場合か，あるいは国際的に共通の執行政策が採用されている場合であることを示す．執行政策が共通でないとき，規制を不完全にしか執行できない国にも排出源レベルの国際的な排出許可証取引を認めると，排出許可証の国際価格が低下し，排出削減量の国際的な配分が非効率になる．同時に，排出許可証の価格低下により，規制の執行が完全な排出許可証輸入国が有利になり，執行が不完全な輸出国は損失を被るといった国際的な所得再分配が発生することを明らかにする．

第5節では検査確率が変更可能なケースを扱い，訪問検査のコストをも考慮に入れたときの効率的な排出削減について考察する．前節までの分析と異なり，国レベルの限界排出削減費用は，企業が負担する限界排出制御費用と政府が負担する限界検査費用の合計になる．国内での排出制御費用の分布，違反に対す

る罰金，検査費用関数などが国家間で相違するならば，排出源間ベースの許可証取引では効率的な排出削減を達成できないことを明らかにする．第6節は本章のまとめである．

2. 基本モデル

本章では，Montero (1999) に基づいて，企業の環境規制遵守に関する1期間の自己申告（self-reporting）モデルを用いる．

ある国に危険中立的な排出源（企業）が無数に存在する．各企業は，規制がなければ1単位の温暖化ガスを排出するが，それは c だけの制御費用をかけることで削減できる．排出制御費用は区間 $[0, \bar{c}]$ の上で連続に分布しており，その累積分布関数 $g(c)$ は連続の密度関数 $g(c)$ を持っている．政府は個々の企業の制御費用を知り得ないものの，全体の分布は知っている．規制が導入される前の国内排出量を $G(\bar{c})=1$ とする．一方，当該国は $1-\bar{a}$ 単位だけの排出上限を割り当てる国際条約に批准しており，ある一定期間に $\bar{a}$ 単位の温暖化ガス排出量を削減しなければならない．すでに，国際的な排出許可証の市場が形成されており，そこでは1枚が1単位の排出量をカバーする許可証が均一価格 p で取引されている．以下では政府は国際的に合意された排出規制を完全に遵守すると仮定する．

私企業に国際的な排出許可証の取引への参加を認めるべきかどうかという問題を検討するには，それを禁止したときに政府が代わりに導入する国内排出規制政策について考えておかなければならない．代表的な規制手段としては，国内排出税システムと国内排出許可証システムの2つがあげられる[7]．しかしながら，Montero (1999) が明らかにしているように，このモデルでは，不確実性がない限り，両者は国内排出削減について同等である．そこで，以下では，分析の便宜上，政府は国内排出税システムを採用するものとして議論を進める．すなわち，企業レベルでの国際的な排出許可証の取引を禁止したとき，政府は

---

7) 国内排出許可証システムは，政府が国内だけで通用する排出許可証を，目標とする国内排出量に応じて発行し，国内市場での企業間の自由な取引を認める方法である．

排出を続ける企業には τ だけの税支払いを義務づけると同時に，国際条約で決められた国レベルの排出規制を遵守するために，必要に応じて排出許可証を海外と取引する．一方，企業レベルの国際的な排出許可証取引を認める場合，政府は割り当てられた排出許可証を何らかの方法で企業間に配分し，その許容量以上の排出については追加的な国際排出許可証の購入を義務づける．排出許可証の配分以外に，政府は，企業に排出規制を遵守させるための執行政策を実施し，必要があれば，規制違反による超過排出量をカバーするために，政府自身が排出許可証を追加的に購入する．

2.1 規制の執行にコストがかからないケース

議論の準備として，規制の執行にコストがかからず，企業が完全に規制を遵守する場合を考えよう．国際的な排出許可証は政府間ベースの取引に限定され，国内排出税が τ の税率で賦課されたとする．このとき，個々の企業が直面する選択肢は

(g1) 排出税 τ を支払って排出を継続する

(g2) 制御費用 c を負担して排出を削減する

の2つである．それぞれに対応する規制遵守コストは τ および c だから，費用最小化を目指す企業にとって最適な選択は，$c > \tau$ ならば（g1），$c \leq \tau$ ならば（g2）となる．

図6-1は制御費用の国内分布を例示している．制御費用が $c \leq \tau$ を満たす企業はすべて排出を削減するから，一国全体での排出削減量は図中の斜線部分 OAB の面積（$= G(\tau)$）で表される．このとき，政府が限界的に国内排出削減量を増加させようとするならば，制御費用が τ の企業に排出削減を行わせることになるため，一国全体での限界排出削減費用も τ に等しい．

図6-2は，図6-1の事情に基づいて，一国全体での限界排出削減費用と排出削減量の関係を示している．限界排出削減費用（MC）は排出削減量（a）について右上がりの曲線 OR として描かれる．これは分布関数 $G(c)$ を，縦軸に排出制御費用を測って描いたグラフと同じである．

では，政府はどのような排出税率を選択するであろうか．国際的な排出許可証が完全競争的に取引され，政府も規制遵守の費用を最小化するように排出税

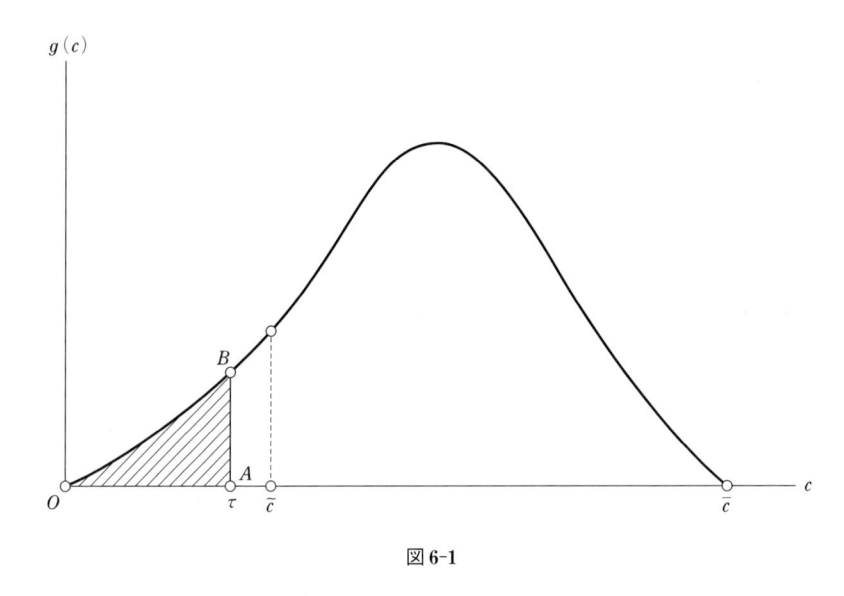

第6章 不完全なモニタリングと国際的な排出量取引の効率性　　275

図 6-1

率を選択するとしよう．政府が直面する規制の遵守費用とは，一国全体で見た排出削減の総費用と許可証購入費用（売却の場合はマイナス）の総和を意味する．1単位の温暖化ガス排出を可能にする排出許可証1枚の価格が p で与えられるとき，$p>MC$ ならば，排出税率を引き上げて国内排出量を限界的に1単位削減することで $p-MC$ だけ遵守費用を節約できる．逆に $p<MC$ ならば，排出税率を引き下げて許可証を追加的に購入することで，やはり $MC-p$ だけ遵守費用の節約が可能である．したがって，政府は $p=MC$ となる水準で排出税率を決定する．図6-2に従えば，このとき国内排出削減量は a^* に等しい．

次に，排出源間ベースで国際的な排出許可証の取引が行われるケースを検討しよう．今，$1-x$ 枚の排出許可証を政府から配分された企業が完全に規制を遵守するならば，直面する選択肢は

　(s1) 追加的に x 枚の排出許可証を購入して，排出を継続する
　(s2) 配分された許可証をすべて売却して，排出を削減する

の2つである．それぞれに伴う費用は，px および $c-p(1-x)$ だから，規制遵守費用を最小化する企業にとって最適な選択は，$c>p$ ならば (s1)，$c\leq p$ ならば (s2) となる．したがって，図6-1で，排出許可証価格 p が図中の τ に等

図 6-2

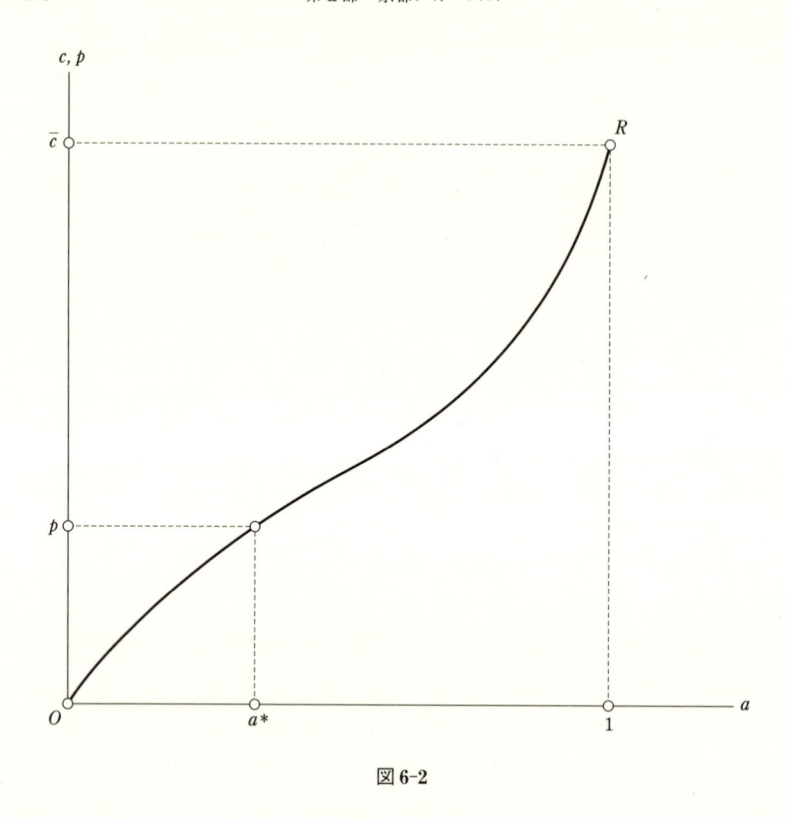

しいとすれば，一国全体での排出削減量は斜線部分 OAB の面積で与えられ，限界排出削減費用は排出許可証価格 p に一致する．国内排出削減量と限界排出削減費用の関係も，政府間ベースの場合と同様に，図 6-2 に描かれた曲線 OR で表される．結局，排出源間ベースの場合でも，国内排出削減量は図中の a^* の水準に決まってきて，$p = MC$ が実現する．

つまり，第 1 節で示した条件(1)から(4)が成り立つならば，政府間ベース，排出源間ベースにかかわらず，排出許可証市場の均衡では，各国の限界排出削減費用が排出許可証の価格に一致して，均等化する．このとき，世界全体での目標排出削減量は，効率的に各国に配分され，最小費用で排出削減が実現される．

もう一つ注意すべき点は，政府間ベースの場合，各国政府が独自に設定する国内排出税率が，均衡では，排出許可証価格に等しく均一化することである．

条件(1)から(4)が成り立つならば，排出許可証の取引をしない代わりに，各国が国際的に均一な排出課税を導入して目標削減量を達成することに同意した場合でも，世界全体での効率的な排出削減を実現できる．

2.2 自己申告による規制の執行

しかしながら，実際には規制の執行コストは無視できないであろう．温暖化ガスの排出削減にコミットした政府は一国レベルでの規制遵守に責任を負うが，個々の企業レベルの排出行動を隈なく監視することは技術的にも，また政府の予算制約の面でも，困難であろうと考えられる．

そこで，次のような企業の自己申告を伴う規制執行プロセスを考えよう[8]．

期首に企業は行動計画を政府に提出する．行動計画で彼らは規制に対する対応を表明し，必要に応じて税を支払ったり排出許可証を購入したりする．もしある企業が行動計画で「排出削減」を宣言したとすれば，税支払いも排出許可証購入も必要ない．一方，「排出継続」を宣言したならば，行動計画の提出と同時に，税を支払うか排出許可証を購入するかしなければならない．

期中に政府は企業の規制遵守状況について検査を開始する．税支払いや許可証購入の有無は費用をかけることなく調べることができるものとする．そのため「排出継続」を宣言しながら税を支払わない企業はすぐに見つかってしまう．「排出継続」を宣言しながら必要な排出許可証を購入していない企業も同様である．

しかし，個々の企業の排出量を調べるには，政府は費用をかけて検査を実施しなければならない．財源不足から，政府は「排出削減」を申告した企業の排出行動をすべて細かく検査することはできない．そのため，企業は，実際には排出を継続するにもかかわらず，税の支払いあるいは排出許可証の購入を回避する目的で，「排出削減」を宣言し虚偽の行動計画を提出するインセンティブ

---

[8] 自己申告を伴う環境規制の執行は近年，重要性を増している．たとえば米国での硫黄酸化物に関する排出規制でも自己申告システムが採用されている．Tietenberg et al. (1998) は，自己申告が温暖化ガス排出規制に関する遵守メカニズムの鍵になると強調している．自己申告を伴う規制執行の理論的な文献としては，Malik (1993)，Kaplow and Shavell (1994) および Livernois and McKenna (1999) を参照せよ．

を持つ.「排出削減」を申告した企業が検査されて実際の排出量を政府に捕捉される確率を ϕ ($0<\phi<1$) とする.検査の結果,規制違反が発覚したならば,つまり行動計画では「排出削減」を宣言したにもかかわらず,実際には排出を継続していたならば,政府はその企業を強制的に計画に従わせ,加えて F だけの罰金を科す[9].

2.3 国内排出税のもとでの規制遵守

排出税率 τ,検査確率 ϕ,罰金 F を所与として,各企業は規制遵守コストを最小にするように行動する.このとき,各企業の規制遵守戦略は次の3つのいずれかである.

(g1)「排出継続」を宣言し,排出税 τ を支払って排出を継続する
(g2)「排出削減」を宣言し,制御費用 c を負担して排出を削減する
(g3)「排出削減」を宣言するが,実際には排出を継続する

企業の戦略には,規制の執行にコストがかからないケースと実質的に同一の (g1) および (g2) に加えて,規制違反行動をとる (g3) が含まれる.(g3) を選択したとき,制御費用が c の企業にとっての負担は,期待値で見て,$\phi(c+F)$ である.というのは,ϕ の確率で検査されたならば,排出削減を強制されるだけでなく,罰金を科されるからである.危険中立的な企業は,それぞれに対応する費用 τ,c および $\phi(c+F)$ を比較して,それが最小になる戦略を選択する.

制御費用が $c<\tau$ を満たす企業を考えよう.このような企業は (g1) を選択することはなく,最適な規制遵守戦略は (g2) か (g3) である.それぞれの遵守費用を比較すれば,$c<\tau$ のとき,制御費用が $c<\phi(c+F)$,すなわち,

$$c<\tilde{c}:=\frac{\phi F}{1-\phi} \tag{1}$$

を満たす企業は (g2) を選んで排出を削減するのに対して,$\tilde{c}<c<\tau$ なる企

---

9) 違反に対する罰金の額は司法によってすでに定められていると仮定している.

業は (g3) を選び，虚偽の行動計画を提出して排出の継続を試みる．ただし，そのうち ϕ の割合は検査され，最終的には排出削減を強制される．

次に制御費用が $c > \tau$ を満たす企業について考えよう．この場合，(g2) は最適な規制遵守戦略にならず，実質的な選択肢は (g1) と (g3) である．したがって，制御費用が $c > \tau$ を満たす企業はすべてが期首には排出の継続を試みる．ただし，制御費用が $\tau > \phi(c+F)$，すなわち

$$c < \hat{c} := \frac{\tau}{\phi} - F \tag{2}$$

を満たす企業は (g3) を選択して虚偽の行動計画を提出する．これらの企業の中で ϕ の割合は，期中に政府に検査され，事後的には排出を削減することになる．

ここで，鍵となる2つの閾値 $\tilde{c}$, $\hat{c}$ と排出税率 τ の間には

$$\tau = (1-\phi)\tilde{c} + \phi\hat{c} \tag{3}$$

という関係が常に成り立つことに注意しよう．(3)より，$\tilde{c} > \tau$ と $\tau > \hat{c}$ は同値である．したがって，企業の規制遵守行動は，τ と $\hat{c}$ の大小関係に依存して，次のようにまとめることができる．

規制の執行が完全なケース ($\tau \leq \hat{c}$)：制御費用が $c > \tau$ を満たす企業は (g1) を，$c \leq \tau$ を満たす企業は (g2) を選択する．

規制の執行が不完全なケース ($\tau > \hat{c}$)：制御費用が $c > \tilde{c}$ を満たす企業は (g1) を，$c \leq \tilde{c}$ を満たす企業は (g2) を，$\tilde{c} < c \leq \hat{c}$ を満たす企業は (g3) を選択する．

閾値 $\tilde{c}$ や $\hat{c}$ は，執行政策を特徴づける変数 ϕ および F に依存している．これを明示することが説明上有用である場合，関数形で $\tilde{c}(\phi, F)$ や $\hat{c}(\tau, \phi, F)$ と表記しよう．同様に，一国全体での排出削減量，総排出削減費用，限界排出削減費用をそれぞれ $a(\tau, \phi, F)$, $C(\tau, \phi, F)$, $MC(\tau, \phi, F)$ と書くことにする．国内排出税システムに対する企業の規制違反行動を考慮に入れたとき，これらは次のように決まってくる．

規制の執行が完全なケースでは，第2.1節で示した図6-1と同様に，制御費用が排出税率を下回る企業だけが排出削減を実施するから，国内排出削減量は

$$a(\tau, \phi, F) = G(\tau) \tag{4}$$

で与えられる．排出削減を実施する企業の制御費用を合計すれば，総排出削減費用は

$$C(\tau, \phi, F) = \int_0^\tau cg(c)\,dc \tag{5}$$

と書ける．また，一国全体で見た限界排出削減費用は排出税率 τ に一致し，

$$MC(\tau, \phi, F) = \tau \tag{6}$$

となる．

ただし，完全な規制の執行が実現するのは，図6-1が示すように，あくまでも $\tau \leq \tilde{c}$ が成り立つときに限られる．これは，$\tilde{a} := G(\tilde{c})$ と定義すれば，国内排出削減量が $a \leq \tilde{a}$ の範囲に与えられるときと言い換えてもよい．

逆に，国内排出削減量が $a > \tilde{a}$ の範囲に与えられる場合，規制の執行は必ず不完全になる．このとき，制御費用が $c \leq \tilde{c}$ を満たす企業は正直に排出を削減するが，$\tilde{c} < c \leq \hat{c}$ を満たす企業は，虚偽の行動計画を提出して排出継続を試みる．後者のうち ϕ の割合が検査されて，排出削減を強制されることを想起すれば，国内排出削減量は

$$a(\tau, \phi, F) = G(\tilde{c}) + \phi(G(\hat{c}) - G(\tilde{c})) = (1-\phi)\tilde{a} + \phi\hat{a} \tag{7}$$

と決まってくる．ただし，$\hat{a} := G(\hat{c})$ である．同様に，総排出削減費用は

$$C(\tau, \phi, F) = \int_0^{\tilde{c}} cg(c)\,dc + \phi \int_{\tilde{c}}^{\hat{c}} cg(c)\,dc \tag{8}$$

と表すことができる．

規制の執行が不完全な場合の国内排出削減量は，図6-3によって例示されている．排出税率が図中の τ で与えられたとき，国内排出削減量は，OAB の面積 $+\phi \times ABED$ の面積に等しい．図6-1で示された規制の執行が完全な場合と異なるのは，限界的に排出を削減する企業の持つ制御費用 $\hat{c}$ が，賦課された排出税率 τ よりも高くなることである．一国全体で追加的な排出削減を実施するとき，彼らに排出削減を行わせるように排出税率を引き上げなければならないから，限界排出削減費用も同様に，

$$MC(\tau, \phi, F) = \hat{c}(\tau, \phi, F) \tag{9}$$

となる．

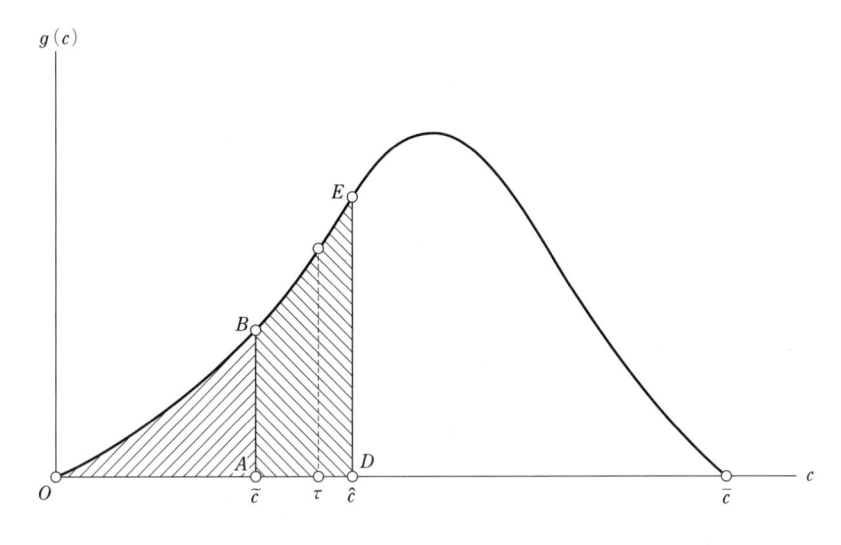

第6章 不完全なモニタリングと国際的な排出量取引の効率性　　281

図 6-3

　一国全体で見た限界排出削減費用が排出税率を上回るのはモニタリングが不完全だからである．排出制御費用が $\tau<c<\hat{c}$ を満たす企業は，確実に検査されるならば，正直に排出税を支払って排出を継続する．しかし，一定の確率でしか規制違反が発覚をしないならば，行動計画では「排出削減」を宣言しながら実際には排出を継続する戦略 (g3) を選択する．ところが，結果的には，これらの企業のうち一定割合は確実に検査され，提出した行動計画通りに排出量の削減を余儀なくされる．排出削減を強制される規制違反企業の中で最も高いものは，$\hat{c}$ の費用をかけて排出を削減することになる．これが規制の執行が不完全なケースにおける一国全体での限界排出削減費用である．
　以上の考察に基づいて，一国全体の限界排出削減費用のグラフを描いたのが図 6-4 である．
　まず，図中の曲線 OQR は図 6-2 で描いたのと同じ，規制の執行に費用がかからないときの限界排出削減費用のグラフを示している．一方，曲線 OQS は，上で考察した，規制の執行に費用がかかる場合の限界排出削減費用のグラフである．
　国内排出削減量が $\tilde{a}$ 以下の場合には，完全な規制の執行が実現できるから，

図 6-4

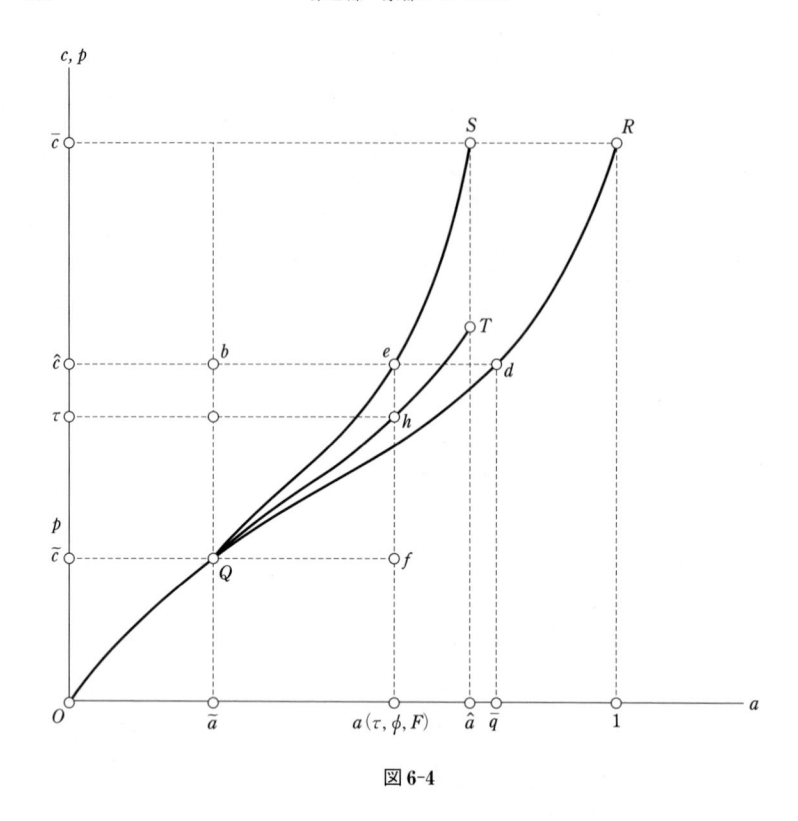

両者は一致する（曲線 OQ の部分）．しかし，$\tilde{a}$ を超えて国内排出量を削減しようとするとき，要求される排出税率が高くなり，一定の確率でしか検査できない状況では，規制違反が発生する．

　例として，限界排出削減費用が図中の $\hat{c}$ に一致する国内排出削減量を考えよう．(7)の関係に着目すれば，それは図中の線分 bd 上で $\overline{be}/\overline{bd}=\phi$ となるような内分点 e が示す排出削減量として決まってくる．これは規制遵守戦略（g3）を選択した企業のうち ϕ の割合が検査されて，排出削減を強制されるからである．他の限界排出削減費用についても，対応する国内排出削減量を同様のやり方で見つけだすことができ，曲線 OQS が描かれる．規制の執行に費用がかかる場合，一国全体で $\bar{q}:=\phi\tilde{a}+1-\phi$ を超えて排出削減を実現することは不可能であることも容易に理解されよう．

また，一国全体の限界排出削減費用が図中の $\hat{c}$ と一致するときに課されるべき国内排出税率は，(3)の関係に着目すれば，図中の線分 ef 上で $\overline{hf}/\overline{ef}=\phi$ を満たす内分点 h に対応する排出税率として決まってくることがわかる．このようにして描かれた曲線 OQT は，それぞれの限界排出削減費用に対応した国内排出削減量を実現するための排出税率のスケジュールを示している．

2.4 国際排出許可証のもとでの規制遵守

今度は政府が国内企業に国際的な排出許可証の取引を認めるケースを考察しよう．政府間ベースでのみ取引される場合と違い，政府は国内企業が正しく行動計画に従っているかを調べるだけで，国内排出規制を実施する必要はない．

期首に国際条約によって割り当てられた排出許可証の一部を，政府自身が保有しておくことも考慮して，個々の国内企業に等しく $1-x$ 枚の許可証を配分するものとする[10]．もしある企業が国際的な排出規制を遵守して排出を継続しようとするならば，追加的に x 枚の許可証を1枚当たりの価格 p で購入しなければならない．許可証を追加的に購入せず排出を継続する企業は，もし検査された場合，排出を削減しなければならなくなる[11]．

各企業の選択する規制遵守戦略は次の3つのいずれかである．

(s1) 「排出継続」を宣言し，排出許可証を購入し，排出を継続する
(s2) 「排出削減」を宣言し，排出許可証を売却し，排出を削減する
(s3) 「排出削減」を宣言し，排出許可証を売却するが，実際には排出を継続する．

それぞれの戦略に伴う費用は px, $c-p(1-x)$, $\phi(c+F)-p(1-x)$ である．とくに (s3) については，政府に検査される可能性を考慮した期待コストになっている．各企業は規制遵守費用が最小になる戦略を選択する． $p(1-x)$

---

10) 後に明らかになることだが，政府がどれだけの許可証を手元に置いておくかは国内排出削減量に影響しない．
11) これらの企業は提出した行動計画において「排出削減」を宣言していることを想起せよ．

をそれぞれに加えてみれば明白だが，3つの費用の大小関係は，p, c, $\phi(c+F)$ の大小関係とまったく同じである．

ここで第2.3節で吟味した国内排出税のケースを想起しよう．(g1) から (g3) までの戦略に対応した規制遵守費用は τ, c, $\phi(c+F)$ であった．したがって，排出税率 τ を排出許可証価格 p に置き換えれば，自由な排出許可証取引のケースでの企業の規制遵守行動について，国内排出課税のケースと同じ議論を適用できることがわかる．すなわち，ϕ および F が与えられたとき，$\tau = p$ ならば，各企業は，排出源レベルの国際的排出許可証取引が認められるか否かによらず，同じ規制遵守行動をとるといえる．排出源レベルでの許可証取引で実現する国内排出量，総排出削減費用，限界排出削減費用も，第2.3節で導いた関数を利用して，それぞれ $a(p, \phi, F)$, $C(p, \phi, F)$, $MC(p, \phi, F)$ と書くことができる．

この事実は，国際的な排出許可証取引に関する政府間ベースと排出源間ベースの相対的な効率性を検討する上で，次の2つの重要な洞察を与えている．

排出源レベルの許可証取引の中立性

国内排出税を国際的な排出許可証の価格に等しく設定している国が排出源レベルでの取引を認めても，国内排出削減量は変化しない．排出許可証市場に対して何のインパクトも生じないから，世界全体での排出削減の効率性に対して中立的である．

政府間ベースと排出源間ベースの許可証取引の同等性

政府間ベースの許可証取引システムの均衡では，各国が均一な国内排出税を選択するとしよう．もしも，その排出税率が排出源間ベースのシステムのもとで決まってくる排出許可証の均衡価格に一致するならば，各国の排出削減量がいずれのシステムでも同一になるという意味で，両システムは排出削減量の国際的配分に関して同等である．これは，排出源レベルの取引が認められることで，企業は政府に払っていた排出税を許可証の購入に当てるだけだからである．ただし，同等性を保証するには，それぞれの取引システムで実現する許可証の均衡価格までもが一致する必要はない．

3. 規制違反と効率的な排出削減：検査確率が一定の場合

3.1 効率的な排出税

これまで述べてきたモデルを複数国の枠組みに拡張して，一定の排出量を世界全体で削減するための効率的な国際排出量取引システムについて検討しよう．

世界全体で $\bar{A}$ 単位の排出削減に合意した n 国をインデックス $i=1, 2, \cdots, n$ で表す．これらの国々は規制が導入される前の段階では 1 単位の温暖化ガスを等しく排出している．簡単化のため，各国において排出制御費用は共通のサポート $[0, \bar{c}]$ の上に分布しているものとする．第 i 国に属する関数や変数は $a_i(\tau_i, \phi_i, F_i)$ のように添字 i を付けて表記する．

当面，各国における検査確率および規制違反に対する罰金は変更できないものとし，$0 < \tilde{c}_i < \bar{c}$ がすべての i について成立すると仮定しよう．また，一般性を失うことなく，

$$\tilde{c}_0 < \tilde{c}_1 \leq \tilde{c}_2 \leq \cdots \leq \tilde{c}_n < \tilde{c}_{n+1}, \tag{10}$$

となるように国のインデックスを決めておく．ただし，説明の便宜上，$\tilde{c}_0 = 0$ および $\tilde{c}_{n+1} = \bar{c}$ としている．第 2.3 節で見たように，$\tilde{c}_i$ は第 i 国で完全な規制の執行と両立しうる限界排出削減費用の最大値を意味するから，(10)が示す国の順番はそれぞれの執行能力に応じていると解釈できる．

世界全体で効率的な排出削減を実現するには，各国での限界排出削減費用が均等化しなければならない．したがって，効率的な排出削減を実現するために各国が採用すべき国内排出税率（以下では「効率的」な排出税率と呼ぶ）の組み合わせ $(\tau_1^*, \tau_2^*, \cdots, \tau_n^*)$ は，

$$MC_i(\tau_i^*, \phi_i, F_i) = MC_j(\tau_j^*, \phi_j, F_j), \text{ for } i,j = 1,2,\cdots,n \tag{11}$$

$$\sum_{i=1}^{n} a_i(\tau_i^*, \phi_i, F_i) = \bar{A} \tag{12}$$

を連立して解けば求められる．具体的に求めてみよう．

(11)のように国家間で均等化した排出削減の限界費用を λ としよう．これが $\tilde{c}_{k-1} < \lambda \leq \tilde{c}_k$ ($k=1, 2, \cdots, n+1$) を満たすとすれば，(10)より，第 1 国から第 $k-1$ 国までは規制の執行が不完全になる．このような国では，$a_i = (1-\phi_i) G_i$

$(\tilde{c}_i) + \phi_i G_i(\lambda)$ だけの国内排出削減が実現する．一方，第 k 国から第 n 国まででは，規制の執行が完全になる．各国の排出削減量は $a_i = G_i(\lambda)$ である．

そこで，各国の限界排出削減費用を(10)で順序づけた任意の $\tilde{c}_k$ に一致させたときに達成できる世界全体での排出削減量を考える．第 k 国から第 n 国までの国内排出削減量が完全な規制の執行と両立するから，世界全体の排出削減量を

$$A_k := \sum_{i=1}^{k-1} \phi_i G_i(\tilde{c}_k) + \sum_{i=1}^{k-1} (1-\phi_i) G_i(\tilde{c}_i) + \sum_{i=k}^{n} G_i(\tilde{c}_k),$$

$$k = 0, 1, 2, \cdots, n+1 \tag{13}$$

と表すことができる．$\tilde{c}_k$ が上昇するにつれて各国の排出削減量も増加するから，(10)より，A_k は

$$A_0 < A_1 \leq A_2 \leq \cdots \leq A_n < A_{n+1} \tag{14}$$

のように順序づけられる．ただし，$A_0 = 0$ および $A_{n+1} = \sum_{i=1}^{n} \phi_i + \sum_{i=1}^{n} (1-\phi_i) G_i(\tilde{c}_i)$ である．

最後に，世界全体での排出削減目標 $\bar{A}$ が，$A_{k-1} < \bar{A} \leq A_k$ $(k=1,2,\cdots,n+1)$ を満たす範囲に与えられるものとしよう．各国の限界排出削減費用が λ の水準で均等化して削減目標が達成されるとき，規制の執行は第 k 国から第 n 国までの国々においてのみ完全になる．したがって，第 i 国に関する効率的な排出税率は

$$\tau_i^* = \begin{cases} \phi_i(\lambda + F_i) & \text{for } i = 1, 2, \cdots, k-1 \\ \lambda & \text{otherwise} \end{cases} \tag{15}$$

という課税ルールとして定式化できる．

課税ルール(15)から，効率的な排出課税について次のような含意を引き出すことができる．

非効率な均一排出税

課税ルール(15)は効率的な排出税率が各国の執行能力に応じて異なってくることを示している．効率的な排出税率が均等化するのは規制執行が完全な国の間だけであり，規制の執行が不完全になる国では，検査確率や罰金の大きさによって異なる排出税率が設定されなければならない．効率的な排出税が不均一になる直観的理由は，規制執行が不完全な国では限界的に排出を削減する企業

第6章 不完全なモニタリングと国際的な排出量取引の効率性　　287

にとって，排出を削減するか継続するかが無差別になっているのではなく，不完全なモニタリングのために，税を支払うか支払わないかが無差別になっているからである．そのような限界的企業は税を支払わないギャンブルを実行するため，彼らが保有する制御費用は排出税率よりも高くなる．

規制執行が不完全な国の効率的排出税率は完全な国に比べて低い

　課税ルール(15)によると，規制の執行が不完全な国では $\tau_i^* = \phi_i(\lambda + F_i)$ となる．$\lambda > \tilde{c}_i$ を満たす国で規制の執行が不完全になるから，$\tau_i^* - \lambda = -(1-\phi_i) \cdot (\lambda - \tilde{c}_i) < 0$ が成り立つ．完全な規制の執行が実現する国では $\tau^* = \lambda$ だから，規制の執行が不完全になる国は，それが完全な国と比較して，排出税率を低く設定すべきであることがわかる．規制の執行が不完全な国の間では，検査確率が等しければ，罰金の低い国ほど排出税率は高くなければならず，罰金が同じであれば，検査確率の低い国ほど排出税率は高くなければならない．そして，執行能力（$\tilde{c}_i$）が等しければ，検査確率の高い国ほど排出税率は低くなければならない．

　図6-5は，2国（$n=2$）のケースを例示している．図中の O_1 および O_2 はそれぞれ第1，第2国のグラフに対応した原点を表し，排出削減量を測った横軸は目標削減量に一致するように描かれている（$\overline{O_1O_2} = \bar{A}$）．図中の曲線 O_iS_i は第 i 国（$i=1, 2$）の限界排出削減費用のグラフである．一方，曲線 O_iT_i は，国内排出削減量の水準に応じて設定すべき第 i 国の排出税率のグラフを示している．

　与えられた排出削減目標量を達成するという条件の下で，両国の限界排出削減費用が一致するのは，曲線 O_1S_1 と O_2S_2 の交点 E にしたがって，第1国が O_1M，第2国が O_2N だけ排出量を削減したときである．このとき，第1国では規制の執行が不完全になる一方，第2国では完全な執行が実現する．それぞれの国が設定すべき国内排出税は，図中の τ_1^* および τ_2^* であり，第1国は第2国よりも低い税率で国内の温暖化ガス排出に課税するのが効率的である．

　もしも，両国が同一の排出税率を設定して排出削減目標を実現するとすれば，その排出税率は，図中の点 F に対応した税率 $\bar{\tau}$ に一致する．効率的な排出削減に比較して，MN の分だけ第1国の排出削減量が増加し，DEF の面積に等し

図 6-5

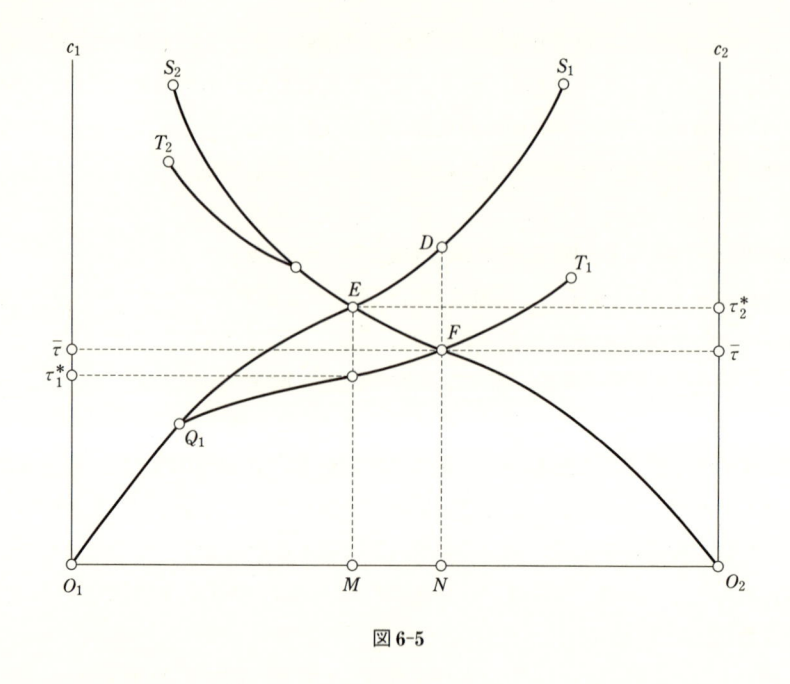

い排出削減費用が追加的に生ずることになる．

均一な排出税が効率的なケース

　図 6-5 は均一排出税が非効率なケースを例示したが，次の 2 つのケースでは，均一な排出税が効率的になる．

　第一はすべての国で完全な規制執行が実現するケースである．(15)より，これが起きるのは，世界全体での目標削減量が $\bar{A} \leq A_1$ を満たすほど十分に小さいとき，そしてそのときに限られる．いうまでもなく，この場合，各国が設定する均一排出税率は，限界排出削減費用に一致している．図 6-5 に即していえば，$\overline{O_1 O_2}$ が縮小し，第 2 国の限界排出削減費用のグラフが第 1 国のそれの OQ_1 上で交わるケースである．

　第二は，ϕ_i および F_i がすべての国で共通になっているという意味で執行政策が対称的になっているケースである．この場合，各国の閾値 $\tilde{c}_i$ は一致し，目標排出削減量が $\bar{A} > A_1$ を満たすならば，すべての国で規制の執行は不完全

図 6-6

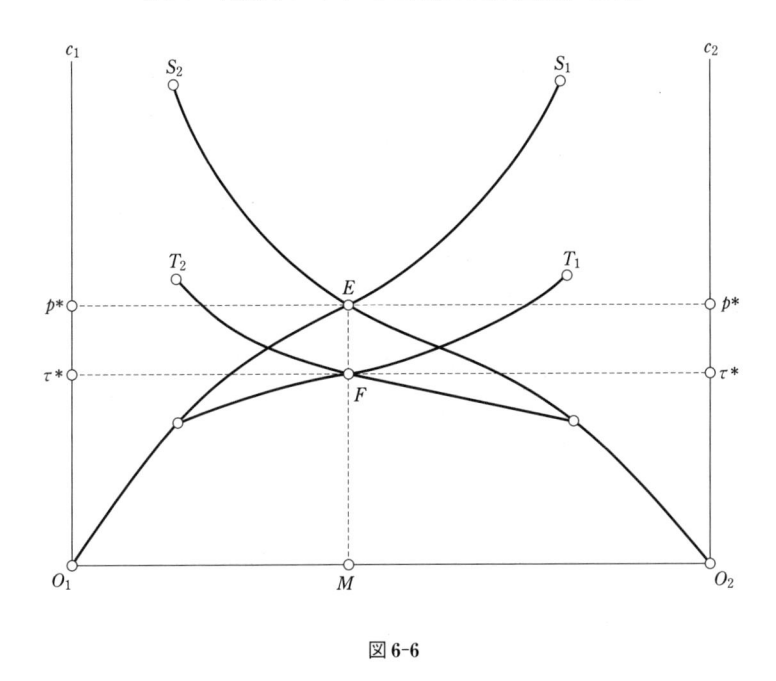

になる．しかし排出税率が同じならば，同時に，もう一つの閾値 $\tilde{c}_i$ も各国で一致するから，規制の執行が不完全でも，限界排出削減費用の均等化が実現する[12]．

2国間で執行政策の完全調和が実現したケースを例示したのが図 6-6 である．効率的な排出削減は，図中の点 E に対応して，第 1 国が O_1M，第 2 国が O_2N だけの排出削減を行ったときに実現する．このとき，規制執行は両国ともに不完全になるが，執行政策が同一であるため，両国の排出税率のスケジュールは必ず直線 EM 上で交わる．すなわち，両国が τ^* の税率で均一に国内排出課税を実施すれば，世界全体での効率的な排出削減が実現できる．

---

[12] ただし，排出制御費用の国内分布まで同一でなくてよい．また，(15)より，不完全な規制執行のもとでの効率的な排出税率は，$\tau_i = \phi_i \lambda + (1-\phi_i)\tilde{c}_i$ と書き換えることができるから，閾値 $\tilde{c}_i$ を国家間で等しくする程度にしか同質化されない執行政策では，均一排出税率の効率性を実現するには不十分である．

3.2 国際的な排出許可証取引の効率性

次に,国際的な排出許可証を分権的に取引したときに,効率的な排出削減が達成できるかどうか考察しよう.

政府間ベースに限定された排出許可証取引では,各国政府は国内排出税を課したり国際的な排出許可証を売買したりして,国内排出量を排出許可証の保有量以下まで削減しなければならない.第2.1節で見たように,政府が1国レベルの規制遵守費用の最小化を目的として行動するとき,完全競争的な許可証取引のもとでは,許可証価格と国内の排出削減限界費用が一致する水準に排出税率を設定することになる.

排出許可証価格 p を所与として,第 i 国政府が規制遵守費用

$$C_i(\tau_i, \phi_i, F_i) + p\{\bar{a}_i - a_i(\tau_i, \phi_i, F_i)\}$$

を最小にするように τ_i を選ぶとしよう.最小化の1階条件は

$$p = MC_i(\tau_i, \phi_i, F_i) \tag{16}$$

である.図6-4の縦軸に排出許可証価格 p を測ったとき,曲線 OQS が,それぞれの許可証価格に対して実現する国内排出削減量のスケジュールを示す.具体的な排出税率は,第 i 国の場合,(6)式および(9)式より,

$$\tau_i(p) = \begin{cases} \phi_i(p + F_i) & \text{if } p > \tilde{c}_i \\ p & \text{otherwise} \end{cases} \tag{17}$$

というように,排出許可証価格に依存した形で決まってくる.やはり図6-4に即していえば,曲線 OQT が各国政府の選択する排出税率のスケジュールを表す.すなわち,国内排出税率は,完全な規制の執行を達成できるときには排出許可証価格に等しく設定される.しかし,それができないときには,限界排出削減費用が排出税率を上回ることを考慮して,排出税率は,$\hat{c} = p$ となるように,排出許可証価格よりも低く設定される.

国際的な排出許可証の価格は,世界全体での削減目標量と各国の国内排出削減量の総和が一致する水準で決まってくる.これは,各国は国際条約を遵守し,許可証保有量を超えた過大な温暖化ガスを排出しないからである.政府間ベースの取引における排出許可証の均衡価格を p^* とする.このとき第 i 国の企業

は，(17)式より，排出税率 $\tau_i(p^*)$ に直面する．したがって，政府間ベースの場合，排出許可証市場の均衡条件は，

$$\sum_{i=1}^{n} a_i(\tau_i(p^*), \phi_i, F_i) = \bar{A} \tag{18}$$

となる．

　排出源間ベースの場合も同様に，各国政府による国際条約へのコミットメントの結果，排出許可証の価格は，目標削減量が各国の国内排出削減量の総和と一致する水準で決まる．均衡で実現する排出許可証価格を p^{**} とすれば，それは許可証市場の需給一致条件，

$$\sum_{i=1}^{n} a_i(p^{**}, \phi_i, F_i) = \bar{A} \tag{19}$$

によって決定される．

　以上の考察より，国際的な排出許可証取引の効率性について，次のような含意が得られる．

政府間ベースの許可証取引の効率性

　政府間ベースで国際的な排出許可証が取引されるとき，市場均衡では，(17)式および(18)式を満たすように各国の国内排出税率および排出許可証の価格が決まってくる．一方，第3.1節で論じた効率的排出税は，(12)式および(15)式によって決まってくる．両者を比較すれば明らかなように，政府間ベースの取引の均衡では，排出許可証価格について，$p^* = \lambda$ が成り立ち，排出税率は

$$\tau_i(p^*) = \tau_i^*$$

を満たすように決まってくる．すなわち，政府間ベースの許可証取引では，必ず各国の排出削減限界費用が排出許可証の均衡価格に一致して均等化し，世界全体での効率的な排出削減が達成されるといえる．

完全な規制の執行を条件にした排出源レベルの許可証取引

　第2.4節で論じたように，排出源レベルでの国際的排出許可証の取引を認めることと，それを禁止する代わりに国際排出許可証の価格に等しい国内排出税を課すことは，国内排出削減の点においても，国際的な排出許可証市場に与え

るインパクトの点においても，同等である．したがって，(17)式で与えられた効率的な排出課税ルールは，各国間で規制執行能力が異なる限り，執行が完全な国（つまり $\bar{A} \leq A_k$ としたときの第 k 国から第 n 国）に立地する企業だけに国際的な排出許可証取引への自由なアクセスを認めても，政府間ベースに限定されたケースと同じように，世界全体での効率的な排出削減が達成できることを示している．

逆に，完全な執行を実現できない国では，国内企業が外国企業あるいは政府と排出許可証を直接取引することを制限する必要がある．その理由は，執行が不完全な国で排出源レベルの国際的な排出許可証取引を認めると，規制を守らない企業が排出許可証を買わずに排出を継続しようとするため，一国全体での限界排出削減費用は排出許可証価格よりも高くなり，許可証市場を通じても国家間での限界排出削減費用が均等化しなくなるからである．

図 6-5 を用いて，2 国のケースで排出源間取引の市場均衡を考察しよう．

第 3.1 節で説明したように，図 6-5 の縦軸に排出許可証価格を測ったとき，政府間ベースの許可証取引では，曲線 O_iS_i が許可証価格に対する国内排出削減量のスケジュールを表す．一方，第 2.4 節で示したように，排出源間ベースの許可証取引のもとで実現する国内排出削減は，政府間ベースの許可証取引の枠組みで，国内排出税率を排出許可証価格に等しく設定したとき実現する排出削減量と同じである．よって，曲線 O_iT_i が，第 i 国 ($i=1, 2$) で排出源レベルでの許可証取引を認めたときに達成される国内排出削減量のスケジュールを表す．

第 2 国だけで排出源間レベルの許可証取引を認めた場合，許可証市場の均衡は図中の点 E で与えられる．許可証の均衡価格は τ_2^* に等しい．このとき決まってくる排出削減量の国際的配分が効率的な排出削減を達成することはすでに見たとおりである．

一方，両国が排出源間レベルの排出許可証取引を認めたときの市場均衡は，図中の点 F で与えられる．排出許可証の均衡価格は $\bar{\tau}$ に等しい．第 2 国だけが排出源レベルの取引を認める場合と比較すれば，均衡価格が低下していることがわかる（$\tau_2^* > \bar{\tau}$）．この市場均衡で決まる各国の排出削減量は，第 3.1 節で検討したように，国際的に均一な税率で温暖ガス排出に課税して世界全体で

の削減目標を実現するケースのそれと一致する．排出源間ベースの許可証取引を認めると，効率的な排出削減に比較して，図中の MN に相当する分だけ排出削減量の国際的な配分が第1国にかたよることになる．

自由な排出源レベルの許可証取引が効率的な排出削減を実現するケース

(18)式と(19)式を比較しよう．排出源間ベースの許可証取引のもと実現する各国の排出削減量が，政府間ベースの場合と同一になるのは，すべての i について，

$$\tau_i(p^*) = p^{**} \tag{20}$$

が成立するときである．すなわち，政府間ベースの取引の均衡で，各国が均一の排出税率を設定するならば，排出源間ベースでの取引によっても世界全体での効率的な排出削減を実現できるといえる．第3.1節で検討した効率的な排出税率のケースと同様に，次の2つの特殊な場合には，(20)式が成立する．

第一は各国の執行能力に比して削減目標水準が低く，$\bar{A} \leq A_1$ が成り立つケースである．この不等式が成り立つならば，政府間ベースの取引の均衡で，すべての国が完全な規制の執行を達成する．均衡での国内排出税率は，排出許可証の均衡価格 p^* に一致する．したがって，自由な排出源レベルでの許可証取引でも同一の均衡価格が成立し（すなわち，$p^* = p^{**}$），効率的な排出削減が達成される．

第二は各国が共通の執行政策を採用するケースである．共通の検査確率および罰金を ϕ, F としよう．閾値 $\tilde{c}_i$ も各国で共通に $\tilde{c}(\phi, F)$ となる．このとき，もしも政府間ベースの取引において排出許可証の均衡価格が $p^* \leq \tilde{c}(\phi, F)$ を満たすならば，すべての国で規制の執行は完全になる．これは第1のケースに属する．逆に，$p^* > \tilde{c}(\phi, F)$ ならば，すべての国で規制の執行が不完全になる．このとき各国が設定する排出税率は，$\tau_i(p^*) = p^*/\phi - F$ と均等化する．したがって，(20)式より，排出源間ベースの取引では，排出許可証の均衡価格が $p^{**} = p^*/\phi - F$ を満たすように決まってきて，効率的な排出削減が達成されることがわかる．

図6-6に即して2国のケースを考えよう．共通の執行政策が採用されたとき，政府間ベースの取引の均衡では，両国は図中の τ^* に等しい均一の排出税率を設定し排出削減を行う．このとき，排出許可証の価格は図中の p^* に等しく，

両国で規制の執行は不完全になる．一方，自由な排出源レベルの許可証取引の均衡は点 F に対応している．すなわち，均衡での排出許可証価格は図中の τ^* に一致するが，両国の限界排出削減費用は p^* の水準で均等化する．規制の執行が不完全になるため許可証価格と限界排出削減費用は一致しないが，共通の執行政策によって効率的な排出削減が保証される．

自由な排出源レベルの取引が国際的な排出削減量の配分および所得分配に及ぼす効果

図 6-5 で見たように，もし各国が異なる執行政策を採用しているとき，不完全な執行しか実現できない国でも排出源レベルの国際的排出許可証取引を認めたならば，排出許可証の均衡価格が低下し，世界全体での排出削減が非効率になる．直観的な理由は次のとおりである．

政府間ベースの取引のもとでは，第 i 国での規制の執行が不完全になるものとしよう．(17)式より，均衡における排出税率と許可証価格の間には $p^* > \tau_i^*(p^*)$ という不等式が成立するから，第 i 国の企業は，許可証価格よりも低い国内排出税を支払えば排出を継続できる状況にある．ここで，政府が国内排出税を撤廃する代わりに自由な排出源レベルでの許可証取引を認めたとしよう．企業は，排出を継続するには，それまでよりも高い費用を負担しなければならなくなる．その結果，第 i 国では排出継続を断念する企業が増加するから，市場では許可証の供給量が増加し，価格が低下する．

許可証価格が低下すると，排出削減量の国際的配分は歪められ，国際的な所得分配も変化する．効率的な排出税率と2つの均衡価格の大小関係に応じて，各国は，(i) $p^* = \tau_i^* > p^{**}$，(ii) $p^* > \tau_i^* \geq p^{**}$，(iii) $p^* > p^{**} > \tau_i^*$ の3つのタイプに分類される．

タイプ(i)は政府間取引の均衡で完全な執行を実現する国である．排出源間取引が自由に行われると，国内企業が直面する排出継続のための費用負担は低下する（$\tau_i^* > p^{**}$）から，国内排出削減量が減少する．もしも排出許可証の輸入国ならば，許可証輸入の費用も低下するから，一国レベルでの規制遵守費用が軽減される．タイプ(ii)および(iii)は政府間取引の均衡で不完全な執行しか実現できない国である．そのうちタイプ(ii)は排出源間取引の均衡でタイプ(i)と同様に国内排出削減量を減らすことができ，許可証の輸入国ならば必ず一国レベル

の規制遵守費用を節約できる．逆に，タイプ(iii)の国では排出源間取引の均衡で国内排出削減量が増加する．そのため，許可証の輸出国ならば輸出収入の減少も作用して，一国レベルの規制遵守費用が増大し損失を被る．

4. 規制違反と効率的な排出削減：可変的な検査確率のケース

4.1 検査確率と検査費用

これまでの分析では，企業によって負担される排出制御費用の最小化という視点から，効率的な排出削減を捉えている．この考え方は，検査に要する費用が排出制御費用に比べて無視できるほど小さい場合には妥当するであろう．しかし，そうでなければ，1国全体での排出削減費用には，国内企業が負担する排出制御費用だけでなく，政府が負担する検査費用をも含めなければならない．以下では，政府が費用をかければ検査確率を変更できる可能性も考慮に入れて，国際的な排出許可証取引の効率性を再検討する．

はじめに，排出税率および罰金が一定のときに検査確率を引き上げると，国内排出削減量および総排出制御費用がどう変化するか見ておこう．

完全な規制の執行が実現されている状況では，検査確率を限界的に引き上げても，国内排出削減量および総排出制御費用は変化しない．これは，各企業の排出行動が制御費用と排出税率の大小関係だけで決まっているからである．(4)式および(5)式を ϕ で微分すれば，

$$a_\phi(\tau, \phi, F) = C_\phi(\tau, \phi, F) = 0$$

だから，数学的にもこの事実を確認できる．

規制の執行が不完全な場合には，検査確率を引き上げると，国内排出削減量に対して相反する2つの効果が生ずる．まず，検査確率を引き上げると，虚偽の行動計画を提出して排出削減を続けようとする企業をより多く摘発できるようになるから，国内排出削減量は増加する．しかし，同時に，検査確率の上昇は閾値 $\bar{c}$ を引き上げ，$\hat{c}$ を引き下げるから，虚偽の行動計画を提出する企業自体が減少する．数学的には，(7)式を ϕ で微分すると，

$$a_\phi(\tau, \phi, F) = \int_{\tilde{c}}^{\hat{c}} g(c)\, dc - (\hat{c} + F) g(\hat{c}) + (\tilde{c} + F) g(\tilde{c})$$

となる．この符号は分布関数の形状に依存しており確定できない[13]．総排出制御費用についても同様なトレード・オフが生じる．(8)式をϕで微分すれば，

$$C_\phi(\tau, \phi, F) = \int_{\tilde{c}}^{\hat{c}} cg(c)\, dc - (\hat{c} + F) \hat{c} g(\hat{c}) + (\tilde{c} + F) \tilde{c} g(\tilde{c})$$

が得られるが，やはり符号は不確定になる．

次に，検査費用について考察しよう．訪問検査回数をvとし，検査費用を関数$H(v)$で表す（ここでも説明の便宜上，国の添字は省略している）．検査費用は訪問検査回数の増加関数で，限界検査費用も逓増すると仮定する．すなわち，$H'(v), H''(v) > 0$である．

政府は「排出継続」を宣言し排出税を支払った企業の排出量を検査する必要がない．τ, ϕ, Fを所与とすると，「排出削減」を宣言する企業数は規制の執行が完全ならば$G(\tau)$，不完全ならば$G(\hat{c})$だから，それらのうちϕの割合を検査するとき，訪問検査回数は

$$v(\tau, \phi, F) = \begin{cases} \phi G(\hat{c}) & \text{if } \tau > \tilde{c}(\phi, F) \\ \phi G(\tau) & \text{otherwise} \end{cases} \tag{21}$$

と表すことができる．

先に見たように，規制の執行が完全な場合，企業の排出行動は検査確率と限界的には無関係である．したがって，「排出削減」を申告した企業に対する検査確率を高めると，訪問検査の回数を増やさなければならず，検査費用も上昇することになる．しかし，規制の執行が不完全な場合では，検査確率を引き上げても訪問検査の回数を増加させることには必ずしもならない．検査確率が高くなると，閾値$\hat{c}$は低下し「排出削減」を申告する企業が減少するからである．具体的に(21)式を用いて計算すると，$\tau > \tilde{c}(\phi, F)$のとき，

---

[13] とくに総削減量への効果に注目すると，執行が不完全な場合$a_\phi(\tau, \phi, F) = -\int_{\tilde{c}}^{\hat{c}}(c+F)g'(c)dc$であるから，$0 < c < \tilde{c}$の範囲で$g'(c) <$（それぞれ$=, >$）$0$ならば$a_\phi(\tau, \phi, F) > (=, <) 0$が成り立つ．したがって，限界削減費用が企業間で一様に分布しているならば，検査確率の変更は執行の完全，不完全にかかわらず，総削減量に影響を与えない．

$$v_\phi(\tau, \phi, F) = G(\hat{c}) - (\hat{c} + F)g(\hat{c}) \qquad (22)$$

が得られる．この符号もやはり制御費用の分布関数に依存し，一般に確定しない．

4.2 効率的な排出税と検査確率

これまで通り規制違反に対する罰金は一定として，世界全体での排出制御費用と検査費用の総和を最小化する排出税と検査確率の組み合わせを考察しよう．各国間での検査費用関数の差異を考慮すれば，その最小化問題は

$$\min_{\substack{\tau_1, \tau_2, \ldots, \tau_n \\ \phi_1, \phi_2, \ldots, \phi_n}} \sum_{i=1}^{n} C_i(\tau_i, \phi_i, F_i) + H_i(v_i(\tau_i, \phi_i, F_i))$$

$$\text{s.t.} \sum_{i=1}^{n} a_i(\tau_i, \phi_i, F_i) \geq \bar{A}$$

と書ける．この問題の1階条件は次の2つの条件に集約できる．

条件(1) 各国の排出税率および検査確率は，国内排出削減の総費用を最小化するように設定されなければならない．

条件(2) 各国の国内排出削減量は，限界排出削減費用が国レベルで均等化するように配分されなければならない．

まず，条件(1)について，第4.1節で吟味した検査確率引上げの効果を利用して検討しよう（説明の便宜上，国のインデックスは省略している）．条件(1)は，完全な規制の執行を維持しながら国内排出削減の費用を最小にするには，検査確率を

$$\phi = \frac{\tau}{\tau + F} \qquad (23)$$

というスケジュールで，排出税率に応じて設定する必要があることを意味している．これは次のように説明できる．

すでに見たように，規制の執行が完全になるのは，排出税率と検査確率が $\tau \leq \hat{c}$ を満たす範囲内に与えられるときである．$\tau < \hat{c}$ が成り立つと仮定しよう．このとき，検査確率を限界的に引き下げたところで，τ 以下の排出制御費用を

持つ企業だけが相変わらず排出を削減するだけで，各企業の排出行動はまったく変化しない．国内での総排出制御費用も変化しない．しかし，検査確率を引き下げると訪問検査の回数を削減できるから，検査費用は減少する．つまり $\tau < \tilde{c}$ が成り立つ状況では，検査確率が高すぎて無駄が生じている．政府は検査確率を引き下げて閾値 $\tilde{c}$ を排出税率 τ に近づけることで，企業の排出行動に影響を与えることなく国内排出削減費用を節約できる．

条件(2)については，これまでの分析と違い，一国全体での限界排出削減費用 MC が

$$MC = MAC + MIC$$

というように，限界的に排出削減を実施する企業の持つ排出制御費用 (Marginal Abatement Costs, MAC) と限界的な排出制御を実現するのに要する検査費用 (Marginal Inspection Costs, MIC) の和として表される点を考慮する必要がある[14]．

たとえば，ある国で完全な規制の執行を維持したまま追加的に1単位，国内排出量を削減するケースを想定しよう．図6-1で見たように，規制の執行が完全な場合，

$$MAC = \tau$$

である．しかしながら，条件(1)より，完全な規制の執行を維持しながら最小費用で追加的な国内排出削減を達成するには，国内排出税の増税に伴って，(23)式のスケジュールで検査確率を引き上げる必要がある．具体的に計算すると，

$$MIC = H'(\phi G(\tau)) \left(\phi + \frac{G(\tau)}{g(\tau)} \frac{F}{(\tau+F)^2} \right) \qquad (24)$$

となる[15]．

不完全な規制執行のもとで国内排出削減の費用最小化が実現する場合も同様である．図6-3で見たように，限界排出制御費用は，

---

14) 検査費用を明示的に考慮しないケースでは，$MC = MAC$ である．
15) (23)式を(21)式に代入して，限界的な排出税率引上げが検査費用に与える効果を求めると，

$$\frac{dH}{d\tau} = H'(\phi G(\tau)) \left(\phi g(\tau) + \frac{F}{(\tau+F)^2} G(\tau) \right)$$

となる．一方，国内排出削減量への効果は，$da/d\tau = g(\tau)$ である．$MIC = dH/da$ より，(24)式が求められる．

$$MAC = \hat{c}$$

と表せる.一方,追加的な国内排出削減を達成するために排出税率を引き上げると,閾値 $\hat{c}$ が上昇して「排出削減」を申告する企業が増加する.検査確率を一定に保つには,訪問検査回数を増やさざるを得ないから,追加的な検査費用が発生する.具体的には,限界検査費用は

$$MIC = H'(\phi G(\hat{c})) \qquad (25)$$

と表すことができる[16].

世界全体での効率的な排出削減を実現するには,以上のように導かれた国レベルの限界排出削減費用が均等化するように,排出削減量が国家間に配分されなければならない.しかし,検査に費用がかかるため,すべての国で完全な規制の執行を実現する必要はない[17].この分析から,国際的な排出課税および排出許可証取引に関して,次のような含意が得られる.

執行の完全性と排出税率の国際的均等化

検査費用が排出制御費用に比べて無視できるほど小さいことを前提にした第3節の分析では,規制の執行が完全な国の間で,効率的な排出税率が均等化することを明らかにした.しかし,検査費用が無視できない場合,このような排出税率の均等化は一般に成り立たない.規制の執行が完全な国の間で同一の排出税率を採用すると,確かに,MAC を均等化させることができる.しかし,国ごとに検査費用関数,排出制御費用の分布,違反に対する罰金などが一般には異なるから,(24)式や(25)式で表された MIC が国家間で均等化することまでは保証されない.そのため,均一排出税によって国レベルで MC を一致させることは困難である[18].均一排出税パラダイムは,執行コストを考慮に入れた場

---

16) $H(v(\tau, \phi, F))$ を τ で微分すれば,排出税率の限界的な引上げが検査費用に及ぼす効果は $dH/d\tau = H'(\phi G(\hat{c})) g(\hat{c})$ となる.一方,排出削減量に及ぼす効果は $da/d\tau = g(\hat{c})$ だから,$MIC = dH/da$ より,(25)式が得られる.

17) この点については,補論を参照せよ.

18) 執行費用を明示的に考慮した分析は少ないが,Malik (1992) は,取引可能な国内汚染許可証システムが国内総制御費用の最小化は達成しても執行費用の最小化までは保証せず,したがって執行費用を考慮に入れたとき,汚染基準による直接規制システムよりも効率的な成果を達成できない可能性があることを指摘している.

合，効率的な世界全体での排出削減とは整合的でないといえる．

政府間ベースの許可証取引の効率性

国際的な排出許可証が政府間ベースで取引されるならば，政府は国内での排出制御費用だけでなく，排出削減に要する検査費用も考慮して許可証の売却・購入を行う．したがって，政府間の取引が完全競争的であれば，その均衡において，国レベルでの限界排出削減費用の均等化が実現し，効率的な排出削減が達成できる．簡単な証明を与えておこう．

排出許可証の均衡価格を p^* とする．第 i 国の任意の排出税率および検査確率をそれぞれ τ_i, ϕ_i とすれば，1国レベルでの規制遵守費用は，$p^*\{\bar{a}_i - a_i(\tau_i, \phi_i, F_i)\} + C_i(\tau_i, \phi_i, F_i) + H_i(v_i(\tau_i, \phi_i, F_i))$ である．第1項は排出許可証の追加的な購入額を表している．

第 i 国が均衡で選択する排出税率と検査確率をそれぞれ τ_i^*, ϕ_i^* としよう．国レベルでの規制遵守費用の最小化から，それらは
$$p^*\{\bar{a}_i - a_i(\tau_i^*, \phi_i^*, F_i)\} + C_i(\tau_i^*, \phi_i^*, F_i) + H_i(v_i(\tau_i^*, \phi_i^*, F_i))$$
$$\leq p^*\{\bar{a}_i - a_i(\tau_i, \phi_i, F_i)\} + C_i(\tau_i, \phi_i, F_i) + H_i(v_i(\tau_i, \phi_i, F_i))$$
を満たすはずである．一方，均衡では許可証の需給一致条件から，$\sum_{i=1}^{n} a_i(\tau_i^*, \phi_i^*, F_i) = \bar{A}$ が成り立つ．そこで不等式の両辺を $i=1, 2, \cdots, n$ について足しあわせると，

$$\sum_{i=1}^{n} \left\{ C_i(\tau_i^*, \phi_i^*, F_i) + H_i(v_i(\tau_i^*, \phi_i^*, F_i)) \right\}$$
$$\leq \sum_{i=1}^{n} \left\{ C_i(\tau_i, \phi_i, F_i) + H_i(v_i(\tau_i, \phi_i, F_i)) \right\}$$

が，$\sum_{i=1}^{n} a_i(\tau_i, \phi_i, F_i) \leq \bar{A}$ を満たす任意の排出税率および検査確率の組み合わせに対して成り立つことがわかる．これは，許可証取引の均衡において検査費用も含めた排出削減コストが世界全体で最小化されていることに他ならない．

排出源間ベースの国際的排出許可証取引の非効率性

第3節の分析で見たように，排出源間ベースの排出許可証取引では，高々，

企業レベルで負担される限界排出制御費用 MAC の一致しか保証されない．企業が，政府の負担する限界検査費用 MIC まで考慮に入れて排出削減に関する意思決定を行うわけではないからである．そのため，仮に国際間で規制執行政策を完全に調和させて同一の検査確率と罰金を採用することに成功しても，排出制御費用の国内分布や検査技術が国家間で異なれば，MIC の相違によって，排出削減量の国際的配分が非効率になる[19]．

5. おわりに

本章の分析結果は，京都議定書で採用されたアプローチ，つまり国内政策の選択に関する裁量権を参加各国に認めつつ国際的な排出許可証市場を通じて温暖化ガス排出量を取引するシステムを，世界全体での効率的な排出削減の観点から支持すると同時に，私的主体の国際的な排出許可証取引を制限する必要性を明らかにしている．その理由は，第一に，企業の規制違反を考慮すると，排出源ベースの許可証取引では，国レベルの限界的な排出削減費用の均等化が保証されないからであり，第二に，排出源レベルの許可証取引を認めると，規制執行のコストが排出許可証の価格に反映されなくなるからである．

しかし，政府間ベースの許可証取引に関する留意点を再度強調しておかなければならない．

本章では競争的な排出許可証の取引を仮定している．政府間ベースに取引が限定されたとき，大国の独占力行使による非効率性が懸念される．実際，現在のところでは，世界の CO_2 排出量の大部分は，アメリカ，ロシア，中国によって占められている．大国の独占力を軽減する対策の一つは，排出量取引にできるだけ多くの国の参加を促すことであろう．また，所得再分配効果を伴う難点はあるが，国際条約による排出許可証の初期配分を調整することで，国レベルの独占力行使による非効率性を軽減することも可能である[20]．政府は国

---

[19] 排出制御費用の国内分布や検査技術が同一でも，規制の執行が不完全になる場合は，排出源間ベースの許可証取引によって世界全体での効率的な排出削減が実現できるとは限らない．詳細は Konishi (2000) を参照せよ．

[20] van Egteren and Weber (1996) を参照せよ．

内の排出制御費用について十分な情報を持ち合わせておらず，効率的な排出許可証の売買ができない可能性も否定できない．政府が，温暖化ガス排出削減の技術進歩を十分に把握できず，国内排出税率が効率的な水準から乖離することも考えられる．

　排出許可証の国際取引に企業の自由参加を認めることに，これら2つの政府間取引の欠点を補う利点があると思われる．しかし私的主体の参加を認めれば規制の執行を通じて，追加的な費用がかかるため，世界全体で効率的に排出削減を実施することができなくなる可能性がある点も十分に認識する必要がある．

　最後に，本章に残された課題のいくつかについて言及しておきたい．

　第一に，本章のモデルが前提した執行政策以外にも代替的な政策が多数考えられる．本章では自己申告した行動計画通りの排出制御を実施させることが執行政策の核となっているが，たとえば，規制違反を犯した企業に追加的に排出税を支払わせたり許可証を購入させるという方法も現実的である．完全な執行が実現しないならば，一般に排出源レベルの許可証取引が効率的な成果を保証しないという分析含意自体は変わらないが，具体的な排出税率の水準，とくに執行が完全な国とそうでない国の間での税率格差についての議論は前提する執行政策に依存して異なってくる．実際の制度設計で今期未使用の許可証を来期に繰り越したり（banking），来期の許可証割当てから借り入れたり（crediting）することが認められる場合には，執行政策も含めて，多期間にわたる動学的な分析が必要となるであろう．

　第二に，本章の複数国モデルは世界各国が温暖化ガスの排出量取引に参加することを前提している．しかし，京都議定書でそれが認められているのは付属書Bにリストされた39ヵ国である．たとえば，中国はこれに含まれていない．仮に排出量取引によって，取引参加国の間では排出削減の費用が最小化されても，排出削減コストの生産物あるいは生産要素価格への転嫁を通じて，国際的な需要シフトや企業のグローバルな立地変更が引き起こされる結果，世界全体で効率的に排出削減が行われる保証はない．今後の課題として，世界各国の自発的な参加を促進できるような温暖化ガスの取引メカニズムを構築する必要がある．

　第三に，ここでの分析は国レベルでの完全な規制遵守を前提している．これ

第6章 不完全なモニタリングと国際的な排出量取引の効率性　　303

を担保するには，参加各国の排出量を正確に測定し，必要があれば違反に対する処罰を与えうる国際的な機関を設立することが明らかに重要である．そのような国際機関の設立は机上の空論にすぎないかもしれない．しかし，少なくとも世界各国に温暖化ガス排出削減のインセンティブを持たせながら，違反した国にはたとえば将来の排出割当て量を引き下げるといったペナルティーを含む排出量取引メカニズムの構築が望まれる．また，国レベル，企業レベルを問わず，排出許可証取引に関して規制違反が発生した場合，売り手側と買い手側のいずれがその責任を負うべきかについての議論も流動的である．本章では規制に違反した企業が排出量の調整および罰金の負担によって責任を全うすることを前提しているが，それが何らかの形で許可証の取引相手にも及ぶ場合には新たな角度からの分析が必要になるであろう．

文　献

Baumol, W. J. and W. E. Oates (1988), *The theory of Environmental Policy, second edition*, Cambridge University Press.
Hahn, R. W. and R. N. Stavins (1999), "What Has Kyoto Wrought? The Real Architecture of International Tradable Permit Markets," Discussion Paper 99-30, Resource for Future.
Harford, J. D. (1978), "Firm Behavior under Imperfectly Enforceable Pollution Standads and Taxes," *Journal of Environmental Economics and Management*, vol. 5, pp. 26-43.
Kaplow, L. and S. Shavell (1994), "Optimal Law Enforcement with Self-reporting of behavior," *Journal of Political Economy*, vol. 102, pp. 583-606.
Keeler, A. G. (1991), "Noncompliant Firms in Transferable Discharge Permit Markets: Some Extensions," *Journal of Environmental Economics and Management*, vol. 21, pp. 180-189.
Konishi, H. (2000), "The Relative Efficiency of Inter-governmental versus Inter-source Emissions Trading When Firms are Noncompliant," a paper presented at the annual meeting of the Japanese Economic Association, 2000.
Livernois, J. and C. J. McKenna (1999), "Truth or Consequences: Enforcing Pollution Standards with self-reporting," *Journal of Public Economics*, vol. 71, pp. 415-440.
Malik, A. S. (1990), "Markets for Pollution Control when Firms Are Noncompliant," *Journal of Environmental Economics and Management*, vol. 18, pp. 97-106.
―― (1992), "Enforcement Costs and the Choice of Policy Instruments for Controlling Pollution," *Economic Inquiry*, vol. 30, pp. 714-721.
―― (1993), "Self-reporting and the design of policies for regulating stochastic pollu-

tion," *Journal of Environmental Economics and Management*, vol. 24, pp. 241-257.

Montero, J. P. (1999), "Price vs. Quantities with Incomplete Enforcement," Working Paper, Center for Energy and Environmental Policy Research, MIT.

Stranlund, J. K. and K. K. Dhanda (1999), Endogenous Monitoring and Enforcement of a Transferable Emissions Permit System, *Journal of Environmental Economics and Management*, vol. 38, pp. 267-283.

Tietenberg, T., M. Grubb, A. Michaelowa, B. Swift, Z. Zhang, and F. T. Joshua (1998), *Greenhouse Gas Emissions Trading: Defining the Principles, Modalities, Rules and Guidelines for Verification, Reporting & Accountability* (Geneva: United Nations Conference on Trade and Development).

UNFCCC (1997), Kyoto Protocol to the United Nations Framework Convention on Climate Change.

van Egteren, H. and M. Weber (1996), "Marketable Permits, Market Power, and Cheating," *Journal of Environmental Economics and Management*, vol. 30, pp. 161-173.

山本秀一 (1997),「モニタリング費用と政策手段選択」, 植田和弘・岡敏弘・新澤秀則(編著)『環境政策の経済学:理論と現実』日本評論社.

補 論

補論では，第4.2節で示した効率的な排出削減のための条件を数学的に示しておく．

目標排出削減量の実現に関する費用最小化問題は，次の二段階最小化問題に分離できる．

(P1) $\quad E_i(a_i) := \min_{\tau_i, \phi_i} C_i(\tau_i, \phi_i, F_i) + H_i(v_i(\tau_i, \phi_i, F_i))\quad$ s.t. $a_i(\tau_i, \phi_i, F_i) \geq a_i$

(P2) $\quad \min_{a_1, a_2, \cdots, a_n} \sum_{i=1}^{n} E_i(a_i)\quad$ s.t. $\sum_{i=1}^{n} a_i \geq \bar{A}\quad$ for $\quad i=1, 2, \cdots, n.$

(P1)は与えられた国内排出削減量を実現するための費用最小化を，(P2)は世界全体での目標排出削減量の効率的な国際配分を扱っている．以下では，内点解を仮定して議論を進める．このとき，(P2)の最適解で，各国の（執行費用も含めた）限界排出削減費用 $E_i'(a_i)$ が均等化しなければならないこと（本文の条件(2)）は自明であろう．そこで，(P1)に焦点を合わせよう．

すでに本文で述べたように，(P1)の最適解では，排出税率と検査確率が $\tau_i/(\tau_i+F_i) \geq \phi_i > 0$ を満たさなければならない．そうでなければ，規制の執行は完全だから，排出税率を一定に保ったまま検査確率を限界的に引き下げることで，総排出制御費用に影響を与えることなく検査費用を節約できる．したがって，検査費用関数は十分に凸で二階の条件を満足すると仮定すれば，(P2)の解となる排出税率と検査確率は次の命題によって特徴づけられる．

命題：λ_i を制約条件に対するラグランジュ乗数とする．最小化問題(P2)における τ_i, ϕ_i, λ_i の解は，次のいずれかの方程式体系を満たさなければならない．

完全な規制執行のケース：

$$\phi_i = \frac{\tau_i}{\tau_i + F_i} \tag{A.1}$$

$$a_i = G_i(\tau_i) \tag{A.2}$$

$$\lambda_i = \tau_i + H_i'(\phi_i G_i(\tau_i))\left\{\frac{F_i}{(\tau_i+F_i)^2}\frac{G_i(\tau_i)}{g_i(\tau_i)} + \frac{\tau_i}{\tau_i+F_i}\right\} \tag{A.3}$$

$$0 \geq G_i(\tau_i) - (\tau+F_i)g_i(\tau_i), \tag{A.4}$$

不完全な規制執行のケース：

$$\int_{\tilde{c}_i}^{\hat{c}_i} G_i(c)\,dc = (\hat{c}_i + H_i'(\phi_i G_i(\hat{c}_i)) - \tilde{c}_i)(G_i(\tilde{c}_i) - (\tilde{c}_i + F_i)g_i(\tilde{c}_i)) \tag{A.5}$$

$$a_i = \phi_i G_i(\hat{c}_i) + (1-\phi_i)G_i(\tilde{c}_i) \tag{A.6}$$

$$\lambda_i = \hat{c}_i + H_i'(\phi_i G_i(\hat{c}_i)) \tag{A.7}$$

$$0 < G_i(\tilde{c}_i) - (\tilde{c}_i + F_i)g_i(\tilde{c}_i). \tag{A.8}$$

証明：(P1)に制約条件 $\tau_i/(\tau_i+F_i) \geq \phi_i$ を追加する．上の補題にしたがい，この操作は最適解を変更しない（$v_i(\tau_i, \phi_i, F_i)$ は $\phi_i = \tau_i/(\tau_i+F_i)$ のとき微分可能ではないことに注意せよ）．乗数を $\lambda_i > 0$ および $\gamma_i \geq 0$ としてラグランジアン

$$\pounds = C_i(\tau_i, \phi_i, F_i) + H_i(v_i(\tau_i, \phi_i, F_i)) + \lambda_i\{a_i - a_i(\tau_i, \phi_i, F_i)\}$$
$$+ \gamma_i\{\phi_i - \tau_i/(\tau_i+F_i)\}$$

を作る．$\tau_i/(\tau_i+F_i) \geq \phi_i$ と $\tau_i \geq \tilde{c}(\tau_i, \phi_i, F_i)$ が同値だから，τ_i および ϕ_i に関する一階の条件はそれぞれ

$$(\hat{c}_i + H_i'(v_i) - \lambda_i)g_i(\hat{c}_i) = -\frac{F_i}{(\tau_i+F_i)^2}\gamma_i \tag{A.9}$$

および

$$\gamma_i = (\lambda_i - H_i'(v_i) - \hat{c}_i)(G_i(\hat{c}_i) - (\hat{c}_i + F_i)g_i(\hat{c}_i))$$
$$- (\lambda_i - \tilde{c}_i)(G_i(\tilde{c}_i) - (\tilde{c}_i + F_i)g_i(\tilde{c}_i)) + \int_{\tilde{c}_i}^{\hat{c}_i} G_i(c)\,dc. \tag{A.10}$$

となる．

はじめに，$\gamma_i > 0$，すなわち $\phi_i = \tau_i/(\tau_i+F_i)$ のケースを検討しよう．$\tilde{c}_i = \hat{c}_i$ が成り立つから，(A.9)を(A.10)に代入すると，$\gamma_i = -H_i'(v_i)(G_i(\tilde{c}_i) - (\tilde{c}_i+F_i)g_i(\tilde{c}_i))$ が得られる．したがって，$\gamma_i > 0$ の必要十分条件は $G_i(\tilde{c}_i) - (\tilde{c}_i+F_i)g_i(\tilde{c}_i) < 0$ である．これが成り立つならば，規制の執行は完全であるから(A.2)が導かれ，また(A.9)と(A.10)から γ_i を消去して(A.3)が得られる．

一方，$\gamma_i = 0$ の場合は，規制の執行が不完全だから，国内排出削減量は(A.6)を満たす．このとき，(A.9)は(A.7)書き換えることができ，(A.7)を(A.10)に代入すれば(A.5)が求められる．最後に，$G_i(\tilde{c}_i) - (\tilde{c}_i+F_i)g_i(\tilde{c}_i) = 0$ が成り立つ場合においてのみ，(A.9)および(A.10)から，$\tilde{c}_i = \hat{c}_i$ が成立し，完全な規制の執行と $\gamma_i = 0$ が整合的になる．（証明終わり）

上の命題で得られた限界条件について若干の説明を加えておこう．所与の国内排出削減量を達成する効率的な排出税と検査確率は，規制の執行が完全・不完全で分類されたそれぞれの条件群のうち，最初の2つで決定される．そして，最適解において規制の執

行が完全であるべきかどうかは，各々のケースで最初の2つの条件から求められる排出税率と検査確率が，最後の不等式条件を満たしているかどうか確認することで判別できる．ここで次の2点に留意する必要がある．

第一に，包絡線の条件より $E_i^{*\prime}(a_i) = \lambda_i$ であるから，(A.3)式および(A.7)式は，一国全体での限界排出削減費用を表している．本文で述べたように，一国の限界排出削減費用（MC）が，排出を削減する企業の持つ制御費用の最大値（右辺第1項，MAC）とその排出削減を実現するのに必要な限界検査費用（第2項，MIC）の和に等しい．

第二に，(A.4)式および(A.8)式の条件は，効率的な排出削減の実現にとって，完全な規制の執行が必ずしも要求されるわけではないことを示している．これらの条件は，最適な排出税率 τ_i を所与として，検査確率を，完全な規制の執行を達成するために必要な最低水準 $\tau_i/(\tau_i+F_i)$ から限界的に引き下げたとき，訪問検査回数 v_i が増加するかどうかを示している．(A.8)式が成り立つならば，訪問検査回数が減少するから，検査費用も低下する．このとき，完全な規制の執行を維持しない方が排出削減に要する費用を節約できることとなる．逆に，完全な規制の執行が効率的になるには，(A.4)式が成り立って，訪問検査回数が増加しなければならない．

第Ⅲ部
京都プロトコルと南北問題

第7章　国際環境援助の動学分析*
―― クリーン開発メカニズムの有効性 ――

松枝法道・柴田章久・二神孝一

1. イントロダクション

　温室効果を持つガスの大気中での蓄積に起因する地球温暖化問題は，1980年代後半以降，重要な国際的政治課題として頻繁に取り上げられるようになった[1]．しかしながら，この問題に関係する国々の立場は多岐にわたっており，温暖化問題の解決策に関する国際的な合意形成は非常に困難な状況にある[2]．中でもとりわけ重要なのは，途上国と先進国の立場の相違であろう．先進国と途上国では，経済発展の段階が大きく異なるため，環境問題の国政に占める重要性，温暖化の進行に対して現在までに果した役割などの点において，大きな差違が存在しているからである．

　二酸化炭素をはじめとする温暖化ガスの排出は，さまざまな経済活動と密接に結びついているため，今後の急速な経済成長が見込まれる途上国における温暖化ガス削減の動向が，将来における地球温暖化の傾向を大きく左右することには疑念の余地はない．しかしながら，先進国に比して著しく劣る経済環境に直面する途上国にとって，将来の地球温暖化の影響を懸念して現時点で対策を講じることよりも，当面の経済成長が優先されるのは当然の成り行きであろう．実際，1992年の環境サミット以降の国際会議においても，途上国は自国にお

---

* 本章作成にあたり，John Braden, Tamer Başar, Dick Brazee, Hayri Onal, 赤尾健一，岩本康志，大塚啓二郎，奥野（藤原）正寛，北川章臣，清野一治，斉藤誠，小西秀樹，前多康男の各氏から有益なコメントをいただいた．ここに記して感謝の意を表したい．
1) 問題の詳細に関しては赤尾（1997），天野（1997），佐和（1997）などを参照せよ．
2) 地球温暖化に関する国際交渉の経過については，渡辺・中西（2000）が詳しい．

ける温暖化ガス排出削減に対し非常に消極的な姿勢をとっている．一方，先進国では環境問題全般に対する世論の盛り上がりもあり，排出削減に積極的な態度を見せつつある．1997年12月に合意された「京都議定書」では，2008年より2012年までの5年間に，先進国全体で1990年の水準から地球温暖化ガスを5.2%削減することが盛り込まれた．しかし，先進国のみが自国内での削減対策をいくら強化しようとも，急速な経済成長を続ける途上国の参加なくして地球温暖化問題を回避できるとは思われない．

　途上国での温暖化ガスを削減するための手段として，1992年の環境サミット以来議論されているのが，先進国から途上国への大規模な資金援助・技術援助である．実際，京都議定書においても，排出削減義務の割り当て，先進国間での排出権市場の創出と並んで，「クリーン開発メカニズム（以下，CDM)」および「共同実施（以下，JI)」という国際援助プログラムの実施が取り決められた．両者とも，資金援助，技術援助によって被援助国の温暖化ガスの削減を助けることにより，援助国が自国の削減割り当て量の部分的な控除（削減クレジット）を獲得できるとしている点で共通しており，どちらも援助国の温暖化ガス削減費用を軽減することを第一の目的としたものである．また，その副次的効果として，被援助国においてより安価に温暖化ガスの削減がなされることにより，地球上全体での温暖化ガス削減量の増加が期待できる．

　CDMとJIの主要な違いは，援助国と被援助国の立場にある．JIでは援助国，被援助国ともに先進国であるのに対し，CDMでは，援助国が先進国，被援助国が途上国とされる[3]．現在のところ，先進国のみが温暖化ガスの削減義務を負うことになっているため，JIによって先進国全体での削減量が変化することはない．しかし，CDMの実施は，削減クレジットの使用により，先進国における削減量が部分的に減少することを意味する．この点において，これら2つのプログラムは二酸化炭素の排出総量に対して異なる効果をもっているが，本章では，特に先進国と途上国の間の援助関係と，その温暖化問題に対する影響に注目するため，JIよりもCDMに焦点をあわせることにする．加えて，先

---

[3] 正確には，それぞれ，気候変動枠組み条約の付属書Ⅰに記載された国々と，記載されていない国々を指す．

進国はこれまでに,共同実施活動(以下,AIJ)と呼ばれるクレジットの授受を含まない温暖化ガス削減援助プログラムを,途上国との間で実験的に行ってきた.AIJ の本来の目的は JI と CDM の効果に関する情報を集めることであるが,ここでは AIJ を CDM に対する比較の対象として取り上げ,CDM におけるクレジット制度導入の影響をより明確にしたい[4].なお,CDM では援助プログラムに削減クレジットが付随されることに対し,一部の途上国が「先進国が削減努力を怠り,温暖化ガス削減技術の革新も遅れる」等の懸念を抱いており[5],京都議定書後の締結国会議では AIJ の延長が議論されてきたことも指摘しておく(Yamin 2000).

さて,地球温暖化問題に対する CDM の影響を分析するために,本章では主に「微分ゲーム」,特に「非協力微分ゲーム」を用いて定式化を行うことにする[6].非協力的ゲームの枠組みを用いるのは,現在のところ,地球環境問題に対する超国家的な政策決定機関が存在していないことによる.また,微分ゲームを用いるのは,地球温暖化の原因が温暖化ガスの大気中における蓄積にあるため,少なくともその蓄積過程を考慮する必要があるからである[7].さらに,温暖化ガス削減活動に用いられる耐久財や技術水準もストック変数であり,微分ゲームとして定式化することにより,これらの要素も明示的に取り入れることができるという利点もある.

第 2 節では,以下の分析のベンチマークとして,静学モデルを用いて CDM 導入の効果を分析する.第 3 節と第 4 節では,それぞれ,援助が全く行われな

---

4) AIJ のようにクレジットを含まない援助プログラムが継続された場合,先進国にとっての経済的メリットは,途上国での削減量が増えることにより被害が減ることのみにあり,CDM のように削減クレジットの獲得によって自国での削減負担が軽減するという利益は生まれない.
5) CDM に対する途上国の懸念の具体例とその妥当性については Karp and Liu (2001) を参照されたい.
6) この章で扱われる微分ゲームの諸概念については,Petit (1990) や Dockuer et al. (2000) を参照のこと.
7) 微分ゲームは,各プレイヤーが相手プレイヤーの現在の行動だけでなく将来の行動を考慮に入れて意思決定を下すという点において,「繰り返しゲーム」とよく似た構造をもつ.しかし,ストック変数の推移が「状態方程式」を介して表現され,各プレイヤーがゲームを取り巻く環境の変化をも考慮に入れて戦略を立てるという点において,微分ゲームは繰り返しゲームと異なる.

い場合と,共同実施活動とクリーン開発メカニズムを介しての環境援助を明示的に取り入れた場合の動学モデルを構築し,それぞれのモデルについてその均衡解を導出する.しかしながら,モデルの明示的な解を導出するのは困難であるため,第5節ではシミュレーション分析を用いて,二酸化炭素の蓄積量,各国の二酸化炭素削減量,先進国の援助水準の経時的変化,および,各国の厚生水準の比較分析を行う.ここで重要なのは,厚生水準に関するシミュレーション結果である.すでに述べたように,CDMの導入に関しては,先進国が二酸化炭素の削減努力を低下させるのではないかという危惧から,途上国の一部から反対意見が出されてきた.しかしながら,もしCDMが途上国の厚生を上昇させるのであれば,むしろ途上国がCDM導入に肯定的となるべきであるからである.最終節ではこの研究から得られたCDMの影響についての洞察を簡単にまとめる.

2. 静学モデル

本章では,途上国(S国)と先進国(N国)がそれぞれ1つずつのみ存在する場合を考えることにする.これはそれぞれのグループが結託を組んだ場合と解釈してもよい.また,分析を単純化するため,各種温暖化ガスの中でも,最も重要と考えられている二酸化炭素のみを扱うこととする.各国における二酸化炭素の排出削減策は,その排出源で行われるものとしてモデルに表す.大気中の二酸化炭素の固定を目的とした植林などは,すでに排出され,蓄積した二酸化炭素に対する削減活動であるため,より厳密には排出源での削減活動と区別される必要があるが,ここでは両者をまとめて排出源での削減活動として表現する.

二酸化炭素の排出量 x は排出削減活動によって次のように決定されるとする.

$$x = \psi(a_S + a_N), \quad \psi' < 0, \quad \psi'' \geq 0$$

ここで,a_i ($i=S, N$) は発展途上国 S と先進国 N のそれぞれの二酸化炭素排出削減活動を示す.この定式化は,排出削減活動を増加させることにより各国は二酸化炭素の削減を減らすことができるが,その削減量は非逓増的であることを表している.

発展途上国はその削減活動 a_S を選ぶことで，次のようなコストを最小化する．

$$J_S = D_S(x) + (1-\gamma) \cdot C_S(a_S, T)$$

$D_S(x)$ は二酸化炭素の排出により発展途上国が被るダメージを表し，$D_S' > 0$ と $D_S'' \geq 0$ であると仮定する．$C_S(a_S, T)$ は発展途上国の排出削減に伴う費用を表す．γ は先進国による経済援助率を表し，発展途上国はその削減費用の $\gamma \times 100\%$ だけの経済援助を先進国から受け取ることができるとする．T は発展途上国が先進国から受け取る技術援助で，発展途上国の二酸化炭素削減に伴う費用を低下させる．具体的には，削減技術の移転や，途上国の状況に見合った研究・開発などを想定している．費用関数の各変数に関する偏微分係数の符号は次のようになっているとしよう：

$$\frac{\partial C_S}{\partial a_S} \equiv C_{Sa} > 0, \quad \frac{\partial^2 C_S}{\partial a_S^2} \equiv C_{Saa} > 0, \quad \frac{\partial C_S}{\partial T} \equiv C_{ST} < 0,$$

$$\frac{\partial^2 C_S}{\partial T^2} \equiv C_{STT} > 0, \quad \frac{\partial^2 C_S}{\partial a_S \partial T} \equiv C_{SaT} < 0$$

排出削減の限界費用は排出削減に伴い逓増的に増加する．また，先進国による技術援助は発展途上国の費用のレベルを下げるとともに，その排出削減の限界費用も低下させる．

一方，先進国は発展途上国に対する技術援助のレベル T を選択することで次のようなコストを最小化する．

$$J_N = D_N(x) + C_N(a_N) + \gamma \cdot C_S(a_S, T) + T$$

第 1 項は二酸化炭素の排出により先進国が被るダメージを表し，$D_N' > 0$ と $D_N'' \geq 0$ であるとしよう．第 2 項は先進国の二酸化炭素の排出削減に伴う費用である．第 3，4 項はそれぞれ経済援助，技術援助のコストである．また，これまでに行われた気候変動枠組み条約の締結国会議（COP）における途上国側の主張は，一貫して「歴史的に地球温暖化ガスを大量に排出してきた先進国のみが削減活動を行うべきだ」というものであったこと，京都議定書では先進諸国だけが拘束力を持つ排出削減割り当ての受け入れに同意していること，の 2 点を踏まえて，以下では排出削減枠の存在を前提として分析を行うことにしよう．さらに，以下では先進国の行う経済援助（すなわち γ）については，両国

間ですでに決定された事項であると考え一定として分析を行い，先進国の選択できる経済変数は技術援助のみであるとする[8]．

ここで，CDM を導入しよう．この場合，先進国からの経済援助と技術援助を得ることによって，援助が行われない場合に選択するはずであった排出削減活動の水準（ベースライン削減活動水準）を上回る排出削減活動を発展途上国が実施した場合，先進国はその超過分の一定割合を自国の排出削減クレジットとして受け取ることができる．すなわち先進国の受け取る削減クレジットは

$$c = l \cdot (a_S - a_S^N)$$

で与えられる．ここで a_S^N は発展途上国のベースライン削減活動水準を表す（後の動学分析では非協力解がこれに当たる）．先進国は CDM の下ではこの削減クレジット分を自国の削減活動と換算できるので，先進国の排出削減活動は $a_N = a_N^Q - c$ となる．a_N^Q は先進国に対する排出割り当て量である．したがって，先進国と発展途上国の両方の削減活動の総計は，$a_N + a_S = (1-l) a_S + a_N^Q + l a_S^N$ となる．なお，本節の分析では，先進国に割り当てられた削減割当量と途上国のベースラインを所与とするが，次節以降の動学的分析ではこれらの値がどのように決まるかについても議論する．

両国の戦略的な関係を明らかにするために，分析準備として，両国が相手国の選択変数を所与として行動したときにどのような反応をするかを分析してみよう．

はじめに，発展途上国の意思決定問題から考察しよう．発展途上国の最小化の第一階条件は次のようになる．

$$\frac{\partial J_S}{\partial a_S} = D_S'(x) \cdot \psi'(a_S + a_N)(1-l) + (1-\gamma) \cdot C_{Sa}(a_S, T) = 0$$

これが，発展途上国の反応関数，$a_S = R_S(T)$ を定義する．ここで，$\dfrac{\partial^2 J_S}{\partial a_S \partial T} = (1-\gamma) C_{SaT} < 0$ なので，発展途上国の反応曲線は右上がりの傾き $(R_S'(T) > 0)$ を持つことになる[9]．

---

8) なお，経済援助額を決定する γ を先進国が選択できる経済変数と考えた場合についても，以下と同様の分析が可能であるが，経済学的にあまり意味のない解しか得られないため，ここでは取り上げない．

次に，先進国の最小化問題を考察しよう．先進国の最小化問題の第一階条件は次のようになる．

$$\frac{\partial J_N}{\partial T} = \gamma \cdot C_{ST}(a_S, T) + 1 = 0$$

これが，先進国の反応関数，$T = R_N(a_S)$ を定義する．ここでも $\frac{\partial^2 J_N}{\partial a_S \partial T} = \gamma \cdot C_{S_a T} < 0$ なので，先進国の反応曲線も右上がりの傾きを持つ．

以上の考察により，先進国の技術援助と発展途上国の排出削減活動は戦略的補完関係にあり，均衡の安定性を仮定すると，図7-1のような反応曲線が描けることがわかる．図中の $J_S - J_S$ と $J_N - J_N$ は，発展途上国と先進国のそれぞれの等費用曲線を表しており，両国の等費用曲線とも右上にある等費用曲線ほど低い費用に対応している．

図7-1からわかるように，両国とも，同時に戦略を決定するときに帰結するNash均衡よりも先手（リーダー）と後手（フォロワー）という決定の順番が存在する均衡を好む[10]．実際に，どちらが先手になり，どちらが後手になるかは先見的にわからないが，仮にどちらかの国が一方的にリーダーになることを宣言すれば，他国は自発的にフォロワーになることを選好する．現実には，先進国は二酸化炭素の排出削減に対してイニシアティブを取ることを発展途上国から要求されている．したがって，先進国がリーダー，発展途上国がフォロワーになるようなゲームの構造が現実のCDMの問題を分析するフレームワークとしてふさわしいと思われる．

次に，先進国に対してクレジットを与えることが両国の厚生に与える影響を考察するために，l の変化が両国の厚生にどのような効果を与えるかを図7-2において見てみよう．そのためには，両国の等費用曲線，反応曲線が l の変化とともにどのように変化するかを考察すればよい．上の第一階条件から容易にわかるように先進国の反応曲線は l の変化により影響を受けない．一方，発展途上国の反応曲線は l の上昇により下へシフトする[11]．これは，先進国のあ

---

9) これは最小化問題なので，最大化問題のときとは交差微分の符号が逆になることに注意されたい．
10) 先手後手の決定問題については，Hamilton and Slutsky (1990) を参照せよ．

図 7-1

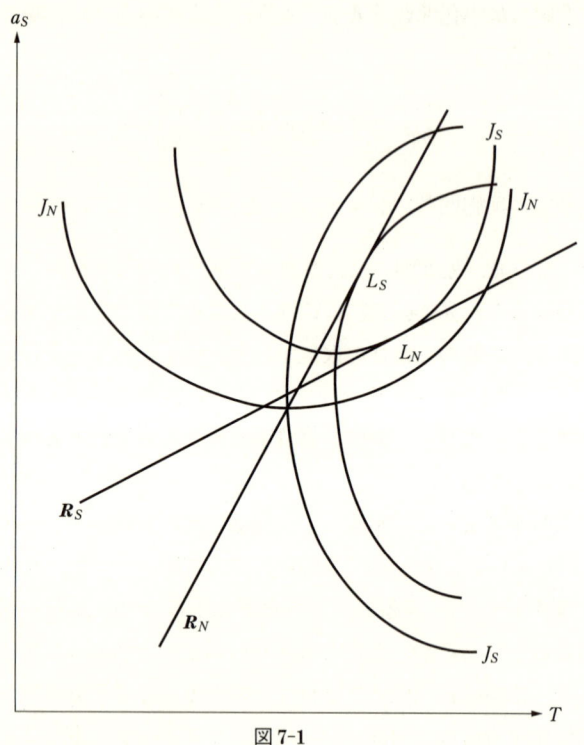

る一定の技術援助の水準に対し，l の上昇によって先進国により大きなクレジットが与えられるようになるのを考慮して，発展途上国の削減活動が減少するためである．また，l の上昇により，先進国の等費用曲線は傾きが小さくなる[12]．先進国はより多くのクレジットを受け取ることができるので，l の上昇により反応曲線上の同じ点を通過する等費用曲線はより低い費用に対応している．

　均衡がどのように変化するかについてはさまざまな場合がありうるが，図 7-2 のように L_N が移動する場合は，リーダーである先進国もフォロワーである発展途上国も厚生が改善する可能性がある．この結果は，先進国の発展途上

---

11)　排出削減関数 ϕ と損失関数 d_S が線形ならば必ず下にシフトする．
12)　排出削減活動の効果が大きいときこの結果が導かれる．

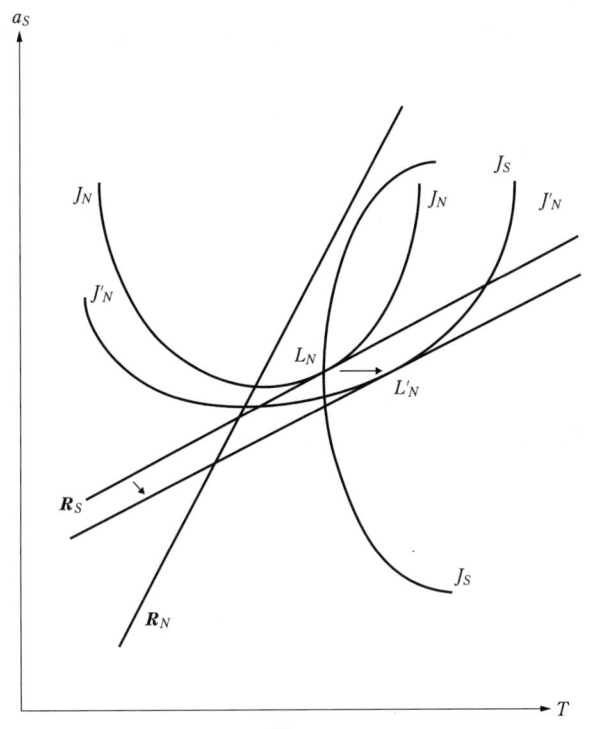

第7章　国際環境援助の動学分析　　　319

図 7-2

国に対する技術援助がより多くのクレジットを先進国に与えるので，先進国の発展途上国に対する技術援助がいっそう引き出されることによる．技術援助により発展途上国の排出削減コストが低下し，発展途上国の削減活動は大きくは低下せず，二酸化炭素の削減活動の総計もそれほど下がらないから先進国もクレジットの獲得により大きなメリットを得ることができるのである．

　しかしながら，反応曲線や等費用曲線のシフトの仕方によっては両国の厚生が改善するとは限らない．この点を明らかにするためには，モデルをさらに特定化する必要がある．また，すでに強調したように，地球温暖化は本質的に動学的な問題であるため，次節以降では，関数形を特定化した上で，本節の静学モデルを動学モデルに拡張し，さらにさまざまなパラメータを現実的な値に設定することによって，両国の厚生，二酸化炭素の排出経路，技術援助の時間経路を考察することにする．

3. 動学モデル：環境援助が行われない場合

　本節では，環境援助が存在していない状況下での両国の行動を分析する．本節でも前節同様に，排出削減枠の存在を前提として分析を行うが，その割り当ての受け入れ自体は，先進国による自発的な行動の結果というよりも，さまざまな政治的圧力によって先進国が途上国における地球温暖化の被害のある割合 σ $(0\leq \sigma \leq 1)$ を考慮することを義務づけられたためと解釈する（σ は両国の交渉によって決まると考えるのがより現実的であるが，ここでは外生的に与えられているものとする）．すなわち，先進国は自国の地球温暖化による被害と同時に，他国の被害を考慮して，それらの被害費用と削減費用の和からなる，次の目的関数を最小化する削減量 $(a_N(t))$ を選択すると想定する．

$$J_N = \int_0^\infty e^{-r_N t}\left[d_N(t)(x(t)-x(0))+\sigma d_S(t)(x(t)-x(0)) \right. $$
$$\left. +\frac{1}{2}\beta_N(t)a_N(t)^2\right]dt. \qquad (1)$$

ここで，$x(t)$, r_i, $d_i(t)$, $\beta_i(t)$ は，それぞれ，大気中の二酸化炭素蓄積量，i 国 $(i=N\, or\, S)$ の社会的割引率，二酸化炭素蓄積による被害費用係数，および，排出削減活動の効率性を表す．(1)では，被害費用関数は，大気中の二酸化炭素蓄積量の線形関数として特定化されている．より具体的には，各期の被害費用は当期と基準期の二酸化炭素蓄積量の差に比例し，その基準期を現在とする（後に明らかになるが，被害費用関数を線形としたため，この基準期の選択は分析結果に影響を及ぼさない）．また，各国の削減費用関数に関しては，その削減水準 $(a_i(t))$ の二次関数であると仮定する．

　一方，途上国の温暖化ガス削減量については，これまでの締結国会議において，多くの途上国が自発的目標を設定することに対してすら激しく反発しているため[13]，途上国はその削減水準を自由に選ぶことができるものとしよう．環境援助が行われない場合，途上国は削減量 $(a_S(t))$ を操作することにより，次の目的関数を最小化しようとする．

---

13) 例えば竹内（1999）を参照せよ．

$$J_S = \int_0^\infty e^{-r_S t} \left[d_S(t)(x(t) - x(0)) + \frac{1}{2}\beta_S(t) a_S(t)^2 \right] dt. \quad (2)$$

先進国が途上国の被害費用をも考慮した削減量を国際条約によって選択させられるのに対し，途上国は自国の被害費用のみを考えた削減量を選ぶ．

二酸化炭素の大気中での蓄積過程を示す状態方程式は次のように表される．

$$\frac{dx(t)}{dt} = w(e(t) - a_N(t) - a_S(t)) - \rho x(t). \quad (3)$$

ここで w, $e(t)$, ρ は，それぞれ，排出された二酸化炭素が大気中に残留する割合，対策が全くとられなかった場合に全地球上で排出される二酸化炭素の量，大気中に蓄積された二酸化炭素が自然に同化される割合を示す．係数 w は，排出された二酸化炭素の一部分が海洋に代表される天然のシンクにより吸収されている，という見解を反映している．また，ρ というパラメータは大気中の二酸化炭素が温室効果をもつ期間の長さを反映している．

各国の二酸化炭素削減活動の効率性は式(1)，(2)における $\beta_i(t)$ というパラメータに反映されている．$\beta_i(t)$ は削減費用関数の係数であるから，より小さな $\beta_i(t)$ はその国が削減活動においてより効率的であることを示す．先進国から環境技術援助が与えられない場合，途上国における削減活動の効率性は，先進国よりも常に劣った水準であると仮定する．すなわち，$\beta_S(t)$ は定数 $z(z > 0)$ だけ $\beta_N(t)$ よりも大きくなり，次のように表される．

$$\beta_S(t) = \beta_N(t) + z. \quad (4)$$

さらに，先進国の削減技術を示すパラメータ，$\beta_N(t)$ は外生的に与えられるものとする．

また，各国の被害費用係数の大きさは，各国の人口が増減する可能性などを考慮し，一定の率 θ_i で増加すると想定しよう．すなわち，

$$d_i(t) = d_i(0) e^{\theta_i t}. \quad (5)$$

さらに，経済学的に意味のある分析結果を得るために，$\theta_i < r_i + \rho$ を仮定する．この条件は，被害費用係数の成長率は，その国の社会的割引率と汚染物質の同化率の和よりも小さいことを意味する．

さて，上記の5本の式から構成される動学ゲームのオープンループ・ナッシュ均衡解を求めよう．通常の動学的最適化により，自由に二酸化炭素削減量

$a_S(t)$ を選ぶことのできる途上国は,

$$a_S^N(t) = \frac{d_S(t)\,w}{(r_S+\rho-\theta_S)(\beta_N(t)+z)} \tag{6}$$

を選択し ($a_S^N(t)$ は援助のない場合の途上国の削減量を示す), 削減割り当て (abatement quota) を強制された先進国は,

$$a_N^Q(t) = \left(\frac{d_N(t)}{r_N+\rho-\theta_N} + \frac{\sigma d_S(t)}{r_N+\rho-\theta_S}\right)\frac{w}{\beta_N(t)} \tag{7}$$

を達成しなければならないことを示すことができる ($a_N^Q(t)$ は割り当ての存在によって規定される先進国の削減量を意味する)[14].

なお, 先進国が自国の被害費用のみを考慮して自由に削減水準を選択できる場合は, (7)式で $\sigma=0$ とおくことによって,

$$a_N^N(t) = \frac{d_N(t)\,w}{(r_N+\rho-\theta_N)\,\beta_N(t)} \tag{8}$$

と求めることができる (非協力解). 容易に想像されるように, (7)式で与えられる削減割り当て量は, その第 2 項目が存在する分, (8)式で求められる非協力的削減量 ($a_N^N(t)$) よりも大きくなっている.

4. 動学モデル：環境援助が行われる場合 (CDM のケース)

この節では, 先進国が 2 つのタイプの環境援助プログラムを行うことが可能であり, さらに, CDM の場合には, 援助国がプログラムの成果に比例した削減クレジットを受け取ることのできる状況をモデル化する. また, 京都議定書を模して, 先進国は, 前節で求められた削減割り当て量 $a_N^Q(t)$ を成し遂げることにコミットしているとする.

この章で考慮する 2 つのタイプの環境援助プログラムとは, 経済援助と技術援助である. 経済援助とは, ある国が他の国の削減活動を増加させるために提供する金銭的援助のことである. 第 2 節と同様, ここでの経済援助は先進国が途上国で費やされた削減費用のある割合を肩代わりするものと仮定する. また,

---

[14] 最適条件の導出に関しては Matsueda, Futagami and Shibata (2006) を参照せよ.

その割合を「経済援助率」と呼び，$\gamma(t)$ $(0\leq\gamma(t)<1)$ で表す．それに対して，技術援助はより優れた削減技術を保持する先進国によって提供され，途上国での削減活動の効率を向上させることに貢献するものとするが，前節とは異なって，途上国の削減効率をストック変数として表現することにする．なぜなら，耐久財である削減装置やその管理技術・知識などといった経時的に蓄積する要素が，削減効率を決定する上で重要な役割を果すと考えられるからである．

上記の設定の下でのモデルの均衡経路は，先進国が環境援助の提供者として先導者となり，途上国がその被提供者として追随者となる，非協力微分ゲームのオープンループ・シュタッケルベルク解によって与えられる．より具体的には，先進国が各期の環境援助率と技術援助レベルを先にアナウンスし，途上国はそれを与件として自国の削減量を決定するのである．オープンループ・シュタッケルベルク解に関しては，通常，先導者の戦略に関して，「時間不整合性(time-inconsistency)」という信頼性の問題が生まれることが知られている（de Zeeuw and van der Ploeg 1991）．しかしながら，この節のオープンループ・シュタッケルベルク均衡解では，その特別な関数形のために，先導者の戦略も時間整合的となり，戦略についてのアナウンスの内容が信頼できるものであることを示すことができる．

CDM の概要に関しては，未だ確定していない部分が多いが，前節と同様に，先進国の提供した環境援助の影響のために，途上国が援助の行われない場合に選択するはずであった削減レベル（$a_S^N(t)$）を超えて実施した削減量の一定割合 l $(0\leq l<1)$ が削減クレジットに換算されることとする．すなわち，ベースライン削減量は，援助のない場合の途上国の非協力解における削減量であるとする[15]．したがって，前節と同様に，先進国の受け取る削減クレジットの総量は，

$$c(t) = l\,(a_S(t) - a_S^N(t)) \qquad (9)$$

となる．ここで，AIJ タイプの環境援助プログラムは，先進国が削減クレジットを全く受け取ることができないのであるから，(9)式において l がゼロ

---

15) ベースラインの決定などの CDM の基本的論点に関しては川島・松浦（1999），および，新澤・西條（2000）を参照されたい．

である場合であると考えることができる.

　技術援助の効果として，途上国の削減技術の効率は，技術援助が行われない場合とは異なり，先進国の技術援助により改善するものとしよう．この場合，途上国の削減技術を表す $\beta_S(t)$ は，前節の(4)式と類似して，

$$\beta_S(z(t), t) = \beta_N(t) + z(t) \tag{10}$$

と表現されるが，技術格差 $z(t)$ がストック変数として捉え直され，先進国からの技術援助により，次の状態方程式を通じて変化する．

$$\frac{dz(t)}{dt} = -\alpha T(t)^\delta \tag{11}$$

ここで，α と δ は時間を通して変化しない非負のパラメータである．

　CDM の下では，当初の先進国の削減割り当て量が $a_N^Q(t)$ であったとしても，実際の先進国における削減量は，クレジット分を差し引いた，$a_N^Q(t) - c(t)$ となる．先進国が獲得した削減クレジットをすべて利用すると仮定すれば（これは l の値が $a_N^Q(t) - c(t) > a_N^N(t)$ を成立させるほどに十分小さいことを意味する），二酸化炭素の蓄積過程を示す遷移方程式は，

$$\frac{dx(t)}{dt} = w\{e(t) - (a_N^Q(t) - c(t)) - a_S(t)\} - \rho x(t) \tag{12}$$

と表される．

　さて，以上の定式化の下，先進国は，毎期の経済援助率（$\gamma(t)$）と技術援助のレベル（$T(t)$）の両者を選択することにより，次の目的関数を最小化するとしよう．

$$J_N = \int_0^\infty e^{-r_N t} \left[d_N(t)(x(t) - x(0)) + \frac{1}{2}\beta_N(t)(a_N^Q(t) - c(t))^2 \right.$$
$$\left. + \frac{1}{2}\gamma(t)\beta_S(t) a_S(t)^2 + T(t) \right] dt. \tag{13}$$

右辺積分内の第3，第4項は，それぞれ，先進国から途上国に提供される経済援助と技術援助の総額を表している．

　途上国は，毎期における自国の削減量（$a_S(t)$）をコントロールすることにより，次の目的関数を最小化する[16]．

$$J_S = \int_0^\infty e^{-r_S t} \left[d_S(t)(x(t)-x(0)) + \frac{1}{2}(1-\gamma(t))\beta_S(t)a_S(t)^2 \right] dt. \quad (14)$$

経済援助の影響で,途上国の負担する削減費用は,経済援助が行われない場合に比べて((2)式を参照),$1-\gamma(t)$の割合だけ減少している.

以上の環境援助ゲームの解は,やはりオープンループ・シュタッケルベルク解によって与えられる.最適条件は以下のとおり[17].

$$\lambda_S(t) = \frac{d_S(t)}{rs+\rho-\theta_S}, \quad (15)$$

$$\lambda_N(t) = \frac{d_N(t)}{r_N+\rho-\theta_N}, \quad (16)$$

$$a_S(t) = \frac{\lambda_S(t)w(1-l)}{(1-\gamma(t))(\beta_N(t)+z(t))}, \quad (17)$$

$$\frac{dT(t)}{dt} = \frac{r_N}{1-\delta}T(t) - \frac{\alpha\delta}{1-\delta}T(t)^\delta \left[\beta_N(t)l \left\{ a_N^Q(t) \right.\right.$$

$$\left. -\frac{\lambda_S(t)w(1-l)l}{(1-\gamma(t))(\beta_N(t)+z(t))} + la_S^N(t) \right\} \left\{ \frac{\lambda_S(t)w(1-l)}{(1-\gamma(t))(\beta_N(t)+z(t))^2} \right\}$$

$$\left. -\frac{\gamma(t)}{2} \left\{ \frac{\lambda_S(t)w(1-l)}{(1-\gamma(t))(\beta_N(t)+z(t))} \right\}^2 + \lambda_N(t)w\frac{\lambda_S(t)w(1-l)^2}{(1-\gamma(t))(\beta_N(t)+z(t))^2} \right], (18)$$

最後に,

$$\gamma(t) = \frac{X-Y}{X+1} \quad (19)$$

ここで,$X = \dfrac{\beta_N(t)l}{\lambda_S(t)w(1-l)}(a_N^Q(t)+la_S^N(t)) - \dfrac{1}{2} + \dfrac{\lambda_N(t)}{\lambda_S(t)},$

$Y = \dfrac{\beta_N(t)l^2}{\beta_N(t)+z(t)}.$

---

16) 地球温暖化問題の軽減以外に,環境援助が途上国にもたらす潜在的利益として,省エネルギー技術の移転によるエネルギー費用の減少や,国内汚染の軽減等が考えられるが(新澤・西條 (2000)),ここでは問題をより簡単に表現するため考慮しない.

17) 解の導出過程および解の時間整合性については Matsueda, Futagami and Shibata (2006) を参照されたい.また,実際には $T(0)$ の値も求められる必要があるが,この値の決定方法については次節で説明する.

(16)式と(17)式において，$\lambda_i (i=N, S)$ は温暖化ガスのストックの減少による限界便益である．したがって(17)式は，途上国の温暖化ガス削減量は，削減による限界的な便益と削減に要する限界費用が一致するように決定されることを意味している．

動学モデルを用いたストック汚染についての経済分析には，分析上困難であるため，定常状態の結果のみを考慮し，定常状態に至るまでの変数の経路を考慮していないものが多いが，この問題に関しても，解析的に均衡経路を導くことは極めて困難である．しかし，変数の経路を理解することは政策立案をする上で重要であり，各国の総費用の大小も，変数の定常状態だけでなく，それらの辿る経路に依存している．さらに，Falk and Mendelsohn (1993) が指摘するように，問題がある程度現実的にモデル化されたストック汚染の経済分析では，定常状態を求めることさえ不可能な場合も多い．そのような理由から，次節ではシミュレーションによって，内生変数の動学経路および両国の厚生水準を分析することにしよう．

5. シミュレーション

シミュレーション分析の準備として，パラメータの値を特定し，関数形についての仮定を設ける必要がある．また，他の多くの研究にならい，今後 100 年間にわたる結果のみに注目することにする．

まず，まったく温暖化ガスの削減対策がとられなかった場合の地球的排出レベル（$e(t)$）の推移を $e(t) = 5.0\, e^{0.005t} + 3.0\, e^{0.01t}$ で近似できるとする（このシミュレーションでは，二酸化炭素の量に関しては炭素換算で 10 億トン，金銭的単位としては 10 億米ドルを単位とする）．この値は Tahvonen (1994) で用いられたパラメータに基づくもので，気候変動枠組み条約における附属書 I 国を先進国，非附属書 I 国を途上国と考え，右辺の第 1 項が先進国から，第 2 項が途上国から排出される二酸化炭素の量に対応している．

再度，Tahvonen (1994) のパラメータ値により，各国の被害費用係数の初期値を，$d_N(0) = 0.4$，および，$d_S(0) = 0.2$ とし，両国の限界被害費用の増加率を，それぞれ，$\theta_N = 0.005$ and $\theta_S = 0.01$ と設定する．その他のパラメータの

値は次のように設定する：$r_S=0.03$, $r_N=0.02$, $w=0.6$, $\rho=0.003$, $x(0)=700$, $\beta_N(t)=20-0.1t$, $\delta=0.5$, $z(0)(=z)=20$, そして，$\alpha=0.2$. これらのうち，最初の6つのパラメータ値は，地球温暖化問題を扱った先行研究 (Nordhaus (1991), Cline (1991), Nordhaus (1994), Tahvonen (1994), そして，Farzin (1996)) に照らし合わせて妥当な値と考えられるが，残りの3つのパラメータに関しては，頼るべき先行研究が存在しないため，恣意的に決定せざるを得ない．そのため技術援助の貢献を表す(15)式では，$\delta=0.5$ を仮定する．続いて，削減効率のギャップの初期値 ($z(0)$) は，当初先進国の削減効率が途上国のそれよりも倍高い水準にあり，技術援助が全く行われない場合には，100年後にその差が3倍になるものとして設定されている．特に，技術援助の効果を左右するパラメータである α の値については後に感応度分析を行ってその変化の影響を調べる．

CDMにおけるクレジット制度導入の規模を表すパラメータ l の値は，当初 0.5 と設定し，後にこの値を変化させて削減クレジットの影響をみる．それに対して，先進国が途上国の被害費用を考慮する割合 σ は1に固定されている．なぜなら，$\sigma=1$ とした場合の10年後の削減割当量が，京都議定書で規定された削減枠と比して，多少厳しいものの，それに近い水準となるからである．σ の値がより大きくなれば，途上国の費用が減少する一方で，先進国の負担は増大する．しかしながら，σ の値を変えても，それが $a_N^C(t)$ を $a_N^N(t)$ よりも小さくしない限り，分析の結果に質的な変化をもたらすことはない．

このシミュレーションのベンチマーク・シナリオとして，先進国に対する削減割り当て量は存在するが環境援助は行われない場合を考え，これをケース Q と呼ぶ．このベンチマークの他に，前節で求めた分析結果を利用して，AIJ タイプの削減クレジットを含まない環境援助が行われた場合（ケース A）と，CDMタイプのクレジット制度を含む環境援助が行われた場合（ケース C）を検討する．その上さらに，援助が不可能のみならず，先進国に削減割り当て量が課されていない場合（ケース N）も考慮する．最後のケースは，すでに京都議定書で同意された内容と矛盾するという点で，非現実的なシナリオであるかもしれないが，他のケースにおける変数の経路の水準を理解する目的から，このシミュレーションに含めることとする．

ケース A とケース C において，先進国は(19)式によって規定される技術援助の経路が，自国の目的関数である(11)式の値を最小化するように努める．このシミュレーションでは STELLA というコンピューターソフトに含まれた感応度分析モードを利用し，今後 150 年間にわたる先進国の目的関数の値を比較することにより，先進国にとって最適な $T(0)$ の値を求めることにする．また，この150年という期間設定は十分長いと考えられ，ここでのシミュレーションの結果に重大なインパクトを与えないことが確認されている．

以下，シミュレーションの主要な結果を概観し，その含意を検討する．まず，図 7-3 は先進国が選択する経済援助率 $\gamma(t)$ の 100 年間にわたる経路を表している．ケース A とケース C のどちらにおいても経済援助は提供されるが，クレジット制度を含んだケース C の中で，より高い水準の経済援助率の経路が観察される．これは CDM の導入により，経済援助が単に被援助国での削減量を増加させるだけでなく，削減クレジットの獲得による自国の削減費用の軽減にも貢献すると援助国が判断するからである．ケース A とケース C の両者において，経済援助率は徐々に減少するものの，100 年間にわたって高い水準を保っていることから，途上国での削減活動にかかる費用の大部分が先進国によって負担されることがわかる．

図 7-4 は，ケース A とケース C において，100 年の間に技術援助がどのように提供されるかを示している．この 2 つのケースにおける $T(t)$ の均衡値は，それぞれ 1.0 と 2.0 より始まり，最初の 30 年間ほどはゆっくり増加を続けた後，その値は次第に減り始め，最終的には約 70 年と，60 年後にはそれぞれがゼロとなっている．このことは，先進国が急速に途上国の削減効率を上げようとするのではなく，時間をかけて徐々にそれを改善する方を選択することを意味する．この技術援助の貢献として，途上国の削減活動の効率性を表すパラメータ $\beta_S(t)$ は技術援助の提供されなかった時（ケース Q）と比べてより急速に減少する（図 7-5 を参照）．また，技術援助の水準はケース C の方がケース A よりも全体的に高くなっている．実際，ケース C のみにおいて，途上国の削減効率が先進国のそれに完全に追いつくこと（すなわち，ある期日以降は(13)式において $z(t)=0$））が図 7-5 から理解される．この結果も，経済援助の増加と同様，クレジット制度の導入によって新たに生みだされたインセンティブに

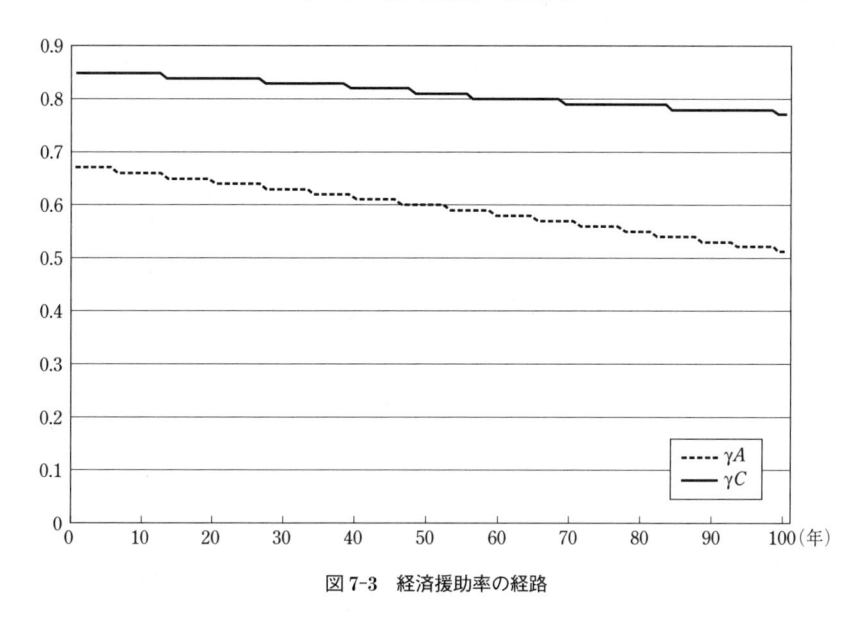

第7章　国際環境援助の動学分析

図7-3　経済援助率の経路

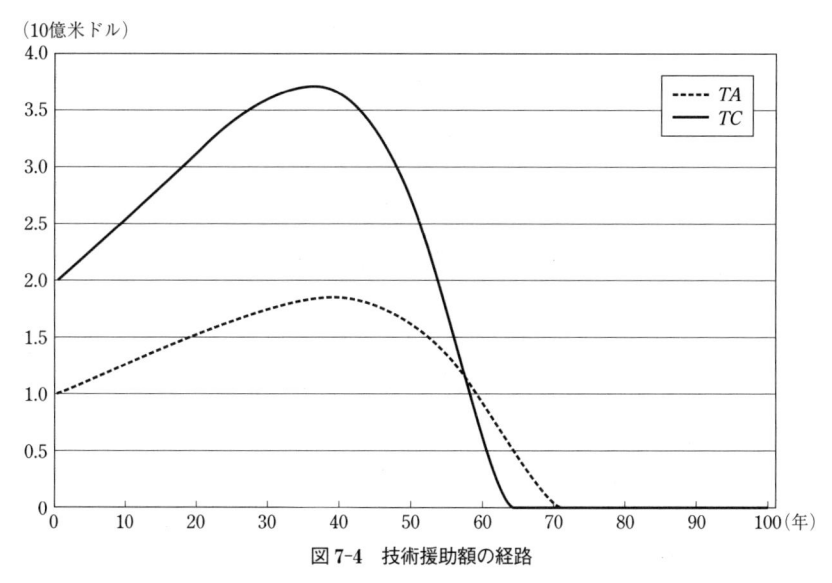

図7-4　技術援助額の経路

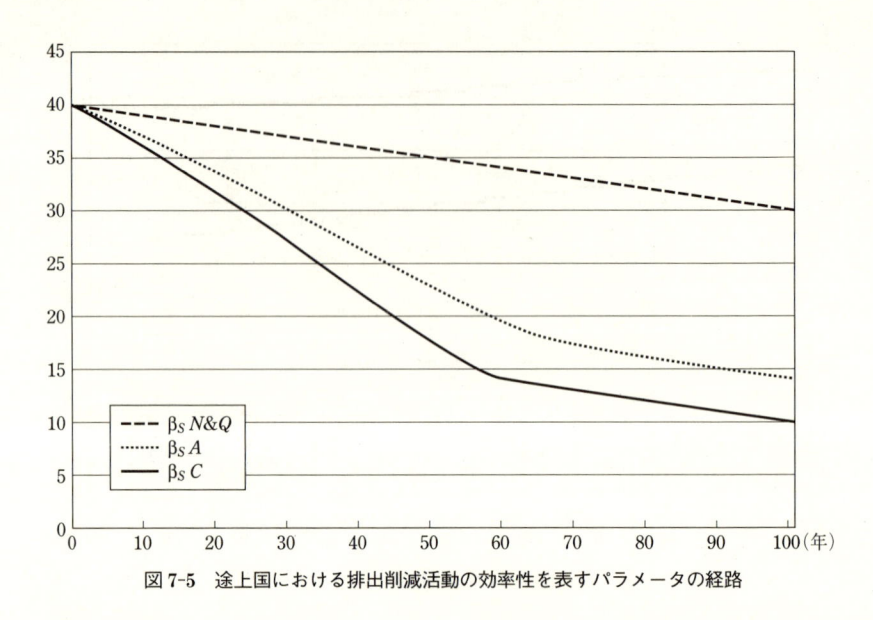

図7-5 途上国における排出削減活動の効率性を表すパラメータの経路

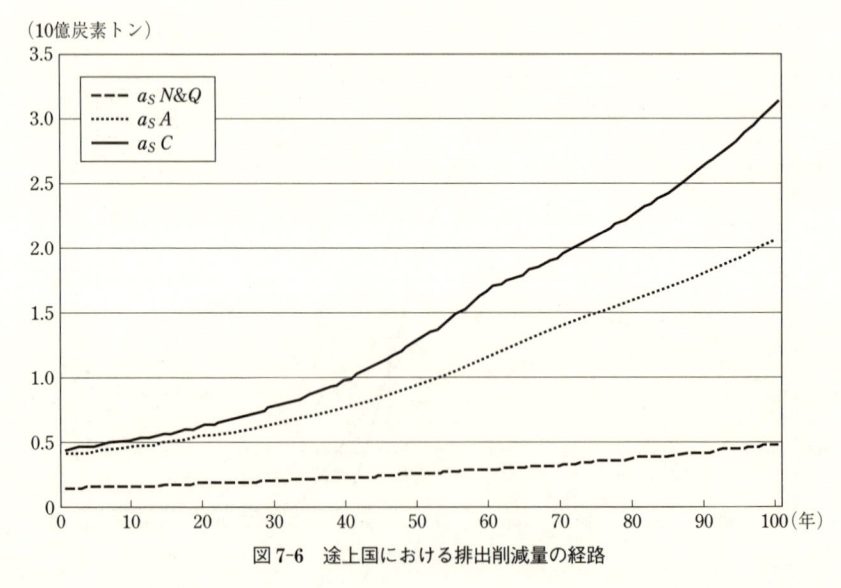

凡例: $\beta_S\, N\&Q$, $\beta_S\, A$, $\beta_S\, C$

（10億炭素トン）

図7-6 途上国における排出削減量の経路

凡例: $a_S\, N\&Q$, $a_S\, A$, $a_S\, C$

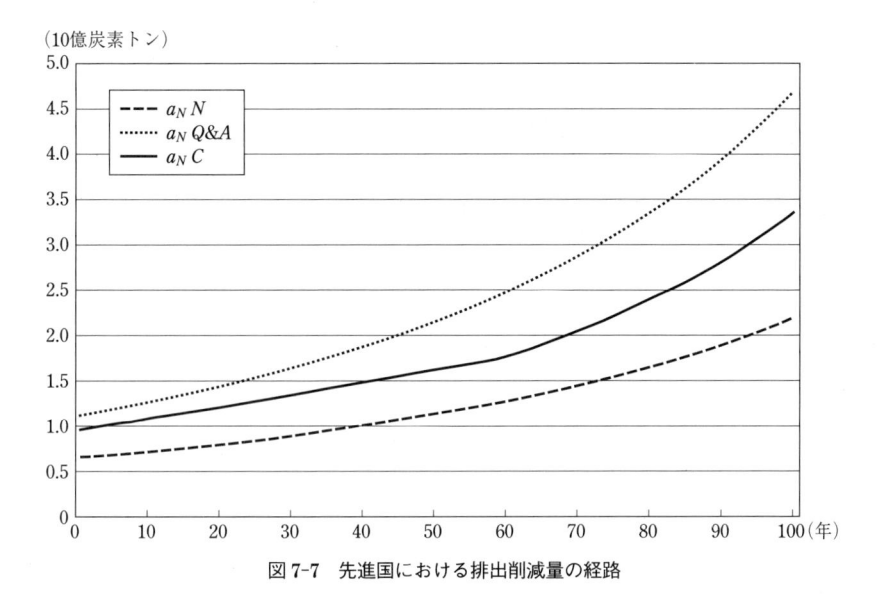

第7章 国際環境援助の動学分析　　331

(10億炭素トン)

凡例:
- - - $a_N N$
······ $a_N Q\&A$
——— $a_N C$

図7-7　先進国における排出削減量の経路

原因がある．

　図7-6は途上国における削減レベルの経路を，ケース N を含めて表している．このシミュレーションでは，すべての場合において途上国の削減量は増加しているが，ケース A とケース C での環境援助の存在は，その水準をいっそう高いものとしている．(18)式から理解されるように，経済援助は $\gamma(t)$ を通じて直接的に途上国の削減レベルを上げるのに対し，技術援助は削減効率の差 $z(t)$ を縮めることを介して間接的に削減量の増加に貢献している．また，ケース A とケース C における途上国の削減水準の間にも十分な差が存在するが，(18)式の形から判断して，これはより大きな $\gamma(t)$ とより小さな $z(t)$ の影響が，CDMで見られる l ($0 < l < 1$) の影響を凌駕しているからである．削減クレジット制度の影響については，後にパラメータ l の変化に関連して詳しく見ることにする．一方，図7-7は先進国における二酸化炭素の削減量を表している．この図によると，それがない場合に比べて，クレジット制度の導入は，自国内での削減量を軽減はするものの，非協力解におけるレベル（$a_N^N(t)$）を下回ることはない．

　これらの変数の経路から，ケース N を含む4つのケースそれぞれに対して，

(10億炭素トン)

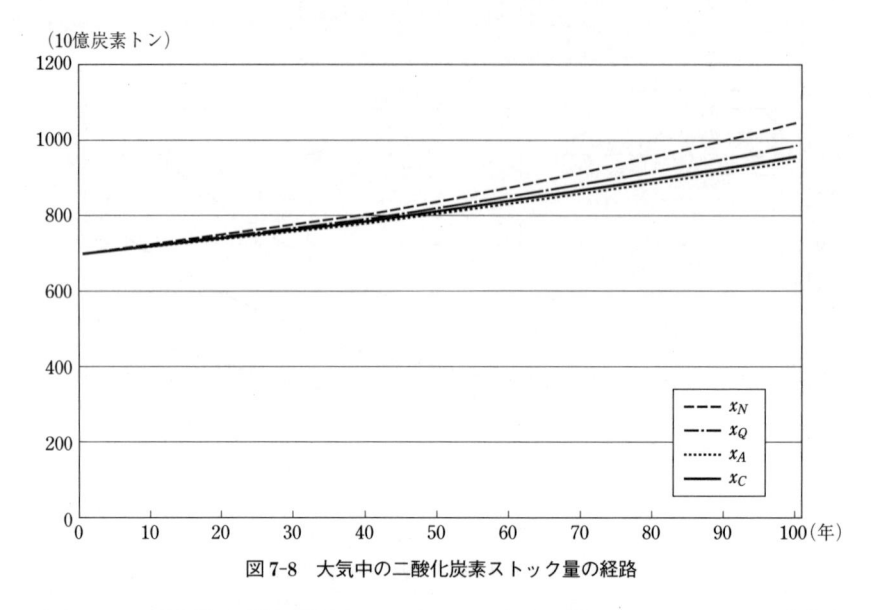

図7-8 大気中の二酸化炭素ストック量の経路

大気中の二酸化炭素蓄積量を求めることができる．図7-8によると，二酸化炭素の増加を食い止めるという点では，ケースAが最も有効で，ケースC，ケースQ，そして最後に，ケースNと続く．特に，ケースCにおける削減クレジット制度の導入は，ケースAに比べて蓄積量の幾分かの増大を招くが，それでも環境援助が行われないケースQよりは二酸化炭素の増加が抑えられている．

注目すべき結果がCDMのケースとAIJのケースにおける各国の目的関数の値を比較することによって得られる．表7-1は，削減割り当てを含む3つのケースにおいて，今後150年の間にそれぞれの国の目的関数がどのような値をとるかを示している．各国の目的はその関数を最小化することであるから，当然小さい値の方が望ましいこととなる．表7-1中での括弧内の数字はそれぞれの国の選好順位を示している．この表から，先進国にとってはケースCが最も望ましく，ケースA，そして，ケースQと続くことがわかる．またこの表は，途上国も先進国と全く等しい選好順位を持っていることも示している．すなわち，途上国がクレジット制度に反対してきた経緯に反して，先進国だけでなく途上国にとってもケースCが，ケースA以上に望ましい結果をもたらし

表7-1 最初の150年間における両国の総費用額

	途上国 (S)	先進国 (N)
ケース Q	1072.28 (3)	5338.11 (3)
ケース A	1028.47 (2)	5284.31 (2)
ケース C	1027.78 (1)	4869.62 (1)

ているのである.言い換えれば,このシミュレーション結果は,σとlの値によっては,削減クレジットを認めない援助プログラムのみが存在する状況下では,CDMの導入はパレート改善的になりうることを示しているのである.

このシミュレーションにおいて与件とされているlの値の影響を考えることは,それが今後の政府間交渉に依存していることを考えても,特に興味深いところである.図7-9は,lの値が当初の0.5から0.3と0.7にそれぞれ変化した場合の経済援助率の経路に対する影響を表している.図が示すように,lの値が大きくなればなるほど,経済援助の提供が先進国にとってより多くの割合でクレジットをもたらすため,経済援助率の経路は高くなる.一方,図7-10は,lの変化が技術援助の提供に対して大きな影響を持っていないことを表している.結果として,lの値は$\beta_S(t)$の経路を大きく左右することはない.

先に述べたように,ケースCにおける途上国の二酸化炭素削減量は(18)式によって与えられる.容易に読み取れるように,lの値が増加すれば,その直接的な影響として途上国は削減量を減らすが,同時にlの値は先進国の$\gamma(t)$,$T(t)$に関する意思決定にもインパクトを持っており,その経路が途上国の削減量に対し間接的に作用する.このシミュレーションに限れば,lの値の変化は技術援助の経路$T(t)$には余り大きな影響を与えないことが図7-10からわかる.その一方,先ほど見たように,より大きなlの値は,$\gamma(t)$を引き上げることを通じて,途上国の削減量を増やす.したがって,lの値が変化することの途上国の削減量に対する包括的な影響は,数式のみからは判断できない.図7-9には異なるlの値に対応した,途上国での削減量の均衡経路が描かれている.ここでは,lが大きくなった場合の$a_S(t)$の経路は,特に後年になって,より低くなっていることが図7-9より読み取れる.つまり,より大きなlの途上国の削減量に対する直接的影響力が,その$\gamma(t)$を通じた間接的影響力に勝り,結果として,このシミュレーションにおける途上国での削減量の経路は

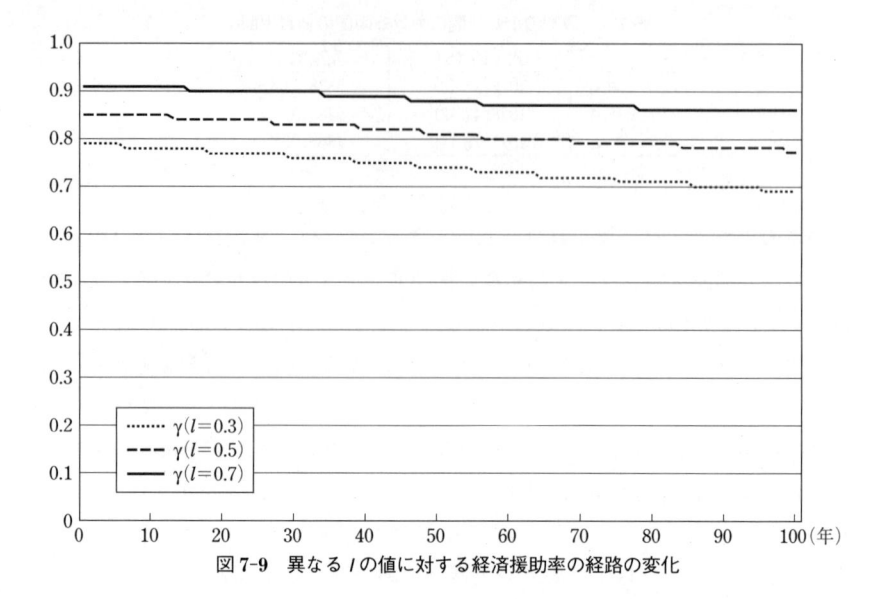

図7-9　異なる *l* の値に対する経済援助率の経路の変化

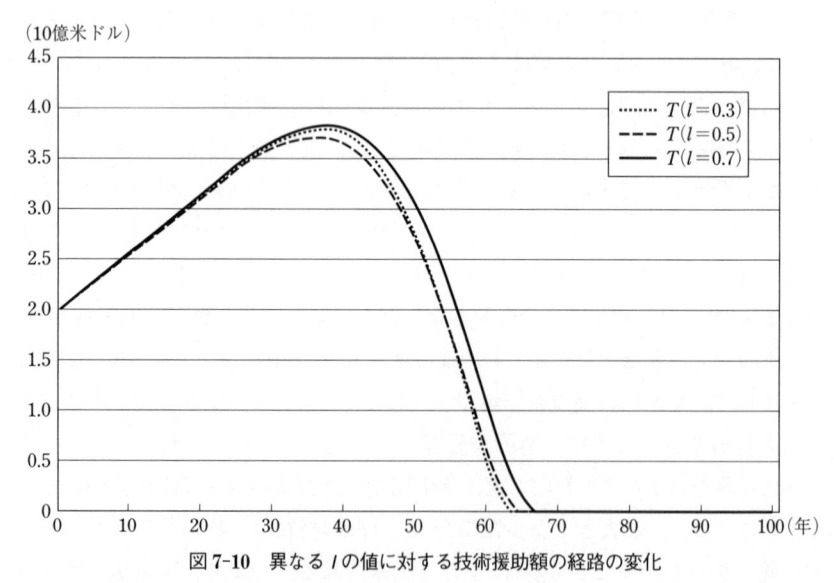

凡例: γ(*l*=0.3)、γ(*l*=0.5)、γ(*l*=0.7)

(10億米ドル)

図7-10　異なる *l* の値に対する技術援助額の経路の変化

凡例: T(*l*=0.3)、T(*l*=0.5)、T(*l*=0.7)

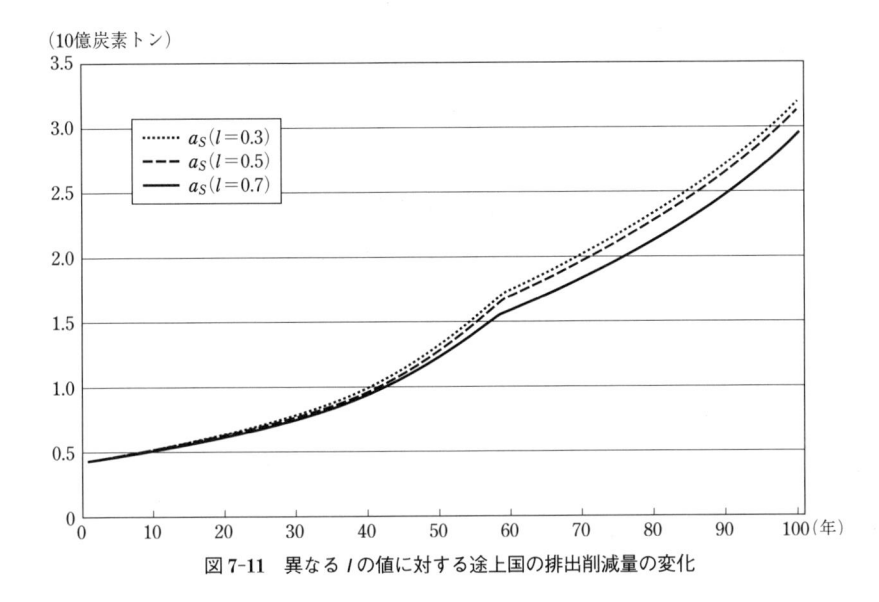

図 7-11 異なる l の値に対する途上国の排出削減量の変化

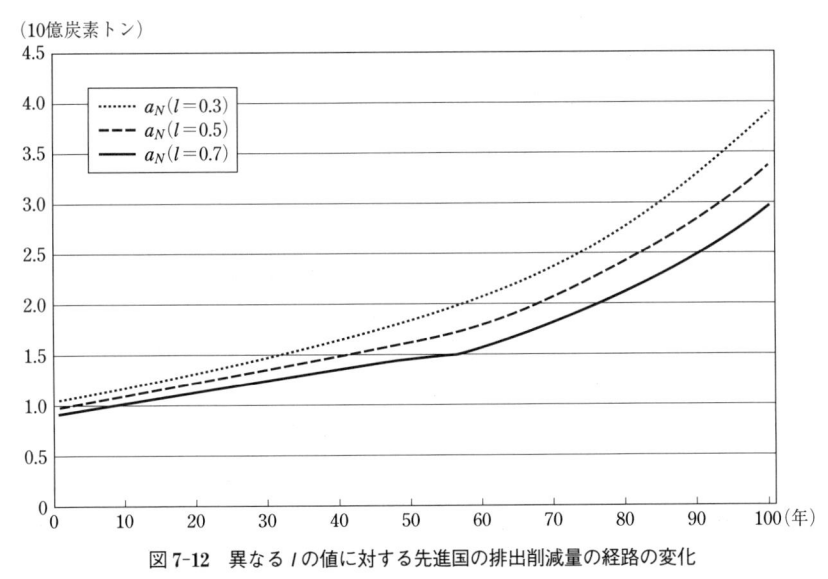

図 7-12 異なる l の値に対する先進国の排出削減量の経路の変化

(10億炭素トン)

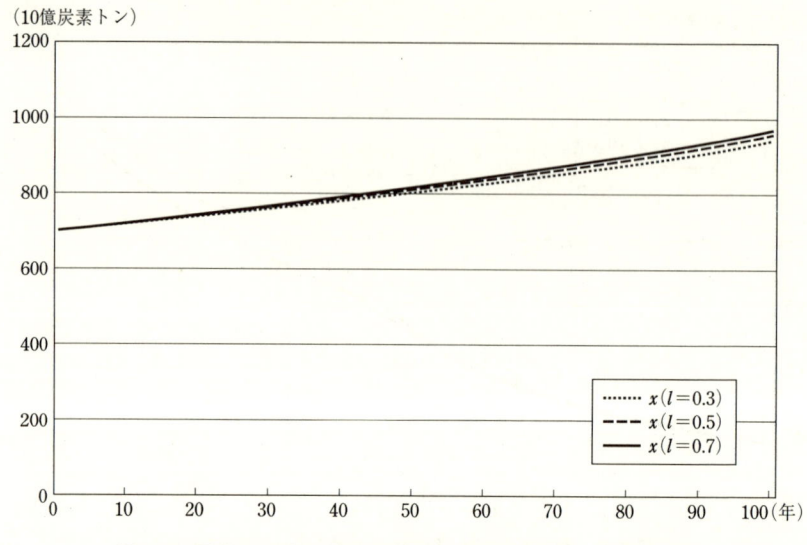

```
  x(l=0.3) ........
  x(l=0.5) - - - -
  x(l=0.7) ―――
```

図7-13 異なる l の値に対する大気中の二酸化炭素ストック量の変化

より低い水準を辿ることになったのである．これは，途上国がCDMを通じて先進国が獲得する削減クレジットの影響に配慮したため，より大きな l の値に対し，自国の削減量を減らすことで先進国に与えるクレジットの量を制限するという反応をとったことを意味している．

続いて，図7-10と図7-11は，それぞれ，l の値の変化が先進国の削減量に，さらには，大気中の二酸化炭素蓄積量に対して与える影響を表している．それらを見ると，l の変化は，削減クレジットの授受を介して，先進国の削減量を大きく変化させており，先の結果と合わせると，より大きな l の値は，途上国，先進国の両方で削減量を減少させることから，二酸化炭素の蓄積経路をより高い水準のものとしている．

表7-2は，l の変化に対応する以上の3ケースにおける両国の総費用の水準を記したものである．各ケースの間にそれほど大きな差はないものの，それぞれの国が l の値に対して異なった選好順位を持っていることがわかる．途上国にとっては $l=0.3$ が最も望ましいのに対して，先進国にとっては $l=0.7$ が最善である．この l の値をめぐる対立は，実際にCDMを施行していく上で，ここでは詳しく取り上げなかった σ の値とともに，l の値の決定が，国際間交

表7-2 lの変化に対する両国の総費用額

	途上国 (S)	先進国 (N)
$l = 0.3$	1022.16 (1)	5024.27 (3)
$l = 0.5$	1027.78 (2)	4869.62 (2)
$l = 0.7$	1033.78 (3)	4757.46 (1)

渉の対象になるであろうことを示唆している．とりわけ，途上国は $l=0.7$ のような値を含むクレジット制度の導入は，ケース A に比べてその総費用を増加させることから，決して受け入れないであろう[18]．

また，α の値に関する感応度分析を行ったところ，その影響は比較的大きいことがわかった．特に，α の値の増加は，技術援助の貢献度を高めることにより，技術援助（$T(t)$）と途上国の削減効率（$\beta_S(t)$）の経路に大きなインパクトを与える可能性があることが示される．

最後に，環境援助と削減クレジット制度の実施に関して，先のシミュレーションから得られたポイントをまとめておこう．予想されるとおり，CDMの導入は先進国による経済援助，技術援助を増加させる効果をもつ．これらの環境援助の増大は，途上国の削減活動のレベルを増加させる方向へ働くものの，最終的な途上国の削減量はそれほど増加しない．なぜなら，先進国が削減クレジットの獲得によって自国での削減量を減らすことを，途上国が憂慮しているからである．二酸化炭素の蓄積量に対しては，クレジット制度の存在は多少そのレベルを高めてしまうものの，全く環境援助が行われない場合に比べてその増加率はかなり小さくなる．

また，l の値がある範囲内であれば，削減クレジットを含んだ援助プログラムは，クレジットを伴わない援助プログラムと比べて，途上国，先進国の両国にとってより有利となる．つまり，一度ここで想定されたような削減割り当て量について合意が達成されれば，援助プログラムを行う際にクレジット制度を付随させることにより，両国とも正の純便益を得ることができる．換言すれば，ある条件の下では，クレジット制度を環境援助プログラムに追加することはパ

---

18) しかしながら，先進国が経済援助とは別の金銭的援助を申し出ることで，そのように高い l の値を途上国に承認させるという道は残されている．

レート改善的な行為といえる．これは，先進国は削減クレジットの導入により環境援助額を大幅に増加させるため，途上国にとっても，環境援助の増加による便益が，クレジットの利用のために減少する先進国での削減量による損失を上回り，その純便益がプラスとなるからである．

6. 最後に

この章では，動学ゲーム理論を応用して，クリーン開発メカニズムの経済的影響を考察し，いくつかの興味深い結果を導出してきた．しかしながら，国際環境援助の経済効果について，さらに深く理解するためには，以下のような拡張を行う必要があるであろう．

まず，一般均衡モデルを用いた分析が望まれる．たとえば，この章では産出水準は外生的に与えられていた．しかし，現実には環境の変化は経済活動にも影響を与えるものと考えられるため，産出水準も内生化することが望まれる．次に，世代間の公平に関わる問題をどう解決するかという視点を導入することも重要である．この章では，通常の動学分析と同様に，将来における便益と費用を社会的割引率によって割り引いている．地球温暖化問題のように，将来的に多大な経済的費用のもたらされる問題に対して，このアプローチが正しいものであるかどうかについてはより詳細な議論がなされる必要がある[19]．最後に，現在の地球温暖化についてはさまざまな不確実性が伴っていることを明示的に考慮することも重要である．地球温暖化による経済的費用や，温暖化の進行自体に関する不確実性を扱うには，この章で用いられた確定論的なモデルではなく，確率的プロセスを内包したモデルに拡張する必要がある．また，温暖化ガスの蓄積過程，削減技術の向上などにはある程度の不可逆性が伴うと考えられる．各種の不確実性とともに，温暖化ガスの削減活動に対する投資などに不可逆性を想定した状況を考える際には，Dixit and Pindyck (1994) によって広められた「オプション・アプローチ」を用いることが有効であろう．実際，このアプローチを利用した先行研究としてはすでに Conrad (1997), Xepa-

---

[19] さらに詳しい論点については本書の鈴村・蓼沼論文を見よ．

padeas (1998), Baudry (1999) や Pindyck (2000) があり, 彼らの研究に沿って, 本章の分析を拡張することは重要な将来の課題であると考えられる.

文 献

赤尾健一 (1997),『地球環境と環境経済学』成文堂.
天野明弘 (1997),『地球温暖化の経済学』日本経済新聞社.
Baudry, M. (1999), "Stock Externalities and the Diffusion of Less Polluting Capital: An Option Approach", *Structural Change and Economic Dynamics* **10** : 395-420.
Cline, W. (1991), "Scientific Basis for the Greenhouse Effect", *The Economic Journal* **101** : 904-919.
Conrad, J. (1997), "Global Warming: When to Bite the Bullet", *Land Economics* **73** : 164-173.
Dockuer, E., S. Jorgensen, N. Van Long and G. Sorger (2000), Defferential *Games in Economics and Management Science*, Cambridge: Cambridge Univesity Press.
Dixit, A. and R. Pindyck (1994), *Investment under Uncertainty*, Princeton, N. J. : Princeton University Press.
Falk, I. and R. Mendelsohn (1993), "The Economics of Controlling Stock Pollutants : An Efficient Strategy for Greenhouse Gases", *Journal of Environmental Economics and Management* **25** : 76-88.
Farzin, Y. (1996), "Optimal Pricing of Environmental Natural Resource Use with Stock Externalities", *Journal of Public Economics* **62** : 31-57.
Hamilton, J. H. and S. M. Slutsky (1990), "Endogenous Timing in Duopoly Games: Stackelberg or Cournot Equilibria", *Games and Economic Behavior* **2** : 29-46.
Karp, L. and X. Liu (2001), "The Clean Development Mechanism and Its Controversies", in D. Hall and R. Howarth (eds.) *The Long Term Economics of Climate Change: Beyond a Doubling of Greenhouse Gas Concentrations,* Elsevier Science Publisher: 265-286.
川島康子・松浦理恵子 (1999),「クリーン開発メカニズムの制度設計と効果分析」環境経済・政策学会編『地球温暖化への挑戦』東洋経済新報社, pp.79-91.
Matsueda, N., K. Futagami and A. Shibata (2006), "Environmental Transfers against Global Warming : A Credit-based Program", *Intennatiomal Jounual of Golobal Environmental Issues* **6** : 47-72.
新澤秀則・西條辰義 (2000),「京都メカニズムの意義と課題」地球産業文化研究所編『地球環境 2000-'01』ミオシン出版, pp.169-186.
Nordhaus, W. (1991), "To Slow or Not to Slow ; The Economics of the Greenhouse Effect", *The Economic Journal* **101** : 920-937.
Nordhaus, W. (1994), *Managing the Global Commons*, Cambridge, MA : The MIT Press.
Petit, M. L. (1990), *Control Theory and Dynamic Games in Economic Policy Analysis*, Cambridge : Cambridge University Press.

Pindyck, R. (2000), "Irreversibilities and the Timing of Environmental Policy", *Resource and Energy Economics* **22** : 233-259.
259.
佐和隆光 (1997), 『地球温暖化を防ぐ』岩波新書.
鈴村興太郎・蓼沼宏一「地球温暖化抑制政策の規範的基礎」本書第4章.
Tahvonen, O. (1994), "Carbon Dioxide Abatement as a Differential Game", *European Journal of Political Economy* **10** : 685-705.
竹内敬二 (1999), 「『危うい連合』とその終焉――途上国からみた温暖化交渉――」環境経済・政策学会編『地球温暖化への挑戦』東洋経済新報社, pp. 215-229.
渡辺重芳・中西秀高 (2000), 「COPに至る道のりとその後の動き」地球産業文化研究所編『地球環境2000-'01』ミオシン出版, pp.121-139.
Xepapadeas, A. (1998), "Policy Adoption Rules and Global Warming", *Environmental and Resource Economics* **11** : 635-646.
Yamin, F. (2000), 'Joint Implementation', *Global Environmental Change* **10** : 87-91.
de Zeeuw, A. and F. van der Ploeg (1991), "Difference Games and Policy Evaluation : A Conceptual Framework", *Oxford Economic Papers* **43** : 612-636.

第 8 章　途上国の森林問題[*]

大塚啓二郎

1. はじめに

　現在，第三世界を中心にして大規模な森林破壊が進行している．熱帯林について言えば，1960 年から 1990 年にかけてアジアではその面積の 30％が失われ，アフリカでは 17％が消失した（World Resources Institute et al. 1998）．しかも残された森の状態は悪化を続けている．それによって生物多様性は減少し，自然の保水力や土壌保全の能力は低下し，森林環境が悪化している．他方，温暖化ガスの排出量削減には限界があると考えられており，地球環境維持のためには，森林破壊の抑制と森林の再生を早急にはからなければならない．事実，「気候変動に関する政府間パネル」（IPCC 2000）は，植林等による温暖化ガスの吸収に大きな役割を期待している．

　熱帯地域では，破壊された森林は焼き畑耕作に用いられることが圧倒的に多い．焼き畑農民は貧困な国々の中でも最も貧しい階層に属する人々であり，彼らを追い出して森林環境を回復するわけにはいかない．人口圧力の高まりのもとで，休閑期間は短縮され，土地の肥沃度は減少し，焼き畑耕作の持続可能性は減少している．それがまた奥地の森林の破壊をもたらすという悪循環を引き起こしている．こうした状況では単に樹木を植林するだけのプロジェクトでは，地球環境の改善に寄与しない．なぜならば，焼き畑農民は耕地拡大のために植林された樹木を伐採してしまう可能性が高いからである．要するに，植林がど

---

[*]　本章の作成にあたっては，とりわけ石見徹，清野一治の両氏から有益なコメントをいただいた．記して感謝の意を表したい．

れほど温暖化ガスの吸収に貢献するかについては,不確定な要素が余りにも多い.温暖化ガスの排出量削減の数値目標に,クリーン開発メカニズム(CDM)の一環として,海外における植林等の吸収源拡大活動も認めるか否かが大きな論争になっているが,天野(2000)や山形(2000)が指摘するように,それによる温暖化ガスの吸収効果を評価することは容易ではない.

森林が減少していく一般的傾向が観察される一方で,明るい兆しが見られないわけではない.ネパールのヒルと呼ばれる山岳地帯の一部やヴェトナム北部では,森林破壊の勢いは衰え,森林が再生される傾向が観察される.また,商品樹木の栽培を伴うアグロフォレストリーの発展が各地で見られる[1].例えばそれはガーナのココアのアグロフォレストリーの発展である.シェードトゥリーと呼ばれる大木がココアの灌木に日陰を作っているために,その発展は森林環境の部分的回復につながっている.またインドネシアのスマトラ島で発展している「ジャングルラバー」と呼ばれるアグロフォレストリーの場合は,素人目には自然林と見分けがつかないほどの森林的な景観を有する[2].

森林環境の悪化と回復が同時進行している背景には,伝統的な土地所有制度が個人または共同体の所有権を強化する方向に変容しているという重大な事実がある.もし土地に対する所有権が確定していないのであれば,長期的な利益を求めて森林を保護したり,林業やアグロフォレストリーを発展させたりする強固な誘因は存在しない.ではどのような土地制度の変容がどのような原因で起こり,森林資源に対してどのような影響を与えているのであろうか.さらに,望ましい制度を構築するためには,どのような施策が実施されるべきであろうか.

本章の目的は,土地制度の変容をもたらしている要因と,そうした変容がアグロフォレストリーを含めた森林環境に対してどのような影響を与えているかを実証的に解明し,森林環境を回復させるための政策を提案することである.

---

1) 広義にはアグロフォレストリーとは,農業的な要素と樹木栽培が組み合わされた栽培システムを指す.商品樹木の栽培の場合には,樹木の背丈が低い期間,食用作物が同時に栽培されるという意味で農業的な要素を持つ.

2) Gockowski et al. (2001)やTomich et al. (2001) の研究によれば,こうしたアグロフォレストリーは,生物多様性や二酸化炭素の吸収に関して,原生林の約半分から3分の2くらいの機能を有しているとされる.

そのために，筆者が中心となってアジアとアフリカの計7ヶ国で行った，国際共同研究の成果を利用することにする（Otsuka and Place 2001）[3]．以下では，森林を回復させるために不可欠なインセンティブシステムと，それをサポートすべき市場メカニズムについて焦点を当てながら議論を展開する．第2節では既存の土地所有制度に関する経済学的文献について概説し，第3節では調査地の概要を説明する．続く3つの節では，(1)土地制度と森林破壊の関係について，(2)部族所有制度のもとでのアグロフォレストリーの発展のメカニズムについて，(3)共有地制度（Common property）による森林管理の効率性について，それぞれ検討を加える[4]．最後の第7節で本研究の政策的含意について述べる．

2. 土地所有制度と森林資源：展望

これまでの森林破壊の決定因に関する経済学的分析では，国レベルのクロスセクションデータを用いた分析が主流であった．例えば Cropper and Griffiths (1994) は，森林破壊のスピードが所得の増大とともに減少する傾向があることを発見し，その原因を薪に代わるエネルギー資源の利用や土地節約的農業技術の採用に求めている．同様の発見は Antle and Heidebrink (1995) にもあるが，彼らはそれを所得の増大に対応した環境に対する「需要」の増大の効果である可能性を指摘している．Deacon (1994) は，土地の所有権制度が森林資源の保護や育成に成功するか否かの鍵を握っていると主張しているが，彼の国別データを用いた分析では，政治の安定性等，土地の所有権と密接に関係するとは思われない近似的変数が用いられているにすぎない．しかしいずれの研究も，人口圧力が森林破壊をもたらす最も重要な原因であることについては，意見が一

---

[3] Otsuka and Place (2001) のエッセンスを一般読者向けに分かりやすく解説した書物として，大塚 (1999) がある．

[4] 部族所有制度と共有地制度についての一般的な定義はなく，それがこの分野での議論の混乱をもたらしている．ここでは，現地での観察をもとに以下のような定義を与えたい．部族所有制度のもとでは，未開の森林は部族のリーダー（村長に該当）が管理することになっており，開墾された土地については，開墾した個人またはその人物が所属する大家族に一定の所有権（例えば長期使用権）が与えられる．共有地制度とは，共同体の構成員が共同で土地を所有し，かつ共同で利用する制度のことである．部族所有制度のもとでの森林は，共同利用の側面は弱いが，共有地であると規定することも可能である．

致している．こうした国際間のデータを用いた分析ばかりでなく，幅広くこれまでの森林研究の成果を丹念に展望した Kaimowitz and Angelsen (1998) は，理論研究と実証研究を問わず，土地制度と森林資源の関係についての研究が決定的に不足していることを指摘している．

著者の意見では，森林資源の変化を考えるうえで Boserup (1965) が提起した粗放型から集約型農業への進化論的変容論は，依然として重要な視点を提示しているように思われる．しかしそれは土地所有制度の変化を無視しており，Alchian and Demsetz (1973) や Demsetz (1967) が提起した土地所有権の発生過程の理論，さらに Hayami (1997) の誘発的制度変革論のアイディアを加えて，理論的な総合化（Synthesis）をはかる必要があるように思われる．この点を明らかにするために，以下ではまず Boserup にしたがって農業システムの変容論について議論しよう．

人口密度が低く，原生林が豊富に存在するような状況では，土地に稀少価値はない．したがって，そこでは土地の所有権を主張する誘因は存在しない．そうした状況では，森林は必然的に開放状態（いわゆるオープンアクセスの状態）におかれる．時間とともに人口が徐々に増大すると，開放状態の森林はそれに比例して徐々に伐採され耕地に転換される．しかし土地資源は依然として相対的に豊富であるから，そこでは土地使用的な焼き畑耕作が一般に行われることになる．耕作が行われたあとの土地は 20 年から 30 年間にわたって休閑され，いわゆる二次林として森林が再生され，土地の肥沃度も回復する．つまり焼き畑農業は，持続可能な効率的なシステムとして機能する．

しかし人口がますます増大すると，森林は枯渇し，休閑期間は短縮されるようになる．すると土地の肥沃度は減少し，焼き畑耕作のもとでの収量は減少してくる．Boserup によれば，このように人口増加によって土地が稀少化した状況において，農業システムは粗放型の焼き畑農業から，より集約型の連作農業へと転換される．それは土壌の流亡を防ぐように段々状の畑を作り，整地をし，堆肥を投入するような集約農業への変化であったり，灌漑依存型の多毛作農業への発展であったりする．農業の集約化によって増産された農産物は，市場で販売される．道路等の運輸設備が未発達なために輸送費が高いという事情はあるが，途上国政府が市場を抑圧しない限り，途上国においても農産物の市

場は機能している.

　Boserupの議論では,所有権の問題は全く考慮されていないか,完全な私的所有権が常に存在するものと暗黙のうちに仮定されている.しかし問題は,段々畑や灌漑設備への投資を促すような,土地所有制度が本当に存在しているか否かである.現実問題として,焼き畑が行われているような状況では,部族所有制度が支配的であり,そこでは大家族による耕地の共同所有が一般的である.そこに土地への投資を誘発するようなインセンティブメカニズムが組み込まれているか否かは,明らかではない.

　Demsetz等の議論は,毛皮を取るための動物資源が豊富である時は,土地は開放地の状態にあるが,減少するとそれを保護するために私的所有権制度が発生するというものである.私的所有権が発生することの利点は容易に理解できるが,私的所有権を確立するためにはそれを共同体の構成員に認知させ,私的財産の保護が可能になるような共同体内部の制度の構築が必要である.その点については,この理論では一切配慮がなされていない.Hayamiの誘発的制度革新の理論は,上述の2つの議論を包摂したフレームワークに基づいており,一般論としては有効であるが,現実にどのようなメカニズムによって制度的革新が起こっているかを明らかにするものではない.

　著者の観察によれば,部族所有制度のもとでは「努力は私的所有権を生む」という一般原則が広く受け入れられている.もちろんここで言う「私的所有権」とは,法的な所有権を指すのではなく,共同体内で認知された所有権のことを指す.例えば,森林を開墾することの努力には,開墾を行った本人に当分の間,強い私的所有権を賦与するという形で報酬が与えられている.ただし,長期間にわたってその土地を休閑すると私的所有権は徐々に減少してしまい,大家族の所有へと移行することになる.同様に,休閑地に木を植えて育てるという努力に対しては,強い私的所有権が与えられる[5].努力に対して報酬を与えることは労働誘因を引き出すための基本的要件であり,そうした報酬が与え

---

5) 灌漑投資や整地への投資の場合にも私的所有権が発生するか否かは,明らかではない.これについては,現在研究を継続中である.ただしアフリカの畑作地帯において,所有権がきわめて個人化していることは良く知られている(Bruce and Mighot-Adholla 1993; Place and Hazell 1993).

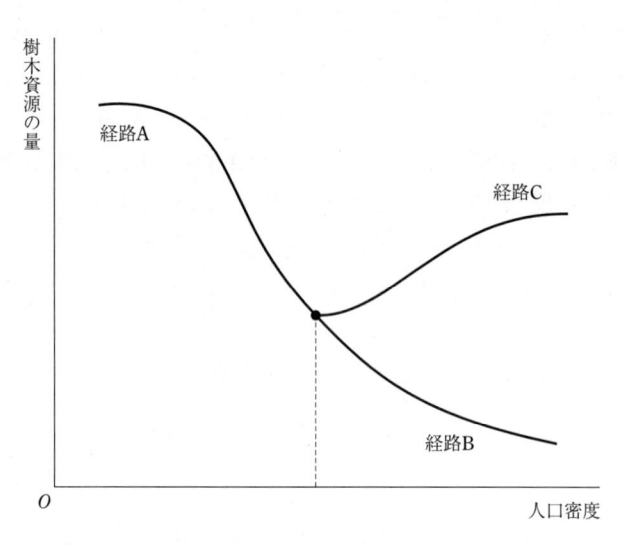

図 8-1 人口増加にともなう樹木資源の変化

られない限り,大規模な森林の開墾や植樹は起こり得ないであろう.

Boserup が主張するように,人口増加とともに開放状態にある森林は伐採され,やがて焼き畑の採算性は低下していくであろう.われわれが分析対象としているような,少なくともつい最近まで森林が残っていたような地域は,一般に交通不便な遠隔地の傾斜地である.こうした土地では,焼き畑耕作に比較して,ゴム,ココア,シナモン,コーヒーの栽培のようなアグロフォレストリーに比較優位がある.しかしこの比較優位のある作物の栽培を可能にするためには,植樹という投資行為が必要である.われわれの基本的な仮説は,それを引き出すように「努力(投資)は私的所有権を生む」という社会的ルールが明確に確立されるようになるというものである.

もしこれが実現すれば,図 8-1 に示したように私的所有権の発生とともに,樹木資源は減少(経路A)から増大(経路C)に向かうであろう.その転換点がいつ起こるかは,土地の肥沃度の減少の度合い,アグロフォレストリーの相対的有利性,社会的合意形成の費用等に依存するであろう.しかし平地の場合にはアグロフォレストリーに比較優位はなく,土地を集約的に利用する畑作が展開され,経路Bにそって樹木資源は減少を続けることが予想される.

土地所有制度の転換点において，私的所有権が必ず発生するとは限らない．もう一つの可能性は，共有地制度のもとで樹木資源の管理を行うことである．Hardin (1968) は，共有地制度のもとでは資源の過剰採取・利用が必然的であるかのような議論を展開したが，それは共有地は必然的に開放状態にあると仮定しているからに他ならない．McKean (1992) によって広く世界に紹介されたように，戦前の日本の入会林野は，厳格な管理規定と罰則規定のもとで，手入れの行き届いた共有林の事例として著名である．もしこの制度が有効に機能すれば，森林は開放状態から厳格な管理のあるシステムへと移行し，それによって樹木資源は減少から増大へと転じうる．有効な管理システムへの移行には，社会的な合意形成のための固定費用がかかるとすれば，U字型に樹木資源の量が変化していくことも理解できるであろう．しかしそうした制度改革の可能性を無視した Sethi and Somanathan (1996) の Evolutionary Game Theory のモデルでは，樹木資源の量は単調に減少する傾向が強い．また Ostrom (1990) は，共有地システムの資源管理における有効性を強く主張しているが，共有地システムが機能しないケースが多々あることも事実である．本研究では実証的な観察事実に基づき，どのような条件のもとで共有地のシステムが有効に機能するかについて考察したい．

3. 調査地の概要

調査は，アジア三ヶ国（スマトラ島，ヴェトナム北部，ネパールの山岳地帯と平野部）とアフリカ三ヶ国（ガーナ西部，ウガンダ北東部，マラウィのほぼ全域）において，1995 年から 97 年にかけて実施された[6]．それに加えて小規模ではあったが，群馬県の利根川上流域でも調査を行った．

例外はあるが，まず村長等の村のリーダーを対象にした「広域村落調査」を約 60 の地点をランダムに選んで各国で実施した[7]．部族所有制，私有制，共有制等の土地制度は村落的共同体にとっては選択変数であり，その決定因を解

---

[6] ただし，ヴェトナムやネパールの山岳地帯の調査では，不確かなアンケート調査の結果があったために，1999 年の夏に再調査を行った．
[7] ネパールや日本の場合には，調査単位は村落ではなく「共有林」そのものであった．

表 8-1 調査地の特徴

調査地	土地制度	主要森林・樹木資源	地形
ガーナ	部族所有	ココア	丘陵
スマトラ	部族所有	ゴム, シナモン, コーヒー	丘陵/山岳
ウガンダ	部族所有・私有	コーヒー, 木炭	丘陵/平野
マラウィ	部族所有	薪, 牧草	平野
ヴェトナム北部	国有から私有へ	木材, 果樹, 茶	山岳
群馬県	共有	木材	山岳
ネパール山岳地帯	共有[a]	薪, 牧草, 枯葉	山岳
ネパール平野部	共有[a]	木材	丘陵

注:[a]ただし法的には国有である.

明するためには,こうした調査が不可欠である.またスマトラとガーナを除いては,過去と現在の航空写真が利用可能であり,それを用いて村落における森林面積の変化や森林の質的変化を評価することにした.

広域村落調査は,広範囲の地域においてどのような土地制度の変遷が見られ,それによって森林資源の状況がどのように変化したかを分析するのに有効である.しかしながら,人々がどのように森林資源の管理を行っているか,また土地制度が人々の行動にどのような影響を与えているかを解明するのには適していない.そこで異なる土地制度が併存するような農村を4から10程度選び,総計100戸から200戸程度の家計を無作為抽出して,土地利用,労働投入,生産に関する家計調査を実施した.

調査地の主要な特徴は表8-1に示してある.ガーナの調査地は西ガーナにあり,チョコレートの原料になるココアの産地である.標高はあまりなく,地形は多摩丘陵に似て緩やかな坂が多い.それだけに,食用作物の栽培よりもココアのような樹木の栽培に適している.土地制度は部族所有である.これまでは部族所有の実態が不明であっただけに,発展戦略が立てにくかった地域である.スマトラは多くの面でガーナに似ている(Quisumbing and Otsuka 2001).土地制度は部族所有であり,樹木栽培が盛んである.ただし地形的には山がちで,標高は500メートルから1500メートルくらいである.

ウガンダの調査地は,アフリカ最大の湖であるヴィクトリア湖の北側にある.湖のまわりは多少とも丘陵的で湿潤であるが,あとの地域は乾燥しており,サヴァンナ的な気候で地形は平坦である.前者ではコーヒーが栽培されているが,

あとの地域では焼き畑，放牧，炭焼きが行われている．この国に特徴的なことは，部族所有制度と私的所有制度が混在していることである．この私有地はイギリスの植民地時代に，植民地政府が忠実に働く地元の人々に，部族の土地を勝手に分け与えたものである．マラウィも土地制度は部族所有である．しかし平野が多く，商品樹木栽培のアグロフォレストリーの発展は見られない．アフリカでは珍しく共有林がまばらに存在するが，管理がほとんど行われず，荒れ放題の場合が多い．

ヴェトナム北部の山岳地帯は，奥武蔵と秩父山脈の混じり合ったような所で，日本と景色が良く似ている．しかし土地はすべて国有で，1970-80年代には山の木がいたるところで伐採され，急傾斜の土地で陸稲やトウモロコシが栽培された．しかし1990年代に入ると個人に対して土地の長期的（通常50年）使用権が与えられるようになり，木材や果樹，お茶の木等の植樹が活発化している．

群馬とネパールのヒルの調査地は，いずれも山がちな共有林地帯である．両山岳地帯には類似点が多いが，前者では木材が重要であり，後者では薪，フォダー（家畜の餌になる木の葉），牧草，枯葉が主要な資源である点が異なる．ネパールの平野部の調査地は，主要な森林資源が木材であることは群馬に似ているが，地形はより平坦であり，道路は比較的よく発達している．それとは対照的にヒルの交通の便は極端に悪く，車の走ることができる最寄りの道路から徒歩で1-2日かかるような調査地も珍しくない．

こうした地理的，地形的，文化的に多様な地域での調査データを用いて，土地制度と森林環境の関係について，一般性のある結論を導き出そうというのが本章の狙いである．

4. 土地制度と森林破壊

われわれの観察では，部族所有制度のもとでの未開の原生林は開放地の状態にある．ただし，外部の者が無断で森林の開墾を行おうとすればそれは阻止されるであろう．しかし共同体の構成員であれば，共同体のリーダーから開墾の許可を得ることは難しくない．リーダーは森林の管理者ということになっているが，実際には管理は行っていない．これはガーナ，スマトラ，ウガンダ，マ

表8-2 ウガンダ，マラウィ，ヴェトナムの調査地における土地利用の変化

(%)

土地利用	ウガンダ[a]		マラウィ[b]		ヴェトナム[c]		
	1960	1995	1971	1995	1978	1987	1994
耕地	57	70	52	68	48	69	76
林地	32	20	34	19	52	31	24
その他	11	10	14	14	—	—	—

注：[a] 中部・東部から抽出した64の村落の平均．
[b] ほぼ国全域から抽出した57の村落の平均．
[c] 傾斜が24度以上の山がちの土地に関する56の村落の平均．

ラウィ，いずれの調査地においても妥当する．しかしリーダーは「土地の登記所」の役割を果たしており，もし将来土地の権利をめぐってもめごとが発生したときには，「裁判所」の役割も果たす．

聞き取り調査によって，部族所有制度のもとでは森林が開放地状態にあることを知るのは簡単であるが，それを統計的に証明することは難しい．分かっていることは，人口増加とともに森林面積が顕著に減少している事実である．表8-2に示したように，ウガンダやマラウィの調査地では過去数十年のうちに，耕地が増大し，ほぼその分だけ林の面積が減少してしまった（Place and Otsuka 2000, 2001a）．ガーナやスマトラの家計データからは，戸主の年齢が高いほど森林の開墾によって獲得した土地が多いことが明らかとなった（Quisumbing et al. 2001）．これは「早いもの勝ち」のルールによって原生林が伐採され，すでに耕作可能な原生林がほぼ消滅してしまったことに対応している．その結果，今では原生林は相当の奥地にしか残されていない．

森林面積の減少に関する回帰分析の結果によれば，森林面積の減少の最大の決定因は，人口密度や人口成長率で測った人口圧力である．それはマラウィとウガンダで特に妥当する（Place and Otsuka 2000, 2001a）．スマトラの家計調査のデータからは，相続された土地面積が少ないほど，森林伐採によって獲得された土地が多くなるという結果が得られた（Quisumbing and Otsuka 2001）．相続した土地面積が減少したのは人口増加の結果に他ならず，この結果も人口圧力が森林破壊をもたらしていることを強く示唆している．他方ガーナの研究では，スマトラと同じような推定結果を得ることはできなかった．しかしHill (1963) の古典的研究では，土地を求めて押し寄せた移住者たちがガーナ南西部の原生林を次々と破壊していったことが報告されている．つまり，移住によ

る人口の増加が森林破壊につながったことには異論の余地がない[8]．

　ウガンダやマラウィの研究では，人口増加と残された林地における樹木の密度の変化とは無関係であることが分かった．これは，人口増加による森林の破壊が薪や炭の過剰採取によってもたらされたものではないことを示している．過剰採取の場合は，森林面積の減少ではなく樹木の密度の低下となって現れるからである．他方耕地への転換の場合には，樹木の皆伐が行われ，森林面積の減少がもたらされる．

　ウガンダでは，部族の所有地のほうが私有地より，森林面積の減少のスピードが速いことが分かった．これは部族所有制度の場合，開墾によって強い私的所有権を与えるという社会的ルールがあるために，開墾のインセンティブが高められたためではないかと考えられる．こうしたルールがあるもとでは，開墾に対して社会的に過剰な誘因が生まれることは，Anderson and Hill (1990)が示している通りである．つまり，部族所有制度のもとでは原生林の破壊を食い止めるようなメカニズムは存在しないと言うことができよう．

　それでは部族所有制度以外の土地制度のほうが，原生林の保護に対して有効であろうか．少なくともマラウィの共有林については，肯定的な評価を与えることはできない．ここでは村落の構成員は，伝統的に共有林から薪や柱に使うポールを採取し，そこで放牧を行ってきた．村長たちの話によれば，薪としては地面に落ちた枯れ枝を拾うことだけが許されており，枝を切ったり，幹を切ったりすることは禁止されているという．そればかりでなく，拾った薪を外部で販売することも禁止されている．もしそうしたルールが守られていれば，共有林は持続可能に維持されるはずである．しかし現実には表8-2に示したように，マラウィでの林地の減少はきわめて急速であり，その大半が共有林の喪失であった．

　ヴェトナムやネパールの森林は正式には国有地である．表8-2に示したように，ヴェトナムの調査地では，1978年から87年にかけて，森林が破壊されて焼き畑用の耕地になってしまった．1980年代初期は，効率性の低い農業集団

　8）　この関係がガーナの研究で統計的に検出できなかったのは，原生林の破壊が1970年代までに大規模に起こっており，1990年に収集した横断面データからこれを確認するのが難しかったためであると思われる．

化の試みが災いし，全国的な食糧不足が発生した時期である．山岳地の農民たちはこぞって森林破壊による食糧増産に励んだ．見逃せないのは，国有地が開放地状態だったことであり，国は森林破壊を食い止める努力はしなかった．1990 年代に入ると希望者には山の土地に 50 年間の私的使用権を与えるという政策が実施に移され，焼き畑面積の拡大にブレーキがかかるようになったばかりでなく（表 8-2 参照），農民たちが自発的に森林の再生や植林を行うようになった．その結果，森林破壊は森林再生によってとって変わられようとしている（Tachibana et al. 2001）．

　ヴェトナムについて指摘しておきたいことは，森林の管理が共同ではなく，個人によって行われるようになったことである．言うまでもなく，ヴェトナム北部では数十年にわたって集団による農業経営が行われてきており，集団活動の経験は豊富である．また沢の水を利用した灌漑システムでは，共同管理が行われている事例が多い．森林についても，個人の土地を持ち寄って共同管理システムを導入することは可能だったはずである．後に詳述するが，共同システムを導入しなかったのはヴェトナムの森林の最も重要な資源が，薪，炭，牧草，枯葉といった「小物」ではなく，木材であるという事実と関係しているように思われる．なお森林が荒廃したとはいえ，ヴェトナムの調査地では薪の採取に困るほど樹木が不足していることはない．

　ネパールの場合には，1957 年に森林はすべて国有化された．その後，森林破壊のスピードはむしろ加速化したようであるが，国有化が実施されなかった場合との比較を行うことは容易ではない．しかしながら 1980 年代末以降，国有林の長期的使用権を共同体に譲渡（handing-over）するという政策が導入されて以来，森林破壊から森林再生へという変化が見られるようになった（第 6 節参照）．ネパールでは国有制度よりも共有制度のほうが，森林の保護と適切な利用にとってより有効であることは間違いない．

　結論すれば，(1)国有制度が森林の保護に有効であるという証拠はなく，(2)共有地制度が常に森林の保護に有効であるという保証もない，と言うことができよう．

5. 部族所有制度の変容とアグロフォレストリーの発展

　部族所有が支配的な調査地においては，開墾された耕地やアグロフォレストリー向けの土地で所有権の個人化が進展しつつある．商品樹木を植え付ければ，その努力に対する報酬として，より一層強固な私的所有権が賦与されることは，ガーナでも，ウガンダでも，スマトラでも観察される一般的現象である (Quisumbing et al. 2001; Place and Otsuka 2002; Otsuka et al. 2001)．つまり，部族所有制度には内生的に私的所有権を生み出すメカニズムがある．ガーナとスマトラの場合には土地の私的所有権の強化の過程で，土地の売買や貸借の市場が徐々に発達するようになった．言うまでもなく，私的所有権が確立することなしには市場取引は成立しえない．こうした市場取引を通じて，土地を相対的に多く保有する農家からあまり保有しない農家に土地が移転されており，これによって資源配分の効率性が改善されている．

　伝統的には，部族所有制度のもとでの土地の使用権の移譲は，相続または大家族所有地の一時的貸与によって行なわれてきた．しかし個人的所有権の強化は，大家族内での土地の移譲の方式に大きな変化をもたらすことになった．ガーナの母系制では，土地は男性から姉妹の息子（甥）の誰かに相続されるのが伝統であった．しかし現在ではココアが植わった土地に限って，妻や子供たちにギフトと称して「事実上の相続」を行なうことが許されるようになった．スマトラでは，母から娘へと土地が相続されてきたが，最近ではより平等に娘と息子が土地を相続するケースが増えている（Quisumbing and Otsuka 2001）．マラウィでは，母から娘への土地の母系相続システムが，土地所有の個人化とともに父系制へと移行しつつある（Place and Otsuka 2001a, 2001b）．

　植樹が土地の私的所有権を高め，それがアグロフォレストリーの発展を促すという変化は社会的に望ましい．まず第1に，その発展は森林環境を部分的に回復させる．第2に，アグロフォレストリーは焼き畑耕作に比較して，労働使用的でかつ採算性が高く，したがって土地利用の効率化とそれによる農民の所得の上昇をもたらす．だからこそ，土地制度が変化し，焼き畑がアグロフォレストリーに転換されつつあるのであろう．

　アグロフォレストリーを採用することが，所得と雇用にどれくらい効果があ

表8-3 陸稲とゴム栽培の粗収入,利潤,労働投入の比較:スマトラ島,1997年[a]

	粗収入 (千ルピア/ha)	利潤[b] (千ルピア/ha)	労働投入 (日数/ha)
陸稲	622	4	173
ゴム:			
1年目	23	−339	59
2-3	0	−193	33
4-7	0	−60	14
8-10	728	165	78
11-15	1,007	217	101
16-20	1,017	278	88
21-25	1,166	328	110
26-30	1,303	378	114
30年以上	964	284	91

注:[a] Jambi 州における 162 の農家家計調査に基づく.
[b] 粗収入から,労働費,資本費用,経常財投入の費用を差し引いたもの.自己所有の資本と,家族労働については帰属費用を考慮している.
出所:Quisumbing and Otsuka (2001).

るかを示すために,表8-3は,代替的な生産システムである陸稲生産とゴムのアグロフォレストリーの粗収入,利潤,労働投入を,スマトラの家計調査データを用いて示している.なお,粗収入と利潤の主要な相違は家族労働の帰属コストを含めた労働コストの差にある.つまり植樹という投資の費用も,除草等のマネージメントの費用も,主要な項目は労働費であり,とりわけ家族労働費である.このためスマトラに限らず,家族労働が過剰気味の貧困者家計にとって,アグロフォレストリーの開発は特に困難なものではない.陸稲生産におけるヘクタールあたり平均62万ルピアという粗収入は,1997年当時の為替レートを用いれば約300ドルになり,決して低くない.173日という労働投入日数は,熱帯アジアにおける水稲の労働投入に比較してもむしろ高いほうである(David and Otsuka 1994).しかし労働投入が高いことの結果,利潤はほぼゼロに等しい.陸稲生産の休閑期間は5−6年に短縮されてきており,これはもはや採算ぎりぎりのシステムであると言える.

ゴム栽培の場合には,初年度に限って食用作物が混作され,若干の粗収入が得られている.しかし雑木の伐採,整地,植樹,除草のための労働が必要であり,利潤は大幅な赤字になっている.赤字は減少しながらもおよそ7年目まで続き,その後はラテックスの採取と市場への販売によって正の利潤が得られる

ようになる．利潤は樹齢が20代後半でピークに達し，やがて逓減するようになる．こうした横断面データから得られた利潤のプロファイルから内部報酬率を計算すると，およそ15％という数値が得られた．つまりゴムのアグロフォレストリーへの投資は，妥当な収益を生むということができよう．労働投入量は栽培中の陸稲には劣るが，休閑を考えれば，ゴムのほうが少なくとも2倍くらいは高いと言える．ガーナのココアのアグロフォレストリーの場合にも，同様の傾向が確認されている（Quisumbing et al. 2001）．

　こうした望ましい特性があるにもかかわらず，アグロフォレストリーの発展の可能性には，従来の経済学的研究によって疑問符が付けられてきた．すなわち，大家族の集団的所有制度のもとでは，個人の土地に対する所有権が弱いために，植樹やアグロフォレストリーの管理への誘因はきわめて弱いと考えられてきたのである（Johnson1972; Besley 1995）[9]．もしこれが真実であるとすれば，アグロフォレストリーを遠隔の貧困地帯に普及するという考え方は，画に描いた餅になってしまう．しかしもしわれわれが主張するように，部族による土地所有制度の中に，アグロフォレストリーの発展を促すような制度的仕組みがあるのであれば，その普及は可能であり，それは貧困の軽減と森林環境の改善につながる．そこでこの点を，スマトラとガーナのデータを用いてより詳細に検討しておこう．

　母系社会であるスマトラでは，伝統的には祖父母を筆頭として三世代からなる大家族共同所有制度が支配的であった．ただし，土地の使用権は女性が所有している．表8-4に示したように，この制度はアグロフォレストリーにはほぼ完全に適用されなくなってきている．歴史的には，最初の変化は大家族共同所有から姉妹の共同所有への変化であった．土地の使用権を保有する女性が亡くなった際に，大家族のメンバーが土地の使用権の相続を娘に限定することに合意することによって，姉妹共同所有制への移行が行なわれた．その時すでに畑に植樹が行なわれていれば，それはその家族が努力を払って土地に投資をした証であり，そうした合意が得られやすい．しかし現在では，姉妹共同所有制度

---

[9] Besley (1995) は，本研究と同じくガーナのデータを用いて実証研究を行なっているが，データの解釈でいくつかの誤りを犯しており，推定結果にもにわかには信じがたいものが多い．

表8-4 スマトラのアグロフォレストリーにおける土地制度の分布と土地所有権の強度指数

	大家族共同所有	姉妹共同所有	個別家族所有	私的所有	
				購入	森林伐採
面積の分布（％）：					
高地	3	5	42	10	37
中部	5	2	62	14	19
低地	0	3	46	12	39
所有権強度指数：[a]					
高地	0.0	0.6	1.6−2.0[b]	3.1	
中部	0.8	0.9	1.9−2.9	3.8	
低地	0.0	1.0	1.9−2.8	3.8	

注：[a] 以下の4つの権利を考察した．(1)分益契約での土地の貸与権，(2)リース契約での土地の貸与権，(3)抵当権，(4)販売権．表中の数字は，大家族の他のメンバーや村長の許可を受ける必要のない権利の総数．
[b] 最初の数字は娘だけが土地相続をした場合，2番目の数字は娘と息子の両方が土地相続をした場合．

も少なくなってきており，それに代わって個別の家族所有制度がより優越するようになっている．この場合も通常は母から娘への相続であるが，最近では息子が相続するケースも珍しくなくなってきている．これは公正かつ効率的なやり方である．なぜならば，息子も商品樹木の植樹やその後の管理に参加するからである．また，私的な購入や森林伐採によって，ほぼ完全な所有権が発生しているケースも，半分近い面積を占めるようになってきている．

表8-4には，土地の貸与権（分益制とリース制），抵当権，販売権の総数の平均値を，「所有権強度指数」として地域別に示してある[10]．重要な観察事実は，大家族共同所有制度や姉妹共同所有制度では所有権が極端に弱く，個別家族制度でかなり高くなっていることである (Otsuka et al. 2001)．また土地制度の変革による所有権の高まりが，土地の売買市場の発展を促し，私的所有化に拍車をかけている．私的所有の場合には，最も強い権利である販売権がかなり広く認められており，ほぼ完全な私的所有権が成立している．ただし法的に認められた所有権がないために，銀行等からの融資を受ける際には土地は抵当物件としては使えない．

伯父・叔父から甥に土地が相続されるというガーナの母系相続制も，大きく

---

10) 固定額の小作料を支払うリース制だと，生産物を地主と小作人が分けあう分益制よりも労働誘因が強く，そのため土地の質を悪化させる危険がある．そのため分益小作契約による貸与権のほうが，リースによる貸与権よりも弱い権利である．この点については，Otsuka et al. (1992) を参照．

表8-5 ガーナのアグロフォレストリーにおける土地制度の分布と土地所有権の強度指数

	大家族からの貸与地	相続地	開墾地	贈与地	その他[d]
面積の分布（％）：					
原住民村落	22	13	19	33	13
移住民村落	9	18	22	26	26
所有権強度指数：[a]					
原住民村落[b]	0.3	1.1	3	4.9	―
移住民村落[c]	0.2	3.3	3.9	5.3	―

注：[a] 以下の6つの権利を考察した．(1)植樹権，(2)貸与権，(3)抵当権，(4)相続者決定権，(5)贈与権，(6)販売権．表中の数字は，大家族の他のメンバーや村長の許可を受ける必要のない権利の総数．
[b] 母系制のアカン族に関する指数．
[c] 父系制のアカン族以外の部族に関する指数．
[d] 主に小作地．

変化してきた．表8-5に示されているように，大家族から一時的に貸与された土地や相続された土地がまだかなりの割合を占めているのは事実である．原住民村落の場合には，これらの土地に関する所有権はきわめて弱く，相続地の場合も植樹権があるか否か程度の権利しかない．他方，移住民は父系制の相続制度を採用しており相続地の所有権はかなり高い．またスマトラと同じように，森林を開墾した土地には強い私的所有権が与えられている．

ガーナで興味深いのは，「ギフト」（贈与地）と呼ばれる制度である．これは妻や子供たちがココアの植樹やその後の除草を手伝うことと引き替えに，夫が生前にその土地を妻や子供たちに事実上の相続をしてしまう制度である．つまり，アグロフォレストリーを開発することが，相続人を選択する権利を強めているのである．これは，努力には所有権で報いるという伝統的原理にかなっている．通常は3分の1ずつの土地が妻と，子供たちと，甥に分割されることが多い．また，ギフトとして相続された土地の所有権がきわめて高いことは注目に値する．この制度の出現こそが，土地の私的所有権を高め，かつまた女性が努力の成果として土地を所有することを可能にしたのである（Quisumbing et al. 2001）．われわれの調査では，現在では約20％の土地が女性の所有になっている．

異なる土地所有制度のもとで著しく土地の所有権の強度が異なるにもかかわらず，各種の土地制度ダミーが商品樹木の栽培面積や頻度に有意な影響を与えたという回帰分析の結果は得られなかった．ウガンダではコーヒーが私的所有

地に匹敵する頻度で部族所有地でも植えられ（Place and Otsuka 2002），ガーナではココアが大家族からの貸与地や相続地にもほぼ均等に植えられ（Quisumbing et al. 2000），スマトラでは各種の商品樹木が個別家族所有のもとで私的所有を上回るほどの勢いで植えられている（Quisumbing and Otsuka 2001）．これは部族所有制度のもとでの私的所有権が高まってきたこと，あるいは植樹が私的所有権を高めるという期待が，植樹に対して充分な誘因を与えている結果であろう．

それとは対照的に，マラウィでは土地に対する事前の私的所有権が高いほど，木材や薪採取用の樹木の植林が活発になるという分析結果が得られている．この国は地形が平坦で，大規模なアグロフォレストリーの発展は見られず，植林は畑の回りでまばらに行なわれているにすぎない．興味深いことに，こうした大規模な植樹への誘引が乏しい状況では，植樹という投資に対して私的所有権を高めるという社会的ルールは成立していない．したがって，所有権の強弱がそのまま植林の多寡に影響するという結果が得られたことは不思議ではない（Place and Otsuka 2001b）．

マラウィを除けば，植樹は強い私的所有権を発生させるのであるから，植樹後のアグロフォレストリーの管理は効率的に行なわれるはずである．事実，土地制度が単位面積当たりの利潤に有意な影響を与えたという統計的証拠は得られなかった．農家規模や家族の性別労働構成も，全般的に植樹や利潤に有意な影響を与えていないが，これは土地の売買や貸借等の調整を通じて，資源配分がかなり効率的になされていることを示唆するものであろう．

結論すれば，部族所有制度のもとでアグロフォレストリーの発展が阻害されるという定説には，実証的根拠がない．これは，植樹という行為が所有権を高めるという効果があるためである．これによって，Boserup（1965）が想定したように，粗放的農業からアグロフォレストリーという集約的農業への移行が可能になったものと思われる．またこうした変化が，森林環境の部分的回復という望ましい結果につながっている．

6. 共有林の管理

　共有地制度が，森林その他の自然資源の管理に有効であるか否かは大きな学問的論争になっている（Baland and Platteau 1996）．しかしながら，この問題を統計データを用いて究明した実証研究は少ない．共有地制度の有効性は現実問題としても重要である．なぜならば，各国政府や国際援助機関が行なっている植林プロジェクトは，「社会林業プロジェクト」と呼ばれるものであるが，それは共有地制度が効率的であることを前提にした制度だからである．社会林業プロジェクトでは，戦前の日本の入会い地や現在のネパールの山岳地帯の共有林の管理と同じように（McKean 1992; Otsuka and Tachibana 2001），共同体のメンバーによる森林管理への「全員参加」と，収穫の「平等分配」が基本原則として採用されている．この節では，共有林の管理の効率性を評価するために，ネパールの山岳地帯の雑木林とネパールの平野部の木材の森，戦後日本の木材向け共有林の事例について比較検討したい．

　ネパールの山岳地帯の林には，大別して3つのタイプの土地管理システムが併存している．第一は，昔ながらの開放地状態の林である．第二は，荒廃した林を保護し，再生し，将来の利用のために農民たちが自発的に管理している林である．この非公式利用者組合制度は1970年代以降各地で形成されるようになったが，ネパール政府は，この制度の森林再生への効果を認め，1980年代末以降 Handing-over と称して無期限の土地使用権を利用者組合に賦与することになった．ただし非公式組合がすでに存在し，管理のためのルールが実際に適用されていることが前提である．第三のシステムは，こうして公式な使用権が認められた公式利用者組合による管理である．本研究のために抽出された100の共有林の場合には，3つのシステムがほぼ同一の割合で併存している．

　利用者組合は資源の過剰採取を防止するために，薪の採取量の制限，枝や幹の切下しの禁止または制限，放牧の禁止または制限等を行なっている．典型的には日頃から交代でパトロールを行なうとともに，「入山」可能な期間を定め，それ以外の時期に入山した場合はそれだけで処罰の対象とし，許された時期入山する時も集団で入山することが義務づけられている．しかも採取した資源は参加者の間で平等に山分けすることが多い．これについては戦前の日本と現在

のネパールとで驚くほどの類似性が見られる．入山制限や伐採制限のようなルールは，公式利用者組合制度のもとで薪の収集量を有意に減少させている．他方，非公式利用者組合制度のもとではルール自体が厳格さに欠けるばかりか，その実施はほとんど有意な影響を与えていない(Otsuka and Tachibana 2001)．こうした分析結果が得られたことについては，3つの理由が考えられる．第一は，利用者組合への使用権の譲渡が，利用者の共有林管理への誘因を高めたことである．第二は，ネパールの林野省が公式利用者組合の共有林管理をサポートするようになったために，罰則規定の適用が厳格になり，組合の管理がより有効に機能するようになったことである．第三は，自己選抜の原理が働き，もともと共有林管理に強い関心を持っていた非公式利用者組合が，公式組合になったことである．組合のリーダーからの聞き取り調査によれば，第二と第三の理由のいずれもが重要であるように思われる．

　Otsuka and Tachibana (2001)によれば，利用者組合設立の重要な動機は，荒廃した共有林の再生にあった．この研究では，1978年の航空写真から分析された森林の状態が悪いほど，その後に利用者組合が設立される可能性が高いという回帰分析の結果が得られた．また公式利用者組合が設立されている場合には，幼木の生育数が多いという結果が得られた．以上の分析結果は，樹木資源の量がオーバータイムにU字型に変化するという本章の基本仮説を支持するものであろう．

　ネパールの山岳地帯において，共有林制度が森林資源の保護や再生に効果を発揮している背景には，少なくとも2つの重要な前提条件がある．まず第一は，森林資源が生活に欠かせないほどの重要性を持っていることである．ネパールの山岳地帯では，薪がほぼ唯一の燃料源である．交通の便はきわめて悪いから，薪がなければ生活ができない．共有林が荒れると遠い林まで薪を取りに行かなければならなくなるが，そうした林も少なくなれば生活は厳しくなる．家畜の糞と尿と落葉から作られる堆肥が，傾斜地での畑の持続的耕作に不可欠なことも重要である．化学肥料は購入が困難であるし，肥効が持続しない．堆肥を作るためには家畜を育てなければならないが，そのためには共有林から牧草やフォダーや落葉を収集してくる必要がある．要するに，共有林の荒廃は生活の困窮に直結するのである．こうした状況では共有林を管理することへの誘因は

強い．日本の戦前の入会い地も辺鄙な山村にあり，薪炭と牧草の採取が最も重要な活動であった．

　これとは対照的に，マラウィの共有林は平地に位置しており，市場へのアクセスは良好である．共有林が荒廃しても，奥地から切り出されてくる薪を購入することが可能であるし，市場からの化学肥料の購入にも著しい困難はない．ネパールの平野部や戦前の日本の平野部でも事情は共通しており，共有林制度は発達していない．

　第二は，共有林の保護に成功しているケースでは，重要な資源が薪や牧草といった「小物」の資源であるということである．木材用の樹木と異なり，こうした資源の育成には剪定や除草等の手入れは必要ない．したがって，資源の手入れのための労働誘因の問題がない．また小物の場合には，それを個々人で保護しようとするとコストが高くつく．誰かが他人の資源を盗んだとしても，現場を見られない限り証拠をつかまれる危険は少ないからである．したがって，小物の資源を保護するにはパトロールが欠かせない．この点が木材の森の保護と異なる．木材になるような大木であれば，他人に見られることなくそれを伐採し，ふもとまで運び出すことは不可能に近い．しかも切株という証拠が残る．したがって，木材用の森の保護のコストは比較的低いのである．

　ところでパトロールという活動には一種の規模の経済性があるから，それを交代で少人数で行なうことにはメリットがある．つまり本章の仮説は，共有制度による森林資源の管理が効率性を発揮するのは，共同で行なう樹木資源の保護に優位性があるからであるというものである．

　ネパールの平野部でも山岳地帯に近い丘陵地域において，木材用の自然の共有林と，人工的に植林された共有林と私有林について調査を行なった(Sakurai et al. 2000)．人工林については，保護のための費用が私有林において圧倒的に高いことがわかった．私有林ではいずれもフェンスを作り，大半は常雇いの監視人をおいている．しかし共有の人工林では，面積に比較してはるかに少ない人員しか監視にあたっていないし，フェンスもほとんど設置されていない．かといって若木が盗難にあった形跡はなく，共同体による暗黙の監視体制が有効に機能している．まだ木が若いために木材としての価値の比較は困難であるが，私有制度のほうがはるかに長時間をさいて木の手入れを行なって

いる.共有制度の場合には将来の収穫が平等に分配されるために,労働誘因が低いことが木の世話を怠らせる原因になっているものと思われる.

　もしそうであるとすれば,保護は全員で行ない,手入れは個人的に行なうという制度が,最も効率的であることになる.ところで上述のネパールの天然林では,2つのタイプの共有林が併存していることがわかった.1つめは,全員が保護と手入れに参加し,収穫を平等に分けあう社会林業型のシステムである.これは山岳地帯のやり方と基本的に同じである.2つめは,保護には全員が参加し,手入れは組合の委員会が雇った賃金労働者が行なうというものである.収穫された木材の販売から得られた収入は,委員会のメンバーが受け取ると同時に,組合員には市場価格より安価に薪や木材を販売する.回帰分析によれば,第二のタイプのシステムのほうが,より多くの利潤を得ているという結果が得られた.これは,われわれの考え方の妥当性を支持するものである.

　戦後の日本では薪や牧草への需要がなくなり,入会い地は雑木林から木材生産のための林に変身した.ネパールの平野部の場合には,放牧された家畜が若木を食い荒す可能性があるために,全員参加による林の保護が重要であるが,日本の場合には木材の林を保護する必要性はなかった.重要なのは樹木の手入れであった.そこで共有林の解体と私有林への移行,共有林内の土地の使用権の個人への分割といった制度的変化が起こった.ただし,共有林の土地の権利関係が複雑に入り組んでいるために,伝統的な共同管理の入会い地も残った.Kijima et al. (2000)によれば,伝統的なシステムに比較して,個人分割を行なった土地ではより多くの植林が行なわれ,かつ間伐も活発に行なわれた.予想されたように,個人の土地に対する権利が強いほど労働誘因が高いことがこの原因であろう.

　結論すれば,森林から得られる資源の保護が困難でかつ手入れが重要でない場合,共有林制度は有効に機能し得るが,木材の生産のように手入れが重要な場合には,それは有効ではない.戦後の日本のように木材の保護が重要でなければ,私的所有制度のほうが共有制度より効率的である.ネパールの平野部のように,木材の保護が重要であれば,保護は全員参加によって,手入れと収穫についてはより労働誘因の強いシステムを採用することが合理的である.

7. 結論と政策的含意

　地球温暖化の防止には，温暖化ガスの排出の抑制とともに，森林資源の保護と再生が不可欠である．本研究によれば，原生林は一般に開放地の状態にありそれを保護することはきわめて困難である．だからこそ，急速な森林破壊が起こってしまった．したがって，森林環境を大きく回復するには森林の再生が不可欠である．しかしながら，森林の再生を保証するような新しい制度を設計することなしに，単に植林事業を行っても，それは森林の再生にはつながり得ない．これまでは，森林の再生に関しては全くと言っていいほど対策が講じられてこなかったが，本研究の成果に照らせば，2つの基本的な対策が考えられる．

　第一は，より採算性の高いアグロフォレストリーのシステムを開発し，普及させることである．本研究のファインディングによれば，部族所有制度はアグロフォレストリーシステムの採用を阻止することはない．その採用によって個人的所有権が高まるからである．したがって，採算性の高いアグロフォレストリーシステムを開発して，自発的に所有権の個人化を促すことが合理的であろう．アグロフォレストリーの普及によって，森林環境の改善と貧困の軽減を一挙に実現することが可能である．

　しかしながら，アグロフォレストリーに関する研究開発はほとんど行なわれていない．シェードトゥリーの研究を含めて，研究開発に大規模な資源を投入する必要がある．これは森林環境という「国際的公共財」の創出を目指すものであるから，国際的援助の対象に含まれるべき活動である．また樹木作物のマーケティングは，政府の不必要な市場介入や道路等の未整備によって発達を抑制されているケースが多い．市場メカニズムの効果的な活用によって，アグロフォレストリーの収益性を向上させることはきわめて重要な対策である．

　正確な推定は困難であるが私見では，熱帯の丘陵地帯におけるアグロフォレストリーの普及可能面積はきわめて大きいように思われる．なお推定の根拠や対策の詳細は不明であるが，IPCC (2000) の報告書でも，途上国におけるアグロフォレストリーの面積の拡大が，温暖化ガスの吸収に大きな効果を発揮することが想定されている．

　第二に，社会林業型の植林プロジェクトについては制度的変更が必要である．

共有林システムは，樹木の保護には有効であるが，手入れには有効ではない．効率的な手入れを実現するには，私的な利潤動機を与えなければならない．ところが社会林業プロジェクトでは，収穫の平等分配を標榜するあまり，利潤動機が欠如し，樹木の手入れがおろそかになり，その結果高い収入が得られるような巨木は育っていない．したがって社会林業プロジェクトは採算性が悪く，多くの補助金なしにはプロジェクトが進展しない．収穫の平等分配の原則を廃止し，例えば植林された樹木の所有権を個人に平等に分配するような利潤動機のあるシステムに変更すべきである．それによってこそ，温暖化ガスの吸収を可能にするような植林を，より広範な地域で実施することが可能になろう．またここでも，木材市場の効率化が植林事業の推進に重大な貢献をなし得るであろう．

　こうした合理的な制度への設計変更を行なうならば，途上国における植林や植樹の進展が地球温暖化の緩和に貢献する可能性は大いにある．

文　献

Alchian, A. A. and Harold Demsetz (1973), "The Property Rights Paradigm," *Journal of Economic History* 16(1): 16-27.
天野明弘 (2000),「クリーン開発メカニズム：期待と課題」『環境研究』第118号, pp.4-8.
Anderson, T. L. and P. J. Hill (1990), "The Race for Property Rights," *Journal of Law and Economics* 33(1): 177-197.
Antle, John M. and Gregg Heidebrink (1995), "Environment and Development: Theory and International Evidence," *Economic Development and Cultural Change* 43(3): 603-625.
Baland, Jean-Marie and Jean-Philippe Platteau (1996), *Halting Degradation of Natural Resources: Is there a Role for Rural Communities?* Oxford: Clarendon Press.
Besley, Timothy (1995), "Property Rights and Investment Incentives," *Journal of Political Economy* 103(5): 903-937.
Boserup, Ester (1965), *Conditions of Agricultural Change*, Chicago, IL: Aldine.
Bruce, John and Shem E. Mighot-Adholla (1993), *Searching for Land Tenure Security in Africa*, Dubuque, IA: Kendall/Hunt.
Cropper, Maureen and Charles Griffiths (1994), "The Interaction of Population Growth and Environmental Quality," *American Economic Review* 84(2): 250-254.
David, Cristina C. and Keijiro Otsuka (1994), *Modern Rice Technology and Income Distribution in Asia*, Boulder, Col.: Lynne Rienner.

Deacon, Robert T. (1994), "Deforestation and the Rule of law in a Cross-Section of Countries," *Land Economics* 70 (4) : 414-430.
Demsetz, Harold (1967), "Toward a Theory of Property Rights," *American Economic Review* 57 (2) : 414-430.
Gockowski, James, Blaise Nkamleu, and John Wendt (2001), "Implications of Resource Use Intensification for the Environment and Sustainable Technology Systems in the Central African Rainforest," in *Tradeoffs or Synergies? Agricultural Intensification, Environment, Economic Development,* eds. by D. R. Lee and C. B. Barrett. Wallingford, UK: CAB International Publishing.
Hardin, Garret (1968), "The Tragedy of the Commons," *Science* 162 (3859):1243-1248.
Hayami, Yujiro (1997), *Development Economics: From the Poverty to the Wealth of Nations,* Oxford: Clarendon Press.
Hill, Polly (1963), *The Migrant Cocoa Farmers of Southern Ghana: A Study in Rural Capitalism,* Cambridge, U.K.: Cambridge University Press.
Intergovernmental Panel on Climate Change (IPCC) (2000), "Land Use, Land-Use Change, and Forestry," Summary for Policymakers.
Johnson, O. E. G. (1972), "Economic Analysis, the Legal Framework and Land Tenure Systems," *Journal of Law and Economics* 15 (1) : 259-276.
Kaimowitz, David and Arild Angelsen (1998), *Economic Model of Tropical Deforestation: A Review,* Bogor, Indonesia: Center for International Forestry Research.
Kijima, Yoko, Takeshi Sakurai, and Keijiro Otsuka (2000), "*Iriaichi*: Collective vs. Individualized Management of Community Forests in Post-War Japan," *Economic Development and Cultural Change* 48 (4) : 867-886.
McKean, Margaret A. (1992), "Management of Traditional Common Lands (*Iriaichi*) in Japan," in *Making the Commons Work: Theory, Practice, and Policy,* ed. by Daniel W. Bromley. San Francisco: ICS Press.
Ostrom, Elinor (1990), *Governing the Commons: The Evolution of Institutions for Collective Action,* Cambridge, U.K.: Cambridge University Press.
大塚啓二郎 (1999),『消えゆく森の再生学』講談社.
Otsuka, Keijiro, Hiroyuki Chuma, and Yujiro Hayami (1992), "Land and Labor Contracts in Agrarian Economies: Theories and Facts," *Journal of Economic Literature* 30 (4) :1965-2018.
Otsuka, Keijiro and Frank Place (2001), *Land Tenure and Natural Resource Management: A Comparative Study of Agrarian Communities in Asia and Africa,* Baltimore, MD: Johns Hopkins University Press.
Otsuka, Keijiro, S. Suyanto, Tetsushi Sonobe, and Thomas Tomich (2001), "Evolution of Customary Land Tenure and Development of Agroforestry: Evidence from Sumatra," *Agricultural Economics* 25 (1) : 85-101.
Otsuka, Keijiro and Towa Tachibana (2001), "Evolution and Consequences of Community Forest Management in the Hill Region of Nepal," in *Community and Market in Economic Development,* eds. by Y. Hayami and M. Aoki, Oxford: Clarendon Press.
Place, Frank and Peter Hazell (1993), "Productivity Effects of Indigenous Land Tenure in Sub-Saharan Africa," *American Journal of Agricultural Economics* 75 (1): 10-19.

Place, Frank and Keijiro Otsuka (2000), "Population Pressure, Land Tenure, and Tree Resource Management in Uganda," *Land Economics* 76(2) : 233-251.
Place, Frank and Keijiro Otsuka (2001a), "Population, Land Tenure, and Natural Resource Management in Malawi," *Journal of Environmental Economics and Management* 41 (1): 13-32.
Place, Frank and Keijiro Otsuka (2001b), "Tenure, Agricultural Investment, and Productivity in Customary Tenure Sector of Malawi," *Economic Development and Cultural Change* 50(1) : 77-100.
Place, Frank and Keijiro Otsuka (2000d), "Population Pressure, Land Tenure, and Tree Resource Management in Uganda," *Journal of Development Studies*. 38(6) : 105-128.
Quisumbing, Agnes, Ellen Payongayong, J. B. Aidoo, and Keijiro Otsuka (2001), "Women's Land Rights in the Transition to Individualized Ownership: Implications for Tree Resource Management in Western Ghana," *Economic Development and Cultural Change* 50 (1) : 157-182.
Quisumbing, Agnes and Keijiro Otsuka (2001), "Land, Trees, and Women: Evolution of Customary Land Tenure Institutions in Western Ghana and Sumatra," IFPRI Research Report 121, Washington, D.C.: International Food Policy Research Institute.
Sakurai, Takeshi, Santosh Rayamajhi, Ridish Pokharel, and Keijiro Otsuka (2000), "Private, Collective, and Centralized Community Management: A Comparative Study of Timber Forest and Plantation Management in Inner Tarai of Nepal," mimeo, Tokyo Metroplitan University.
Sethi, Raviv and E. Somanathan (1996), "The Evolution of Social Norms in Common Property Resource Use," *American Economic Review* 86(4) : 766-788.
Tachibana, Towa, Trung M. Nguyen, and Keijiro Otsuka (2001), "Agricultural Intensification vs. Extensification: The Case of the Northern Hill Region of Vietnam," *Journal of Environmental Economics and Management* 41(1) : 44-69.
Tomich, Thomas P., Meine van Noordwijk, Suseno Budidarsono, Andy Gillison, Trikurniati Kusumanto, Daniel Murdiyarso, Fred Stolle, and Ahmad M. Fagi (2001), "Agricultural Intensification, Deforestation, and the Environment: Assessing Tradeoffs in Sumatra, Indonesia," in *Tradeoffs or Synergies? Agricultural Intensification, Environment, Economic Development*, eds. by D. R. Lee and C. B. Barrett. Wallingford, U.K. CAB International Publishing.
World Resources Institute, United Nations Environmental Programme, United Nations Development Programme, and World Bank (1998), *World Resources 1998-99*, New York: Oxford University Press.
山形与志樹 (2000),「LULUCF 報告書の議定書交渉における意味」『IPCC 特別報告書とFCCC 補助機関会合に関するセミナー』地球環境戦略研究機関/地球産業文化研究所共催.

第9章　東アジア経済の相互依存と環境保全の モデル分析*

新保一成・平形尚久

1. はじめに

　人類の活動に伴って発生する温室効果ガスの大気中濃度の上昇による海水膨張，生態系への影響などが懸念されるようになって久しい．この地球温暖化問題に対して国際的に協調し，持続的な発展への道を開くために，「気候変動に関する政府間パネル (IPCC)」において科学的な知見を蓄積するとともに，「気候変動に関する国際連合枠組条約（気候変動枠組条約）」が1992年5月に採択され，1994年3月に発効した．気候変動枠組条約では，「共通だが差異のある責任」という理念のもとに，先進国が開発途上国に率先して対策を講じるべく，1997年12月に京都で開催された第3回締約国会議において先進国の温室効果ガス排出削減目標を約束した京都議定書が採択された．京都議定書では，排出削減に関する数値的目標の対象となる温室効果ガスとして，いわゆる6ガス，二酸化炭素（CO_2），メタン（CH_4），一酸化二窒素（N_2O），ハイドロフルオロカーボン（HFC），パーフルオロカーボン（PFC），六弗化硫黄（SF_6）を定め，2008年から2012年の第1約束期間において締約国全体で1990年レベルの

---

*　本研究は，慶應義塾大学産業研究所未来開拓プロジェクト（日本学術振興会未来開拓学術研究推進事業，複合領域「アジア地域の環境保全」における『アジア地域における経済および環境の相互依存と環境保全に関する学際的研究』プロジェクト）の一環として行われた．同プロジェクトにおいて，グループリーダーである黒田昌裕先生，プロジェクトリーダーである吉岡完治先生から，モデル開発の様々な段階で有益なコメントを頂いた．また，本コンファレンスにおいて奥野正寛先生（東京大学），清野一治先生（早稲田大学）をはじめコンファレンスに参加された先生方からも有益なコメントを頂いた．ここに記して感謝申し上げたい．もちろん，論文中のあり得べき誤りは筆者たちの責任である．

5％削減を目標として，各国に法的拘束力のある数値目標を設定した．日本の約束した数値目標は1990年排出量の6％削減，EUが8％削減，アメリカが7％削減などである．

一方，「共通だが差異のある責任」という気候変動枠組条約の理念のもとに，京都議定書では開発途上国による温室効果ガス排出量の把握と報告などの義務が明らかにされている．しかし，開発途上国の温室効果ガス排出削減の約束が回避されているばかりでなく，第1約束期間終了後に開発途上国をどのように枠組条約の中に参加させていくかも明らかにされていない．同時に，締約国が京都議定書に従って温室効果ガスの削減対策を講じた場合に，先進国から開発途上国への生産拠点のシフトや，先進国のエネルギー消費抑制に伴って予想される国際的なエネルギー価格の低下による開発途上国でのエネルギー消費の増加などを要因とする炭素脱漏の問題も懸念されている．

アメリカのブッシュ政権は2001年3月，京都議定書における開発途上国の温室効果ガス削減義務回避による公平性の問題と，京都議定書を遵守した場合のアメリカの経済的なコストが膨大であることを主な理由として，京都議定書からの離脱を宣言した．そして2002年の2月14日に，国内総生産（GDP）当たりの温室効果ガス排出量を，京都議定書における第1約束期間までに18％下げることをアメリカの目標とし，開発途上国による温室効果ガスの排出抑制に向けて協力し，開発途上国への技術移転や能力開発のために年3億ドル以上を国家予算に計上することなどを骨子とする地球温暖化政策の新たなアプローチを発表した．

このように京都議定書を各締約国が批准する段階に至って先進国の足並みも不安定になり，開発途上国は現在の地球温暖化問題は先進国の現在に至る経済発展に帰着するもので，少なくとも現在の先進国並みの経済発展を享受するまでは，枠組みに参加する理由はないことを主張している．しかし，地球温暖化問題は，21世紀において人類が国の枠を超えて協調して対処しなければならない最も重要な課題の1つであることに間違いない．また開発途上国では，大気汚染や水質汚濁などの公害問題が深刻化してきており，これらの公害問題への対処を余儀なくされてきた先進国の轍を踏むことなく，経済発展を推し進め，同時に先進国と開発途上国が協調して地球温暖化問題への対策を講じながら持

続的な発展への道をいかに構築するかを，われわれは真剣に考えなければならない．

われわれは，東アジア経済の経済発展と環境保全に関する一般均衡型の経済モデルを開発してきた．われわれの問題意識は，先進国が講じる地球環境保全政策が東アジア経済における国際分業の形態をどのように変化せしめるのか，そして東アジア諸国の経済発展が地域的・地球的な環境保全とどのように両立し得るのか，そのためにはいかなる制度設計が必要なのか，等を建設的に議論するためのメニューをモデルによって示すことにある．

本章では，日本が京都議定書に沿ってCO_2排出量を削減した場合に，東アジア経済に与える影響をモデルによってシミュレートし，炭素脱漏の可能性を2つのケースに分けて分析した．1つは東アジア諸国の経済発展を考慮しないケースで，もうひとつは経済発展経路上で日本の講じる政策の効果を分析するものである．前者は他の条件を一定にした場合の日本の政策の影響を抽出しようとするものであり，後者は東アジア経済の発展と地球環境保全の関係を分析しようとするものである．これらのシミュレーションによりCDM等を利用した技術移転の重要性が示唆される．この結果を受けて，最後に中国鉄鋼業への技術移転のシミュレーションを試みる．

以下本章では，第2節で東アジア諸国およびアメリカの経済成長とCO_2排出量の推移をデータによって概観する．第3節では，われわれの問題意識に基づいてモデルの概要を述べる．そして，第4節でシミュレーションの結果について報告する．

2. 東アジアの経済成長とCO_2排出量

表9-1には，東アジアおよびアメリカの人口，GDP，CO_2排出量について1990年におけるレベルと1981年から1998年までの期間別年平均成長率，および期間別に計算したCO_2排出量のGDP弾性値が表示されている．また，図9-1には1981年，1990年，1998年の各国のCO_2排出量，図9-2には同年次の人口1人当たりのCO_2排出量，図9-3には購買力平価で評価されたGDP当たりのCO_2排出量（GDP原単位）が図示されている．図表に示されているように，

表 9-1 東アジア諸国の経済と CO_2 排出

| | 人口 (100万人) | | | 実質GDP (10億US ドル) | | | CO_2 排出量 (100万 CO_2 トン) | | | CO_2排出量の | | |
| | | 年平均成長率 (%) | | | 年平均成長率 (%) | | | 年平均成長率(%)/増加量 | | GDP 弾性値 (%) | | |
	1990	81-90	90-98	1990	81-90	90-98	81-98	1990	81-90	90-98	81-98	81-90	90-98	81-98
中国	1,155.3	0.66	0.45	0.56	1,629.8	4.07	4.44	4.24	2,243.4	2.31 / 854.1	1.21 / 562.7	1.8 / 1,416.7	0.57	0.27	0.42
インドネシア	179.5	0.82	0.71	0.77	446.5	2.21	1.76	2	141.6	2.72 / 61	2.55 / 84.9	2.64 / 145.9	1.23	1.45	1.32
日本	123.5	0.23	0.13	0.18	2,205.6	1.77	0.58	1.21	1,018.7	0.9 / 172.7	0.41 / 80.6	0.67 / 253.3	0.51	0.72	0.55
韓国	42.9	0.49	0.43	0.46	367.1	3.7	2.2	2.99	201.4	3.15 / 96.5	-0.4 / -14.5	1.48 / 82.1	0.85	-0.18	0.49
マレーシア	18.1	1.2	1.1	1.16	109.8	2.44	2.94	2.67	47.4	3.08 / 22.3	3.62 / 45	3.33 / 67.3	1.26	1.23	1.25
フィリピン	61.5	1.04	1.09	1.06	130.7	0.64	1.13	0.87	36	1.42 / 9.2	2.95 / 26	2.14 / 35.2	2.21	2.6	2.45
シンガポール	3	1.03	1.35	1.18	40.8	2.85	3.22	3.03	34.4	3.57 / 18	1.27 / 9.1	2.49 / 27.1	1.25	0.39	0.82
タイ	55.8	0.76	0.5	0.63	240.6	3.37	1.92	2.69	80.2	4.39 / 47.9	3.33 / 67.9	3.89 / 115.8	1.3	1.74	1.45
台湾	20.4	0.56	0.39	0.48	209	3.53	2.54	3.06	113.9	2.62 / 47.8	2.78 / 76.2	2.7 / 123.9	0.74	1.1	0.88
アメリカ	250	0.4	0.43	0.42	5,803.2	1.4	1.3	1.35	4,827.4	0.23 / 225.7	0.64 / 605.9	0.42 / 831.6	0.17	0.5	0.31

出所: *International Financial Statistics*, International Monetary Fund. *Penn World Table* (PWT), The Center of International Comparisons at the Univeristy of Pennsylvania, CO_2 *Emissions from Fuel Combustion*, International Energy Agency,「中華民国統計提要」, 中華民国行政院主計処統計局より作成. 1990年実質GDPはPWTのPPPによって評価.

図 9-1 東アジア諸国の CO_2 排出量の推移

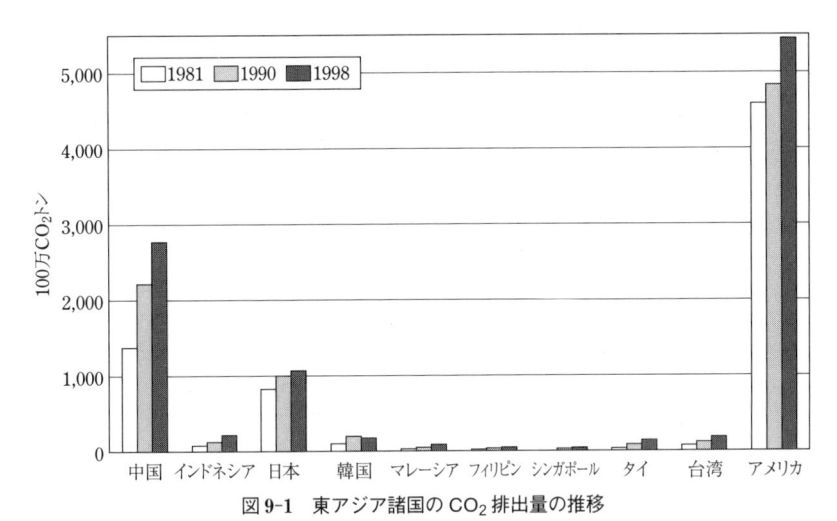

出所：*CO₂ Emissions from Fuel Combustion,* International Energy Agency より作成．

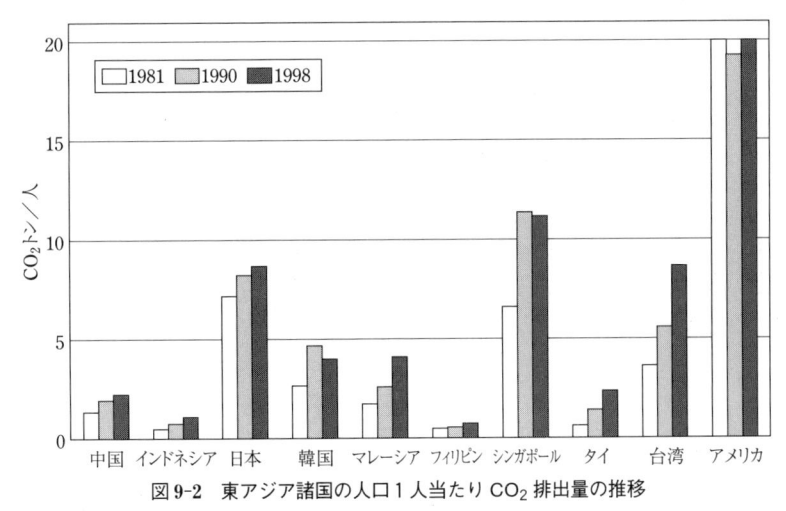

図 9-2 東アジア諸国の人口1人当たり CO_2 排出量の推移

出所：*CO₂ Emissions from Fuel Combustion,* International Energy Agency; *International Financial Statistics,* International Monetary Fund;『中華民国統計提要』中華民国行政主計処統計局より作成．

図 9-3　東アジア諸国の CO_2 排出量 GDP 原単位の推移

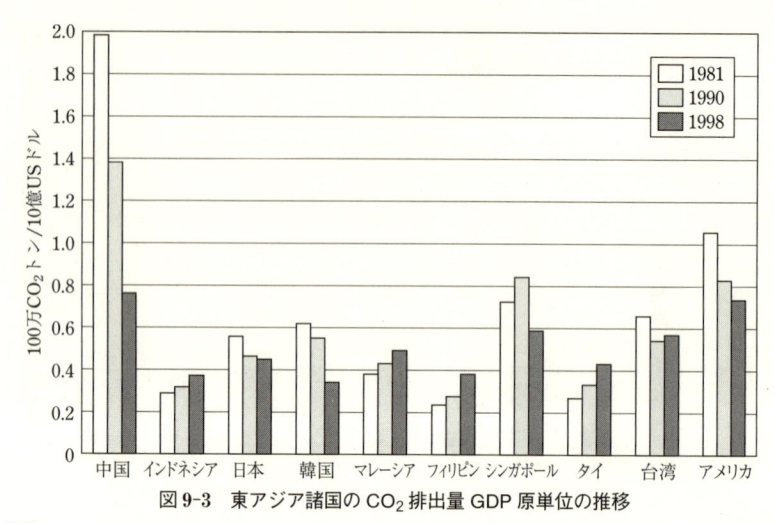

出所：*CO_2 Emissions from Fuel Combustion,* International Energy Agency; *International Financial Statistics,* International Monetary Fund;『中華民国統計提要』中華民国行政主計処統計局；*Penn World Table* (PWT)，The Center for International; Comparison at the University of Pennsilvania より作成．各国の GDP は PWT の PPP による不変価格表示である．

　以後，東アジアというときにはモデルが対象とする中国，インドネシア，日本，韓国，マレーシア，フィリピン，シンガポール，タイ，台湾を指す．

　東アジア全体でみると，1981年で26億 CO_2 トン，1990年で39億 CO_2 トン，1998年で49億 CO_2 トンの排出があった．各国ともこの期間の経済成長にともない CO_2 排出量を増加させているが，韓国だけは例外で1993年以降 GDP の成長にかかわらず CO_2 排出量を減少させている．1981年から1998年の平均でみた CO_2 の増加率では，タイとマレーシアが高く年率3％以上のスピードで増加させている．次いで台湾，インドネシア，シンガポール，フィリピンが2％台の増加率を示している．中国の平均増加率は1.8％と相対的に低い．後にみるように中国では GDP 当たりの CO_2 排出量が急激に減少している．先進国である日本とアメリカの増加率は低く，それぞれ0.67％と0.42％となっている．

　国別のウエイトでみると，最も排出の多い国は中国で，東アジア全体の57％程度を占め，そのウエイトは増加傾向にある．次いで日本のウエイトが高いが，1981年の32.7％から1998年の22.64％まで減少している．韓国を

除く諸国のウエイトが高まっているが，その中でもタイのウエイトは1981年の1.3%から1998年の3%まで急激に上昇している．

CO_2増加量では，1981年から1998年の間で東アジア全体で22.7億CO_2トン増加しているが，そのうち中国で14.2億CO_2トン増加し，その他東アジア諸国の増加量は合計で8.5億CO_2トンに過ぎない．また，1990年代の中国とアメリカの増加量は，それぞれ5.6億CO_2トン，6.1億CO_2トンで合計11.7億CO_2トンに至り，日本一国の年当たり排出量約10億CO_2トンを超過する．

図9-2は人口1人当たりのCO_2排出量の推移である．人口1人当たり排出量では，アメリカが飛び抜けて高く1981年から1998年でほぼ20CO_2トンで安定している．次いでシンガポール，日本，台湾がアメリカの半分程度で8CO_2トンから11CO_2トンの水準である．韓国，マレーシアがアメリカの4分の1，その他の中国，タイ，インドネシア，フィリピンはアメリカの8分の1以下の水準である．韓国，シンガポールを除いては人口の増加とともに人口1人当たり排出量も増加する傾向にある．

図9-3はGDP当たりのCO_2排出量の推移である（以下この指標をGDP原単位と呼ぶ）．また，表9-1の最後の列にはCO_2排出量のGDP弾性値が示されている[1]．ここで注目すべきことは中国のGDP原単位が1981年の2から1998年には0.8まで急激に減少していることである．GDP原単位の変化率でみて約62%もエネルギー効率を高めている．先進国ではGDP原単位が小さくなる傾向があるが，同時期のアメリカが30%，日本が19%の削減であったのに比べても異常に大きな削減率を示している．いったい何を要因としてこのような劇的なエネルギー効率の上昇が起きているのか注意深く調べる必要があるだろう[2]．中国を例外として，GDP原単位に関しては，先進国（アメリカ，日本），新興工業国（韓国，シンガポール，台湾）で減少する傾向にあるが，開発途上国（インドネシア，マレーシア，フィリピン，タイ）では上昇する傾

---

1) これらの図表において各国のGDPは，USドル表示で計算されたGDPのインプリシット・デフレーターを1990年を1として計算した後に，それらの時系列に1990年のアメリカを1とした購買力平価を乗じて計算された価格で名目のUSドル表示GDPを除した実質GDPとして計算されている．またGDP弾性値は，各期間のCO_2成長率をGDP成長率で除して計算されている．

2) たとえばGarbaccio, Ho and Jorgenson (1999)参照．

向にある．特にフィリピン，タイにおいては 1981 年から 1998 年の期間に 60% 以上のスピードでエネルギー効率が悪化している．

同じことは CO_2 排出量の GDP 弾性値をみても確認できる．この弾性値が 1 よりも小さいときには経済成長とともにエネルギー効率がよくなっていることを示し，逆に 1 よりも大きいときには経済成長とともにエネルギー効率が悪化していることを示す．1981 年から 1998 年までの期間で GDP 弾性値が 1 を下回る国は，小さい順にアメリカ (0.31)，中国 (0.42)，韓国 (0.49)，日本 (0.55)，シンガポール (0.82)，台湾 (0.88) となっている．一方 GDP 弾性値が 1 を上回る国は大きい順にフィリピン (2.45)，タイ (1.45)，インドネシア (1.32)，マレーシア (1.25) となっている．

アメリカのブッシュ政権は，GDP 原単位を 2012 年までに 18% 削減することを地球温暖化対策の新しいアプローチとして提案しているが，このデータによれば 1998 年のレベルから 18% の削減が達成できたとすれば GDP 原単位は約 0.6 となる．これは 1998 年のシンガポール，台湾に匹敵するレベルであり，もし 1998 年の日本のレベル程度に削減しようとすれば，約 39% のエネルギー効率の改善が必要ということになる．さらに，データが示すように開発途上国の CO_2 排出量の増加はエネルギー効率が悪化しながらの増加であり，かつ増加率も高い．京都議定書に開発途上国が参加せず，アメリカが離脱したという現状は，地球温暖化防止という目的に照らせば決して望ましいことではない．第 1 約束期間終了後に開発途上国を含めてどのような国際協調すなわち地球環境保全のための制度設計が必要であるかを真剣に考えねばならない．

3. モデルの概要

開発されたモデルは，10 国 42 部門というかなり大規模な多国多部門一般均衡型のモデルである．対象国は，東アジア 9 ヵ国（中国，インドネシア，日本，韓国，マレーシア，フィリピン，シンガポール，タイ，台湾）とアメリカの 10 ヵ国である．そして各国の経済主体は，42 部門の生産部門と家計および政府から構成される[3]．

同様の問題意識に根ざした多国多部門モデルは非常に多く存在するが[4]，ア

ジア諸国がこれほどに細分化され，モデルのデータベースとして各国ごとに部門概念を調整した産業連関表および各国ごとに調査・作成されたCO_2排出係数が用いられているモデルは筆者らの知る限り稀であるといってよい．データからも容易に確かめられるように，GDP およびCO_2排出量で測られた経済規模からすれば，アメリカ，日本，中国以外の諸国は相対的にみて小国であるが，モデルが対象とする東アジア諸国の国際貿易・直接投資を通じた相互依存性は非常に強く，日本の講じる温暖化防止政策や今後の開発途上国参加問題を議論する上で，これら東アジア諸国を個別に扱う意義は大きいと考えられる．

われわれのモデルは慶應義塾大学産業研究所によって開発された EDEN を主たるデータベースとしている．EDEN は，先に示した東アジア各国に関する76部門産業連関表，産業連関表の部門分類に対応した詳細なエネルギー種別

---

3) モデルの方程式体系については慶應義塾大学産業研究所 (2002b)，第1章「日本のCO_2排出抑制と東アジア経済」を参照されたい．生産42部門は以下のとおりである．1.建設，2.自動車，3.その他の輸送機械，4.一般機械，5.電気機械，6.精密機械，7.金属製品，8.銑鉄・粗鋼，9.鉄鋼製品，10.非鉄金属，11.食料品，12.セメント，13.その他の窯業・土石製品，14.繊維，15.パルプ・紙，16.木材・木製品，17.化学，18.農業，19.林業，20.漁業，21.鉱業，22.石油精製，23.コークス・石炭製品，24.電力，25.天然ガス・ガス供給，26.石炭，27.原油，28.皮革製品，29.ゴム製品，30.プラスチック製品，31.出版・印刷，32.その他の製造業，33.鉄道輸送，34.道路輸送，35.水上輸送，36.航空輸送，37.水道，38.商業，39.郵便・通信，40.金融・保険，41.不動産，42.その他のサービス．

4) IPCC が報告する *Emission Scenarios* では，AIM (Asian Pacific Integrated Model)，ASF (Atmospheric Stabilization Framework Model)，IMAGE (Integrated Model to Assess the Greenhouse Effect)，MARIA (Multiregional Approach for Resource and Industry Allocation)，MESSAGE (Model for Energy Supply Strategy Alternatives and their General Environmental Impact)，MiniCAM (Mini Climate Assessment Model) の6つのモデルが統合評価モデルとして使用されている．また，1999年の *Energy Journal* 誌の特別号では，スタンフォード大学の Energy Modeling Forum (EMF) が提示するシナリオに沿って，京都議定書の達成可能性を以下に示す13のモデルによって評価した結果が特集されている．ABARE-GTEM (Australian Bureau of Agriculture and Resource Economics-Global Trade and Environment Model)，AIM，CETA (Carbon Emission Trajectory Assessment)，FUND (Climate Framework for Uncertainty, Negotiation, and Distribution)，G-Cubed (Global General Equilibrium Growth Model)，GRAPE (Global Relationship Assessment to Protect the Environment)，MERGE 3.0 (Model for Evaluating Regional and Global Effects of GHG Reductions Policies)，MIT-EPPA (Massachusets Institute of Technology-Emissions Projection and Policy Analysis Model)，MS-MRT (Multi-Sector-Multi-Resion Trade Model)，Oxford Model (Oxford Economic Forcasting)，RICE (Regional Integrated Climate and Economy Model)，SGM (Second Generation Model)，WorldScan．各モデルの詳細については，IPCC (2000)，Weyant (1999) とそれらのレファレンスを参照されたい．

の物量投入表,CO_2 および SO_2 の排出表から構成される.われわれは,EDEN 産業連関表と EDEN に含まれないアメリカの産業連関表をアジア経済研究所のアジア国際産業連関表(Institute of Developing Economies (1998))および貿易統計とリンクすることによって 10 ヵ国 42 部門の 1990 年に関する国際産業連関表を推計し,モデルのベースデータとしている[5].

　以上は,使用するデータという側面からみたモデルの特徴であるが,次にモデルの理論的構成という視点から特徴を述べてみよう.地球温暖化を分析対象とするモデルの多くは,消費者および生産者の異時点間にわたる最適化行動による新古典派的な最適成長モデルを拠り所としている[6].その主たる理由は,大気圏と海洋面そして大気圏と陸上生物圏における炭素循環には数年から数百年の時間がかかり,温室効果ガスの排出とその影響との間に長いタイムラグが存在するので,地球温暖化に対する政策は遠い将来に対する予測に基づいて今決定しなければならないというものである.無限期間生存する代表的消費者が現在および将来の効用の現在価値の和を最大化すべく,今の消費か将来の消費(貯蓄)を選択するという分析原理に基づく消費者行動の分析は,Hall (1978) の論文以来数多くの実証的検証にかけられているが,いまだ確固たる結果が得られているとはいえない.また,実証的には消費需要を説明する因子として重要であると認識されている習慣形成,流動性制約などを無限期間のモデルにどのように取り込むか,さらには世代間の所得分布に関連して無限期間モデル自体への批判も存在する[7].また代表的消費者の枠を越えて,消費者が複数存在する場合や,多国モデルにおいて各国の消費者の時間選好率が異なる場合には,長期均衡が極端な解を導きかねないという問題もある.以上の点から,現在のバージョンでは,マクロの消費支出は今期消費可能な所得にのみ依存するケインズ型消費関数によって決定されるものとしている.

---

5) EDEN データベースの詳細については慶應義塾大学産業研究所 (2002a) を参照.また,EDEN の本モデルへのデータベース化および国際産業連関表への展開については慶應義塾大学産業研究所 (2002b) を参照.
6) 日本経済を分析対象とした異時点間の最適化行動を取り入れたモデルとして黒田・新保 (1993) がある.
7) 多国マクロモデルにおいて無限期間の消費者行動モデルに習慣形成,流動性制約を取り込んだ例として Cadiou et al. (2001) がある.

さらに生産者の異時点間にわたる最適化の問題は投資の決定と直結するが故に，生産関数をどう考えるかという問題に帰着する．スムーズな生産要素間代替を許容する新古典派生産関数では，ある一定水準の財を生産するための等量曲面上に生産要素の組み合わせは無限に存在する．そして生産者が生産要素価格について価格受容者である場合には，与えられた生産要素価格平面と等量曲面が接する点で最適な生産要素結合が決定される．おそらく，個々の生産事業所において生産要素の結合の仕方を生産要素価格に感応的に変更することが容易ではないと考えるのは自然であろう．また，極めて等質的な財を生産する複数の事業所において生産技術や規模あるいは生産設備がさまざまであることも事実であり，それが故に事業所間で生産要素の結合の仕方が異なって観察されることになる．たとえ個々の生産事業所における生産要素の結合の仕方が固定的であったとしても，産業あるいは経済全体という集計度の高いところで観察すれば，個々の事業所における生産技術の違いや，同じ外生的な経済条件のもとでも事業所ごとの稼働率の違いを反映して，スムーズな代替関係を仮定した生産関数を用いて分析することが便利である，という考え方が新古典派的生産関数の背後には存在すると考えられる[8]．

このとき，新技術の導入や古い技術の廃棄によってもたらされる事業所間の技術分布の変化によって，集計された生産関数の構造パラメターは変化し得ると考えるのが自然である．新古典派的な生産関数の計測においては，このような状況に対して，技術変化の代理変数としてタイムトレンドを挿入することによって処理することが多い．しかし，タイムトレンドを入れたモデルは，観測期間のデータをよく説明したとしても，観測期間を越えて新たに観察されたデータを説明できるとは限らない．さらに，同じタイムトレンドによって外挿した結果得られる生産要素の結合は，実際にどのような名前の付いた技術によってもたらされたのかを一切説明できないばかりでなく，その生産要素の組み合わせは物理化学上あり得ない組み合わせであるかもしれないのである[9]．

たとえば，石炭価格の上昇というショックが与えられたとしよう．その結果，

---

8) Houthakker (1955-56)，Johansen (1972)参照．
9) この点については，小尾（1972）および慶應義塾大学産業研究所（2002b）を参照されたい．

新古典派的生産関数が1トンの銑鉄を生産するのに必要なコークスの投入を減少させて鉄鉱石の投入を増加させるのが最適であるという解を導いたとしよう．それは石炭価格の上昇によって相対的にコークスを多く使う事業所の稼働率が低下し，逆に相対的にコークスを少なく使う事業所の稼働率が上昇した結果であると説明できるかもしれない．しかしそのように説明できるのは，事業所の技術分布に基づく情報から生産関数が構成されている場合に限り，そうでなければ単なる結果の解釈に過ぎない．コークスは鉄鉱石から銑鉄を作るための還元剤である．したがって，FeO_3 から Fe を還元するための C 分は化学的に計算可能であり，実際に必要なコークスの量は鉄鉱石や石炭の質や高炉技術の相違によって散らばることは事実であるが，その分散はそれほど大きくないであろう．コークス必要量を削減するために重油や微粉炭の吹き込み技術が開発され，わが国では第2次石油危機を境にほぼ微粉炭吹き込みに転換した．さらに最近では，廃プラスチックを粒状に加工してコークスとともに高炉に充填してコークス消費量を削減する技術も開発されている．エンジニアにとっては，このような技術開発によって生産要素の結合の状態が変化してきたことは周知の事実である．経済学的生産関数がエンジニアの考える生産要素の結合の仕方を逸脱するような最適解を導くとすれば，そのような生産要素の組み合わせがいかなる技術によって可能であるかについて知りたいのは当然であり，それに対して経済学者が適当な答えを持たないとすれば，経済学的生産関数自体の実用性に疑念を抱くのもまた当然であろう．

本モデルの開発におけるわれわれの1つの課題は，経済学と工学的技術情報の結合である．特に環境保全という問題にとっては，科学技術の進歩に期待するところは大きく，開発途上国が先進国と同じ轍を踏まないためにも，現存するどのような技術を移転するかという問題も重要である．また，環境問題・エネルギーの分析を対象にしたモデルでは，技術的な情報を積み上げることによって構築されるボトムアップ型モデルと，もっぱら経済学的な主体均衡および一般均衡的な連立方程式体系によって記述されるトップダウン的なモデルの融合ができていないという現状もある．このような問題意識から，われわれは電力部門と鉄鋼部門に関して，工学的な情報を組み込んだサブモデルを開発してきた[10]．ただし，工学的情報を組み込んだサブモデルの構築には，工学的

な技術情報のみならず，可能であるならば事業所レベルで観察される投入と産出のデータが必要である．このようなデータ上の制約から，これらのサブモデルは東アジアモデルの生産部門の一部にのみ採用されている．その他の生産部門における生産関数は，将来これらのサブモデルとの結合を考えて，レオンチェフ型の固定投入係数によって記述されている．そしてこれらの固定投入係数は，別途与えられる技術的な情報に基づいて，各生産部門が投下した投資額と関連させて外生的に変化させるものとする．さらに，これらの固定投入係数のうち，エネルギー，鉄鋼，セメントなど物量単位で測定可能なものは，できる限り物量単位で測定している．そうすることが，具体的な技術情報とのリンクを容易にするからである．

生産関数を固定投入係数で記述するということは，たとえば鉄鋼部門で必要なコークスを1トン生産するための石炭必要量が与えられていることを意味する．しかし，この石炭必要量をどの供給主体から調達するかは，国際間輸送コストなどを含めた調達コストを最小にするように決定される．これは生産部門だけではなく，家計および資本形成部門でも同様である．このような形で，モデルが対象とする10ヵ国の国際産業連関表が再現され，国際分業の形態を記述することになる．

4. モデルシミュレーション

4.1 日本の CO_2 抑制と東アジア経済——炭素脱漏の可能性

まず開発したモデルを用いて1990年から2010年までのBaU（Business as Usual）ケースを設定した．それは，人口，部門別資本ストック成長率などの外生変数に1990年から2010年までの想定値を与えることにより，モデルを1990年から2010年まで逐次的に解くことによって導かれる．その際いくつかの構造パラメーターは，1990年の観測値に一致するようにカリブレートしてい

---

10) 電力部門および鉄鋼部門のサブモデルに関しては慶應義塾大学産業研究所(2002b) 第3章「工程別生産関数の測定における工学的情報の援用——電力部門と鉄鋼部門——」を参照されたい．

図9-4 東アジア経済の発展——BaUケース

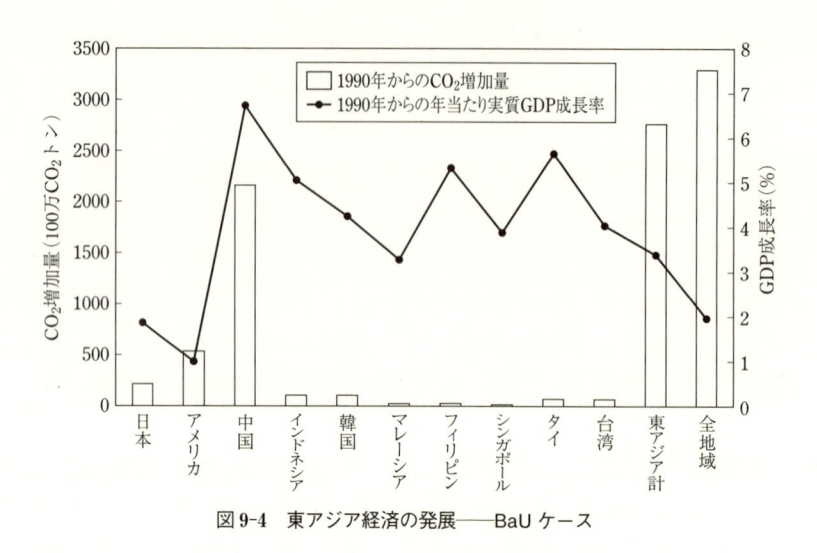

　る．

　図9-4はBaUケースにおける1990年から2010年までの実質GDPの年平均成長率（折れ線グラフ，右軸）とCO_2排出量の増加分（棒グラフ，左軸）を示している．1990年から2010年までの経済成長率は，高い順に中国6.7％，タイ5.6％，フィリピン5.3％，インドネシア5.1％，韓国4.3％，台湾4％，シンガポール3.9％，マレーシア3.3％，日本1.9％，アメリカ1％となった．東アジア全体では，年率3.4％の成長である．CO_2の増加量は，東アジア全体で27.6億CO_2トンであり，そのうち中国から21.5億CO_2トンが排出される．1990年の東アジア全体の排出量が39億CO_2トンであるから，約71％の増加であり，中国の排出量がほぼ倍増するという結果である．

　このBaUケースを基準解として，本章では2つのシミュレーションを試みた．1つは日本が京都議定書に従ってCO_2排出量を1990年レベルから6％削減した場合に，他の東アジア諸国にどの程度の炭素脱漏が生じ得るかを分析することである．このシミュレーションでは，1990年の基準解に対して日本がCO_2排出抑制を行った場合の影響を計算する．すなわち，外生変数や生産技術に関するパラメーターが一定の条件のもとにおける日本のCO_2排出抑制の東アジア諸国への影響を分析することになる．日本のCO_2排出量を京都ターゲッ

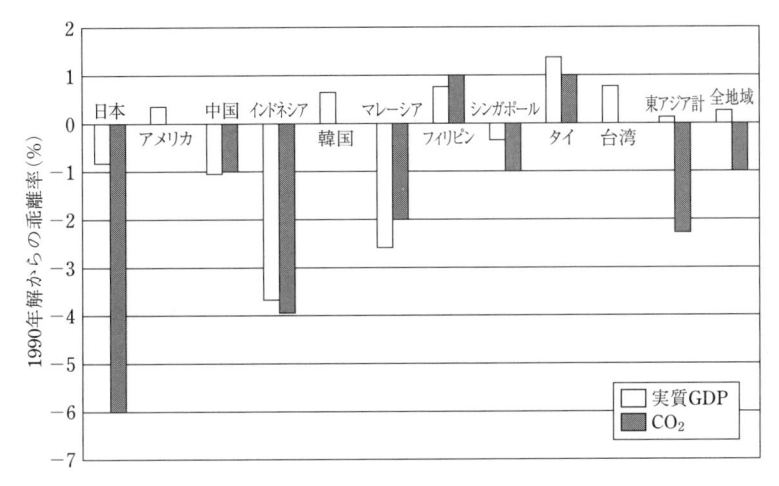

図9-5 日本のCO_2排出量削減の東アジア経済への影響

トに削減するための手段として炭素税を用いる．

第一のシミュレーションの結果が図9-5に示されている．図には白い棒グラフで実質GDPの1990年基準解からの乖離率，黒い棒グラフでCO_2排出量の1990年基準解からの乖離率が示されている．日本はCO_2排出量を6％削減するために$CO_2$1トン当たり73 USドルの税金を課し，その結果GDPの水準は基準解に比べて約0.9％縮小した．

日本のエネルギー消費抑制は，インドネシア，マレーシアに大きな影響を与えている．これは日本のLNG火力発電におけるLNGの大部分はインドネシアとマレーシアから輸入しており，その輸入量の減少が両国の経済に大きく影響するためであり，インドネシアのGDPは1990年基準解に比して3.7％，マレーシアでは2.6％低下するという結果になった．シンガポールのGDPも0.4％ほど低下するが，これも日本の石油製品輸入が減少した結果である．

中国のGDPの減少は1％程度に留まっている．1990年における日本の中国からの石炭輸入はまだ小さく（日本の石炭輸入国として第8位），一方で中国の対東アジア輸出に占める日本のウエイトは65％程度と高く，その大部分が農産物や製造製品である．したがって，日本の経済規模の縮小にともなう中国製品への需要低下によって中国経済も若干縮小することになる．

一方，韓国，フィリピン，タイ，台湾は，1990年基準解に比べてGDPを拡大している．韓国は，鉄鋼などに代表されるように，相対的に価格の上昇した日本の製造製品の生産を代替する形で経済を拡大させている．また，タイおよび台湾の日本に対する輸出依存度は，他の東アジア諸国に比べて低く，日本の経済規模縮小の影響を受けずに，生産規模が縮小した他の東アジア諸国の生産を代替したものと考えられる．

このように日本のCO_2抑制の効果は，各国経済の構造と相互依存性を反映して，東アジア経済に対してプラスの側面もあればマイナスの側面もあるわけであるが，結果として東アジア全体のCO_2排出量は1990年に比べて2.3％減少している．日本が京都議定書に従って削減した分は6％であるから，京都議定書から排除されているその他の東アジア諸国を含めると3.7％分のCO_2が脱漏したことになる．この数値が大きいか小さいかは議論の分かれるところであろうが，世界のCO_2排出量の50％以上を占める先進諸国が同時に京都議定書に従った場合には，世界のエネルギー需要の低下にともなうエネルギー価格の低下が，京都議定書から排除されている開発途上国のエネルギー需要を増やす可能性も否定できないわけであるから，炭素脱漏は無視できない問題であるといってよいであろう．

さて，第一のシミュレーションは各国の経済が，2010年に向けて経済成長していくことを考慮していない．BaUで解かれた1990年から2010年までの成長経路に対して，2010年までに日本が京都議定書の水準にCO_2排出量を抑制したときの姿を分析するのが第二のシミュレーションである．第二のシミュレーションの結果は，BaUケースの図9-4と同じ形式で図9-6に示されている．

第二のシミュレーションでは，日本は2008年から炭素税を導入し，2010年までの平均でCO_2 1トン当たり280USドルの税金を課して京都ターゲットを実現している．これは，第一のシミュレーションの炭素税の4倍弱に増加しているが，他の東アジア諸国の経済成長にともなって日本製品への需要も増大することになるから削減しなければならないCO_2排出量が増大することによる．

1990年から2010年までの実質GDPの平均成長率は，BaUケースに比べたときの低下率の大きい順に，日本1％ポイント，マレーシア0.96％ポイント，

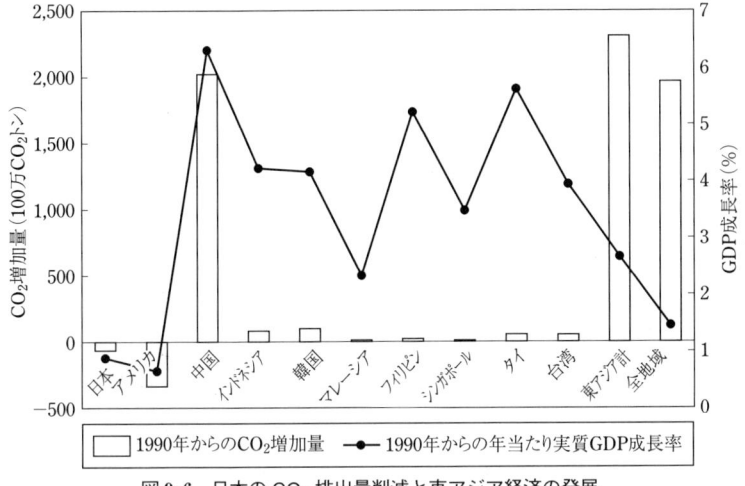

第9章　東アジア経済の相互依存と環境保全のモデル分析　　　383

図9-6　日本のCO_2排出量削減と東アジア経済の発展

インドネシア0.83％ポイント，中国0.4％ポイント，シンガポール0.38％ポイント，アメリカ0.37％ポイント，台湾0.08％ポイント，フィリピン0.04％ポイント，韓国0.01％ポイントとなっており，タイだけがBaUケースに比して0.02％ポイント上昇した．東アジア全体の経済成長は，BaUの年平均3.4％から年平均2.7％へと0.7％ポイント低下している．このように日本のCO_2排出量抑制が東アジア経済に与える影響は，国ごとに異なるものの，それほど大きいものではない．

したがって，東アジア全体のCO_2排出量への効果もさほどBaUから変化することもない．日本は1990年の水準から6％分すなわち約6,000万CO_2トン削減しているが，東アジア全体では23億CO_2トン増加している．BaUケースでは東アジア全体で27.6億CO_2トンの増加であったから，BaUケースに比べれば4億トンの減少である．日本が何も政策を講じないケースに比べれば，日本の6,000万CO_2トンの削減が東アジア全体で4億CO_2トンの減少をもたらしたわけであるから，その効果は決して小さいものとはいえないであろう．しかし，東アジア全体のCO_2排出量は1990年水準から約59％も上昇したことになるから，地球環境保全という目的に照らせば決して改善されたことにはならないであろう．

4.2 中国鉄鋼業における技術移転の効果の分析

　先のシミュレーション結果をみてもわかるように，経済手段ばかりではなく，実現可能な省エネルギー技術の導入や，クリーン開発メカニズム（CDM）・直接投資を通じた技術移転が，地球環境保全に極めて有効な手段であることは想像に難くない．また，第1約束期間の間にCDMを有効に活用し，第1約束期間終了後に開発途上国が地球温暖化対策の枠組みに参加することの必要性も明らかになったのではないだろうか．

　以上の結果を受けて，中国鉄鋼業への技術移転の効果をモデルを用いて分析してみたい．中国鉄鋼業への技術移転の効果を分析する理由は，日本の鉄鋼業は類似した規模および技術を持った鉄鋼所において生産を行っている一方，中国鉄鋼業は規模と技術レベルの異なる鉄鋼所が多数混在して生産を行っているからである．日本の企業は，CDMの実施に向けて技術移転を推進するための調査（Feasible Study: FS）を進めている．FSの効果を分析するためには，サブモデルとして開発された個別鉄鋼所の技術分布に基づくプロセスモデルは有効であると考えられる．ある技術に関して技術移転する際には，すべての鉄鋼所に技術移転が可能なわけではなく，移転する技術ごとにある条件を満たす鉄鋼所にしか技術移転はできないことを考えると，個別鉄鋼所の技術導入が経済全体にどれくらいの効果を及ぼすかをモデルを用いて分析することには大きな意義があろう．

　ここで分析するシミュレーションは以下のとおりである．

1. 地球温暖化対策の柔軟性措置として考えられている共同実施（JI）やクリーン開発メカニズム（CDM）の事前調査として進められているFS（Feasible Study）の中から，高炉ガスの有効利用を目的とした「高炉ガス専焼コンバインドサイクル発電設備（CCPP）」導入の効果についてシミュレーションする[11]．シミュレーションの仕方として，FSの調査対象である首都鋼鉄にのみ技術導入を行うケース（sim1.1），首都鋼鉄と同規模の鉄鋼所すべてに導入するケース（sim1.2），高炉を用いるすべての鉄鋼所に導入するケース（sim1.3）に分けて分析する．

2. 連続鋳造設備の普及について分析する[12]．日本の鉄鋼業ではほぼ100％連続鋳造設備が設置されているが，われわれの用いた資料によれば，中国においては1990年でその普及率はおよそ23％，1998年までに約70％に普及した．シミュレーションでは，連続鋳造の普及率が85％に増加した場合の効果を分析する(sim2)．
3. 中国鉄鋼業において，小規模の高炉で生産されている銑鉄の生産を規模の大きい高炉に代替した際の効果を分析する．具体的には，199 m^3 以下の小規模高炉に対する需要を4,000 m^3 級の大規模高炉に代替した場合の効果を分析する(sim3)．われわれが用いた資料によれば，1990年で199 m^3 以下の小規模高炉の数は全体の88％程度存在し，生産量で全体の22％程度を生産している．日本で現在稼働している高炉が3,000 m^3 から5,000 m^3 のレンジであることを考えると，信じがたいほどに小規模高炉が存在しているのが中国の現状である．
4. すべての高炉による銑鉄需要が宝山鉄鋼所の生産技術で賄われる場合をシミュレーションする．周知のとおり，宝山鉄鋼所は日本の鉄鋼業と類似した技術を採用している．つまり，このシミュレーションは，中国の鉄鋼業がエネルギー効率などの面で日本の鉄鋼業に近くなった場合の効果を分析する(sim4)．

---

11) CCPPは，高炉ガスの有効利用に関する取組みである．今まで，中国では一部の製鉄所を除いて，高炉ガスの一部は発電の補助燃料あるいは生産工程で使用していたものの，すべてを有効に利用していなかった．そこで，高炉ガスのみで発電できる設備を導入し，熱効率を向上させようとするのを狙ったのがCCPPである．詳細は川崎重工業（1998）参照．

12) 連続鋳造とは，転炉，電気炉，平炉などの粗鋼を製造する工程から，粗鋼を直接圧延や鋼管のプロセスに送る技術のことである．連続鋳造のないもとでは，製造された粗鋼を一旦冷やした後に，灼熱炉で再加熱してから圧延や鋼管のプロセスへ送られるため，エネルギーのロスが非常に大きい．一方，連続鋳造では，灼熱炉におけるエネルギー消費が削減されるため，省エネルギーの効果がある．さらに，連続鋳造を導入することによって，最終製品である鋼材を製造する際に必要な粗鋼の量が減少する．つまり，歩留りが上昇する．歩留りの上昇は，粗鋼および高炉工程における生産量の削減を通じて，それらの工程で必要とされるエネルギーの削減をもたらす．このように，連続鋳造は鉄鋼プロセス全体のエネルギー消費削減に非常に有効な設備である．

各シミュレーションは，個々の鉄鋼所の原材料およびエネルギーに関する投入係数の値をそれぞれのシミュレーションの仮定に基づいて設定し，中国鉄鋼業プロセスモデルで中国鉄鋼業全体について集計された投入係数を計算し，その値をモデルの部門分類に対応するように変換した後に，基準ケースと同じ最終需要を満たす均衡生産量を計算するという手続きで行われた．各シミュレーションで計算されたエネルギー消費量をBaUケースからの変化率として表9-2に示した．

表9-2 中国鉄鋼業への技術移転のシミュレーション結果

	石炭	原油・天然ガス	鉄鉱石	石油製品	石炭製品	電力
sim1.1	−0.017	−0.007	−0.001	−0.006	−0.001	−0.066
sim1.2	−0.150	−0.065	−0.011	−0.050	−0.009	−0.598
sim1.3	−0.304	−0.132	−0.023	−0.102	−0.018	−1.216
sim2	−4.014	−1.972	−3.231	−2.540	−5.220	−0.966
sim3	−8.462	−0.458	−0.333	−0.480	−13.848	−1.035
sim4	−2.991	−2.667	−2.102	−3.374	−46.219	−1.035

注：数値は基準ケースからの変化率（％）である．

通常，技術移転のシミュレーション分析が行われるときには，導入する技術が実際の技術分布とは無関係に万遍なく導入されるという仮定が設定される．たとえば，産業連関分析で日本の投入係数を中国に適用する場合がそれに対応する．本章のシミュレーションではsim4がそれに近い．シミュレーション結果をみてもわかるようにsim4の効果は他のシミュレーションに比較して非常に大きい．中国の高炉がすべて宝山型になった場合には，基準ケースと同じ最終需要を満たすために必要な石炭製品（コークス）の消費量は約半分で済むという結果である．それと比較して，sim1.1とsim1.2の結果が示すように，一部の鉄鋼所それも実際に導入が検討されている鉄鋼所への技術移転が中国経済全体に及ぼす効果は極めて小さい．

sim2による連続鋳造の普及も中国経済に与える効果はかなり大きいといえる．1990年から1998年の間で連続鋳造の普及率が23％から70％まで急速に拡大したことを考えると，近い将来に85％あるいはそれ以上に普及するという仮定にはかなり実現性がありそうである．またsim3による，小規模高炉それも日本の現状を基準にすれば考えられないほど小規模の高炉に対する需要を大規模高炉によって代替させることの効果も大きく，コークス消費量を13％

削減させ，石炭消費量を 8％ 削減させるという結果である．1990 年代に入って中国の GDP に対するエネルギー消費比率が急激に減少している．この現状は，sim2 と sim3 で想定した状況が実際に進行しているためではないかと考えられる．

sim1.1 と sim4 は両極端に位置するシミュレーションである．実際には，FS で検討されている技術は 100 以上あり，それらが隈なく導入される場合の効果は，両者の中間に位置するものであろう．技術移転を考えるときには，移転される技術が受入れ側の技術と相性が合うかということを考える必要があるのである．そのためには，本章で開発した個別情報（分布）を生かした形のプロセスモデルは非常に有用であると考えられる．

5. むすびにかえて

京都議定書における 2008 年から 2012 年までの第 1 約束期間の後には，開発途上国を含めた新たな国際協調の枠組みが必要なのは明らかであり，本章で使用したモデルは，それを建設的に議論するためのメニューを提示することを目的として開発されている．モデルの開発にあたっては，工学的情報と経済モデル，あるいはボトムアップモデルとトップダウンモデルの融合を 1 つの課題として取り組んでいる．環境保全に関する制度設計を建設的に議論することにおいて，経済的手段の可能性をより具体的に探るためにも，生産技術による省エネルギーあるいは温室効果ガス削減の可能性を具体的に取り込んで議論できることが望ましいことは誰もが認めるところである．われわれの目的は，やっとその端緒にたどりついた段階といえるかもしれないが，その有用性は今回の分析でも明らかになったことと思う．また，温室効果ガスの排出量取引や CDM などの経済的手段についてもより具体的にモデルに組み込んでいくという課題も残されている．特に排出量取引に関しては，いわゆる先進国が日本とアメリカしか含まれていないことから十分に分析できていないのも事実である．モデルの対象国を拡張していくことも含めてデータの整備を進め，データの精度を高めるとともに，個々の方程式の自律度を高め，より具体的なシミュレーションが実行できるモデルを開発していくことを今後の課題としたい．

文 献

小尾恵一郎（1972），『計量経済学入門——実証分析の基礎』日本評論社．
川崎重工業株式会社（1998），『共同実施等推進基礎調査中国製鉄会社向高炉ガス専焼コンバインドサイクル発電設備』新エネルギー産業技術総合開発機構．
黒田昌裕・新保一成（1993），「二酸化炭素排出量安定化と経済成長」宇沢引文・國則守生編『地球温暖化の経済分析』東京大学出版会，pp. 167-196.
慶應義塾大学産業研究所（2002a）「EDEN [環境分析用産業連関表]の作成と応用」『アジアの経済発展と環境保全』（日本学術振興会未来開拓学術研究推進事業「アジア地域の環境保全」報告書）第1巻．
慶應義塾大学産業研究所（2002b）「中国・東アジアの経済発展・環境・技術に関するモデル分析」『アジアの経済発展と環境保全』（日本学術振興会未来開拓学術研究推進事業「アジア地域の環境保全」報告書）第5巻．

Cadiou, L., S. Dées, S. Guichard, A. Kadareja, J.-P. Laffargue, and B. Rzepkowski (2001), "MARMOTTE A Multinational Model," *CEPII Working Paper*, 2001, no. 15.
Garbaccio, R. F., M. S. Ho, and D. W. Jorgenson (1999), "Why has the Energy-Output Ratio Fallen in China?" *Energy Journal*, Vol. 20, No. 3, pp. 63-91.
Hall, R. E. (1978), "Stochastic Implications of Life Cycle-Permanent Income Hypothesis: Theory and Evidence," *Journal of Political Economy*, Vol. 86, pp. 971-987.
Houthakker, H. S. (1955-56), "The Pareto Distribution of the Cobb-Douglas Production Function in Activity Analysis," *Review of Economic Studies*, No. 23, pp. 27-31.
Institute of Developing Economies (1998), *Asian International Input-Output Table 1990*, March 1998.
Intergovernmental Panel on Climate Change (2000), *Emission Scenarios,* New York: Cambridge University Press.
Johansen, L. (1972), *Production Functions: An Integration of Micro and Macro, Short Run and Long Run Aspects*, Amsterdam: North-Holland.
Weyant, J.P. (1999), *The Costs of the Kyoto Protocol: A Multi-Model Evaluation*, A special Issue of *The Energy Journal*, International Association for Energy Economics.

終章　残された課題

大塚啓二郎

　地球温暖化問題が，21世紀に人類が克服しなければならない最も深刻な問題の1つであることは今や疑いない．それを解決するために，1997年に京都で気候変動枠組み条約第3回締約国会議（COP3）が開催された．この会議において，温暖化防止に向けて温室効果ガスの排出削減義務を定めた「京都プロトコル（議定書）」が，主要先進国間で採択されたことは画期的な前進であったと評価することができる．議定書では，温室効果ガスの排出削減の大枠は示されたが，細かい運用ルールはその後の交渉に委ねられることになった．周知のようにそうしたルールの確立を目指した2000年11月のハーグでのCOP6においては合意が得られず，2001年7月にはアメリカが京都議定書からの離脱を表明してしまった．それにもかかわらず，2001年11月の地球温暖化防止マラケシュ会議において，アメリカ抜きとはいえ，曲がりなりにも運用ルールについて最終合意が成立し，2004年に受け入れ判断を見送っていたロシアが批准し，2005年2月に京都議定書は発効した．

　本書の随所で指摘されているように，地球温暖化問題の核心は基本的には環境資源が無料で使用できるために発生する外部不経済の問題であり，きわめて経済学的な問題である．外部不経済の結果として生ずる非効率な資源配分を是正するための制度的措置，すなわち排出に対する課税，排出量規制と排出権取引制度の創設，さらにCDMのような国際間の技術移転の促進もまたきわめて経済学的な問題である．以下でより明らかになるように，京都メカニズムの核心は，同じだけの温室効果ガスの削減を実現するための最も効率的な，つまり最も安上がりのシステムを構築しようとすることにある．たとえアメリカの不参加によって京都議定書の効果が薄れたとしても，この本質自体は否定される

はずはなく，現段階において京都メカニズムの意義を研究することの重要性はむしろ高まったと言えよう．

それでは果たして経済学が，「地球環境保護への制度設計」にどのような貢献ができるであろうか．この課題に若手の経済学者を中心にして挑戦し，まとめあげたのが本書である．まず序章において，地球環境問題を考えるうえでの京都プロトコルの意義と，克服しなければならない諸問題についての全体像を示し，その後の各章において理論研究，実証研究の双方から多面的にこの問題を分析してきた．

それでは本書の各章の分析で得られた研究成果から，地球温暖化の防止に向けてどのような示唆が得られたであろうか．この最終章ではまず第一に，これまでの各章で得られた結論を総括（Synthesize）し，地球温暖化を防ぐためにこれから考えなければならない主要な課題を明らかにする．それは例えば，排出権取引を可能にする制度設計の問題であり，CDMの実行可能性，森林による温室化ガスの吸収（シンク）の取り扱い，これまで除外されてきた発展途上国の将来における参加問題である．第二に，そうした諸問題について現段階での考察と評価を加え，温暖化防止に向けてわが国がリーダーシップをとって推進すべき施策について考えたい．

1. 研究成果と残された課題

本節では，本書の構成に沿って各章で得られた研究成果を簡単に振り返り，残された課題に対するインプリケイションについて考えたい．

1.1 第Ⅰ部「経済と環境」

われわれの理解では，地球環境問題に対する関心が高まっているわりには，京都メカニズムによる環境規制の経済学的基礎を理論的に体系だって示した文献は少ない．果たして地球温暖化のようなグローバルな環境問題に対処するための処方箋として，柔軟性措置を含む京都メカニズムには，どのような理論的な正当化を与えることができるであろうか．この問題に真正面から取り組んだのが清野（第2章）の論文である．

現実問題として，温室効果ガスを生産過程において排出している財に対する需要曲線，私的限界費用曲線，外部不経済による金額表示の社会的ロスを正確に計測することは不可能であるから，もとより社会的（世界的）に最適になるように温室効果ガスの排出に課税することは実際上不可能である．さらに排出についての情報の不完全性のために，排出量に応じて課税することも困難である．そのため例えば便宜的に生産量に比例して課税するならば，企業は排出削減努力のインセンティブを失ってしまうことになる．そこで次善の策として，総排出量を市場で決定される以下の水準に抑制するように目標を設定し，排出権を何らかの方法で企業等の排出源に配分し，それと同時に排出権取引を認めるというシステムが考えられる．このシステムの最大の利点は，市場で決定される排出権価格が，排出削減のインセンティブを生むことである．すなわち，排出量を削減すれば少ない排出権の購入ですむようになる，あるいは排出権の販売が増加することになるから，この制度のもとでは排出削減のインセンティブが存在することになる．奥野・清野・黒田（序章）の言葉を借りれば，排出権価格によるシグナルが「見えざる手」を機能させることになり，排出権取引を通じて排出コストの安い経済主体が，排出削減の主要な担い手になる．これが排出削減目標を設定し，排出権取引を認める京都メカニズムの理論的基礎である．

矢口・園部（第1章）は，実証面から京都プロトコルを支持している．汚染物質の排出に関する実証分析では，所得の成長とともに汚染は拡大するがやがて減少に向かうという逆U字型仮説がよく知られている（Grossman and Krueger 1995）．もしこの仮説が正しいとすれば，経済を発展させれば環境問題はやがて改善されることになる．しかしこの章の分析によれば，日本の戦後の経験において，二酸化硫黄の排出では逆U字型仮説はある程度妥当するが，二酸化炭素の排出では妥当性がないことが明らかになった．これは，二酸化硫黄のように比較的ローカルな外部性をもたらす汚染にはローカルな排出削減の取り組みがあったが，二酸化炭素の排出のようにグローバルな外部性をともなう場合にはローカルな取り組みがなかったためである．したがって，二酸化炭素やその他の温室効果ガスの排出削減には，グローバルな汚染に対応した世界的な取り組みが必要になる．それと同時に留意すべきは，わが国の場合ローカ

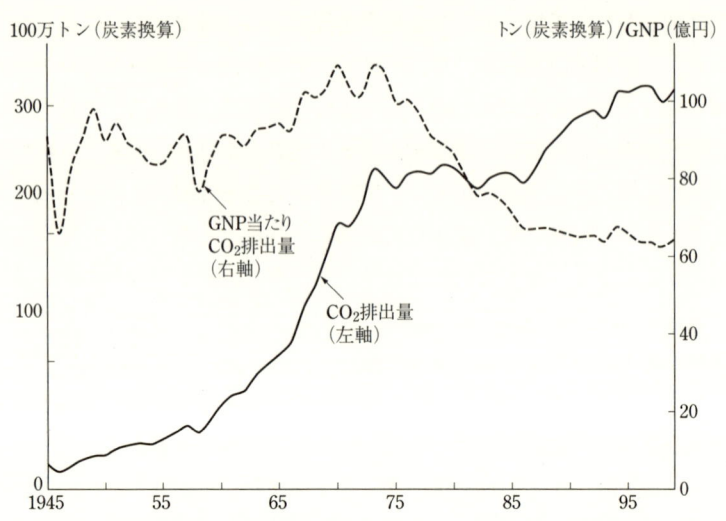

図終-1 CO_2 排出量（左軸）と実質 GNP あたり CO_2 排出量（右軸）の経年変化，1945-99 年

データ出所：日本エネルギー経済研究所計量分析部編（2001），『EDMC／エネルギー・経済統計要覧』2001 年版，省エネルギーセンター．

　ルな環境汚染を防ぐために，エネルギー消費量を減らすという対策は採られなかったことである．つまり，エネルギーの消費量を減らして産業の発展を犠牲にしてまで，環境対策に取り組むことはなかったのである．エネルギー消費量と CO_2 の排出量は比例的な関係にあるので，CO_2 を削減するための対策も講じられてこなかった．このことは，地球的規模で温暖化対策を実施することの難しさを示唆するものであろう．

　理解を助けるために図終-1 には，日本エネルギー経済研究所（2001）のデータを用いて，わが国の戦後における CO_2 の排出量の推移を示した．1970年代前半のオイルショックまでは，CO_2 の排出量は加速度的に伸びたが，オイルショックのあとの省エネルギー化への取り組みによって，その後の排出量は横ばいとなっている．しかしオイル価格の減少とともに，1980 年代末以降は排出量が再び増加傾向にある．ここから少なくとも 2 つの重要な論点を指摘することができよう．第 1 は，所得ばかりでなく燃料価格が CO_2 の排出量に大きな影響を与えることである（Moomaw and Unruh 1997）．第 2 は，1990 年に比較して 2010 年前後の温室効果ガス排出量を 6% 削減することが，国内努

力だけでは容易に達成できそうもないことである．最近の政府の報告によれば，1999年度の温室効果ガスの排出量は1990年度のそれをすでに6.8％上回っている．Holtz-Eakin and Selden (1995) が指摘しているように，多くの国々において長期的には二酸化炭素の排出量は増加傾向にあり，右下がりにはなっていない．しかし図に示したように，実質GNPあたりのCO_2の排出量は相当大幅に減少してきた．これは第2次産業から第3次産業への産業構造のシフトや，わが国が誇るべき省エネ技術の開発に負うところが大きい．もしこうした技術を国際的に移転できるならば，地球全体の温暖化の抑制にわが国が貢献できることは疑いない．

こうしたわが国の経験からも，地球温暖化防止のためには国際協調が死活的に重要な役割を担わなければならなくなることは明らかである（石川・奥野・清野（第3章））．地球温暖化問題についてもう一つの重要な側面は，排出によって温室効果ガスが蓄積しそれが実際に温暖化をもたらすまでには，長い時間がかかることである．温暖化の被害者である将来世代は現存しないから，加害者である現代世代が被害者と直接交渉し，それに基づいて補償を与えることはできない．鈴村・蓼沼（第4章）が扱っているように，こうした状況では望ましい環境政策をめぐって規範的な問題が生ずることになる．

1.2 第Ⅱ部「京都メカニズム」

一定の留保条件をつけつつも，先進国を中心とした各国が温室効果ガスの削減目標を決め，かつ排出権の取引を行うという京都メカニズムは基本原理としては支持できる．しかしその実際的な有効性について正確な判断をくだすためには，京都メカニズムが実施される際に予想される問題点を明らかにしておかなければならない．また，事前に問題点が明らかにできるのであれば，それに対する適切な対策を考えておくべきである．

まず第1に考えなければならないことは，温室効果ガス排出についての不完全なモニタリングしか行えない場合に，国際的な排出権の取引が本当に効率性の改善に寄与するかという問題である．小西（第6章）の理論分析によれば，もし私企業が約束した排出量を遵守しないのであれば，私企業を国際的な排出権取引市場から排除する必要が生ずる．政府のほうが約束を遵守する動機がよ

り強いとすれば，国際的な取引には政府だけを参加させることが考えられるが，政府が国内で効率的に排出権を配分できるかという疑問が残る．いずれにせよ，京都メカニズムを機能させるためには，排出についてのモニタリングを厳格に行う体制を整備する必要がある．ただし，日本のような化石燃料の輸入国では，輸入の総量を目標排出量にマッチさせるようにコントロールすることによって，直接的なモニタリングのコストを節約するという方法が考えられる．

　本章でもさらに詳しく検討するが，京都メカニズムの限界は，発展途上国が温室効果ガスの削減にコミットしていないことを前提にしていることである．そのために，先進国でのエネルギー消費の削減による温室効果ガスの排出量の減少が，エネルギー価格の低下をもたらし，それがエネルギー効率の悪い途上国の温室効果ガスの排出増加をもたらしてしまうおそれがある．これがいわゆる「炭素リーケージ」の問題であり，第3章の理論モデルが，この問題を全般的に分析している．それによれば，先進国が温室効果ガスの排出削減のためにエネルギー消費を抑制した場合，先進国と途上国を足し合わせた世界全体で，温暖化が促進されてしまう可能性があるという結論が得られている．これを防ぐためには，将来的に途上国に温室効果ガスの排出削減プログラムに参加してもらう必要がある．これが，今後の地球温暖化の防止を考えるうえで最も重要な課題の1つである．

　第3の，そしてきわめて現実的な問題は，わが国が果たして6%という温室効果ガス排出削減目標をクリアーできるかという問題である．それをシミュレーション分析によって厳密に解明したのが黒田・野村（第5章）の論文である．エネルギー需要の伸びを放置しておけば，二酸化炭素の排出量は2008-12年において少なくとも20%程度は1990年水準を上回ってしまう．それを炭素税を導入することによって国内的に解決しようとすれば，高率な課税を導入しなければならなくなる．したがってわが国が京都プロトコルでの約束を果たすためには，海外からの排出権の購入や，CDMによる排出権の獲得が不可欠である．

1.3　第Ⅲ部「京都プロトコルと南北問題」

　先進国がCDMによって排出権を獲得するには2つの方法がある．1つは植林

によって二酸化炭素を吸収（シンク）することであり，もう一つは省エネ等の温室効果ガス排出削減技術を発展途上国に移転することである．植林が CDM に含まれるか否かは京都プロトコルには明記されていないが（天野 2000），COP6 議長の Pronk (2000) のメモによれば，それは含まれるべきであることが指摘されている．大塚（第 8 章）は，途上国での植林事業による CDM の実行可能性については懐疑的である．なぜならば，多くの途上国では耕地拡大のために大規模な森林破壊が行われてきており，そうした国々で植林をしても，シンクに役立つほど樹木が保護されかつ成長できるという保証はないからである．また植林がただちに二酸化炭素の吸収に役立つのではなく，樹木の将来の成長が役に立つのであるから，ここでも長期にわたる樹木管理へのコミットメントとそのモニタリングが重要になってくる．貧困な農民による国有林の伐採を黙認してきた途上国の経験からすれば，植樹された樹木の管理に対するコミットメントについて，途上国政府が十分な責任を取るとは考えがたい．したがって，植林を排出権獲得のための手段とするためには，国際的な監視システムの構築が必要である．

　現実的に考えれば，CDM の主眼は途上国への技術移転を通じた排出削減に向けられるべきであろう．しかし途上国での排出削減が先進国での排出増加につながることから，CDM が地球全体の温暖化防止にどれほどの効果があるかは明らかではない．松枝・柴田・二神（第 7 章）の動学モデルによるシミュレーション分析の結果によれば，CDM によって地球全体の温室効果ガスの排出量はわずかな減少にとどまることが示唆されている．ただし，CDM の実施によって途上国も先進国も利益を得るために効用の水準は大きく高まる．つまり，CDM の実施によって排出削減にともなって発生する不満は大幅に軽減される．これは 2 つのことを意味しよう．第 1 は，CDM は短期的には京都メカニズムを円滑に実施するために有効である，ということである．第 2 に，CDM は途上国に排出削減の取り組みに部分的に参加してもらう仕組みであり，短期的な効果よりも，長期的に地球温暖化を防止するための手段であると考えるべきであろうということである．

　それでは個別プロジェクトのベースで，CDM が採算にあう事例があるであろうか．新保・平形（第 9 章）は中国の鉄鋼業に対する日本からの CDM の

フィージビリティー・スタディを分析している．それによれば，直接的な効果に限っても十分にプロジェクトとして採算がとれ，かつ二酸化炭素の排出削減ができるという結果が得られている．しかも，経済の他の部門への波及効果を加えると排出削減効果はより大きくなるという結果が得られている．少なくともCDMによる中国鉄鋼業への技術移転については，その実行可能性は高いと推測できよう．

2. 残された実践的課題

本書の基本的な立場は，京都メカニズムの制度的重要性を認識しその実現を支持するものであるが，それと同時に，それを補完する制度的仕組みや，それをいっそう強化するための追加的措置の重要性を認識するものである．

すでに奥野・清野・黒田（序章）が指摘し，その後いくつかの章でも指摘されたように，柔軟性措置の中で当面最も重要なものは排出権取引制度であろう．それを機能させるためには，第三者的なモニタリングの制度や罰則制度を設ける必要がある．しかしそれについては，簡単ではあるがすでに序章で議論を展開した．そこで，ここではそれ以上の議論は行わないことにしたい．

短期的には，おそらく植林によるシンクの取り扱いの問題が重要になるであろう．もう一つの重要な課題は，CDMによる途上国での排出量の削減である．より長期的に最も重要な問題は，地球温暖化防止の取り組みにいかにして発展途上国を参加させるかという問題である．そこで本節では，これらの問題について議論を展開してみたい．

2.1 シンクの評価と取り扱い

そもそも地球温暖化は樹木や化石燃料に含まれていた炭素が，温室効果ガスとなって空中に放出されることによって発生する．一説によれば，産業革命以降におけるCO_2の排出量の約3分の1が森林の破壊に起因するとされる（例えば，山形・山田（2000）参照）．したがって，現在も破壊が進行している熱帯雨林やシベリアの原生林の保全を行ってCO_2の放出を防ぐことは，地球環境の保護にとってきわめて重要である．ただしその存在自体がシンクの役割を果

たしているわけではない．原生林では，炭酸同化作用による二酸化炭素の吸収と，呼吸作用による排出が拮抗している．原生林の存在が重要なのは生物多様性の維持のためであり，それについては京都メカニズムとは別個の対策が必要であろう．

植林された樹木のシンクへの影響は，長期的にはゼロであることには注意を要する（Fujimori 2001）．植えられた樹木はCO_2を吸収しながら成長するが，林業であればやがては伐採され，利用されたあとでいつかは処分される．その際には，樹木の内部に閉じ込めてあった炭素は空中に再び排出される．植えられた樹木が自然状態で保護されたとしても，やがては倒木し，微生物等によって分解される．その際，伐採の場合と同様にCO_2を発生させてしまう．したがって，このような直接的な二酸化炭素吸収効果に関する限り，植林には純粋に循環的な効果，つまり長期的にはゼロの効果しか期待できない．ただし，もともと樹木が生育していなかった土地に植林を行い，森林面積を拡大するのであれば，生育している樹木の数が増大する分だけ大気中のCO_2が減少することになる．

植林された樹木が長期的に空中の温室効果ガスのストックに一切影響を与えないということは，植林に経済的価値がないことを意味しない．幼木が成木に成長するには数十年単位の時間がかかり，倒木してからもきわめて長期にわたって炭素が樹木の内部に残されるので，「中期的」に炭素を貯めこんでおく効果は期待できる．したがって，将来の画期的な排出削減技術（例えば二酸化炭素の固定・回収技術）の出現を期待しつつ，過渡的対策として，植林を行うことは大いに意義のあることである．その際，S字型の成長経路をたどる樹木の成長率が鈍化する時点で伐採し，再植林を繰り返すことが炭素の吸収という観点からは効率性が高い．ただし，伐採された樹木がどのように利用され，処分されるかによってネットの炭素吸収効果は大きく異なる．そのために，植林のシンクの効果を正確に評価することはきわめて難しい．

植林が地球環境に確実にプラスの効果があるのは，木材や薪炭，さらに加工品を含む木製品が，化石燃料に代替したり，化石燃料を原料にした製品に代替する場合である．この場合には，さもなければ化石燃料から放出されたであろう二酸化炭素の量を，木の利用によって減少させることができる（Fujimori

2001). しかし，どれほどそうした代替が行われるかを推定することは実際上困難である．したがって，植林の二酸化炭素吸収効果を正確に計測することには原理的に無理がある．

実践的な意味でも，植林の炭素吸収効果を評価することは難しい（山形 2000）. IPCC (2000b) では，新規植林，再植林，森林減少という人為的な活動によって生じる炭素ストックの締約国内での変化が，議定書の3条3項によって，排出削減数値目標にカウントされることになっている．しかしすでに指摘したように，植林あるいは再植林された樹木が，将来にわたってどれだけ炭素を吸収するかを事前に予測することは難しい．また通常の衛星画像の分析からは，高い精度をもって炭素ストックの変化を計測することは困難である．さらに，過去に植林された樹木が評価期間中に収穫された場合，それを森林の減少に数えることも正当化しにくい．結局はシンクの問題も，排出権取引の問題と同じように，どうやって炭素ストックの変化をモニターするか，また約束違反をどのように処罰するかという問題に帰着してしまう（山形・山田 2000）．京都議定書の運用をめぐる実際の国際交渉では，シンクの取り扱いは科学を無視した政治的打算に終始している感が強い．

要するに，(1)植林は中期的に温室効果ガスの排出削減に重要な貢献をなしうるが，(2)その効果を正確に評価することは難しいということになろう．温室効果ガスの排出削減も正確にモニターし評価することは容易ではないのであって，評価が難しいという理由だけで，植林を地球温暖化防止対策からはずしてしまうのは得策ではなかろう．特に植林は，エネルギー消費の削減に比較すれば，はるかに苦痛の少ない温暖化対策であろう．したがって，当面はこれを強力に実施すべきである．またシンクが排出削減努力の一貫として認められたからこそ，アメリカ，日本，カナダ，オーストラリアが京都プロトコルに同意したという事情がある．したがって，温室効果ガス削減努力からシンクを除外したり，それにきわめて低い評価しか与えない場合には，京都プロトコルの発効はあり得ない．そう考えれば，植林・再植林活動のうち，例えば大規模な植林プロジェクトのようにモニターと評価が比較的容易なケースに限って，シンクの効果を正式に認めていくことが望ましいように思われる．

2.2 CDM の潜在的重要性

すでに第9章において，鉄鋼業の省エネ技術の中国への移転について分析がなされ，望ましい効果があることが指摘された．しかし CDM が実施されていない現状では，そうした事例の数は限られている．そうした中で，CDM を積極的に活用するための有望なプロジェクトを発掘するために，NEDO (1999) が行った40のプロジェクトのフィージビリティー・スタディが，貴重な情報を提供している．20のプロジェクトは共同実施を見込んでロシアで実施され，9のプロジェクトは CDM を意識して中国で実施されている．なおその中には，第9章で分析された中国の鉄鋼業の事例も含まれている．

それによれば，投資の予想内部収益率はケースによって大きく異なるが，特に鉄鋼や製油プロジェクトで高い傾向が見られた．発電プロジェクトの場合には投資費用がかさむ傾向が見られた．NEDO が採用したプロジェクトは，応募したプロジェクトから選抜したものであり，その代表性については疑問がないわけではない．しかし上記の結果は，筆者による企業の担当者からの聞き取り調査の結果とも一致する．わが国には CDM 向けの有望なプロジェクトが数多くあるように思われる（森田・浜田 2000）．

言うまでもなく，排出削減を目的とする投資の採算性は，期待される二酸化炭素あるいは炭素の削減量と排出権の価格に依存する．炭素価格については世界銀行の予測値があるが，どこまで信頼できるかは定かではない．NEDO の報告においてきわめて重大な事実は，想定された炭素の排出権価格に予想収益率があまり大きく依存しないことである．つまり排出権価格に多少の変動があっても，対象となったプロジェクトの収益性に大きな変化はない．また留意すべきは，NEDO 主導のプロジェクトの評価の場合，投資の失敗に対するリスクや，投資対象のサーチ，管理，情報収集等のいわゆる取引費用は，金額で表示しにくいためにコストには算入されていないことである．つまり一般的には，純粋な投資としての収益性は低いと言うべきであるかもしれない．

もし排出権の獲得を無視しても投資の収益性が確保できるのであれば，CDM 事業は現状に「追加的であるべきである」という，京都議定書の「追加性」の規定に抵触する可能性がある（IPCC 2000b）．つまり，収益性の高い投

資であればCDMがなくても実行されたはずであり，そうした排出削減投資をCDMに含めるべきではないとみなされるかもしれない．なおこの追加性をめぐってはさまざまな対立があり，意見の一致をみていないが，最近では財政的に「現行のODAに対して追加的であるべきである」という意見が強いようである（川島・山形 2000）．

　経済学者ならば容易に想像できるように，もし追加性を厳密に守らせようとすれば，投資に参加する企業は期待収益を巧みに操作して，追加性の基準を満たすような予想収益率を主張するようになるであろう．情報の非対称性があるもとでは，客観的な第三者監督機能をよほど強化しない限り，追加性の基準は情報操作によっていたずらに不正行為の発生を招くだけのように思われる．「追加性の基準」を設定することのフィージビリティーについては，より真剣な議論がなされてしかるべきであろう（Chomitz 1998）．

　NEDO（1999）の報告書で，多くの参加企業が戸惑いをみせたのは，いわゆる「ベースラインの設定」の問題である．事業の排出削減効果を算定するためには，その事業がなかったときに発生する排出量を確定しなければならない．それがベースラインである．その趣旨には反対ではないが，よほど精巧な一般均衡モデルでもない限り，すべての関係者が同意するようなベースラインの設定はあり得ないであろう．ここでもまた，情報の不完全性がCDMの実施の妨げになっている．

　こうした障害があるために，明日香（1999）は省エネ型発電設備のように，「建設後における排出量の予測やモニタリングが他種プロジェクトに比較して容易である」投資事業については，合意形成が得られやすいことを指摘している．情報の不完全性のもとでCDMを広範囲に推進しようという立場からすれば，ベースラインや追加性の規定を簡素化し，合意形成を容易にすることを考えるべきである．例えば，鉄鋼の事例のように省エネ装置を既存の設備に装着する場合，それが採算性のある投資かどうかにかかわらず，削減されるであろう温室効果ガスの量をカウントすべきである．また新規投資の場合には，代替的な投資と比較しての排出量の差を削減量とみなすべきであろう．代替的な投資とは何かについて曖昧さは残るが，例えばその国で平均的に用いられている設備を想定することはできるであろう．追加性については環境対策に用いられ

るODAの全額に対して適用すべきであり，必要な情報量が大きくなる個別プロジェクトベースで適用すべきではない．

2.3 途上国の参加問題

発展途上国における温室効果ガスの排出量は急激に増加しつつある．2015年までには途上国全体の排出量が先進諸国のそれを追い越すと言われているし，中国の場合には2020年までにアメリカを追い抜くと言われている（Zhang 2000）．炭素リーケージの話を持ち出すまでもなく，途上国が排出削減の国際的な取り組みにコミットすることなしには，地球温暖化問題の解決はありえない．また途上国側でも，過密化する都市や工業地帯の環境汚染は深刻さの度合いを増しており，環境問題に対する関心は高まりつつある（World Bank 1999）．

冷静に考えるならば，地球温暖化問題の解決のためには，他のほとんどあらゆる経済問題と同じように「公平性（Fairness）」と「効率性（Efficiency）」を両立させるような解決策を考えなければならない．もし地球全体の環境資源を人類全体の共有資産であると考えるならば，途上国が指摘しているように，それをより多く汚染してきた先進国が責任を持って温暖化阻止の対策を実行するのがフェアであろう．他方，効率性の観点からは，エネルギー効率の悪い技術を用いている途上国において，新技術を導入し排出削減に取り組むことが賢明であろう．そのためには，Claussen and McNeilly（1998）も指摘するように，途上国に排出削減義務を負わせるとともに，先進国から途上国に技術が移転するようなシステムを構築しなければならない．

CDMは，そうした将来のシステムを構築するための試金石とならなければならない．つまりCDMを通じて，排出削減のための技術移転が温室効果ガスの削減に有効であることを，実際に証明する必要がある．図終-1で見たように，わが国の場合GNPあたりのCO_2の排出量は大きく減少してきた．火力発電の場合でも，この30年間に発電量あたりのCO_2排出量は3分の2に減少し，日本は他の先進国より40％程度発電効率が高い（東京電力2000）．こうした先進的技術を移転し，途上国での温室効果ガスの削減を図ることが可能であることを明確に示す必要がある．

しかし個々の途上国にすれば，CO_2 などの温室効果ガスの排出削減に取り立てて強い関心があるわけではなかろう．CDM の実をあげるためには，ローカルな環境汚染で苦しんでいる途上国に対して，先進国は温室効果ガスの排出削減ばかりでなく，硫黄酸化物や窒素酸化物などの汚染物質の排出削減に協力すべきであろう（杉山 1997）．それによって，途上国は CDM から得られる便益をより明確に実感できるであろう（明日香 1999）．

発展途上国が国際的な温室効果ガスの排出削減に消極的であることの大きな理由は，環境対策のために経済発展を犠牲にすることを恐れているからであり，加害者負担の原則から先進国がまず排出削減を行うべきであると考えているからである．例えばそれは中国に妥当しよう（Zhang 2000）．だからこそ，CDM についての追加性の議論が重要になっているのである．しかしそれと同時に，中国も他の途上国と同じようにエネルギー効率の改善や，環境技術の導入には強い関心を示している．

発展途上国が既存の ODA を受け取ることを当然の権利のようにみなし，追加的に環境援助を要求していることには疑問もある．しかし，貧困からの脱出を第一義的な目的にしているような途上国では，経済発展を少しでも犠牲にしたくないという意識があるのは理解できないことではない．したがって，公平性と効率性を両立させながら地球温暖化を防止するためには，先進国はこうした途上国の要求を相当程度受け入れざるを得ないように思われる．その際，環境改善のための投資資金として，国内での排出量削減のために課された炭素税等の収入をあてることが自然であろう．

3. 日本の戦略：むすびにかえて

地球温暖化を防止する対策を考えるうえで，(1)京都プロトコルの発効によって主要先進国が排出削減に取り組むべき短期，(2)発展途上国の温室効果ガス排出削減へのコミットメントを引き出し，世界中の国々が排出削減に取り組む中期，(3)技術開発によって温暖化問題を解決する長期，に期間を分けて考えることが有効であろう．

短期においては，たとえ成功裏に京都プロトコルが実現できたとしても，地

球全体の温室効果ガスの排出削減に大きな成果が期待できるわけではない．むしろこの時期に重要なことは，CDMを成功させることによって，中期の本格的な排出量削減への道筋をつけることである．そのためには，まず京都プロトコルの枠組みを重視し，なおかつコミットした排出削減の公約を主要先進国に守らせなければならない．それを達成するためにコストの少ないやり方は，植林によるシンクの効果をモニター可能な範囲で認めることであろう．それと同時に，シンクと途上国向けのCDM双方について，モニターを実施しやすいような簡単なルールを作成することが望まれる．現在議論されているような，シンク，ベースライン，追加性の規定では，情報の不完全性のために，事後的に利害関係者の間で意見の一致をみることは不可能に近い．

先進国は短期の対策を成功させ，中期において発展途上国にも温室効果ガスの排出削減にコミットしてもらわなければならない．またそれなくしては，途上国の不参加を大きな理由として離脱したアメリカの復帰を促すことも難しい．アメリカと途上国の参加があってこそ，地球全体で排出量の絶対的な削減に取り組むことが可能になる．この中期において重要な役割を果たすのは，先進国から途上国への技術の移転であろう．植林も中期において一定の役割を果たすことは考えられるが，森林面積の増大がない限り，これが温室効果ガスの大気中での蓄積量の減少につながらないことは常に認識しておかなければならない．

エネルギーの消費量を切り詰めることによって，温室効果ガスの蓄積量を減少させ，地球温暖化の傾向を逆転することは至難の技である．それは，IPCC (2000c) の排出量と気温に関する長期シナリオを見れば明らかである．長期的には自然エネルギーの活用を進めるべきであろうし，より根本的には二酸化炭素の実用的な回収・固定技術の開発を推進すべきであろう．すでにこうした技術開発は企業レベルで開始されている．排出権取引制度が機能すれば，こうした開発努力の成果はある程度それを開発した企業の収入になるかもしれない．しかしながら，もしそうした技術の開発がいわゆる基礎研究をともなうものであったり，開発リスクが高く，社会的便益が不完全にしか回収できないとすれば，国家的，さらには国際的な研究開発への取り組みが必要になるであろう．こうした画期的な環境技術を開発することなしには，地球環境問題の解決はおそらくありえないであろう．

わが国の場合は,国内努力だけでは京都プロトコルでコミットした温室効果ガスの6%の削減を実現することには大きな苦痛を伴う.また援助大国を自称するように,わが国は途上国の発展には大きくコミットしてきた.であるとすれば,わが国にとって望ましい戦略は,京都メカニズムに基づく地球温暖化防止対策を少しでも前に進め,長期的に地球温暖化問題の解決に向かって積極的にリーダーシップを発揮することであろう.

そのための第一歩として,日本は現在の危機的財政事情のもとで,追加性の問題をクリアーしなければならない.そのためには,炭素税等の税収をCDMのために利用することが考えられる.それによって大量の排出権を購入できれば,それは炭素税の税率の削減につながる.またオイルショック時の燃料価格の上昇が,省エネ技術の開発を誘発したことを考えれば,炭素税によって燃料価格が上昇することには長期的に望ましい効果がある.

地球温暖化問題は,グローバルな広がりを持った問題であるというばかりでなく,その解決には時間がかかることは明確に認識しておかなければならない.日本は,そうした問題の特性を十分に理解し,明確な長期的ビジョンを持って国際間の協調を促進するように行動することが肝要であろう.

* 本章の作成にあたっては,明日香壽川氏(東北大学)から懇切丁寧なコメントをいただいた.記して感謝の意を表したい.

文献

天野明弘 (2000),「クリーン開発メカニズム:期待と課題」『環境研究』第118号, pp. 4-8.
明日香壽川 (1999),「地球温暖化対策国際協力プロジェクトの経済性評価と日本の政策対応のあり方」東北大学東北アジア研究センター.
Chomitz, K. M. (1998), "Baselines for Greenhouse Gas Reductions: Problems, Precedents, and Solutions." Development Research Group, Washington, DC: World Bank.
Claussen, E. and McNeilly, L. (1998), *Equity & Global Climate Change: The Complex Elements of Global Fairness*. Pew Center on Global Climate Change, Washington, DC.
Fujimori, T. (2001), *Ecological and Silvicultural Strategies for Sustainable Forest Management*. Amsterdam: Elsevier.
Grossman, G. M. and Krueger, A. B. (1995), "Economic Growth and the Environment." *Quarterly Journal of Economics* **112**, pp. 353-378.

Holtz-Eakin, D. and Selden, T. M. (1995), "Stoking the Fires? CO_2 Emission and Economic Growth." *Journal of Public Economics* **57** (1), pp. 85-101.

IPCC (Intergovernmental Panel on Climate Change) (2000a), *Land Use, Land-Use Change, and Forestry*. Cambridge, UK : Cambridge University Press.

IPCC (2000b), *Methodological and Technological Issues in Technology Transfer*. Cambridge, UK : Cambridge University Press.

IPCC (2000c), *Emissions Scenarios*. Cambridge, UK : Cambridge University Press.

川島康子・山形与志樹 (2000),「気候変動枠組条約第6回締約国会議 (COP6) の概要」『地球環境センターニュース』Vol.11, No.10.

Moomaw, W. R. and Unruh, G. C. (1997), "Are Environmental Kuznets Curves Misleading Us? The Case of CO_2 Emissions." *Environment and Development Economics* **2**, pp.451-463.

森田恒幸・浜田充 (2000),「北東アジアにおける環境産業の現状と展望」国立環境研究所.

NEDO (新エネルギー・産業技術総合開発機構) (1999),『平成10年度共同実施等推進基礎調査結果の分析』.

日本エネルギー経済研究所・エネルギー計量分析センター編 (2001),『EDMC/エネルギー・経済統計要覧』2001年版, 省エネルギーセンター.

Pronk, J. (2000), "Note by the President of COP6."

杉山大志 (1997),「東アジア諸国のSOx排出動態に関する考察：経年比較分析及びその中国長期見通しへの含意」電力中央研究所報告 Y97005.

東京電力 (2000),『環境行動レポート』.

World Bank (1999), *World Development Report 2000*. New York: Oxford University Press.

山形与志樹 (2000),「LULUCF報告書の議定書交渉における意味」『IPCC特別報告書とFCCC補助機関会合に関するセミナー』IGES/GISPRI.

山形与志樹・山田和人編著 (2000),『京都議定書における吸収源プロジェクトに関する国際的動向』環境庁国立環境研究所.

Zhang, Z.-X. (2000), "Can China Afford to Commit itself an Emission Cap? An Economic and Political Analysis." *Energy Economics* **22**, pp. 587-614.

あとがき

　人類は，誕生時には自らを取り巻く自然環境を脅威として受け止めてきたものの，産業革命を契機に著しくその文明を発展させ今では地球環境に対する脅威となった観がある．多様化した人々のニーズを満たすために必要とされる様々な財やサービスの生産，その生産・消費活動が集中する多くの都市，そしてそれらを結ぶ交通ネットワークの構築のために，畏怖の念をもって対峙していた自然環境を人類は自分たちに都合のよいように変容させた．その結果，われわれは，現在，原始社会ならバランスがとられていた自然環境も，こうした人類の活動によりバランスを失いつつあるかのような事態に直面している．

　技術文明と経済活動の発達は，確かに，人類の日々の営みを豊かにしたものの，それに必要となるエネルギー量が莫大に膨れ上がった．特に現在の文明社会を支える化石燃料の急増は，その燃焼に伴う二酸化炭素の排出量を著しく増大させ，地球をすっぽり包む温室のような働きを急速に強めていると言われている．そのために地球全体で温暖化現象も加速化されているとの警告が，気象学者たちから出されたのは20世紀末のことだった．

　地球の温暖化が本当に進めば，どうなるだろうか．南極・北極の氷が解け，海洋の水面が上昇し，現在，領土が低地に広がる国は消滅してしまう．これまで極寒の世界で農作物が全く育たなかったところが肥沃な大地となる一方で，温暖な地域は砂漠化してしまうかもしれない．人類がこれまで経験したことのない大きな変化に，いつ何時襲われることになるかもわからない．

　こうした危機意識の下に，世界各国が日本の京都に集まり，地球温暖化の元凶とされる二酸化炭素をはじめとしたいわゆる温室効果ガス排出量を協力して抑制する具体的制度設計に取り組もうとまとめたのが京都議定書である．気候

学者だけでなく，他の領域を専門とする自然科学者，工学者，経済学者，政治学者，そして各国の政治家までも巻き込んだ温暖化対策への取り組みが始まった．

　もちろん足並みは必ずしも一致していない．京都議定書で合意された取り組みには，もともと発展途上国は取り込まれておらず，さらに議定書は温室効果ガス排出量が世界で一番多い米国により批准を拒否された．現在の生産技術のもとで生活水準を向上，つまり経済成長するためには温室効果ガス発生源である化石燃料の消費量を格段に増やさなければならず，現在の温暖化問題はむやみに成長を追求してきた先進国の責任だというのが，途上国側の主な見解である．また米国は，京都議定書のような国際的取り決めではなく，各国で省エネルギー政策を推進することで十分対応できるという考えのようだ．

　本書は，こうした温暖化問題の国際政治経済的分析を行うことを目的にしているわけでない．むしろ温暖化問題がそもそも我々人類に提起した地球環境と成長・発展のバランスの必要性という問題を，その発生の原因，対応という面から整理・検討を加えることを目的としている．その元となるのは，1998年から2001年にかけて各執筆者たちが共同して行った研究成果である．出版が遅れた最も大きな理由は，環境経済学という領域が従来の経済分析用具があてはまらない領域とされてきたため，その通念を打ち破り体系的な分析枠組みを構築することが困難だったことにある．

　本書刊行までには，2つの大きなコンファレンスを開催した．一つは1999年9月10日～13日諏訪シティーホテル成田屋での第1回コンファレンス，もう一つは2000年7月22日～23日吉祥寺第一ホテルでの第2回コンファレンスである．二つのコンファレンスでは，執筆者以外に多くの研究者の協力を得ることができた（所属は現職）．赤尾健一氏（早稲田大学），朝倉啓一郎氏（慶応義塾大学），阿部顕三氏（大阪大学），石見徹氏（東京大学），岡田章氏（一橋大学），内山隆司氏（札幌学院大学），國則守生氏（法政大学），須賀晃一氏（早稲田大学），土門晃二氏（早稲田大学），中西徹氏（東京大学），吉岡完治氏（慶応義塾大学）には記して感謝したい．また，この共同研究活動は，東京大学研究所から多大な資金援助を受け，東京経済研究センターの共同研究プロジェクトとして行われたものである．両機関の支援に対して深く感謝したい．

最後に，本書の企画段階から有益な意見をいただき，刊行まで辛抱強くおつき合いいただいた東京大学出版会・黒田拓也氏にも感謝したい．

執筆者を代表して
清野一治・新保一成

索引

[ア行]

アグロフォレストリー 342, 343, 346, 349, 353-355, 357, 358, 363
硫黄酸化物（SOx） 58, 61-63, 66, 67, 75, 79, 82
維持可能性 43
EUバブル 10, 11, 19
エコ・ラベル 150-152
エネルギー
　——安全保障 236
　——需給（構造） 237, 244
　——需要 396
　——消費（量） 76, 80, 82, 398
汚染者負担の原則（PPP） 30
汚染物質含有税 149
汚染リーケージ 166, 172-174, 176, 178, 180
オゾン層 2
オゾンホール 2
オプション・アプローチ 338
温室効果ガス 3-6, 10, 11, 16, 21, 22, 34, 41, 152, 389, 392, 395, 398, 402, 403
改正省エネルギー法（1998年） 66

[カ行]

外部
　外部性（externality） 20, 21, 24, 50, 198
　外部不経済 21, 140, 389
　負の外部効果 88, 106, 107
隠れた補助金 157
課税ルール 286, 287
化石燃料 397
茅の恒等式 42
下流課税 35
環境援助（プログラム） 320, 322, 337, 338
環境規制 31, 36, 38, 39, 87, 95, 129, 146, 148, 153, 174, 178
　——の国際協調 137
環境クズネッツ・カーブ仮説 55-57, 59, 61, 66-68, 77, 82
環境税 19, 87, 89, 95
環境政策 152
　——の国際協調 181, 188
環境ダンピング 163
環境庁 65
環境補正策 116
監視費用 27, 130, 234
帰結主義 203
気候変動に関する政府間パネル（IPCC） 9, 341, 367
気候変動枠組み条約 9, 367
　——締約国会議（COP） 9, 15, 235, 267, 389
技術
　技術移転 384, 386, 389
　技術援助 319, 324, 328, 333, 337
　技術開発 402
　新技術導入 123, 126-128, 377
規制 279, 295
規制的手法 24
機能に関する潜在能力 218
規範 202
ギフト（贈与地） 357
競争入札 115
協調の失敗 126
共同実施 10, 12, 312, 313, 323, 332, 384
京都議定書（京都プロトコル） 10, 14, 16-18, 40, 46, 66, 174, 235, 237, 239, 267, 301, 367-369, 380, 382, 386, 389, 391, 394, 402, 404
京都メカニズム 189, 389, 393-395, 404

共有地制度　347, 359
共有林　362, 360
　　——の管理　359
　　——の保護　361
局地的環境汚染　139, 141, 142
クズネッツの逆U字型仮説　55
グランドファーザー方式（grandfather method）　34, 39, 115, 267, 268
クリーン開発メカニズム（CDM）　10, 12, 174, 312, 313, 316, 322-324, 327, 328, 332, 333, 336-338, 342, 384, 389, 394-396, 399, 402-404
グリーン税制改革（Green Tax Reform）　37
クールノー・ナッシュ均衡　161, 162
クレジット制度　337, 338
経済援助　325, 328, 333
経済成長　235
限界削減費用曲線　254
限界排出削減費用　21, 110
限界排出削減便益　22
検査確率　295, 297
検査費用　295, 296, 298, 299
原子力発電　235, 255-260
原生林　397
権利と義務　212
公共財（public goods）　21, 50
交渉
　　交渉解　213
　　交渉決裂点　184
　　交渉フロンティア　185
　　国際的ナッシュ交渉　182
　　譲渡可能交渉下の交渉　182, 188
　　ナッシュ交渉解　183
　　別払可能な交渉　182
工場立地　148, 163, 165
厚生主義　203
公平性　41, 401
　　国際間——　45
　　世代間——　45
効用可能性フロンティア　184
功利主義　202, 219, 221, 226
効率性　41, 201, 401

効率的排出税　100
枯渇性資源　43
国際寡占　159
国際協調　395
国際政策協調　186, 187, 189, 190
国際的排出許可証　268
　　——取引　270-272, 274, 283, 290, 300-302
国際的ハーモナイゼーション　185
国際排出権（量）取引　19, 171, 172, 188, 267, 393
国際分業　146
コースの定理　87, 96-98, 211
コミットメント　395, 402

[サ行]

再生（不）可能資源　43
歳入還元効果（revenue recycling effect）　37
産業革命　4
産業調整政策　39
　　消極的——　39
　　積極的——　39
時間非（不）整合性　126, 323
自己申告　276
自主規制　27, 105
市場の失敗（market failure）　20, 23, 88
次善の理論　106, 116, 122
持続可能な成長　254
私的情報　28
支配戦略　179, 180
シミュレーション　256, 258, 261, 263, 264, 326-328, 331, 333, 379-381, 383-386
社会厚生（関数）　221, 226
社会的基本財　218
社会林業型システム　362, 363
囚人のディレンマ　179
柔軟性措置　10, 12, 384, 396
シュタッケルベルク均衡　162
省エネルギー　72-74, 394
情報の非対称性　28
上流課税　35
植林　363, 395-398, 403

索引　413

(私的)所有権　47, 345, 346, 353
シンク (吸収源)　10, 11, 48, 66, 391, 397-399, 405
人口　7, 344, 346
森林
　　――再生　352
　　――資源　343, 344, 360, 363
　　――破壊　341, 349, 352, 395
数値目標　10
石油危機　62
世代間の福祉　203
説明責任　215
線形排出税　100
先進国　317, 318, 331, 335, 402, 403
漸進的技術革新　127
戦略的環境規制　166
戦略的環境政策　159, 163
戦略的効果　191
戦略的代替関係　160
戦略的貿易政策　160, 162
戦略的貿易理論　161
戦略的補完関係　161
総合排出係数　72, 74-76, 79
総量規制方式　64
租税関連効果 (tax-interaction effect)　38

[タ行]

大気汚染防止法 (1974年)　64, 65
大気汚染防止法 (旧法, 1968年)　64
多部門一般均衡モデル　240
多様性　223
炭素価格　399
炭素含有税　104
炭素税 (carbon tax)　34-36, 89, 104, 251, 254, 259, 262-264, 404
炭素リーケージ (carbon leakage 炭素脱漏)　44, 45, 172-174, 369, 379
地球温暖化 (問題)　2, 204, 212
地球温暖化対策推進大綱　15, 18
　　――の評価・見直しに関する中間取りまとめ　17
地球温暖化対策推進法　66

窒素酸化物　63
直接規制　25, 26, 36, 102, 105,
データベース　375, 376
投入税　90
　　補完要素　96
独占禁止政策　117, 118
途上国　316, 318, 330, 335, 401-403
途上国問題　13
土地所有権　356
土地所有制度　343, 346, 349, 357
トップランナー方式　17
取引可能排出許可証　90
取引コスト　234

[ナ行]

内部化 (internalize)　20, 21, 24, 212
南北問題　49
二酸化硫黄　74, 75
二酸化炭素　4, 58, 61-63, 66, 67, 74, 75, 79, 81, 82, 314, 315, 321, 332, 394, 395
　　――排出量　369, 373, 380, 383
二重の配当 (double dividend)　36, 37
入札方式 (auction method)　33
熱帯林　341
Non-Regret Policy　46, 47

[ハ行]

排煙脱硫装置　63, 64, 76
ばい煙防止法 (1962年)　64
排出基準規則　90
排出権　39, 49, 266
　　――取引 (制度)　32, 33, 108, 109, 113-115, 121, 133, 199, 262, 263, 389, 391, 396
　　――取引市場　112, 113, 119, 129, 154, 155
　　――の賦与　33, 34
排出削減補助金　102
排出税 (emission tax)　29, 89, 95, 97, 119, 124, 130-132, 147, 154, 169, 175, 179, 185, 297
　　――率　177, 299
排出制御費用　298

排出（総）量規制 90, 128, 131, 132, 167-169, 175, 179, 391
排出率基準規制 154, 156
排出量取引 10, 12
　　国際—— 19, 171, 172, 188, 267, 395
排除（不）可能性 20, 23
焼き畑農民 343
バグワティの政策割当原理 143, 144
パーフィットの非同一性問題 206, 207
パレート
　　——基準 200-202, 208-210, 213
　　——効率性 184
　　——効率性効果 191
　　——最適 198, 199, 201
バンキング（banking） 13
東アジア 369, 372, 379, 383
非競合性（non-rivalry） 20
非協力微分ゲーム 313, 323
ピグー税 199
非線形排出税 100, 101
非炭素エネルギーの開発 44
非凸性 106-108, 157, 158
微分ゲーム 313
貧困 341, 395
不確実性 41, 42, 129-131
不完全競争 119, 122
附属書Iの締約国（先進国） 12, 13, 15, 235, 326
部族所有制度 353
ブッシュ政権 374

物品税 95
不払い要素 89
フリー・ライダー 100
フロンガス 2
ベースラインの設定 400
ベルリン・マンデート 9
貿易 144-146
補償原理 210, 213
補償責任 216
補助金 162, 199
ボトム競争 164, 165
ボーモル・オーツ税（Baumol-Oates Tax） 31, 32
ボロウイング（borrowing） 13

[マ行]

マキシミン原理 219, 221, 226
モニタリング 395
モニタリングコスト→監視費用

[ヤ行]

誘因整合性 49

[ラ行]

履行強制費用（implementation cost） 27
粒子状浮遊物質（SPM） 59
歴史的経路 213, 216
ロールズの格差原理 219

執筆者一覧（執筆順，＊は編者）

奥野正寛（おくの　まさひろ）	東京大学大学院経済学研究科教授
＊清野一治（きよの　かずはる）	早稲田大学政治経済学部教授
黒田昌裕（くろだ　まさひろ）	内閣府経済社会総合研究所長
矢口　優（やぐち　まさる）	拓殖大学国際開発学部専任講師
園部哲史（そのべ　てつし）	FASID 大学院プログラム副ディレクター兼 GRIPS 連携教授
石川城太（いしかわ　じょうた）	一橋大学大学院経済学研究科教授
蓼沼宏一（たでぬま　こういち）	一橋大学大学院経済学研究科教授
鈴村興太郎（すずむら　こうたろう）	一橋大学経済研究所教授
野村浩二（のむら　こうじ）	慶應義塾大学産業研究所助教授
小西秀樹（こにし　ひでき）	東京工業大学大学院社会理工学研究科教授
松枝法道（まつえだ　のりみち）	関西学院大学経済学部助教授
二神孝一（ふたがみ　こういち）	大阪大学大学院経済学研究科教授
柴田章久（しばた　あきひさ）	京都大学経済研究所教授
大塚啓二郎（おおつか　けいじろう）	FASID 大学院プログラム・ディレクター兼 GRIPS 連携教授
＊新保一成（しんぽ　かずしげ）	慶應義塾大学商学部教授
平方尚久（ひらかた　なおひさ）	日本銀行調査統計局

地球環境保護への制度設計

2007 年 1 月 26 日　初　版

[検印廃止]

編　者　清野一治・新保一成

発行所　財団法人　東京大学出版会

代表者　岡本和夫
113-8654　東京都文京区本郷7-3-1　東大構内
電話　03-3811-8814　Fax 03-3812-6958
振替　00160-6-59964

印刷所　株式会社平文社
製本所　矢嶋製本株式会社

©2007　K.Kiyono and K.Simpo et al.
ISBN 978-4-13-040194-4　Printed in Japan

Ⓡ＜日本著作権センター委託出版物＞
本書の全部または一部を無断で複写複製（コピー）することは、著作権法上での例外を除き、禁じられています。本書からの複写を希望される場合は、日本複写権センター（03-3401-2382）にご連絡ください。

清野一治著	規制と競争の経済学	A5・4800円
宇沢弘文編 國則守生編	地球温暖化の経済分析	A5・4400円
鈴村興太郎 長岡貞男編 花村正晴	経済制度の生成と設計	A5・5800円
後藤晃編 長岡貞男	知的財産制度とイノベーション	A5・4800円
青木昌彦編著 奥野正寛	経済システムの比較制度分析	A5・3200円
花崎正晴編 寺西重郎	コーポレート・ガバナンスの経済分析	A5・5200円
宇沢弘文編 花崎正晴	金融システムの経済学	A5・4000円
洞口治夫著	グローバリズムと日本企業	A5・4600円
遠藤正寛著	地域貿易協定の経済分析	A5・5400円
大瀧雅之著	動学的一般的均衡のマクロ経済学	A5・3500円

ここに表示された価格は本体価格です．御購入の際には消費税が加算されますので御了承下さい．